U0229165

洁净室及其受控环境设计

第二版

许钟麟　编著

全国百佳图书出版单位

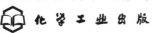
化学工业出版社

·北京·

内 容 简 介

本书系统介绍了洁净室及其相关受控环境的基本理论、设计理念、共性个性、参数选用和设备选型方面的必备知识。

全书共分二十章，主要包括洁净度、污染源、环境通用参数、过滤器原理等基本知识，洁净室分类、原理、系统等共性知识，空调设计、洁净室设计、管路设计、节能设计等系统详解，几乎所有净化设备的原理、应用、性能、规格、图式和选用要点，电子厂房、药厂、食品厂、化妆品厂、生物安全设施、动物饲养和实验设施及医院洁净手术部、白血病病房、隔离病房、ICU 等各类洁净用房的规范要求、具体设计措施、参数选择、个性特点。本书在介绍时附有实例，图文并茂，有很好的启发和指导作用。

本书适于空气净化专业的设计施工人员、研究开发人员及高等院校师生参阅。

图书在版编目（CIP）数据

洁净室及其受控环境设计/许钟麟编著. —2 版. —北京：化学工业出版社，2022.12 (2025.1重印)
ISBN 978-7-122-42269-9

Ⅰ.①洁… Ⅱ.①许… Ⅲ.①洁净室-设计
Ⅳ.①TU834.8

中国版本图书馆 CIP 数据核字（2022）第 182989 号

责任编辑：陈燕杰　　　　　　　　　　　　文字编辑：李娇娇
责任校对：边　涛　　　　　　　　　　　　装帧设计：关　飞

出版发行：化学工业出版社（北京市东城区青年湖南街 13 号　邮政编码 100011）
印　　装：北京建宏印刷有限公司
710mm×1000mm　1/16　印张 28½　字数 539 千字　2025 年 1 月北京第 2 版第 2 次印刷

购书咨询：010-64518888　　　　　　　　售后服务：010-64518899
网　　址：http://www.cip.com.cn
凡购买本书，如有缺损质量问题，本社销售中心负责调换。

定　　价：168.00 元

前 言

最近，一些年青设计者向作者询问有无 2008 年初版的此书的余书。经过询问，不仅出版社无书，此前购过此书办学习班的单位也都无书。对于年青设计者，最关心的是一步一步怎么做。因此在读者的鼓励下，在出版社的支持下，结合这些年国家新颁布（新修订）的诸如《生物安全实验室建筑技术规范》（GB 50346—2011）、《综合医院建筑设计规范》（GB 51039—2014）、《食品工业洁净用房建筑技术规范》（GB 50687—2011）、《医院洁净手术部建筑技术规范》（GB 50333—2013）以及《制药机械（设备）实施药品生产质量管理规范的通则》（GB 28670—2012）、《兽药工业洁净厂房设计标准》（T/CECS 805—2021）等，作者决定对此书略作修订，对当前最被关心的几个方面如医疗隔离环境的设计，生物安全技术的应用（如 PCR 实验室），制药厂 B、C、D 级区的换气次数的确定，省力省能新风净化设备和不在室内换过滤器的阻漏层设备等的应用，作必要补充。修订时间紧，疏漏之处在所难免，恳请读者不吝指正。

许钟麟

2022 年 10 月于北京中国建筑科学研究院有限公司

建筑环境与节能研究院　许钟麟工作室

第一版前言

　　洁净技术作为一门涉及多专业的科学技术，正逐渐成为一门独立的边缘分支学科。随着科学技术的发展，尤其是生物技术、微电子技术、精细化生产技术、药品生产技术、食品加工技术等的飞速发展，推动了洁净技术在我国的蓬勃发展，科研和生产人员对其应用技术方面书籍的需求非常迫切。本人一直从事空气洁净技术的研究、开发、工程、检测、培训和编制标准规范的工作，从1983年奉献给读者的第一本著作，至今累计约有十本专著面世了。前几年，有人约本人将1994年的拙作《洁净室设计》重印，考虑再三，作者认为无此必要；也有人约稿在其基础上加些内容新编一本，作者也婉拒了。此后，在2003年和2006年作者两本专著《空气洁净技术原理》（第三版）和《隔离病房设计原理》出版后，一些朋友又督促我写一本应用方面的书。同时在这两年本人编制一些规范的过程中，也感受到在《洁净室设计》一书之后重写一本着重于空气洁净技术应用并多举实例的书还是非常必要的。

　　空气洁净技术的应用主要是通过洁净室及相关受控环境来实现的，在这方面既有洁净室的应用，也有各种净化设备的应用。本书全面介绍了空气洁净技术的理论和实践，既有原理介绍，又有空气洁净技术在各领域中的应用实例。内容丰富，图文并茂，旨在为读者提供实用的指导资料。

　　书中难免仍有疏漏之处，恳请读者不吝赐教。

作　者

2008 年 7 月于北京

目录

第一章

空气洁净度

第一节　空气洁净度的意义

随着现代工业的发展，对实验、研究和生产的环境要求越来越高，因而调节空气品质的技术——空气调节技术的内容也随之逐步扩大。现代空调技术不仅包含调节空气的温度、湿度和速度的概念，而且还包含了调节其洁净度、压力以至成分、气味的概念。

现代化的科学实验和生产活动对空气洁净度的要求主要是从下述四方面提出来的。

第一，加工的精密化。现代化产品的加工精度已经进入到亚微米量级，而且正在向更小的量级发展。以半导体工业来说，早已采用了分子束外延技术，可按一个一个原子层来生长单晶材料；利用离子束刻蚀技术也可以对半导体材料进行一个原子一个原子的刻蚀剥离等。

第二，产品的微型化。半导体元件越来越小，集成度越来越高。超大规模集成电路的芯片上集成几亿个以上的元件。目前，半导体集成电路的图形线距已小到 2nm。

第三，产品的高纯度（或高质量）。现代许多产品，其纯度已由过去认为很纯的"化学纯"时代进入了今天的"电子纯"或"超纯"时代。例如，超大规模集成电路所用的硅单晶材料可达到 13 个 "9" 的超高纯度，集成电路生产环境中的化学污染物含量要求小于 10^{-12}（容积的百分比达到 10^{-12}）。又如不能灭菌不能过滤的药液还必须绝对无菌。对环境之所以有这样高的要求，是因为只有在洁净环境下生产和使用，才可能充分发挥这些材料的固有特性、作用或使其呈现出新的特性来。

第四，产品的高可靠性。对于自动化、信息化时代的产品，其高可靠性是现代技术发展的迫切需要，是精确性和高准确性的需要，是长时间运行和百分之百保证率的需要，今天更突显高安全性的需要。例如药品、食品的生产，对无菌动物的饲育，对病原体、肿瘤病毒等危险性微生物的实验加工过程，都要确保产品的高可靠性和人的安全无菌操作以及保护自然界的生态环境，这里，洁净技术和工程都起到十分重要的作用。

　　显然，在上述情况中，如果有微粒（固态的或者液态的）进入产品，这种微粒就可能构成障碍、短路、杂质源和潜在缺陷。上述四种要求越高，则允许存在于环境空气中的微粒数量越少，也就是洁净程度越高。因此，洁净室技术已成为科学实验和生产活动现代化的标志之一。

第二节　洁净室技术的发展

一、国际上空气洁净技术的发展

　　第一阶段，朝鲜战争中美国发现其大量电子仪器失灵出故障，其中16万个设备就需要一百多万个替换电子元件，有84％的雷达失效，48％的水声测位仪失效，陆军65％～75％的电子设备失效，并且每年的维修费用超出原价2倍，而5年中空军电子设备的维修费用是设备原价的10倍多。最终，美军发现是灰尘作怪，这促成了空气洁净技术的起步，特别是高效过滤器的诞生。

　　第二阶段，1957年苏联第一颗人造卫星上天后，刺激美国加速发展宇航事业，特别是阿波罗号登月，不仅精密机械加工和电子控制仪器要求净化，而且为了从月球带回岩石，对容器、工具的洁净度也有严格要求，其加工环境必须超净，因而带动洁净室技术和设备的大发展，出现了层流技术和百级洁净室，出现了第一个洁净室标准。

　　第三阶段，1970年1K位的集成电路进入大生产时期，中国不久也开始集成电路会战，使洁净室技术得以腾飞。日本从20世纪60年代初到70年代空气洁净技术产品迅猛发展，1971年突然急剧降到低谷，但次年又突然飞速发展起来。这和药品生产对洁净室的需求进入新阶段有关，因为1969年世界卫生组织正式制订了GMP（药品生产管理规范）。

　　第四阶段，20世纪80年代大规模和超大规模集成电路的发展进一步促进空气洁净技术的发展，其中集成电路上的最细光刻线条宽度进入2～3μm。20世纪70年代末和80年代初，美国、日本研制成了0.1μm级超高效过滤器，于是既对洁净室提出高要求，也有了高手段。1985年，日、美、西欧净化产品总值约29亿美元，1988年达到73亿美元，到20世纪80年代末仅日本就突破5000亿日元即35亿美元。

　　第五阶段，即20世纪90年代之后。

　　① 超大规模集成电路生产取得了新发展，20世纪80年代集成电路最细光刻线条宽度在微米级，而80年代末和进入90年代则达到亚微米级，到20世纪末要求为0.1～0.2μm，集成度达1KM。这是什么意思？刚才说过，1970年1K位

电路进入大生产，相当于约 $20mm^2$ 大的硅片上有 2 万个左右元件，到了 1986 年 1M 集成度时，就相当于有 200 万个元件，到 21 世纪初集成度上到 KM 时就可能有 10 亿～20 亿个元件集中在一块硅片上，详见表 1-1。

表 1-1　半导体芯片的发展

年份	代表产品 DRAM（动态随机存取储器）	硅片直径 /mm	芯片面积 /mm²	最细光刻线条 /μm	元件数 /个
1970	1K	—	—	10	$2×10^4$
1975	16K	—	—	5	—
1980	64K	75	—	3	—
1983	256K	100	40	2	$5×10^5$
1986	1M	125	50	1	$2×10^6$
1989	4M	150	90	0.8	$8×10^6$
1992	16M	200	130	0.5	$10^7～10^9$
1995	64M	200	200	0.3	$10^7～10^9$
1998	256M	200	300	0.2	$10^7～10^9$
2001	1KM(G)	300	700	0.18	$10^7～10^9$
2004	4KM(G)	300	1000	0.113	可能 $2×10^9$
2007	16KM(G)	—	—	0.10	
2010	64KM(G)	—	—	0.07	
2012	—	—	—	0.045～0.032	
2016	—	450	—	0.022	
2019	华为产品			0.007	$103×10^9$

而要求控制的尘粒，今天要求 $0.1μm$ 10 级已很普通，将来则要求 $0.01μm$ 10 级也并不是耸人听闻的了。

半导体技术对洁净室水平的要求发展历程如下：

20 世纪 60～70 年代，中小规模集成电路，$0.5μm$ 100 级，相当于现在的 ISO 5 级；

20 世纪 70 年代末，大规模集成电路，$0.5μm$ 10 级，相当于现在的 ISO 4 级；

20 世纪 80 年代末，超大规模集成电路，$0.5μm$ 1 级至 0.1 级（或 $0.1μm$ 10 级），相当于现在的 ISO 3 级；

20 世纪 90 年代末，超大规模集成电路，$0.5μm$ 0.1 级或 $0.1μm$ 10 级至 1 级，相当于现在的 ISO 2 级；

21 世纪初，超大规模集成电路，$0.1μm$ 1 级至 0.1 级，相当于现在的 ISO 1 级。

② 海湾战争和伊拉克战争使人们认识到电子技术的极端重要性，可以说，洁净室技术是电子尖端技术的一大支柱。

二、我国空气洁净技术的发展

洁净室建设在我国已有 40 多年的历史，前 40 多年走过的道路概述如下。

20 世纪 60 年代开始——为三线建设服务——初创发展阶段；70 年代～80 年代中期——为大规模集成电路会战服务——第一次大普及；80 年代中期～现在——为医药行业生产环境现代化服务（GMP、洁净手术室建设等）——第二次大普及。

高效过滤器在美国于 1954 年成为商品，而我国市场上在 1965 年有了自己的高效过滤器，与日本同年，这是当时中国建筑科学研究院空气调节研究所实行厂所结合的成果，成为人民日报头版新闻。1966 年我国研制成第一台洁净工作台，仅比日本晚一年多。20 世纪 60 年代初，美国研制成光散射式粒子计数器，使微粒的测定发生了质的变化，70 年代初日本有了自己的粒子计数器，而 1973 年首台 15 档 J73 型粒子计数器诞生在中国建筑科学研究院空调所，并立即投入到全国洁净工程的普查测定中去。美国于 1957 年建成第一个洁净室，1961 年日本建成用于生产航空计测仪器的洁净室，而 5 年之后，中国首次用国产高效过滤器的洁净室在中国科学院建成，此后 1976 年第一个 $0.5\mu m$ 量级的 10 级洁净室，在中国建筑科学研究院空调所、北京半导体设备一厂、天津医疗器械厂等单位协作下建成，应用于毛主席纪念堂甲区。1988 年，由电子工业部十一设计研究院和重庆无线电专用设备厂用国产过滤器建造的 $0.1\mu m$ 量级的 10 级洁净室通过鉴定。

世界上第一本关于空气洁净的权威性著作是 1965 年美国出版的 *Design and Operation of Clean Rooms*（《洁净室的设计与运行》），日本则于 1981 年出版了空气清净协会主编的第一本权威性著作《空气清净ハンドフ″ック》（《空气洁净手册》），而我国第一本理论专著《空气洁净技术原理》则于 1983 年出版，2013 年被施普林格出版社译成英文，在国际上发行，并被评为优秀专著。

现在，我国的洁净室技术已发展到以下水平。

① 从军工走向民用——制药、医疗、食品；

② 从高精走向普及——不仅高精尖产业要求，一般民需产业和家庭生活也出现大量需求；

③ 从国内走向国外——空气净化产品和洁净室工程已走出国门，如在"一带一路"沿线十几个国家用我国标准《医院洁净手术部建筑技术规范》（GB 50333—2013）建成并检测合格了二十余家医院的洁净手术室。

三、新世纪的挑战

科学技术的高速发展，使得我们无法预料 21 世纪末世界将发展成什么样子。但是，根据现在已经相当明朗化的一些大趋势，杨振宁教授还是对以后三四十年间应用研究的发展作出了判断。他在 2001 年中国科协学术年会上指出三个领域将成为科技发展的火车头，即今后三四十年科技发展的三大战略方向：①芯片的广泛应用，应用到大小建筑、家庭、汽车、人体、工厂、商店，到几乎一切地方；②医学与药物的高速发展；③生物工程。三大战略方向中的芯片生产，需要的微环境正是空气洁净技术中的工业洁净室。医学与药物还有生物工程需要的是空气洁净技术中的生物洁净室，其中医学与药物主要需要一般生物洁净室，生物工程主要需要生物安全洁净室。

可见，洁净的建筑微环境技术和三大战略方向有着何等密切的关系，而今天它正面对三大战略方向的新挑战。

（1）半导体芯片　半导体集成电路芯片的发展速度恐怕是任何一项技术所无法比拟的，差不多每三年集成度增加4倍。由于人工智能的飞速发展，造成全球的芯片奇缺，以至于汽车因缺车用芯片而纷纷减产。今天2nm精度的芯片已是制造商的目标，芯片集成电路的生产对环境控制粒径的要求更高了。表1-2是统计到2010年的数据。

表 1-2　集成电路对控制粒径的要求

年份	集成度	控制尘粒的最小粒径/μm	加工次数 β	洁净度级别（50%成品率）	纯气纯水
1970	1K	2	<100	100	~103ppb
1975	16K	0.4~1.3	<100	100	~103ppb
1980	64K	0.25~0.8	100	100	103ppb
1983	256K	0.12~0.4	140~160	100	103ppb
1986	1M	0.08~0.26	160~200	10	500ppb
1989	4M	0.05~0.17	200~300	1	100ppb
1992	16M	0.05	300~400	0.1 或 10(0.1μm)	50ppb
1995	64M	0.035	400~500	10(0.1μm)	5ppb
1998	256M	0.025	500~600	10(0.1μm)	1ppb
2001	1G	0.018	530~700	1(0.1μm)	0.1ppb
2004	4G	0.013	600~700	0.1(0.1μm)	0.01ppb
2007	16G	0.01	—	—	—
2010	64G	0.007	—	—	—

注：1ppb=10^{-9}杂质浓度。

毋庸置疑，电子产业方面对洁净室的要求仍然占有主导地位。

（2）医药

① 医学和药物与人民人身安全和健康的关系密切。医学方面第一个应用生物洁净室这种洁净环境的，是1966年1月在美国建成的医院洁净手术室。所谓洁净手术室，是用空气洁净技术取代传统的紫外线等消毒方法而能对全过程实行污染控制的现代手术室。因为在洁净手术室内感染率可降低90%以上，从而可以很少使用或不用抗生素，因为大量使用抗生素会对患者造成伤害。我国上海长征医院1989~1990年在洁净手术室做了9337例Ⅰ类手术无一感染，北京301医院1995~1996年的16427例Ⅰ类手术无一感染。

目前我国白血病发病率据《肿瘤》杂志 2012 年 4 月 132（4）（251～255）载文介绍，全国肿瘤登记地区白血病发病率为 5.17/10 万，死亡率为 3.94/10 万，所以白血病的治疗以及治疗用生物洁净室的发展，已在国内受到越来越高的重视。

如果说对建设洁净手术室和百级血液病房的认识主要来自国外经验，来自出国医护人员的感受，那么认识到整个医院建筑都需要空气洁净，就主要是来自我们自己的切身感受了。2003 年以后我们应反思的最重要一点就是过去在医院建筑上，建设者和设计者大多只看到"建筑"，而忽视"空气"，有些医护人员只重视接触感染而轻视气溶胶传播的呼吸道感染，而后者更具暴发性、大面积和低感染剂量的特点，因而更具危险性。例如人吃进 1 亿个兔热杆菌才感染，若吸入 10～50 个就发热；吸入腺病毒的半数感染剂量仅是组织培养的半数感染剂量的一半。对于 Q 热立克次体，只要在呼吸道内沉着 1 个，就可以让人感染。过去有一种看法，认为铜绿假单胞菌是不太可能通过空气传播的，但是在烧伤病房顶棚灰尘中以及有人多次在该病房空气中检出铜绿假单胞菌的事实，令人对空气传播的危险性"刮目相看"了。而严重急性呼吸综合征（SARS）病毒的气溶胶传播特性使人们真正意识到空气洁净技术在医院建筑中的重要性，可以说，没有空气洁净技术装备的医院建筑，将是落后的建筑。

所以，现代医院建筑应用空气洁净技术的规划，应包括这些方面：

手术室系统——关于洁净手术室的建设；

病房系统——关于净化病房如白血病病房、烧伤病房、哮喘病房、早产儿保育室等；

护理单元系统——如重病护理单元（ICU）、脏器移植护理单元、心血管病护理单元等；

治疗操作系统——如介入治疗室、白血病人治疗室、传染病人尸体解剖室等；

实验室系统——如特殊化验室、临床医学实验室、PCR 实验室、生命科学实验室等，而且需要更重要的生物安全系统；

仪器室系统——如精密的新型仪器室等；

隔离室系统——如经空气传播疾病负压隔离病房、观察室、负压手术室等；

配药系统——如特殊的配药中心等；

洁净辅助用房系统——如无菌敷料室、一次性物品室等；

非洁净辅助用房系统——如污染处理室、污物通道等，这里要实行污染控制，防止传染外界；

准净化用房系统——如候诊厅、治疗室、检查室、某些科的诊断室等使用医院普通空调的用房。

② 药品生产对洁净技术的挑战也是前所未有的，这主要来自 GMP 实施以后。目前，我国实施 GMP（2010）（俗称人药 GMP）和《兽药生产质量管理规范》（2020）。洁净厂房将是药厂的基本要求。

（3）生物技术

① 基因工程是生物工程的重要部分。1973 年重组遗传基因的操作，把葡萄球菌的遗传基因移入大肠杆菌中获得成功，此后，重组遗传基因的生物工程即得到飞速发展。由于这一技术的巨大前景，它在新世纪的发展是不可限量的。但是，生物工程中有相当一部分存在潜在的危险性，特别是存在可能具有未知毒性的微生物新种的散播这种生物学危险。

美国的炭疽事件和全球的非典型性肺炎事件就是这种严重的生物学危险事件。它警示人们，这一危险可能涉及所有的人。

对于我们这样一个人口众多，与各国均有贸易的大国，不论是防疫、动植物品种和制品的研究以及疫病控制，都需要提供具有生物安全的建筑微环境，在这次新型冠状病毒感染疫情的影响下，现在生物安全洁净室（实验室）的建设在我国呈现出从来未有过的势头。研究机构、医院、疫苗生产厂、检验检疫、动植物疫病防控、各级疾控中心等都急需生物安全实验室。据不完全统计，美国有 12 个最高级别的 P4 实验室，而我国只有 2 个；P3 级 1500 多个，而我国约有 80 余个。

除基因工程外，生命工程、农林业的某些育种工程，也是要求洁净环境的生物工程。

② 生物学危险是分级的，现在国际上都习惯用美国国立卫生研究所（NIH）的分级办法，即从低到高分为 P1、P2、P3、P4。凡是生物学危险度达到 P3 和 P4 的则必须考虑生物安全设施。1972 年以后，美国从生物武器研究中把一部分设施转到国家癌症研究所（NCI），同时为了推进肿瘤研究，确定了特别肿瘤病毒的研究计划，而生物安全措施则是这个计划的一大支柱。此后，阿波罗计划，对宇航员带回来的外空间样品是否含有未知微生物的检验，促使生物安全思想有了新发展。

我国的生物安全实验室分级见第十一章。

人类为了自身的健康，为了获得预防用的疫苗，就要和细菌、病毒打交道，特别是对人类和家畜（最后还是关系到人）威胁严重的病原体，以及不常见的病原体（包括其媒介昆虫），都须采用安全设施去研究，应用生物安全洁净室（实验室）去检疫。

③ 生物制品的药品则是服务于人类的新的药物品种。生物制品的药品，是采用生物学工艺制成的生物活性制剂，生产过程要保持无菌，最终不能灭菌则是其一大特点，因此生产全过程都要实行微环境控制，都要洁净，有很大一部分还要实行生物安全。

该类药品主要是用于治疗癌症、心脑血管疾病、艾滋病、遗传病等各种重大疾病而用常规方法又难于获得的药物。全球生物制品的药品市场销售额保持年均12％的增长速度。美国生物技术公司的70％以上，欧洲生物技术公司的50％以上，都在从事医学生物制品的研究开发。

所以从某种意义上说，生物工程在21世纪对人类的直接影响将超过芯片，而它的发展也绝对离不开污染控制和空气洁净，这正是空气洁净技术的全部功能。

第三节　空气洁净度的级别

一、概念

空气洁净度是指洁净环境中空气含尘（微粒）量多少的程度。含尘浓度高则洁净度低，含尘浓度低则洁净度高。

空气洁净度本身是无量纲的。但是，空气洁净度的高低可用空气洁净度级别来区分。空气洁净度级别则以每立方米空气中的最大允许微粒数来确定。

过去，空气洁净度级别一直用操作时间内空气的计数含尘浓度来表示，即所谓动态级别，自从美国联邦标准209C开始，级别本身才和状态脱钩。

二、国外洁净室标准和级别概况

1961年诞生了世界上最早的洁净室标准即美国空军技术条令203，并把编制联邦政府标准的任务交给了原子能委员会的出版机构。1963年底颁发了洁净室第一个军用部分的联邦标准即FS209（按：美国国家标准为ANSI）。从此，美国联邦标准209即成为国际上最通行、最著名的洁净室标准。如果说当时通过对各类生产环境洁净度进行大量调研后得到的认识——洁净室内尘粒分布规律基本上接近对数正态分布，从而提出了这一分布的平行线关系，是标准203的重要基石，那么美国的威利斯·华德弗尔德提出的关于洁净室的层流概念（这不是流体力学上的同一概念）则是标准209的理论基石，也是后来各种洁净室标准的基础。

1966年颁布了修订后的209A，1973年又颁布了修订的209B，并于1976年再次颁行了209B修正案1。

在这一段时期里，许多国家也相继制定了洁净室的标准，其内容特别是洁净度分级基本参照美国标准。

但是，由于滥用联邦标准209B，加之原标准中一些概念不清，以及对所谓10级、1级洁净度的需要，促使美国修改209B。这一工作首先由IES（美国环境科学协会）发起，经 GSA（美国总务管理局）认可和授权，成立了 RP-50 委员会，包括来自政府、微电子公司、仪器制造厂的人员，洁净室顾问、洁净室用户及洁净室测试人员，终于在 1987 年 10 月 27 日颁发了 FS 209C。209C 又于 1988 年 6 月 15 日被新的 209D 所取代，209D 又于 1992 年 3 月 11 日被 209E 取代，见表 1-3。

表 1-3　209E 的空气洁净度级别

级别名称		级别限值									
		0.1μm		0.2μm		0.3μm		0.5μm		5μm	
		容积单位		容积单位		容积单位		容积单位		容积单位	
		/m³	/ft³	/m³	/ft³	/m³	/ft³	/m³	/ft³	/m³	/ft³
M1		350	9.91	75.7	2.14	30.9	0.875	10.0	0.283	—	—
M1.5	1	1240	35.0	265	7.50	106	3.00	35.3	1.00	—	—
M2		3500	99.1	757	21.4	309	8.75	100	2.83	—	—
M2.5	10	12400	350	2650	75.0	1060	30.0	353	10.0	—	—
M3		35000	991	7570	214	3090	87.5	1000	28.3	—	—
M3.5	100	—	—	26500	750	10600	300	3530	100	—	—
M4		—	—	75700	2140	30900	875	10000	283	—	—
M4.5	1000	—	—	—	—	—	—	35300	1000	247	7.00
M5		—	—	—	—	—	—	100000	2830	618	17.5
M5.5	10000	—	—	—	—	—	—	353000	10000	2470	70.0
M6		—	—	—	—	—	—	1000000	28300	6180	175
M6.5	100000	—	—	—	—	—	—	3530000	100000	24700	700
M7		—	—	—	—	—	—	10000000	283000	61800	1750

注：表中 m³ 和 ft³ 分别为国际单位和英制单位。1ft³＝0.0283168m³。

1999 年，国际标准化组织制定的国际标准 ISO 14644—1《空气洁净度等级划分》颁布。2015 年出了修订版，基本精神未变。

为了使读者了解国际上洁净度等级标准的变化，现将 ISO（2015）标准的洁净度等级和 209E 的洁净度等级差异比较如下。

① 各等级的微粒数皆为≥该等级代表粒径的微粒数。

可用以下等级公式计算

ISO：
$$C_n=(0.1/D)^{2.08}\times10^N$$

209E：
$$C_m=(0.5/D)^{2.2}\times10^M$$

式中　C_n，C_m——某等级下，粒径≥D 的最大允许微粒浓度限值，粒/m³；

　　　　D——被考虑的控制粒径，μm；

　　　　N，M——洁净度等级序数。

表 1-4 为按等级公式计算出的 ISO 等级表。这一公式是 ISO 1999 年版给出的，2015 版未给出。但不影响公式计算结果。如 ISO 1 级的 0.1μm 微粒数应是
$$C_n=(0.1/0.1)^{2.08}\times10^1=1\times10=10 \text{ 粒/m}^3$$

这和表1-4所列数字相同。

表1-4　洁净室空气洁净度等级对照

	ISO 14644—1(2015)					
	最大允许微粒浓度限值(≥D)/(粒/m³)					
粒径 D/μm 级别	0.1	0.2	0.3	0.5	1.0	5.0
ISO 1	10					
ISO 2	100	24	10	4		
ISO 3	1000	237	102	35	8	
ISO 4	10000	2370	1020	352	83	
ISO 5	100000	23700	10200	3520	832	
ISO 6	1000000	237000	102000	35200	8320	293
ISO 7				352000	83200	2930
ISO 8				3520000	832000	29300
ISO 9				35200000	8320000	293000

② 等级数。

ISO：2015版ISO改变ISO 1～9级以"0.1"为间隔内插，如1.1级，而是以半级为准，如1.5级、2.5级等。

209E：M1～M7级，可任意定级，如50级。

③ 表示等级代表粒径的范围。

ISO：1个或更多，当为2个或2个以上粒径时，第2个（或第3个）粒径应是第1个（或第2个）粒径的1.5倍。

209E：1个或更多。

④ 等级对应的洁净室占用状态。

ISO：应明确分级时的占用状态，如"静态"。

209E：未作规定。

⑤ 关注粒径。

ISO：如关注粒径不止一个，较大粒径应至少是下一个较小粒径的1.5倍。

209E：未作规定。

⑥ 最小采样量。

ISO：

$$最小采样(L) = \frac{20粒}{要测粒径的上限(粒/L)}$$

209E：2.83L。

⑦ 采样点数。

ISO：当检测面积 A 大于636m² 时，按式 $\sqrt{A}$ 计算。否则按表1-5选用。

209E：非单向流洁净室为 $A \times 64/(10^M)^{0.5}$。

单向流洁净室为 $A/2.32$ 与 $A \times 64/(10^M)^{0.5}$ 两个计算结果中的最小者。

式中 A——非单向流为室内地面面积；单向流为送风面积。

⑧ 等动力流（等速）采样。

ISO：未规定。

209E：规定。

三、我国现行的空气洁净度级别

GB/T 25915.1—2021《洁净室及相关受控环境 第1部分：按粒子浓度划分空气洁净度等级》及 GB 50073—2013《洁净厂房设计规范》等同采用了表 1-4 的 ISO 洁净度级别，以后式中不再注明。

表 1-4 中与 1999 版不同的是取消了 1 级中的 $0.2\mu m$ 的限值 2 粒/m³，取消了 5 级的 $5\mu m$ 数值，原因是粒数可能很少，测不准；再者是 ISO 9 级只适用于动态。

表 1-5　洁净室中采样点数目与面积的关系

洁净室面积 /m²（小于或等于）	最少采样点数目 N_L	洁净室面积 /m²（小于或等于）	最少采样点数目 N_L
2	1	76	15
4	2	104	16
6	3	108	17
8	4	116	18
10	5	148	19
24	6	156	20
28	7	192	21
32	8	232	22
36	9	276	23
52	10	352	24
56	11	436	25
64	12	636	26
68	13	＞1000	见注 3
72	14		

注：1. 如果被考虑的面积位于表中两值之间，宜选两值中较大者。

2. 单向流情况时，宜考虑垂直于气流流动方向的横截面面积。其他情况下，可考虑洁净室或洁净区的平面面积。

3. 按大于 1000 的倍数乘以 27 计。

第二章

污染源

对于洁净室的污染源，主要讨论微尘和细菌两大类微粒。

第一节 外部污染源

一、大气尘概念

大气尘是洁净室要直接处理的对象。不仅应该明了大气尘概念，而且应该明了其来源、成分、浓度和分布等方面的情况。

早期关于大气尘的概念是指大气中的固态粒子，即真正的灰尘，这是狭义的大气尘；后来又有人提出大气尘是粗分散气溶胶的概念，但这也是不完全的，因为用人工方法或者大气中发生的自然方法可以形成分散度极高的灰尘。所以，大气尘的现代概念不仅是指固体尘，而是既包含固态微粒也包含液态微粒的多分散气溶胶，是专指大气中的悬浮微粒，粒径小于 $10\mu m$，这就是广义的大气尘。这种大气尘在环境保护领域被叫作飘尘，以区别于在较短时间内即沉降到地面的落尘（沉降尘）。所以空气洁净技术中大气尘的概念和一般除尘技术中灰尘的概念是有所区别的。空气洁净技术中广义的大气尘的概念也是和现代测尘技术相适应的，因为通过光电办法测得的大气尘的相对浓度或者个数，同时包括固态微粒和液态微粒。在美国和日本，和这种广义大气尘概念相对应的是，$10\mu m$ 以下称"浮游粒子状物质"或者"环境气溶胶"，这是由美国环保署和日本浮游粉尘环境标准专门委员会规定的，是对浮游粉尘和浮游微粒的统称。

二、大气尘的计数浓度

在洁净室技术中，最常用的是以 $\geqslant 0.5\mu m$ 的微粒数量为准的计数浓度。以最干净的同温层（距地表 10km）来说，这样的微粒约有 20 粒/L，很干净的海面上空约有 2500 粒/L。

陆地上的计数浓度各地差别极大，同一地区不同时间差别也很大，比起温度这样的参数要复杂得多。所以，研究这一问题常用分成一些典型地区的办法来确定几种典型的大气尘计数浓度，表 2-1 所列几个国外测定的数据，就是这样分区的。

表 2-1　国外几种典型地区大气尘计数浓度

地区	含尘浓度/(粒/L) ($\geqslant 0.5\mu m$)	地区	含尘浓度/(粒/L) ($\geqslant 0.5\mu m$)
农村	3×10^4	洁净室设计用	17.5×10^4
大城市	12.5×10^4	特别干净	0.19×10^4
工业中心	25×10^4	特别污染	56×10^4
污染地区	177×10^4		
普通地区	17.7×10^4		
清洁地区	3.5×10^4		

我国大气尘计数浓度曾粗分为"工业城市""城市郊外""非工业区或农村"三种类型，其 $\geqslant 0.5\mu m$ 微粒的浓度分别为 1×10^5 粒/L、2×10^5 粒/L 和 3×10^5 粒/L。在发生污染或烟雾时，可以达到 10^6 粒/L 或更高。

图 2-1 是近几年作者和王荣、崔磊等测定的涵盖全国（除港、澳、台地区）的 132 个地区的大气尘计数浓度，测定状况见表 2-2（参见《暖通空调》，5，2008）。

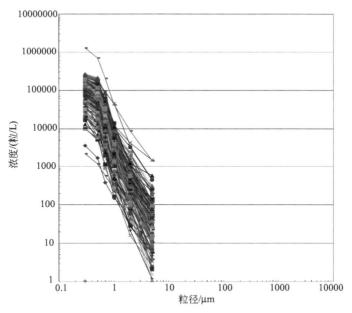

图 2-1　132 个地区大气尘浓度分布

由图 2-1 的粒径浓度分布曲线，得到平均值分布见图 2-2。图 2-2 中虚线为对平均值取直线的结果。

上述数据中三种典型地区的大气尘计数浓度分布及其平均值分布，见

图 2-3～图 2-8。

表 2-2　测定状况分析

分类	结果
根据地理位置	位于东北地区 10 个,位于华北地区 40 个,位于华东地区 23 个,位于西北地区 12 个,位于西南地区 15 个,位于中南地区 32 个
根据测定点位置	检测点位于城郊 90 个,位于市中心 27 个,位于远离城市 10 个,位置不明 5 个
根据季节	处于春季 20 个,处于夏季 42 个,处于秋季 48 个,处于冬季 22 个
根据时间	上午 12 个,中午 22 个,下午 44 个,晚上 4 个,时间不明 50 个
根据天气情况	晴天 84 个,多云 8 个,晴天伴有大风 4 个,阴天 20 个,阴天有雾 2 个,阴雨 11 个,阴雨伴有大风 3 个

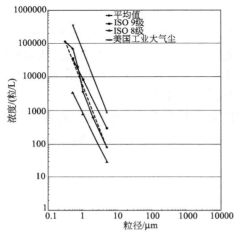

图 2-2　132 个地区大气尘浓度平均值分布

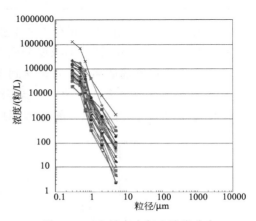

图 2-3　工业城市大气尘浓度分布

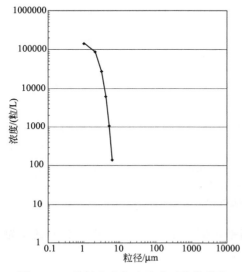

图 2-4　工业城市大气尘浓度平均值分布

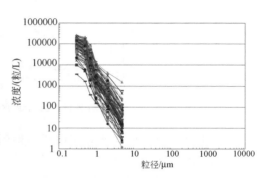

图 2-5　城市郊外大气尘浓度分布

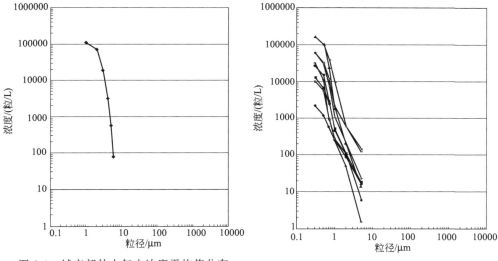

图 2-6　城市郊外大气尘浓度平均值分布　　　图 2-7　非工业区或农村大气尘浓度分布

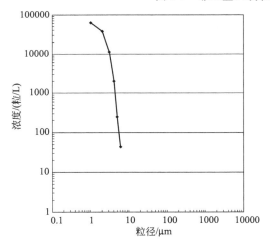

图 2-8　非工业区或农村大气尘浓度平均值分布

大气尘的数量和重量的关系见表 2-3 和图 2-9。

表 2-3　大气尘数量和重量的关系

粒径区间 /μm	数量/%		重量/%	
	全部	0.5μm 以上为 100	全部	0.5μm 以上为 100
0.5 以下	91.5	—	1	—
0.5～1	6.97	82.49	2	2.02
1～3	1.1	12.86	6	6.06
3～5	0.25	3.00	11	11.11
5～10	0.17	2.00	52	52.53
10～30	0.05	0.65	28	28.28

从这次测定结果可见，相当于三种典型地区的平均值可取不大于：2×10^5 粒/L、1×10^5 粒/L 和 7×10^4 粒/L，与二十余年前的数据相比，降低幅度约在 $30\% \sim 40\%$，当时 $\geqslant 0.5\mu m$ 大气尘的计数浓度最高已突破 60 万粒/L 以上。

作为具体的计数浓度（用光散射粒子计数器测得）和计重浓度（用滤纸称重法测得）之间则很难有一个明确的固定关系，因为影响因素太多，例如大气尘的密度可以因地区、季节而有很大不同，粒径大 10 倍，重量可以大 10^3 倍，所以分散度的影响很大。图 2-9 是日本学者新津靖所做的分析。

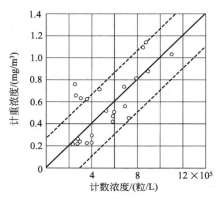

图 2-9　大气尘数量与重量的关系

根据一些数据分析，计数、计重和沉降几种浓度的关系大致如表 2-4 所列，表中同时列出几个要求计数浓度极低的场所以作比较。

以上对比数据，仅作为参考。在实际工作中如果经常用到浓度间的换算关系，则应当针对不同情况，做出具体条件下的（什么地区的，什么季节的等）计数浓度与计重浓度的对比曲线。

表 2-4　几种浓度的比较

浓度	工业城市（污染地区）	工业城市郊区（中间地区）	非工业区或农村（清洁地区）	大洋上	同温层		生产大规模集成电路的洁净室	生产被动式激光夜视仪器
					10km	40km		
计数浓度/（粒/L）	$\leqslant 2 \times 10^5$	$\leqslant 1 \times 10^5$	$\leqslant 0.5 \times 10^5$	2500	20	7	$\leqslant 3$	$\leqslant 0.3$
计重浓度/（mg/m³）	$0.3 \sim 1$	$0.1 \sim 0.3$	< 0.1					
沉降浓度/[t/（月·km²）]	> 15	< 15	< 5					

三、大气尘的粒径分布

1. 粒径和平均粒径

微粒的大小通常以粒径表示。但是微粒特别是灰尘粒子并不都具有球形、立方形等规则的几何外形，因此，通常所称微粒的"粒径"，并不是指真正球体的直径。

在气溶胶及空气洁净技术中，"粒径"的意义通常是指通过微粒内部的某一长度量纲，而并不含有规则几何形状。在分析微粒大小的时候，"粒径"就是指的这种含义。

由于微粒形状极不相同，按上述方法得到的粒径，对于一个微粒群来说，也是不一样的，这在实际应用中就很不方便。因此，必须确定一种能反映全部微粒某种特征的粒径的平均数值，这就是"平均粒径"，它是用特殊的方法表示全部微粒某种特征的一个假设的微粒直径。

平均粒径有许多表示方法，例如最常用的是算术（或粒数）平均直径 D_1，研究与光的折射性质有关的问题时应采用此直径，它和微粒长度量纲有关。

研究光的散射性质时宜用平均面积直径 D_s。

如研究计重测尘时，显然应采用和质量有关的平均体积（重量）直径 D_v。几种直径的比较列于表 2-5。

表 2-5　几种平均粒径

符号	名称	意义	算式
D_1	算术（或粒数）平均直径	一种算术平均值，也是习惯上最常用的粒径。但是由于微粒群中小颗粒常占多数，即使重量很小也能大大降低平均值，所以在反映微粒真实大小和微粒群的物理性质上有很大局限性	$D_1 = \dfrac{\sum n_i d_i}{\sum n_i}$ 式中，n_i 为各粒径的粒数；$\sum n_i$ 为总粒数；d_i 为用任意手段测得的粒径
D_s	平均面积直径	按微粒粒数平均面积的直径	$D_s = \sqrt{\dfrac{\sum n_i d_i^2}{\sum n_i}}$
D_v	平均体积（重量）直径	按微粒粒数平均体积（重量）的直径	$D_v = \sqrt[3]{\dfrac{\sum n_i d_i^3}{\sum n_i}}$
D_{50} 或 D_m	中值（或中位）直径	大于此直径的微粒数、重量恰好等于小于此直径的微粒数、重量	从粒径累积频率分布曲线上 50% 的微粒数（重量）处求得

2. 粒径分布

大气尘按其全粒径的分布如图 2-10 所示。直径 $\geqslant 0.3\mu m$ 以上的所谓大粒子和凝结核相比，只占很小一部分，从 1:15 到 1:5000 甚至更悬殊的比例。

如果仅就洁净室技术需要的一种粒径范围来看，在双对数纸上呈直线分布，如图 2-2 中虚线所示。

各粒径的关系若以数字表示会更清楚，见表 2-6 和表 2-7。

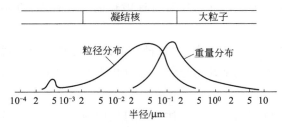

图 2-10　大气尘的全粒径分布

表 2-6　统计的大气尘粒径（0.3μm 以上）分布

粒径 /μm	相对频率 /%	粒径 /μm	累积频率 /%
0.3	46	≥0.3	100
0.4	20	≥0.4	54
0.5	11	≥0.5	34
0.6	11	≥0.6	23
0.8	5	≥0.8	12
1.0	2	≥1.0	7
1.2	2	≥1.2	5
1.5	1	≥1.5	3
1.8	1	≥1.8	2
2.4	0.7	≥2.4	1
4.8	0.3	≥4.8	0.3

表 2-7　统计的大气尘粒径（0.5μm 以上）分布

粒径 /μm	相对频率 /%	粒径 /μm	累积频率 /%
0.5	33	≥0.5	100
0.6	31	≥0.6	67
0.8	15	≥0.8	36
1.0	6	≥1.0	21
1.2	6	≥1.2	15
1.5	3	≥1.5	9
1.8	3	≥1.8	6
2.4	2	≥2.4	3
4.8	1	≥4.8	1

　　由于测试手段的进步，现在已证明，延伸到 0.1μm 粒径也有直线分布的特性，图 2-11 即是日本学者用凝结核计数器测得的结果。再往上延伸就不合适了。

　　不小于 0.1μm 比不小于 0.5μm 的微粒多得多，有的数据表示达 200 倍，大部分数据则在 60～100 倍之间。

　　大气尘的分布是一个十分重要的问题，它的统计分布虽有一定规律，但是具体的大气尘分布又是多变的，与统计分布曲线可能相差较远，这和很多因素有

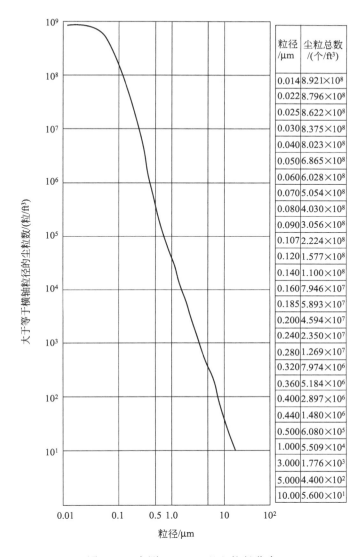

图 2-11　实测 0.01μm 以上粒径分布

关，因此，需要加以区别对待和研究。

四、大气菌的浓度

大气尘的污染属于无生命微粒的污染，而大气微生物的污染则是有生命微粒的污染。微生物包括病毒、立克次体、细菌、菌类、原生虫类和藻类。但和洁净室技术有关的主要是细菌和菌类。

微生物单体的大小见表 2-8。

表 2-8　微生物单体尺寸

项目	尺寸	项目	尺寸
藻类	$3\sim100\mu m$	炭疽杆菌	$0.46\sim0.56\mu m$
原生动物	$1\sim100\mu m$	病毒	$0.008\sim0.3\mu m$
菌类(如真菌)	$3\sim80\mu m$	天花病毒	$0.2\sim0.3\mu m$
细菌		流行性腮腺炎病毒	$0.09\sim0.19\mu m$
枯草菌	$5\sim10\mu m$	麻疹病毒	$0.12\sim0.18\mu m$
水肿菌	$5\sim10\mu m$	狂犬病病毒	$0.125\mu m$
肺炎杆菌	$1.1\sim7\mu m$	呼吸道融合病毒	$0.09\sim0.12\mu m$
乳酸菌	$1\sim7\mu m$	腺病毒	$0.07\mu m$
白喉菌	$1\sim6\mu m$	肝炎病毒	$0.02\sim0.04\mu m$
大肠菌	$1\sim5\mu m$	脊髓灰质炎(小儿麻痹)病毒	$0.008\sim0.03\mu m$
结核菌	$1.5\sim4\mu m$	肠道病毒	$0.3\mu m$
破伤风菌	$2\sim4\mu m$	流行性乙型脑炎病毒	$0.015\sim0.03\mu m$
肠菌	$1\sim3\mu m$	鼻病毒	$0.015\sim0.03\mu m$
伤寒杆菌	$1\sim3\mu m$	冠状病毒	$0.06\sim0.2\mu m$
普通化脓杆菌	$0.7\sim1.3\mu m$	立克次体	$0.25\sim0.6\mu m$
白色、金黄色葡萄球菌	$0.3\sim1.2\mu m$		

但是，细菌不能单独生存，一般都附着于尘粒上面，所以有意义的大小是其等价直径。与一群带菌微粒具有相同沉降量即相同沉降速度的粒径就是这群带菌微粒的沉降等价直径。

细菌的等价直径一般可取表 2-9 所示数值。

表 2-9　细菌沉降等价直径

环境	无菌室(洁净室)	普通手术室	室外
等价直径/μm	$1\sim5$	$6\sim12$	$5\sim20$

室外菌浓度变化甚大，一般可取 $2000\sim3000$ 个/m^3。

第二节　内部污染源

一、发尘量

洁净室内的发尘量，来自设备的可考虑通过局部排风排除，不流入室内；产品、材料等在运送过程中的发尘与人体发尘量相比，一般极小，可忽略；由于金属板壁的应用，来自建筑表面的发尘也很少，一般占 10％以下，发尘主要来自人，占 90％左右。

在人的发尘量上，由于服装材料和样式的改进，发尘绝对量也不断减少。

材质：棉质发尘量最大，以下依次为棉的确良、去静电纯涤纶、尼龙。

样式：大挂型发尘量最大，上下分装型次之，全罩型最少。

活动：动作时的发尘量一般达到静止时的 3～7 倍。

清洗：用溶剂洗涤的发尘量降低到用一般水清洗的 1/5。

表 2-10 给出了小野员正等有关服装的发尘数据。

表 2-10　服装发尘量　　　　　单位：个/(min·人)

动作		普通工作服≥0.5μm/(×10⁶)	白色尼龙洁净工作服≥0.5μm/(×10⁶)	全套型洁净工作服≥0.5μm/(×10⁶)	手术内衣≥0.5μm/(×10⁶)	棉手术衣≥0.5μm/(×10⁶)	无纺布手术衣≥0.5μm/(×10⁶)
静止状态	站着	0.339	0.113	0.006	—	—	—
	坐着	0.302	0.112	0.007	—	—	—
动作状态	手腕上下运动	2.98	0.3	0.019	27.9	12.5	1.53
	腕自由运动	2.24	0.289	0.021	7.63	33.9	3.32
	上体前屈	2.24	0.54	0.024	8.28	8.73	7.15
	头上下左右运动	0.361	0.151	0.011	0.224	0.543	0.255
	上体扭转	0.850	0.267	0.015	4.56	5.88	1.17
	屈身	3.12	0.605	0.037	10.3	26.1	8.65
	起立坐下	—	—	—	15.3	31.7	5.92
	坐下	—	—	—	0.215	0.51	0.749
	坐下(腕、手、头躯体轻动)				1.03	14.0	0.61
	踏步(90 步/min)	2.92	1.01	0.056	4.63	24.0	4.33
	动作平均	2.14	0.45	0.026	8	15.79	3.37
	动静比	6.68	4	4	—	—	—

室内围护结构表面发尘量，以地面为准，8m² 地面的表面发尘量与一个静止的人的发尘量相当。

二、发菌量

分析国外实验资料可以得出以下内容。

① 洁净室内当工作人员穿无菌服时

静止时的发菌量一般为 10～300 个/(min·人)，

躯体一般活动时的发菌量 150～1000 个/(min·人)，

快步行走时的发菌量 900～2500 个/(min·人)。

② 咳嗽一次一般为 70～700 个/(min·人)；

喷嚏一次一般为 4000～60000 个/(min·人)，最多可达 150000 个/(min·人)。

③ 穿平常衣服时发菌量 3300～62000 个/(min·人)。

④ 有口罩发菌量：无口罩发菌量 (1∶7)～(1∶14)。

⑤ 发菌量：发尘量 (1∶500)～(1∶1000)。

⑥ 据国内实测，手术中人员发菌量 878 个/(min·人)。

所以，可知洁净室内穿无菌衣人员的静态发菌量一般不超过 300 个/（min·人），动态发菌量一般不超过 1000 个/（min·人），以此作为计算依据是可行的。

三、动静比

动静比是国内外提出的一个概念，洁净室设计时和工程验收时要求的洁净度级别除非指明，一般都是静态的。问题是：静态若按 5 级设计，使用后能达到多少级呢？或者要求在 5 级条件下生产，那设计时应按什么级别设计呢？这涉及成品质量和节能。

根据人员发尘量的数据和作者多次实地测定比例，给出动静比约为 3～5 的范围，即单向流洁净室或自动化程度高的洁净室，动静比一般≤3，＞5 的很少。后面提到药品生产车间的 GMP，给出了动态级别和静态级别相差 10 倍的值，由于药品生产车间越来越自动化、智能化，这个倍数显然太高，将会造成设计时过分提高参数要求而浪费了投资和能量。根据作者早前对药厂的观测，动静比一般＜5，对于 5 级车间还要小得多，在 3 以下。

第三章

污染微粒的过滤清除

第一节　过　滤　机　理

一、基本过滤过程

1. 过滤分离的两大类别

从洁净室技术以净化空气为主要目的来看，空气中微粒浓度很低（相对于工业除尘来说），微粒尺寸很小，而且要确保末级过滤效果的可靠，所以主要采用带有阻隔性质的过滤分离装置来清除气流中的微粒，其次也常采用电力分离的办法。

阻隔性质的微粒过滤器按微粒被捕集的位置可以分为两大类：一为表面过滤器，二为深层过滤器。

表面过滤器有金属网、多孔板、化学微孔滤膜等。

深层过滤器又分为高填充率和低填充率两种，微粒捕集发生在表面和层内。前者迄今研究得很少，而后者（包括纤维填充层、无纺布和滤纸的过滤器）虽然内部纤维配置也很复杂，但由于空隙率大，允许将构成过滤层的纤维孤立地看待，从而可简化研究步骤，而且此类过滤器阻力不大，效率很高，实用意义很大，特别在洁净室方面应用极广，所以受到重视。

2. 过滤过程的两大阶段

第一阶段称为稳定阶段，在这个阶段里，过滤器对微粒的捕集效率和阻力是不随时间而改变的，而是由过滤器的固有结构、微粒的性质和气流的特点决定的。在这个阶段里，过滤器结构由于微粒沉积等原因而引起厚度上的变化是很小的。对于过滤微粒浓度很低的气流，例如在空气洁净技术中过滤室内空气，这个阶段对于过滤器就很重要了。

第二阶段称为不稳定阶段，在这个阶段里，捕集效率和阻力不取决于微粒的性质，而是随着时间的变化而变化，主要是随着微粒的沉积、气体的侵蚀、水蒸气的影响等变化。尽管这一阶段和上一阶段相比要长得多，并且对一般工业过滤器有决定意义，但是在空气洁净技术中意义不大。

二、五种效应

1. 拦截（或称接触、钩住）效应

在纤维层内纤维错综排列，形成无数网格。当某一尺寸的微粒沿着气流流线刚好运动到纤维表面附近时，假使从流线（也是微粒的中心线）到纤维表面的距离等于或小于微粒半径（见图 3-1，$r_1 \leqslant r_f + r_p$），微粒就在纤维表面被拦截而沉积下来，这种作用称为拦截效应。筛子效应属于拦截效应。

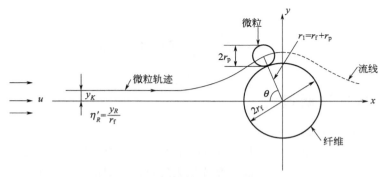

图 3-1　拦截效应

2. 惯性效应

由于纤维排列复杂，所以气流在纤维层内穿过时，其流线要屡经激烈的拐弯。当微粒质量较大或者速度（可以看成气流的速度）较大，在流线拐弯时，微粒由于惯性来不及跟随流线同时绕过纤维，因而脱离流线向纤维靠近，并碰撞在纤维上而沉积下来（见图 3-2 位置 a）。

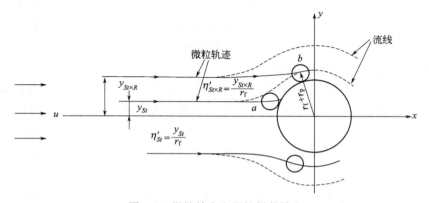

图 3-2　惯性效应和惯性拦截效应

如果因惯性作用微粒不是正面撞到纤维表面而是正好撞在拦截效应范围之内（见图 3-2 位置 b），则微粒的被截留就是靠这两种效应的共同作用了。

3. 扩散效应

由于气体分子热运动对微粒的碰撞而产生微粒的布朗运动，对于越小的微粒越显著。

常温下 $0.1\mu m$ 的微粒每秒扩散距离达 $17\mu m$，比纤维间距离大几倍至几十倍，这就使微粒有更大的机会运动到纤维表面而沉积下来（见图 3-3 位置 a），而大于 $0.3\mu m$ 的微粒其布朗运动减弱，一般不足以靠布朗运动使其离开流线碰撞到纤维上面去。

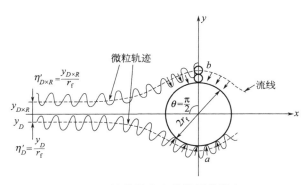

图 3-3　扩散效应和扩散拦截效应

4. 重力效应

微粒过纤维层时，在重力作用下发生脱离流线的位移，也就是因重力沉降而沉积在纤维上（见图 3-4）。

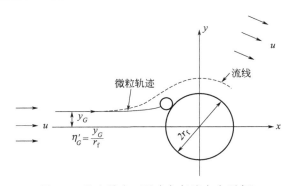

图 3-4　重力效应（重力与气流方向平行）

由于气流通过纤维过滤器特别是通过滤纸过滤器的时间远小于 1s，因而对于直径小于 $0.5\mu m$ 的微粒，当它还没有沉降到纤维上时已通过了纤维层，所以重力沉降完全可以忽略。

5. 静电效应

由于种种原因，纤维和微粒都可能带上电荷，产生吸引微粒的静电效应（见图 3-5）。

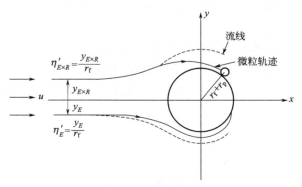

图 3-5　静电效应

除了有意识地使纤维或微粒带电外，若是在纤维处理过程中因摩擦带上电荷，或因微粒感应而使纤维表面带电，则这种电荷不能长时间存在，电场强度也很弱，产生的吸引力很小，可以完全忽略。

第二节　过滤器的特性

一、面速和滤速

面速是指过滤器断面上通过气流的速度，一般以 u（m/s）表示，即

$$u = \frac{Q}{F \times 3600} \tag{3-1}$$

式中　Q——风量，m^3/h；

　　　F——过滤器截面积即迎风面积，m^2。

所以面速反映过滤器的通过能力和安装面积。

滤速是指滤料面积上通过气流的速度，一般以 v [L/(cm²·min) 或 cm/s] 表示，即

$$v = \frac{Q \times 10^3}{f \times 10^4 \times 60} = 1.67\frac{Q}{f} \times 10^{-3} [\text{L/(cm}^2 \cdot \text{min)}] \tag{3-2}$$

或

$$v = \frac{Q \times 10^6}{f \times 10^4 \times 3600} = 0.028\frac{Q}{f} \ (\text{cm/s}) \tag{3-3}$$

式中　f——滤料净面积（即去除黏结等占去的面积），m^2。

所以滤速反映滤料的通过能力，特别是反映滤料的过滤性能。

过滤器的滤速范围见表 3-1。

表 3-1　过滤器滤速范围

种类	粗效过滤器	中效、高中效过滤器	亚高效过滤器	高效过滤器
滤速量级	m/s	dm/s	cm/s	cm/s

高效和超高效过滤器的滤速一般为 $2\sim3\text{cm/s}$，亚高效过滤器为 $5\sim7\text{cm/s}$。

二、效率和透过率

当被过滤气体中的含尘浓度以计重浓度来表示时，则效率为计重效率；以计数浓度来表示时，则为计数效率；以其他物理量作相对表示时，则为比色效率或浊度效率等。

最常用的表示方法是用过滤器进出口气流中的尘粒浓度表示的计数效率：

$$\eta = \frac{N_1 - N_2}{N_1} = 1 - \frac{N_2}{N_1} \tag{3-4}$$

式中　N_1，N_2——分别为过滤器进出口气流中的尘粒浓度，粒/L。

在过滤器的性能试验中，往往用与效率相对的透过率来表示，习惯用 K（%）表示透过率：

$$K = (1-\eta) \times 100\% \tag{3-5}$$

理论计算和实验证明：同类型过滤器串联，第一道以后的串联过滤器效率应该降低，因为经过前一道过滤器后微粒的分布发生了变化，由于对不同微粒的过滤作用不同，从而引起后一道过滤器对各粒径的总效率略有下降。

但是这个降低是极小的，第二道过滤器的透过率仅增加一倍，以后的过滤器变化更小了，所以串联总效率 η 仍可表示为：

$$\eta = 1 - (1-\eta_1)(1-\eta_2) \times \cdots \times (1-\eta_n) \tag{3-6}$$

计数效率和粒径有密切关系，美国、日本等国通常指的 DOP 效率为 99.97% 的高效过滤器，这 DOP 就是单分散的邻苯二甲酸二辛酯微粒，或者说是指对 $0.3\mu\text{m}$ 的微粒而言的，而设计洁净室时则用 $\geqslant0.5\mu\text{m}$ 微粒的数量这一概念，99.97% 绝不是对 $\geqslant0.5\mu\text{m}$ 微粒的效率。根据计算有如下结果：若对 $0.3\mu\text{m}$ 微粒的效率为 99.91%，则对 $0.5\mu\text{m}$ 微粒的效率为 99.994%，对 $\geqslant0.5\mu\text{m}$ 微粒的效率为 99.998%~99.999%。

三、阻力

过滤器的阻力由两部分组成，一是滤料的阻力，二是过滤器结构的阻力。

$$\Delta P_1 = AV \tag{3-7}$$

$$\Delta P_2 = Bu^n \tag{3-8}$$

$$\Delta P = \Delta P_1 + \Delta P_2 = CV^m \tag{3-9}$$

式中　　　　ΔP_1——滤料阻力；

ΔP_2——过滤器结构阻力；

V——滤速；

u——面速；

A，B，C，n，m——系数。

以上公式表明，滤料阻力和滤速的一次方呈正比，过滤器全阻力则和滤速呈指数关系。

四、容尘量

过滤器容尘量是和使用期限有直接关系的指标。通常将运行中过滤器的终阻力达到其初阻力一倍（若一倍值太低，或定为其他倍数）的数值时，或者效率下降到初始效率的 85％ 以下时（一般对于预过滤器来说）过滤器上沉积的灰尘重量，作为该过滤器的容尘量。

当风量为 $1000m^3/h$ 时，一般折叠形泡沫塑料过滤器的容尘量为 $200\sim400g$，玻璃纤维过滤器为 $250\sim300g$，无纺布过滤器为 $300\sim400g$，亚高效过滤器为 $160\sim200g$，高效过滤器为 $400\sim500g$。

同类过滤器若尺寸不同，容尘量也不同。

第三节　过滤器的使用寿命

以达到额定容尘量的时间作为过滤器的使用寿命，此时过滤器即需更换。计算公式为：

$$T = \frac{P}{N_1 \times 10^{-3} Qt\eta} \tag{3-10}$$

式中　T——过滤器使用寿命，d；

P——过滤器容尘量，g；

N_1——过滤器前空气的含尘浓度，mg/m^3；

Q——过滤器的风量，m^3/h；

t——过滤器一天的工作时间，h；

η——计算过滤器的计重效率。

第四节　效率的换算

一、尘-尘换算

尘-尘换算图如图 3-6 所示。

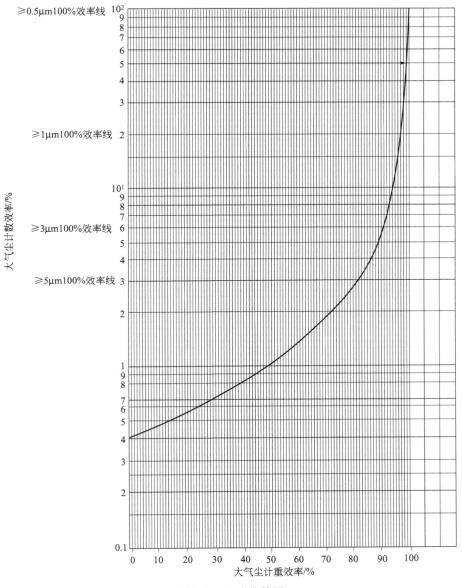

图 3-6 尘-尘换算图

下面说明换算图的用法。

① 已知≥0.5μm 的计数效率时，换算计重效率。

[例] 图中纵坐标是≥0.5μm 的计数效率。当≥0.5μm 计数效率为 50% 时，从图中纵坐标效率 50% 处引横坐标的平行线相交于曲线查得计重效率为 98.5%，这从表 2-3 上分析看也是正确的，因为要把≥0.5μm 的微粒过滤掉占总粒数的

50％，不到总粒数 20％的 $1\mu m$ 以上粒子显然应全部清除掉（可能有些漏掉），则其重量已占到 97％，再加上一部分 $0.5\sim1\mu m$ 的粒子，过滤掉的总重量就要大于 97％，而可能达到 98.5％左右。

② 已知 $\geqslant1\mu m$ 的计数效率时，换算计重效率。

[例] $\geqslant1\mu m$ 的计数效率为 75％，计算对应于 $\geqslant0.5\mu m$ 的计数效率。

因为 $\geqslant1\mu m$ 100％计数效率下 $\geqslant0.5\mu m$ 计数效率为 18.51％，所以 $\geqslant1\mu m$ 75％计数效率时的 $\geqslant0.5\mu m$ 计数效率应为 $18.51\times0.75=13.88\%$，从图中查出对应的计重效率为 96.2％。

③ 已知 $\geqslant X_1\mu m$ 的计数效率时，换算成 $\geqslant X_2\mu m$ 的计数效率，X_1、X_2 为某一数字。

[例 1] $\geqslant0.5\mu m$ 的计数效率为 2.65％时，换算对应的 $\geqslant5\mu m$ 的计数效率。

$5\mu m$ 以上粒数正好占总粒数的 2.65％，显然大粒子首先过滤掉，所以 $\geqslant0.5\mu m$ 的计数效率为 2.65％时，$\geqslant5\mu m$ 的计数效率即可为 100％，即图上"$\geqslant5\mu m$ 100％效率线"。

[例 2] $\geqslant0.5\mu m$ 的计数效率为 2％时，换算对应的 $\geqslant5\mu m$ 的计数效率。

按上面道理，$\geqslant5\mu m$ 计数效率应为：

$$\frac{2}{2.65}=75.47\%$$

[例 3] $\geqslant1\mu m$ 的计数效率为 70％，核算对应的 $\geqslant0.5\mu m$ 的计数效率。

按前面讲的道理以 0.7 乘以 $\geqslant1\mu m$ 100％效率所对应的 $\geqslant0.5\mu m$ 的效率，即

$$0.7\times18.51\%=12.96\%$$

实际上不是某一粒径粒子全部过滤完才过滤比这一粒径小的粒子，而是有一定交叉的，所以以 $\geqslant0.5\mu m$ 的粒子计数效率换算 $\geqslant1\mu m$、$\geqslant5\mu m$ 等粒子计数效率时，实际的效率应小于换算所得，以上例而言，$1\mu m$ 效率 70％所对应的 $0.5\mu m$ 效率应大于 12.96％，或 $0.5\mu m$ 效率为 12.96％时 $1\mu m$ 效率应小于 70％，对于中效过滤器可以小到原数的 30％。

下面再介绍一下 DOP 法、大气尘比色法和人工尘计重法的换算关系，根据图 3-7 可见，大气尘比色法效率为 50％时 DOP 法效率才 20％，而人工尘计重法效率达 95％。

通过图 3-7 的关系可以看出，上面的计数效率和计重效率换算方法是可行的。因为 DOP 法也是一种计数法，和大气尘计数法较接近，而人工尘计重法的结果，一般都大于大气尘计重法的结果。

从图 3-7 可见，DOP 法效率为 2％时，人工尘计重法为 83％，而按图 3-6，大气尘计数法效率为 2％时，大气尘计重法为 73％。

DOP 法效率为 10％时，由图 3-7 查得人工尘计重法为 91％；大气尘计数法

效率为 10％时，由图 3-6 查得大气尘计重法为 95％。

DOP 法效率为 47％时，由图 3-7 查得人工尘计重法为 99％；大气尘计数法为 47％时，由图 3-6 查得大气尘计重法为 98.5％，上面举的例 1 和例 3 符合上述几种方法的一般关系，例 2 略差，但总体上看，用来估算是可行的。

此外也可以利用图 3-6、图 3-7 对计数法和其他方法进行换算。

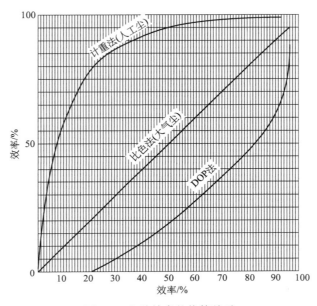

图 3-7　几种效率的换算关系

例如比色法效率 95％相当于计数法多少？从图 3-7 可知比色法效率 95％相当人工尘计重法效率 99.5％，相当于计数效率 66％。而我们实测过的日本比色法效率为 95％的过滤器其 $\geqslant 0.5\mu m$ 计数效率为 64.8％，比色法 90％的过滤器其计数效率一般为 40％～50％。

所以根据上述比较分析可以认为，在没有直接测定数据对比情况下，上述比较曲线可以用作通常参考性的换算。

二、菌-尘换算

菌-尘换算比较复杂，一般按以下两个原则处理：

① 若已知细菌效率等价直径，即查此直径下的滤料计数效率，即为该滤料对该菌群的计数效率。

② 若不知细菌的效率等价直径，则可按有关实验得到的一般关系换算。

国内有关大气菌通过纤维型滤料的效率实验，寻找到与大气菌效率相当的大于等于某粒径尘粒的效率，认为大气菌效率和 $\geqslant 5\mu m$ 大气尘计数效率相当，见

图 3-8。因此，可知此时的大气菌等价直径应>5μm，因为只有>5μm 的某粒径（例如 7μm）的效率才能和≥5μm 的效率相当，这和前面表 2-9 给出的室外大气菌的等价直径相吻合。此外，也可按表 3-2 给出的数据取用，从其中也可看到图 3-8 由涂光备等给出的规律。

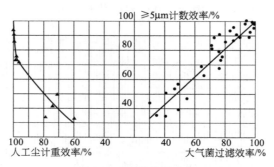

图 3-8 菌-尘关系曲线

表 3-2 过滤器滤菌效率

序号	过滤器种类	细菌种类	效率/%	滤速/(m/s)
1	DOP99.97	灵菌，为最小杆菌，0.5～1μm	99.9999±0.0000	0.025
2	DOP99.97		99.9994±0.0007	0.025
3	DOP99.97		99.9964±0.0024	0.025
4	DOP95		99.989±0.0024	0.025
5	DOP75		99.88±0.0179	0.05
6	NBS95		99.85±0.0157	0.09
7	NBS85		99.51±0.061	0.09
8	DOP60	灵菌，为最小杆菌，0.5～1μm	97.2±0.291	0.05
9	NBS75		93.6±0.298	0.09
10	DOP40		83.8±1.006	0.05
11	DOP20～30		54.5±4.903	0.20
12	用国产 TL-Z-17 无纺布制作的粗效过滤器，对≥0.5μm 尘粒效率为 5.4%，≥5μm 尘粒效率为 83.2%	实验室大气杂菌	89.2	0.2
		大肠杆菌	44.9	0.2
13	同上过滤器，对≥0.5μm 尘粒效率为 8.3%，≥5μm 尘粒效率为 90%	实验室大气杂菌	91.3	0.4
		大肠杆菌	48.1	0.4
14	同上过滤器，对≥0.5μm 尘粒效率为 8.9%，对≥5μm 尘粒效率为 93.8%	实验室大气杂菌	94.6	0.5
15	用国产 BCN-100（100g/m²）无纺布制作的中效过滤器，对≥0.5μm 尘粒效率为 76.4%，对≥5μm 尘粒效率为 100%	实验室大气杂菌	99.0	0.15
		大肠杆菌	95.6	0.15

序号	过滤器种类	细菌种类	效率/%	滤速/(m/s)
16	同上过滤器，对≥0.5μm尘粒效率为75.80%，对≥5μm尘粒效率为100%	实验室大气杂菌 大肠杆菌	99.4 94.7	0.22 0.22
17	同上过滤器，对≥0.5μm尘粒效率为71.1%，对≥5μm尘粒效率为100%	实验室大气杂菌 大肠杆菌	99.7 97.2	0.28 0.28
18	超低阻高中效过滤器	实验室大气杂菌 大肠杆菌	99.37	0.31~0.99

第五节 影响效率的因素

一、微粒尺寸的影响

当过滤器过滤多分散的微粒时，在几种过滤机理作用下，比较小的微粒由于扩散作用而先在纤维上沉积，所以当粒径由小到大时，扩散效率逐渐减弱；比较大的微粒则在拦截和惯性作用下沉积，所以当粒径由小到大时，拦截和惯性效率逐渐增加。这样，和粒径有关的效率曲线，就有一个最低点，这一点粒径下的总效率最小，该效率下的粒径写成 d_{max}，称为最大透过粒径。

d_{max} 不是定值，对于不同性质的微粒、不同的纤维、不同的滤速，d_{max} 是变化的。图 3-9 是纤维层过滤器粒径和效率的典型关系。

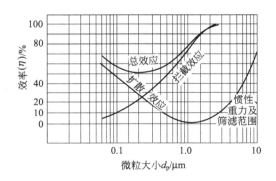

图 3-9 纤维层过滤器粒径和效率的关系

由于测试技术的进步，对于滤纸过滤器，d_{max} 已由 0.3μm 下移到 0.1~0.15μm。

二、纤维粗细的影响

对于前面讲到的所有过滤机理，当纤维直径减小时，效率都升高。所以在选择高效过滤器滤材时,力求采用最细的纤维。当然,纤维细了,过滤器的阻力就要相应地增加。

三、滤速的影响

前述几种过滤效应和滤速的定性关系表示于图 3-10。其他还有一些影响因素,这里不再论述。

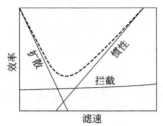

图 3-10　滤速对各类效应的影响

第六节　我国过滤器的分类

一、一般过滤器分类

我国于 1992 年、1993 年分别颁布了《高效空气过滤器》(GB/T 13554—92) 和《空气过滤器》(GB/T 14295—93) 的两个国家标准,过滤器一共分为粗效过滤器、中效过滤器、高中效过滤器、亚高效过滤器和高效过滤器五类,其中高效过滤器又细分为四种。以上两个标准几经修订,现在执行的空气过滤器参数见表 3-3。

表 3-3　过滤器额定风量下的效率和阻力 (GB/T 14295—2019)

性能类别	代号	迎面风速 /(m/s)	额定风量下的效率 (E)/%		额定风量下的初阻力(ΔP_i)/Pa	额定风量下的终阻力(ΔP_f)/Pa
亚高效	YG	1.0	粒径≥0.5μm	99.9>E≥95	≤120	240
高中效	GZ	1.5		95>E≥70	≤100	200
中效 1	Z1			70>E≥60		
中效 2	Z2	2.0		60>E≥40	≤80	160
中效 3	Z3			40>E≥20		
粗效 1	C1		粒径≥2.0μm	E≥50		
粗效 2	C2	2.5		50>E≥20	≤50	100
粗效 3	C3		标准人工尘计重效率	E≥50		
粗效 4	C4			50>E≥10		

二、高效过滤器分类

高效和超高效过滤器效率分级见表 3-4、表 3-5。

表 3-4 高效空气过滤器效率（GB/T 13554—2020）

效率级别	额定风量下的效率/% [计数法(0.1~0.3μm)、钠焰法、油雾法中任一种,但应注明]
35	≥99.95
40	≥99.99
45	≥99.995

注：出厂应逐台进行检漏试验,不应有渗漏。

表 3-5 超高效空气过滤器效率

效率级别	额定风量下的计数法(0.1~0.3μm)效率/%
50	≥99.999
55	≥99.9995
60	≥99.9999
65	≥99.99995
70	≥99.99999
75	≥99.999995

注：出厂应逐台采用扫描法进行检漏试验,不应有渗漏。

第四章

洁净室的分类和原理

第一节 洁净室的定义

一、定义

洁净室是指空气洁净度达到规定级别的可供人活动的空间。其功能是控制微粒的污染。

为了达到规定的洁净度级别，有效地控制微粒的污染，使人在其中从事精密的生产和科学实验活动，洁净室绝不是仅限于"洁净"，而必须是一个对温度、噪声、照度、静电、微振等都有相当要求的多功能的综合整体，是集建筑装饰、净化空调、纯水纯气、电气控制等多种专业技术于一体的产物。

二、特点

洁净室的特点如表 4-1 所列。

表 4-1　洁净室特点

功能上	设计上	结构上	施工上
防止产尘	三级过滤	不产尘	严密
阻止进尘	末端过滤	不积尘	干净
有效排尘	气流方向有利于灰尘沉降	不妨碍清除灰尘	按程序进行

注：三级过滤参见第六章第二节。

第二节 洁净室的分类

一、按用途分类

按用途可分为两大类。

（1）工业洁净室——以无生命的微粒为控制对象　主要控制无生命微粒对工作对象的污染，内部一般保持正压。它适用于精密工业、电子工业、宇航工业、化学工业、原子能工业、印刷工业、照相工业等。

（2）生物洁净室——以有生命的微粒为控制对象　又可分为：

① 一般生物洁净室，主要控制有生命微粒对工作对象的污染。同时其内部材料要能经受各种灭菌剂侵蚀，内部一般保持正压。其实质上是结构和材料允许做灭菌处理的工业洁净室，可用于食品工业（防止变质、生霉）、制药工业（高纯度、无菌制剂）、医疗设施（手术室、特殊病房、各种制剂室、仪器室）、动物实验设施（无菌动物饲育）、实验设施（理化、洁净实验室）。

② 生物学安全洁净室（又称生物安全实验室），主要控制工作对象的有生命微粒对外界和人的污染，内部保持负压。用于实验设施（细菌学、生物学洁净实验室）、生物工程（重组基因、疫苗制备）。

二、按气流分类

按气流可分为四类：
① 单向流洁净室；
② 非单向流洁净室（乱流洁净室）；
③ 辐流洁净室；
④ 混合流（局部单向流）洁净室。

第三节　单向流洁净室的原理和特性

一、定义

单向流洁净室过去在国外称为层流洁净室，我们曾称为平行流洁净室。在流体力学上这两个概念是相同的，我国1977年颁布的《空气洁净技术措施》最后在平行流和单向流两个相同概念中取平行流，认为更形象。即："平行流是指流线平行、流向单一、具有一定的和均匀的断面速度的气流。习惯称'层流'。"1987年从美国联邦标准209C开始，正式称为单向流洁净室。

关于单向流的定义，我国《洁净厂房设计规范》（GB 50073—2013）给出的是：通过洁净室（区）整个断面的风速稳定、大致平行的受控气流。

等同采用ISO 14644-1（2015）的国标《洁净室及相关受控环境　第1部分：按粒子浓度划分空气洁净度等级》则给出：通过洁净室或洁净区整个断面，风速稳定且平行的受控气流。

上述ISO 2015版单向流原文是：以稳定速度和平行流线通过洁净室或洁净

区整个断面的受控气流（controlled airflow through the entire cross-section of a cleanroom or a clean zone with a steady velocity and airstreams that are considered to be parallel）。

从上述国际标准和早于它的国内文献表述可见，强调气流平行性而不是"大致平行"是单向流最主要特征，比"单向"的约束力更明确，可见我国当初选用平行流是合适的。当然现在也都采用国际通行的单向流。

在流体力学上单向流和平行流是一个概念。ISO（2015）和我国等同采用的国标对单向流定义也是这个概念，即单向流：通过洁净室或洁净区整个断面，风速稳定且平行的受控气流。所以单向流洁净室的定义是：气流以均匀的截面速度，沿着平行流线以单一方向在整个室截面上通过的洁净室。

二、原理

单向流洁净室靠送风气流"活塞"般的挤压作用，迅速把室内污染排出，如图 4-1 所示。

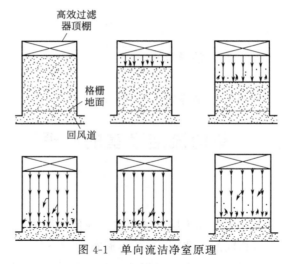

图 4-1　单向流洁净室原理

要想保证"活塞"作用的实现，最重要一点是高效过滤器必须满布。当然，过滤器是有边框的，顶棚也是有边框的，不可能百分之百地满布过滤器。应该用满布比这一概念来衡量过滤器的满布程度：

$$满布比 = \frac{高效过滤器净截面积}{洁净室布置过滤器截面的面积}$$

当高效过滤器布置在静压箱之外，静压箱的送风面为阻漏层时，由于阻漏层既具有相当的阻力，又有全面透气性能和过滤亚微米微粒的性能，使静压箱中的气流又经过一次具有阻漏效果的过滤层。高效过滤器与阻漏层之间为连续的洁净空间，保持出风面积可等同于过滤器面积，此时满布比用下式表达：

$$洁净气流满布比 = \frac{送风面上洁净气流通过面积}{送风面全部截面积}$$

低阻而几乎无效率的孔板、阻尼层等不能用上面的公式。

正常情况下满布比达到 80%。我国《空气洁净技术措施》规定，垂直单向流洁净室满布比不应小于 60%，水平单向流洁净室满布比不应小于 40%，否则就是局部单向流了。

三、特性指标

表示单向流洁净室性能好坏的特性指标主要有以下三项。

1. 流线平行度（流线平行性）

流线平行的作用是保证尘源散发的尘粒不作垂直于流向的传播。

要求流线之间要平行，在 0.5m 距离内线间夹角最大不能超过 25°；又要求流线尽可能垂直于送风面，其倾斜角最小不能小于 65°。或者简单用流线偏离垂直线的角度表示，《洁净室施工及验收规范》（GB 50591—2010）规定了更严的要求，即该角应不大于 15°。

2. 乱流度（速度不均匀度）

速度均匀的作用是保证流线之间质点的横向交换最小。乱流度是为了说明速度场的集中或离散程度而定义的，用于不同速度场的比较，用 $\dfrac{\sum (V_i - \overline{V})^2}{n} \Big/ \overline{V}$ 表示，这是数理统计中的"变异系数"。实用时，由于测点数一般不会多于 30，按《洁净室施工及验收规范》不小于 10 点就可以，而此时由于测点少，属小子样问题，应加以贝塞尔修正，即用 $(n-1)$ 代替上式中的 n。

国内在 20 世纪 80 年代初即提出这一概念，日本则在 1987 年的协会标准中提出这一概念，而且都从理论角度要求乱流度 ≤0.20。美国一直沿用简单的测点数法，早期的 209 标准要求任一点速度与平均速度之差不能超过平均速度 ±20%，这显然失之过严。20 世纪 70 年代，美国污染控制协会标准规定为速度测点的 80% 值与平均值之差，约在平均值的 ±20% 之内，其余 20% 测定值与平均值之差，改在平均值的 ±30% 之内。20 世纪 80 年代，美国环境科学协会标准则规定，在平均值 ±20% 范围内的气流速度测点数占的最小百分数是"买卖双方之间协商的事情"。计算表明，如果按 209 标准的方法评定达不到要求，则按上述其他各法评定就可以达到要求。

图 4-2 是根据国内外实测数据整理成的乱流度和单向流自净时间的关系，可见在速度不均匀度 $\beta_V \leqslant 0.3$ 时，实际自净时间为 1min，虽然已比理论值大几倍，但毕竟仍是很短的，所以从实际出发，$\beta_V \leqslant 0.3$ 即可。《洁净室施工及验收规范》把 β_V 要求得更严，即：

$$\beta_V = \sqrt{\frac{\sum (V_i - \overline{V})^2}{n-1} \Big/ \overline{V}} \leqslant 0.25 \tag{4-1}$$

式中　V_i——任一点风速；

$\bar{V}$——平均风速；

n——测点数。

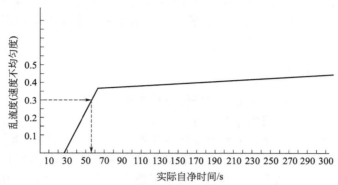

图 4-2　乱流度与单向流洁净室自净时间的关系

3. 下限风速

这是保证洁净室能控制以下四种污染的最小风速。

① 当污染气流多方位散布时，送风气流要能有效控制污染的范围；

② 当污染气流与送风气流同向时，送风气流要能有效地控制污染气流到达下游的扩散范围；

③ 当污染气流与送风气流逆向时，送风气流能把污染气流抑制在必要的距离之内；

④ 在全室被污染的情况下，足以在合适的时间迅速使室内空气自净。

具体数值见表 4-2。

表 4-2　下限风速建议值

洁净室	下限风速/(m/s)	条件
垂直单向流	0.12 0.3 ≤0.5	平时无人或很少有人进出，无明显热源(只有一般仪器) 无明显热源的一般情况 有人，有明显热源，如 0.5 仍不够，则宜控制热源尺寸和加以隔热
水平单向流	0.3 0.35 ≤0.5	平时无人或很少有人进出 一般情况 要求更高或人员进出频繁的情况

第四节　乱流洁净室的原理和特性

一、定义

乱流洁净室，从美国联邦标准 209C 开始，称为非单向流洁净室。为简单起见，我国《洁净室施工及验收规范》仍沿用乱流洁净室这一名称。

乱流洁净室的定义是：气流以不均匀的速度呈不平行流动，伴有回流或涡流的洁净室。乱流即非单向流按前述 ISO 标准全文为：洁净室或洁净区的送风以诱导方式与室内空气混合的气流分布。

二、原理

乱流洁净室靠送风气流不断稀释室内空气，把室内污染逐渐排出，达到平衡，如图 4-3 所示。

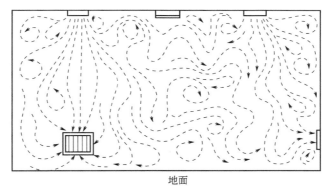

地面

图 4-3　乱流洁净室原理

要想保证稀释作用很好地实现，最重要一点是室内气流扩散得要快且均匀。

三、特性指标

表示乱流洁净室性能好坏的特性指标主要有以下三项。

1. 换气次数

换气次数的作用是保证有足够进行稀释的干净气流。换气次数的多少应根据计算和经验确定。

2. 气流组织

气流组织的作用是保证能均匀地送风和回风，充分发挥干净气流的稀释作用。因此要求单个风口有足够的扩散作用，全室风口布置均匀，数量多一些好，要尽量减少涡流和气流回旋。

气流组织是通过测定流场流线来分析的，没有定量标准。

3. 自净时间

自净时间是洁净室从污染状态回复到正常稳定状态能力的体现，越短越好。也可以指定为从某污染状态降低到某洁净状态的时间。

图 4-4 是具有 33 次/h 换气次数的洁净室的理论自净过程曲线和实测自净过

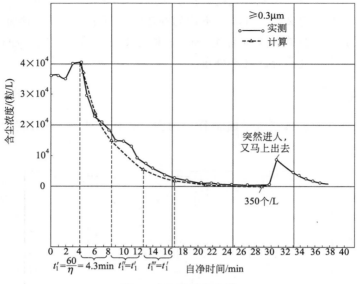

图 4-4　自净过程曲线

程曲线。

乱流洁净室自净时间一般不超过 30min。

第五节　洁净室稳定时的含尘浓度

洁净室稳定时的含尘浓度可由图 4-5 所示的基本形式计算，图中洁净室可以是单室或多室，结果都可写成：

室内尘粒均匀分布时

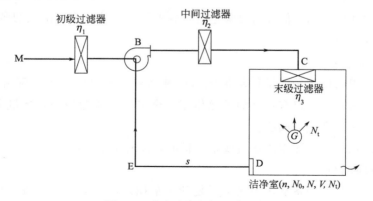

图 4-5　乱流洁净室的基本图式

MBC—新风通路；DEBC—回风通路

$$N = \frac{60G \times 10^{-3} + Mn(1-s)(1-\eta_n)}{n[1-s(1-\eta_r)]} \tag{4-2}$$

$$\approx N_s + \frac{60G \times 10^{-3}}{n} \tag{4-3}$$

室内尘粒不均匀分布时（如图 4-6 所示的三区不均匀分布）

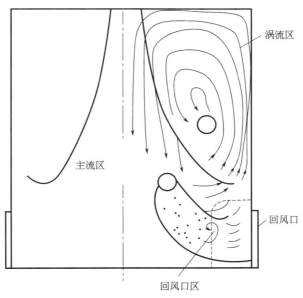

图 4-6　三区不均匀分布

$$N_V = N_s + \psi \frac{60G \times 10^{-3}}{n} \tag{4-4}$$

因为 N_s 和 $\dfrac{60G \times 10^{-3}}{n}$ 相比极小，可把上式改写成简化式：

$$N_V \approx \psi \left(N_s + \frac{60G \times 10^{-3}}{n} \right) = \psi N \tag{4-5}$$

以上各式中的符号意义是：

N，N_V——室内稳定含尘浓度，粒/L；

n——换气次数，次/h；

G——室内单位容积发尘量，粒/（$m^3 \cdot min$）；

M——大气含尘浓度，粒/L；

s——回风量对于全风量之比；

N_s——送风含尘浓度，粒/L；

ψ——不均匀分布系数。

设从新风口到送风口的新风通路上过滤器的总效率为 η_n。

$$\eta_n = 1-(1-\eta_1)(1-\eta_2)(1-\eta_3) \tag{4-6}$$

设从回风口到送风口的回风通路上过滤器的总效率为 η_r。

$$\eta_r = 1-(1-\eta_2)(1-\eta_3) \tag{4-7}$$

式中　η_1——粗效过滤器效率；

　　　η_2——中效预过滤器效率；

　　　η_3——末级过滤器效率。

高效净化系统送风含尘浓度 N_s 可按表 4-3 选用；亚高效系统则须具体计算。

表 4-3　送风含尘浓度 N_s

高效净化系统	新风比（单向流）	0.02	0.04			
	新风比（乱流）			0.2	0.5	1.0
	N_s/（粒/L）	0.1	0.2	1	2.5	5

第六节　洁净室的特性

一、乱流洁净室均匀分布时的静态特性

通过对含尘浓度均匀分布时稳定式的进一步分析并绘成曲线，可以直观地了解各参数对洁净度的影响程度，起到揭示洁净室规律的作用。现举一例，如图 4-7 所示。

从图 4-7 中可见：

① 在大气含尘浓度 $M \leqslant 10^6$ 粒/L 以内时，大气含尘浓度的波动对于 100 级（209E）及其以下级别的洁净室的含尘浓度影响极小，也就是说，在大气含尘浓度为 M_1 时测出的室内含尘浓度，当 M_1 变化到 M_2 时，这一测定结果仍然适用。

但是对于级别高于 100 级（209E）例如 10 级（209E）的洁净室，使用常规 $0.5\mu m$ 级高效过滤时，大气含尘浓度的变化对室内含尘浓度将有影响。

② 室内单位容积发尘量 G 变化时，对洁净室含尘浓度的影响，随着末级过滤器效率的提高而增加。或者说，对于级别越高的洁净室，G 越是决定室内含尘浓度的重要因素，比大气含尘浓度影响更大，所以室内管理越显得重要。

③ 末级过滤器效率高到一定程度，对提高乱流洁净室洁净度级别的作用就显著减小，所以对于洁净度要求不是很高的洁净室，可以采用效率稍低而阻力、价格也低的末级过滤器，如亚高效过滤器，这对于拓宽洁净室的使用领域是有利的。

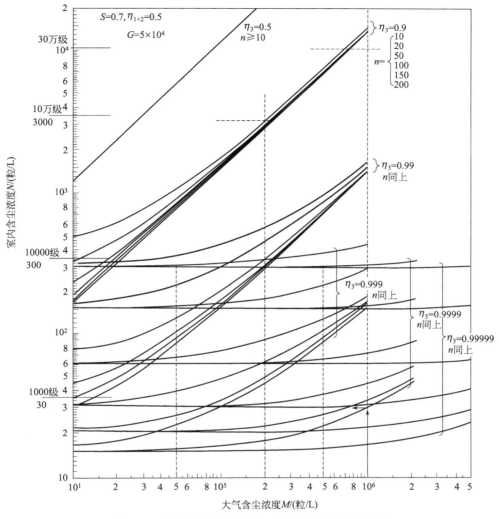

图 4-7　乱流洁净室均匀分布时的静态特性曲线一例

④ 换气次数 n 和室内含尘浓度呈直线关系，并且末级过滤效率 η_3 越大，n 的影响越大；反之末级过滤器性能越差，n 的影响也越小，即此时单纯靠增加换气次数收不到明显效果。同时，室内发尘量越大，n 的作用也越大。

二、不均匀分布时的静态特性

由式（4-8）可以绘制一组曲线，反映不均匀分布系数 ψ 和洁净室几个特性参数的关系：

$$\psi = \left(\frac{1}{\varphi} - \frac{\beta}{\varphi} + \frac{\beta}{1+\varphi}\right)\left(\varphi + \frac{V_b}{V}\right) \tag{4-8}$$

$$\beta = \frac{G_a}{G + G_b} \quad\quad\quad (4\text{-}9)$$

$$\varphi = \frac{Q'}{Q} \quad\quad\quad (4\text{-}10)$$

式中　G_a——主流区内发尘量；

　　　G_b——涡流区内发尘量；

　　　β——主流区发尘量占全室发尘量的比例；

　　　Q——送风量；

　　　Q'——主流区引带边上涡流区的风量；

　　　φ——主流区的引带系数；

　　　V_b——涡流区容积；

　　　V——室容积。

现举如图 4-8 所示的一组曲线为例。从这些曲线中可得到不均匀分布时的洁净室特性有以下几点。

① 对于单向流洁净室，假定过滤器满布比达到 100％（连边框都没有），则在室内整个高度和断面上，都是平行单向气流而无涡流区，因为

$$V_b = 0$$

$$Q' = 0$$

$$\varphi = 0$$

所以式（4-8）中

$$\left(\varphi + \frac{V_b}{V}\right) = 0$$

由式（4-4），则

$$N_V = N_s$$

这好比是一段过滤器试验管道，过滤器后管道内的含尘浓度只取决于过滤器送风浓度，当然这是理想的情况。

② 假定过滤器不是 100％满布，而有一个比例（即满布比），此时就有涡流区，随着这一比例的减小，φ、V_b 都要增大，β 要减小，则 N_V 也要增大，说明满布比不同的平行流洁净室，其含尘浓度是不同的，用式（4-4）可以计算。同样，人员密度不同的单向流洁净室含尘浓度也不同，所以单向流洁净室的人员数量还是要适当控制的。

③ 对于不同的乱流洁净室，主要是主流区的大小、涡流区的大小和引带风量的大小不同，例如散流器的扩散角比高效过滤器风口大一些，因而 V_b 小些，φ 也大些。这就反映了不同乱流洁净室在含尘浓度上的差别。

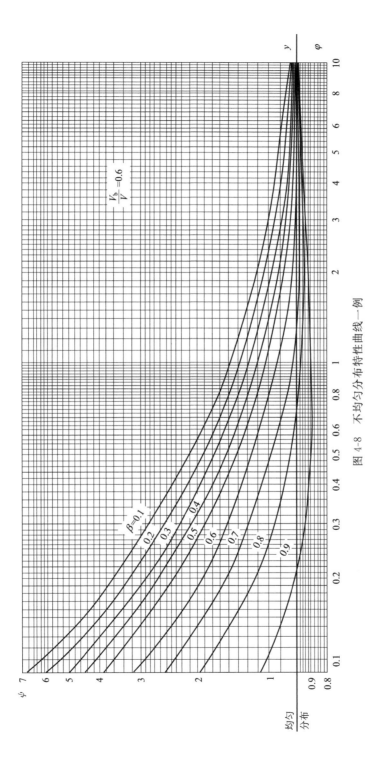

图 4-8 不均匀分布特性曲线一例

④ 在所有情况下，β 越大，不均匀分布系数 ψ 越小。这说明，如果将尘源尽量设置在主流区内，则洁净室的平均含尘浓度越小。

⑤ 对于乱流洁净室，由于 $\dfrac{V_b}{V}$ 一般在 0.5 以上，则 φ 越大，不均匀分布系数 ψ 越小，越接近于 1。这说明，对于乱流洁净室，希望风口的引带比大，这样室内气流混合较好，以达到尽量均匀稀释的作用，因而含尘浓度更接近按均匀分布公式计算的结果。

对于单向流洁净室，由于 $\dfrac{V_b}{V} < 0.1$，则 φ 越小，不均匀分布系数 ψ 越小于 1。这说明，对于单向流洁净室，气流已经是平行流动，就不希望引带气流太大以致扰乱单向流；相反，引带气流越小，单向平行流越稳定，含尘浓度越低。

⑥ 由于尘粒不均匀分布这一固有特性的影响，实测浓度值之间的差别在 1 倍之内是允许的，由于浓度场的这一不均匀性，建议测定应多点多次地进行。

⑦ 据计算，不均匀分布和均匀分布浓度之比即不均匀分布系数 ψ，对于乱流洁净室一般波动 ± 0.5，也就是说，按均匀分布法计算的结果若和实测浓度相差在半倍以内，不一定是计算的问题，因为仍在不均匀分布的波动范围之内，是允许的。

⑧ 均匀分布时 n 和 N 的关系如前所述为直线，而不均匀分布时则是折线，如图 4-9 所示。这是由于真正的室平均浓度即不均匀分布的室平均浓度，可比均匀分布的室平均浓度大（即 $\psi > 1$），也可以比它小（即 $\psi < 1$）。一般当 n 小于 60 次时，ψ 大于 1，反之小于 1，因此 n 和 N 呈折线关系。

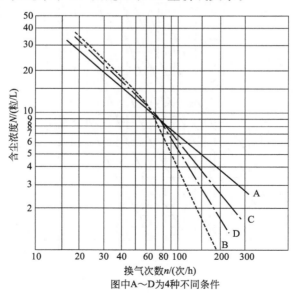

图 4-9　按两种分布计算的浓度和实测浓度的比较

第五章

洁净环境参数

第一节　洁净环境的品质

相对于普通大环境来说，洁净室是一种建筑微环境，而它的某一局部空间环境又是洁净室的微环境。

洁净环境的主要品质是空气洁净度，即对空气的微粒浓度的要求。但是由于在洁净的环境中所进行的工作往往具有其特殊性，所以对该环境的品质也往往还有其他要求。这些要求大致如表5-1所列。

表 5-1　洁净环境品质所要求的各方面

类型	具体要求	类型	具体要求
有关空气方面	气流速度、压力、微粒（包括非生物微粒和生物微粒）、有害气体	有关声的方面	噪声
有关热的方面	空气温度、湿度、表面热辐射	有关电的方面	静电量
有关光的方面	照度、眩光、色彩	有关力的方面	微振

涉及以上诸方面的品质，洁净室在设计时所用到的参数如表5-2所列。

表 5-2　设计参数

名称	适用场所	名称	适用场所
空气洁净度级别	所有洁净室	静电压	高级别工业洁净室
表面洁净度级别	高级别工业洁净室	照度	所有洁净室
换气次数	非单向流洁净室	噪声（A声级）	所有洁净室
工作面高度截面风速	单向流洁净室	表面电阻率	一部分工业和生物洁净室
新风量	所有洁净室	地面泄漏电阻	一部分工业和生物洁净室
静压差（正或负）	所有洁净室	振幅	少数工业和生物洁净室
温度	所有洁净室	空气新鲜度	少数工业和生物洁净室
相对湿度	所有洁净室	浮游菌或沉降菌浓度	生物洁净室
气流方向		分子态污染物	高级别工业洁净室

第二节　空气洁净度级别

空气洁净度级别已在第一章中做了全面的介绍，这里仅就洁净度具体参数补充一些内容。

空气洁净度的具体级别要求，在各行各业的相关标准、规范中都有规定，在本书有关具体应用领域的章节也会介绍，这里给出一个总的估计，列在表 5-3 中。

表 5-3　各行业要求的环境洁净度级别

名　　称	级别（ISO）								
	1	2	3	4	5	6	7	8	9
半导体制造			▮						
半导体装配						▮			
集成电路制造	▮								
集成电路装配									
人造卫星					▮				
光导摄像管					▮				
光导纤维					▮				
彩色液晶显示器				▮					
彩色显像管						▮			
磁控管						▮			
小型继电器						▮			
电子仪器部件						▮	▮		
电子计算机							▮		
电子计测器							▮		
真空管								▮	
精密陀螺仪					▮				
陀螺仪					▮				
航空仪表					▮				
高可靠性元件					▮				
高可靠性装置						▮			
精密测定器						▮	▮		
超精密印刷							▮		
高速机械								▮	

续表

名　　称	级别(ISO)								
	1	2	3	4	5	6	7	8	9
轴承									
普通轴承									
大型轴承									
自控机器									
高性能光学装置									
光学机器									
摄影胶片									
磁头									
磁带									
流体元件									
离心泵									
液压系统									
宇宙飞船液压系统									
宇宙飞船船体									
大型阀门									
气动装置									
精密定时器									
水中用放大器									
高析像度照相机									
洁净手术室									
术后恢复室									
白血病病房									
烧伤病房									
强药治疗癌病房									
变态反应性呼吸器官疾病病房									
新生儿病房									
细菌培养检查室									
无菌动物实验室									
血液室、血库									
注射液培养、封装、检查									

续表

名　称	级别(ISO)								
	1	2	3	4	5	6	7	8	9
片剂生产								▬	
眼药水生产、封装					▬				
肉食加工,罐头封装						▬			
酿造酒							▬		
快餐食品						▬			
乳制品							▬		
蘑菇培养					▬				
植物花卉单体培养							▬		
病毒性农药							▬		
鱼、蚕养殖							▬		

第三节　表面洁净度级别

由于集成电路加工工序多达数百道（见表5-4），而每道工序要暴露的时间以小时算，如从4～256M的集成度，产品要暴露40d（960h）。

表5-4　集成电路加工工序数

项目	256K	1M	4M	16M	64M	256M	1G	4G
芯片面积/cm²	0.4	0.5	0.9	1.3	2	3	7	10
被控制粒径(取线宽1/10)/μm	0.18	0.12	0.08	0.05	0.035	0.025	0.018	0.01
加工工序数	140～160	160～200	200～300	300～400	400～500	500～600	530～700	600～700

由于暴露时间太长，因此对沉降到芯片上的微粒数提出了要求。

2007年1月，由包括中国在内的八国投票通过的ISO标准表面洁净度级别，给出了各级允许沉降微粒数，见表5-5。

表5-5　表面洁净度级别允许沉降微粒数　　　　单位：个/m²

表面洁净度等级 SPC	控制粒径								
	≥0.05μm	≥0.1μm	≥0.5μm	≥1μm	≥5μm	≥10μm	≥50μm	≥100μm	≥500μm
SPC1 级	200	100	20	10					
SPC2 级	2000	1000	200	100	20	10			
SPC3 级	20000	10000	2000	1000	200	100			

续表

表面洁净度 等级 SPC	控制粒径								
	$\geqslant 0.05\mu m$	$\geqslant 0.1\mu m$	$\geqslant 0.5\mu m$	$\geqslant 1\mu m$	$\geqslant 5\mu m$	$\geqslant 10\mu m$	$\geqslant 50\mu m$	$\geqslant 100\mu m$	$\geqslant 500\mu m$
SPC4 级	200000	100000	20000	10000	2000	1000	200	100	
SPC5 级		1000000	200000	100000	20000	10000	2000	1000	200
SPC6 级			10000000	2000000	1000000	200000	100000	20000	10000	2000
SPC7 级				10000000	2000000	1000000	200000	100000	20000
SPC8 级						1000000	2000000	100000	200000

第四节 换气次数与截面风速

换气次数（次/h）＝房间总送风量/房间体积

截面风速（m/s）＝通过工作区高度截面的房间总风量/（3600×工作区高度截面积）

各行业会有自己的换气次数和截面风速的要求，设计时需参考各行业的有关规范或者根据具体条件进行计算。

表5-6 是 ISO 14644-4 主要针对微电子工业洁净室给出的，被我国 GB 50073—2013《洁净厂房设计规范》等同采用的换气次数与截面风速数值，当没有具体标准时可以参考，其中风速更应参照第四章介绍的下限风速。

表 5-6 气流流型和送风量

空气洁净度等级	气流流型	平均风速/（m/s）	换气次数/h
1～3	单向流	0.3～0.5	—
4、5	单向流	0.2～0.4	—
6	非单向流	—	50～60
7	非单向流	—	15～25
8、9	非单向流	—	10～15

注：1. 换气次数适用于层高小于 4.0m 的洁净室。

2. 应根据室内人员、工艺设备的布置以及物料传输等情况采用上、下限值。

第五节 静 压 差

对于大部分洁净空间，为了防止外界污染侵入，需要保持内部的压力（静压）高于外部的压力（静压）。静压差的维持一般应符合以下原则。

① 洁净空间的压力要高于非洁净空间的压力。

② 洁净度级别高的空间的压力要高于相邻相通的洁净度低的空间的压力。

③ 防止对人和环境有严重危害的危险因子传播，需要大的压力差。

④ 最小压力差不小于 5Pa。

⑤ 有自动控制要求时，为防止压力差过大波动，压力差宜取大一些。

对于一部分生物洁净室，为了防止危险的微生物从操作或研究对象处散发到控制空间以外而造成污染，需要保持内部的压力低于外部的压力。

根据理论计算而建议采用的静压差见表 5-7，有具体规定的按规定取值。

表 5-7 建议采用的静压差

	目的	乱流洁净室与任何相通的相差一级的邻室/Pa	乱流洁净室与任何相通的相差一级以上的邻室/Pa	单向流洁净室与任何相通的邻室/Pa	洁净室与室外（或与室外相通的空间）/Pa
一般	防止缝隙渗透	5	5～10	5～10	15
严格	防止开门进入的污染	5	40 或对缓冲室 5	10 或对缓冲室 5	对缓冲室 10
	无菌洁净室	5	对缓冲室 5	对缓冲室 5	对缓冲室 10

第六节　自　净　时　间

自净时间最早是由我国 1977 年颁布的《空气洁净技术措施》在国内外正式提出（国外文献称为洁净度回复能），是指在正常运行的换气次数条件下，使洁净室内被污染的空气含尘浓度降低到设计洁净度级别上限浓度之内或者规定的浓度限值之内所需的时间。不同的标准有不同的规定。

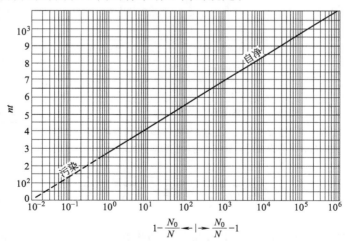

图 5-1　自净时间和污染时间

图中 N_0 是洁净室原始含尘浓度，如果不是事先已知，则应加以确定；N 是洁净室稳定时含尘浓度，应根据要求或计算确定，一般是设计的静态级别浓度

实际测定表明，垂直单向流洁净室自净时间多在 1min 左右，水平单向流洁净室稍长，可达 2min 左右，如果实际自净时间是上述数值的数倍，则表明室内速度场可能很不均匀，甚至存在渗漏的隐患。

乱流洁净室则由于级别不同，自净时间也不同，有的可长达 40min。

理论上自净时间不便计算。作者于 20 世纪 70 年代中提出了图算法，见图 5-1。

第七节　温　　度

温度首先应服从工艺要求，当工艺无要求时应考虑人的舒适性要求。

工艺要求主要有以下两种。

1. 恒温要求

温度波动一般≤1℃的算恒温，但温度最大波动范围不大于 2℃的也可称恒温，例如 22℃±2℃ 即表明波动范围最低不得低于 20℃，最高不得高于 24℃，可以按恒温考虑。有的书中写成（22±5）℃，这是不了解什么是恒温，允许变化 5℃绝不是恒定温度了。

恒温包括室温波动范围，即控制点或参考点的温度或设定的恒温参数在 24h 内的波动范围；还包括区域温差，即工作区平面内最大两点温度差别。

图 5-2 是工作区温度波动范围统计曲线，是按各测点的各次温度中偏离控制点温度的最大值占测点总数百分比整理而成的。

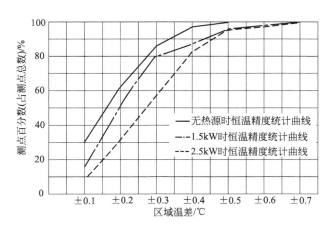

图 5-2　温度波动统计曲线

图 5-3 是工作区区域温差统计曲线，是按各测点中最低温度与各点平均温度的偏差点占测点总数百分比整理而成的。

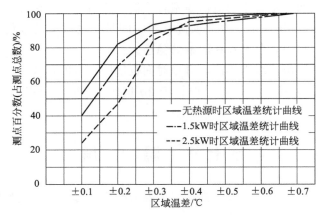

图 5-3 区域温差范围统计曲线

要求 90% 以上测点所达到的偏差值为波动范围或区域温差，分析以上两图有：

室内工艺	室温波动范围/℃	区域温差/℃
无设备热源	≤±0.4	≤±0.3
1.5kW 设备热源	≤±0.5	≤±0.4
2.5kW 设备热源	≤±0.5	≤±0.4

随着技术的发展，洁净室要求高精度恒温的越来越多，例如用于大规模集成电路生产的硅片，当直径为 100mm 时，温度上升 1℃ 就会引起 0.24μm 的线膨胀，所以必须有 ±0.1℃ 的恒温，同时要求温度基数一般较低，因为洁净室内人穿的衣服较严密，容易出汗，汗水中的钠对半导体制品影响大，这种车间不宜超过 25℃。

2. 上限或下限要求

如要求全年温度 ≤27℃，或 ≥20℃。满足上限或下限都可满足工艺要求。

人的舒适性要求主要是冬夏温度限值，一般表示如：18～27℃，就是要求冬季不低于 18℃，夏季不高于 27℃，而不是全年温度可以在此范围内变化。

人体舒适感一般与下列因素有关：空气温度湿度，吹过人体的空气速度，所在空间内各种表面温度，人的活动强度、生活习惯、衣着情况、年龄性别等。

上述几种不同因素的组合可以给人相同的冷热感觉即舒适感。美国供暖制冷空调工程师协会（ASHRAE）手册（1977 年版）基础篇给出了人体的感觉等效于干球温度的有效温度图，见图 5-4。

所谓有效温度，是对应于相对湿度 $\phi=50\%$、流速 $v=0.15\text{m/s}$ 时的等效空气温度。图 5-4 中的虚线即有效温度线，该线上各点的有效温度是相同的。例如，通过 $t=25℃$ 线和 $\phi=50\%$ 线交点的虚线，即为有效温度 25℃ 的线，该线上

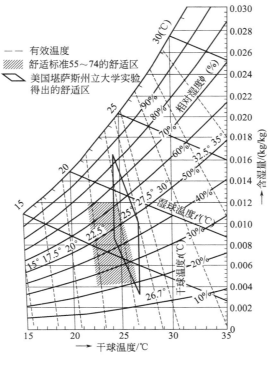

图 5-4 有效温度图

各点的有效温度均为 25℃，但是各点相对应的干球温度和相对湿度却都有不同，例如，相对湿度为 20％，干球温度大约为 25.4℃ 的状态，其给人的冷热感觉和有效温度 25℃ 的状态是一样的。

图 5-5 为 ASHRAE 手册 1992 年版给出的可接受的操作温度和湿度范围。

图 5-5 中所示为身着典型夏季和冬季服装进行轻体力活动或处于静坐状态的人的可接受操作温度和湿度范围。对该范围的人群不满意率为 10％，可以看成是总体热舒适度。该图和图 5-4 相比有一些差别，但趋势相同。

图 5-5 中湿度的上下限是综合考虑了皮肤干燥、眼睛发炎、呼吸健康、微生物繁殖以及其他与湿度有关的现象后给定的。在确定室内设计条件时，要注意通过调节室内露点和控制临界表面温度来防止建筑物和建筑材料的表面结露。

可以看出，冬天和夏天的舒适区相互重叠，在重叠区内，身穿夏季服装的人会感到稍凉，而身穿冬季服装的人会感觉稍冷。实际上由于每个人在给定条件下的反应都明显不同，因此不能将图 5-4 给定的边界看成是一个突变的分界线。

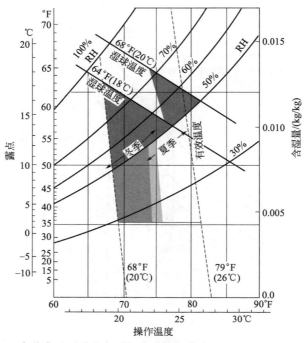

图 5-5　身着典型夏季和冬季服装进行轻体力活动或处于静坐状态的
人的可接受操作温度和湿度范围

第八节　相 对 湿 度

　　湿度过高产生的问题更多。相对湿度超过 55%，冷却水管壁上会结露，如果发生在精密装置或电路中，就会引起各种事故。相对湿度在 50% 时易使金属生锈。此外，湿度太高时将通过空气中的水分子把硅片表面黏着的灰尘化学吸附在表面而难以清除。图 5-6 给出了一个调查结果，即硅片表面黏附着 10μm 以上

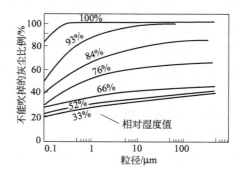

图 5-6　湿度对硅片表面灰尘黏附的影响

的粒子时，即使用空气吹也不能除去的比例。从图中可见，相对湿度越高，黏附的粒子越难去掉。

第九节　照　度

由于洁净室的工作内容大多有精细的要求，而且又都是密闭性房屋，所以对照明一向有很高的要求。

这里有必要先说明一下无窗洁净室的照明方式。

（1）一般照明　它指不考虑特殊的局部需要，为照亮整个被照面积而设置的照明。

（2）局部照明　这是指为增加某一指定地点（如工作点）的照度而设置的照明。

（3）混合照明　这是指由一般照明和局部照明合成的照明，其中一般照明的照度按《洁净厂房设计规范》（GB 50073—2013）宜为 200～500lx。

单位被照面积上接受的光通量即是照明单位勒克斯（lx）。

按照 2001 版《洁净厂房设计规范》，无采光窗洁净区工作面上的最低照度值，不应低于表 5-8 规定的数值。可供参考。

表 5-8　无采光窗洁净区工作面上的最低照度值

识别对象的最小尺寸 d/（mm）及场所	视觉工作分类		亮度对比	照度/lx	
	等级			混合照明	一般照明
$d \leq 0.15$	I	甲	大	2500	500
		乙	小	1500	300
$0.15 \leq d \leq 0.3$	II	甲	小	1000	300
		乙	大	750	200
$0.3 \leq d \leq 0.6$	III	甲	小	750	200
		乙	大	750	200
$d > 0.6$	IV	—	—	750	200
通道、休息室	—	—	—		100
暗房工作室	—	—	—		30

表 5-9 是日本工业标准规定的不同精度操作时必要的照度值，可供参考。

表 5-9　日本工业标准照度级别

操作精度	照度范围/lx	标准照度/lx	照明电力/（W/m²）
超精密操作	700～1500	1000	50
精密操作	300～700	500	25
中精密操作	150～300	200	10
粗操作	70～150	100	5

据中国建筑科学研究院建筑物理研究所 1987 年在不同照度下挑选已混在一起的好的和坏的晶体管管芯的试验，在人工光 200lx 时，效率最高，见图 5-7。

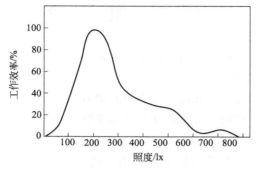

图 5-7　照度和工作效率的关系

挑晶体管管芯是较细致的工作，而对于一般只是在一旁照看的生产，150lx以上应该可以满足要求了。

第十节　噪　声

洁净室噪声标准一般均严于保护健康的标准，目的在于保护操作正常进行，满足必要的谈话联系及安全舒适的工作环境。衡量洁净室的噪声主要指标如下。

1. 烦恼的效应

噪声会使人感到不安宁而产生烦恼情绪，烦恼一般分为极安静、很安静、较安静、稍嫌吵闹、比较吵闹和极吵闹 6 个等级。凡反应水平属于比较吵闹和极吵闹者，即为高烦恼，高烦恼人数在总人数中的百分比即为高烦恼率。

2. 对工作效率的影响

这主要看三方面的反应水平，这三个方面是：精神集中度、动作准确性、工作速度。

3. 对综合通讯的干扰

这主要分为：清楚或满意、稍困难、困难、不可能 4 个级别。

对以上三方面指标都用 A 声级来评价。在 20 世纪 50 年代曾提出用一条频谱曲线作为评价标准，即各频带中心频率的声压级不得超过该曲线。后来了解到用 A 声级来计量噪声与噪声的语言干扰和烦恼程度更为合适，可以代替倍频带声压级作为评价标准的指标。

根据中国建筑科学院建筑物理研究所为编制《洁净厂房设计规范》而进行的测定资料（电子行业洁净室主要工序噪声状况，见图 5-8），在 65dB（A）以下时，只有 30％的人感到高烦恼，在 65～70dB（A）时，噪声对工作效率的三方面反应影响较低；在 60dB（A）以下说话清楚，60～75dB（A）时听清有一定困难，大于 75dB 时很困难。因此认为洁净室噪声水平以 65dB（A）为宜，此时可使高烦恼率小于 30%，保证一般通话，对工作效率影响很小。国际标准 ISO 14644-4 则规定一个允许范围为 55～65dB（A）。

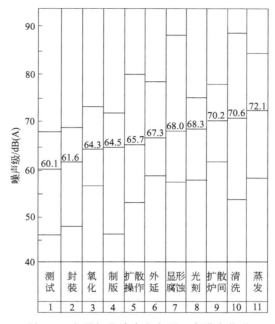

图 5-8　电子行业洁净室主要工序噪声状况

考虑到我国设备噪声的水平，在《洁净厂房设计规范》中，对洁净室的噪声做了如下规定：① 非单向流洁净室空态，不超过 60dB（A）；② 单向流洁净室、非单向流和单向流同时存在的洁净室空态，不超过 65dB（A）。

根据室内允许噪声要求，净化空调系统风管内风速按上述国标建议：① 总风管风速宜为 6～10m/s；② 无送、回风的支管风速宜为 4～6m/s；③ 有送、回风的支风管宜为 2～5m/s。

显然，这些规定对工业洁净室是适合的，而在手术室这样的生物洁净室，要求噪声低于 45dB（A），详见以后有关章节。

第十一节　空气新鲜度

前面提到的洁净度当然是洁净室的最核心的参数或指标，但这一指标只是具有物理学上的意义，从化学和物理学角度看，虽然"洁净"但不新鲜，对人体有害的气态成分仍然存在，这是高效过滤器去除不掉的。因此，作者在拙著《空气洁净技术应用》一书中提出了空气新鲜度的概念，主要涉及以下两个因素。

1. 有害气体

在洁净室中除了都含有 CO_2 气体以外，还有许多由有机溶剂产生的有害气体。新鲜的空气应该不含有害气体，稍差的含极少量远低于允许浓度标准的有害气体，最低要求是含有未超过标准的有害气体。这应通过计算加大新风量使有害气体浓度降到标准值之下。此外还可以通过其他物理或化学方法降低或消除有害气体浓度。表 5-10 列举了洁净室中常用的产生有害气体的有机溶剂或填料的名称、毒性和有害气体的容许浓度，应按现行有关标准确定。

气体成分的浓度有以下几种表示方法：

① P：表示 $100cm^3$ 空气中含有多少立方厘米有害气体，为百分之几；

② ppm：表示 $1m^3$ 空气中含有多少立方厘米有害气体，为百万分之几；

③ pphm：是 ppm 的百分之一，为亿分之几；

④ ppb：是 ppm 的千分之一，为十亿分之几；

⑤ mg/m^3：表示 $1m^3$ 空气中含有多少毫克有害气体。

上述气体浓度的容积和重量表示的关系如下：

0℃时气体
$$1cm^3 = \frac{M}{22.41}mg$$

25℃时气体
$$1cm^3 = \frac{M}{24.45}mg$$

25℃时气体
$$1ppm = 1mg/m^3 \frac{24.45}{M}$$

式中，M 为分子量。

表 5-10 为操作环境中常见有害气体及毒性表现。

表 5-10 操作环境中常见有害气体及毒性表现

名称	分子式	长期接触毒性表现
二氧化碳	CO_2	
一氧化碳	CO	可能产生头痛头晕，记忆力减退，失眠，乏力，易发怒，消化不良等神经衰弱症
丙酮	CH_3COCH_3	眼和上呼吸道有刺激症状，伴有头痛、胃炎、肝大、皮肤干和妇女月经不规则等
丁酮	$CH_3COC_2H_5$	较丙酮毒性大，对黏膜有强烈刺激性，可引起皮炎、头痛、恶心和神志不清
环己酮	$C_6H_{10}O$	嗜睡，低色素性贫血，高浓度时有麻醉和黏膜刺激作用
苯	C_6H_6	眼和上呼吸道有轻度刺激症状，伴有头痛、恶心、尿频、无力、精神萎靡、记忆力减退、食欲不振和气短。多在从事某某作业数年后发病。当空气中浓度达到 2% 时，可于 5～10min 内死亡
甲苯	$C_6H_5\text{-}CH_3$	胸痛

名称	分子式	长期接触毒性表现
二甲苯		对皮肤、眼和上呼吸道黏膜有刺激作用
甲醇	CH_3OH	黏膜有刺激症状。还有结膜炎、无力、头痛、恶心、腹绞痛,呼吸困难、步态不稳,帕金森综合征,多发性神经炎,视神经炎甚至萎缩,最后失明。也可有湿疹皮炎
乙醇	C_2H_5OH	对眼和上呼吸道有轻刺激作用,皮肤干、脱屑、皱裂、皮炎,麻醉作用强于甲醇
环己烷		发生慢性中毒,血液改变与苯中毒改变相似
二氧化硫	SO_2	倦乏、鼻炎、咽炎,支气管炎,嗅觉障碍
三氯乙烯	C_2HCl_3	乏力、头痛、发作性眩晕,易激动、失眠、食欲不振,胸部压迫感,心悸、心律不齐,神经周围炎,肝损害等
四氯化碳	CCl_4	头痛头晕、乏力、恶心、食欲不振、腹泻,肝肾易损害甚至肝硬化
三氯化磷	PCl_3	对眼有刺激作用,眼痛甚至失明。急性中毒时喉部干痒,头痛,呼吸困难、脸面痉挛
硫酸	H_2SO_4	对皮肤、黏膜等有强烈刺激、腐蚀作用
盐酸	HCl	能引起呼吸道深度病变,细支气管炎、支气管周围炎、肺炎和肺水肿
氟化氢	HF	对牙有腐蚀现象,使牙齿粗糙无光,易患牙炎,也能有干燥性鼻炎,易流鼻血,鼻甲萎缩,嗅觉失灵
乙酸乙酯	$CH_3COOC_2H_5$	贫血、白细胞增多,内脏易发生脂肪性病变,也会因血管神经性障碍而致牙床明显充血
乙酸丁酯	$CH_3COOC_4H_5$	对眼有强烈刺激性,角膜上皮可有空泡形成,高浓度时有麻醉作用
汽油(含 C 量)		浓度达到万分之一时,15min 即有嗜睡、反应迟钝等现象,进而有头晕、头痛、恶心、呕吐、无力、精神恍惚、神志不清,甚至抽搐、瞳孔放大、血压下降
松节油		对眼、上呼吸道刺激引起流泪、无力、嗜睡、头痛、食欲不振
乙醚	$C_2H_5OC_2H_5$	对黏膜有刺激作用,可引起支气管和肺的病变,当浓度达 7%~10%时,能引起呼吸器官循环器官麻痹
氮氧化物及硝酸	NO_x HNO_3	NO_2 可引起神经衰弱症、支气管炎,急性中毒出现肺水肿,硝酸蒸气可引起黏膜及上呼吸道刺激症状

设 $C_1 \cdots C_n$ ——空间（如车间）中各有害气体浓度;

$T_1 \cdots T_n$ ——上列各有害气体允许最高浓度。

只有一种有害气体时:

应有
$$\frac{C_1}{T_1} \leqslant 1 \qquad (5-1)$$

有多种有害气体时，它们的共同作用可以看成相加作用:

应有
$$\frac{C_1}{T_1} + \frac{C_2}{T_2} + \cdots + \frac{C_n}{T_n} \leqslant 1 \qquad (5-2)$$

2. 臭味

空气中的气味主要针对臭味而言，没有物理量的评价方法，一般用感觉性等级来评价臭气强度，而这种感觉的强弱又与刺激物质在空气中浓度的对数呈正比，用嗅觉来判断，参见表 5-11。

表 5-11　评价臭气和刺激的感觉性等级

臭气和刺激的感觉强度指数	评价		相互间浓度的比率
	不快的臭气或刺激	芳香	
0	无臭(无刺激)	无味——下限值	0
1/2	最低界限	极微弱,专门有训练的人才闻出来	0.001
1	正常人能闻出,无不快	微芳香	0.01
2	无不愉快臭气(刺激)	适度的气味	0.1
3	强臭气(刺激)	强烈的气味	1
4	非常强臭气(刺激)	—	10
5	难以忍受的臭气(刺激)	—	100

消除臭味的方法和消除有害气体一样。

第十二节　有关静电的参数

洁净室中由于静电引起的事故屡有发生，因此洁净室的防静电能力如何已成为评价其质量的一个不可忽视的方面。

所谓静电，是由于摩擦等原因破坏了物体中正（＋）负（－）电荷等量的电中性状态，而使电荷过剩，物体呈带电状态，由于这些电荷平时是不流动的，故称静电。

在洁净室内静电导致的事故有以下几方面。

① 静电放电引起的静电电击，会引起人的不安全感和恐惧感，可造成二次伤害（例如人因受电击而摔倒，由摔倒又致伤）；

② 静电放电引起的放电电流，可导致诸如半导体元件等破坏和误动作，例如将 50 块 P-MOS 电路放在塑料袋内，摇晃数次后，与非门栅严重击穿者计 39 块，失效率竟达 78％，这是因为半导体器件对静电放电十分灵敏，见表 5-12；

表 5-12　半导体器件对静电放电的灵敏度

半导体器件的类型	电位大于/V	半导体器件的类型	电位大于/V
高频和超高频锗小功率晶体管	200	绝缘栅场效应晶体管	30
高频和超高频硅小功率晶体管	400	结型场效应晶体管	600
高频和超高频中功率晶体管	2000	脉冲二极管	200
高频和超高频大功率晶体管	7000	混频、检波、参量和倍频超高频二极管	300
低频晶体管	1000	集成电路	30

③ 静电放电产生的电磁波可导致电子仪器和装置的杂音和误动作；

④ 静电放电的发光可导致照相胶片等感光破坏；

⑤ 静电的力学现象可导致筛孔被粉尘堵塞、纺纱线纷乱、印刷品深浅不均和制品污染；

⑥ 静电放电引起的最危险的危害是成为可燃物的火源并引起爆炸，例如国外文献统计，在手术室使用爆炸性麻醉剂的 86000 次中，有 36 次爆炸，其中由静电引起的有 21 次。

静电事故的发生主要在于静电的产生和积累，而气流的流动，气流和管道、风口、过滤器等摩擦，人体和衣服的摩擦，衣服之间的摩擦，工艺上的研磨、喷涂、射流、洗涤、搅拌、黏合和剥离等操作，所有这些都可能产生静电。在一般情况下，越是电导率小的非导体（绝缘体），由于电荷产生后不易流动，因此越容易带电。

静电问题之所以在洁净室中特别严重，是因为不仅在洁净室中具备前述产生静电的多种工艺因素，而且因为洁净室中的许多材料如塑料地面、墙面，尼龙、的确良等的工作服都有很高的电阻率，都极易产生静电和聚集静电，在洁净室的静电灾害未被重视以前，这些材料是被广泛采用的。表 5-13 列举了国内几个集成电路生产用洁净室带电状态的两次测定数据。

表 5-13　国内几个集成电路生产用洁净室带电状态

部位		不同情况的带电状态（电位）					备注
墙面		涂塑壁纸、尼龙服与之摩擦后为 54V					
木门金属把手		600V					
风口	送风	乱流铝孔板 126V（700V），水平层流铝网 80V					
	回风	乱流铝板网 800V					
地面		聚氯乙烯软板	水磨石	瓷砖	铸铝格栅（不接地）	ABS 格栅	经泡沫塑料拖鞋摩擦后
		450V（1500V）	（200V）	（1500V）	360V（500V），接地后 15V	9500V	
人体服装	穿尼龙服及泡沫塑料拖鞋自身摩擦或行走	1500V（3000V），在架空硬质栅板上 1100V	（2000V）	1500V（2000V），同时蹭硬聚氯乙烯台面 4500V		900V，同时蹭硬聚氯乙烯台面 10050V	前三种地面长时间摩擦可达 5000V
	穿着同上，静止	（3000V）	（1000V）	（2000V）			
设备		塑料地面上的金属台架（200V） 铸铝地板上的光刻台（聚氯乙烯台面）9000V 水磨石地面上设备喷漆金属外壳 3000V 聚氨酯地板上设备的三聚氰胺面板 1000V 聚氯乙烯软板上的座椅塑料表面 700V（200V） 水磨石地面上的 ABS 栅板上座椅塑料表面 8000V（9300V）					人着尼龙服及泡沫塑料拖鞋与设备摩擦后的表面电位

续表

部位	不同情况的带电状态（电位）	备注
其他	站在聚氨酯地板上卷涤纶薄膜 7000～10000V	
	站在水磨石地板上持塑料薄膜袋，内装集成电路，摇袋 10 次，袋内 5300V 袋接地后，袋内 5000V，袋外 3000V	

注：表中非括号数字和括号中数字为两个单位测定。

表 5-14 列举了在进行超高频晶体管和超高频二极管的各道工序中，操作人员身上的电位。

表 5-14　操作人员身上的电位

工艺工序	操作人员身上的电位/V	工艺工序	操作人员身上的电位/V
检测伏安特性	100～400	测试参数	150～2800
外体检验	170～200	电气老化	50～800
老化	20～450	机械性能测试	80～100
密封	300～350	分选	100～300

穿棉工作服时，操作人员身上电位最小（50～200V），穿某些合成材料制的服装的操作人员，身上电位在 2500V 以上，最高可达 10kV 以上，而且所有上述这些数值还不是最高值。

为了防止洁净室的静电电击，必须注意静电电击的界限。

一般情况下，人体带静电电位达到 8kV 以上就产生电击。为了防止静电事故，要求人体带的静电能通过地面尽快泄漏于大地而不发生放电电击，因此地面的泄漏电阻值越小越好。表 5-15 是工作地面泄漏电阻值的几个界限。

表 5-15　工作地面泄漏电阻

泄漏电阻	工作环境中可能发生的故障	备注
$10^8\Omega$ 以下	有可能产生生产故障	计算机室、半导体处理场所
$10^{10}\Omega$ 以下	有可能发生严重静电电击	粉体装袋工序
$10^{11}\Omega$ 以下	有可能爆炸、火灾	手术室、可燃气体溶剂贮藏室或处理它们的工序

为了便于静电的耗散，所使用材料的体积电阻不应太高。一些材料在相对湿度 50%～65%条件下的体积电阻如下。

水泥　$6.3\times10^2\Omega\cdot cm$

耐水水泥　$6.3\times10^2\Omega\cdot cm$

沥青　$10^9\times10^{11}\Omega\cdot cm$

厚油布　$10^3\times10^7\Omega\cdot cm$

聚乙烯板　$10^4\times10^6\Omega\cdot cm$ 或 $10^9\times10^{11}\Omega\cdot cm$

人身上的静电和空气相对湿度的关系很密切，表 5-16 给出了这种关系。

表 5-16 相对湿度和人身上静电电压的关系

静电产生的方式	静电负压/V		静电产生的方式	静电负压/V	
	相对湿度 10%～20%	相对湿度 65%～90%		相对湿度 10%～20%	相对湿度 65%～90%
地毯上行走	35000	1500	从工作台上拾取普通聚合物袋	20000	1200
乙烯基地板上行走	12000	250			
工人在工作台上操作	6000	100	坐在用聚氨基甲酸酯泡沫塑料铺垫的工作椅上	18000	1500
操作程序用乙烯基外壳	7000	600			

统计数据表明，在秋季和冬季，房间内相对湿度只有 20%～40% 时，大量半导体器件发生击穿，报废的产品数量几乎与环境湿度变化呈正比，见图 5-9。

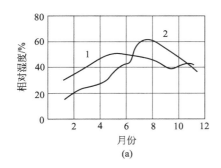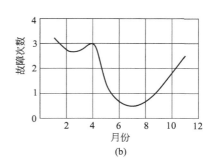

图 5-9 全年生产间空气相对湿度的变化（a）和晶体管击穿报废数量的变化（b）
1—有空调的生产间；2—无空调的生产间

第十三节 微 振

洁净室对微振的要求有几个参数可以表达：

① 振动速度（mm/s 或 μm/s） 适用于绝大多数精密设备；

② 振动加速度（cm/s^2 或 m/s^2） 适用于惯导仪表等测试环境；

③ 振幅（μm） 适用于若干精加工；

④ 相对位移（μm） 适用于若干精加工。

习惯上或更直观是用振幅，而且是 x、y、z 三个轴上的振幅，对于壁面是指其中心位置。

表 5-17 列出了实测的某些精密设备正常工作时的环境振动参考值。

图 5-10 是美国 AEST 公司光刻机环境振动控制值，图 5-11 是日本某公司光刻机环境振动控制值（据俞渭雄）。

表 5-17　某些精密设备正常工作时的环境振动参考值

设备名称	环境振动速度 /(μm/s)	设备名称	环境振动速度 /(μm/s)
激光全息光栅制版机	20	电子显微镜(10 万倍以下)	50
机刻光栅刻划机	25	相纸挤压涂布机	70
集成电路制版精缩机 集成电路光刻机 声表面波器件制版机 胶片挤压涂布机	40	光导纤维拉丝机	
		超微粒干版涂布机	100
		磁带涂布机	150

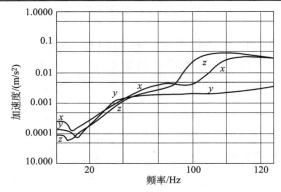

图 5-10　美国 AEST 公司的光刻机环境振动控制值（x、y、z 轴加速度）

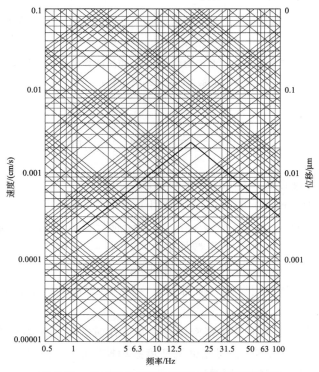

图 5-11　日本某公司的光刻机环境振动控制值

　　表 5-18 是精密设备通用振动标准及 ISO 室内人体振动标准的说明。对于线宽 0.1μm 以上的集成电路生产按线宽来确定振动控制值，即用表中 VC 标准（以 1/3 倍频程中心频率 8～100Hz 为准）。

　　但是随着 0.09μm 以下线宽集成电路的出现，美国国家标准和技术研究院（NIST）给出了更严格的振动控制标准，即 NIST-A、NIST-A1，它和 VC 标准的比较也列于表 5-18 中。

表 5-18　通用振动标准（VC）、ISO 室内人体振动标准和 NIST 标准应用及说明

标　准	最大值[①]/(μm/s)	详细尺寸[②]/μm	适 用 范 围
车间(ISO)	800		有明显感觉的振动。适用于车间和非敏感区域
办公室(ISO)	400		感觉得到的振动。适用于办公室和非敏感区域(人体敏感)
住宅区,白天(ISO)	200	75	几乎无振感。大多数情况下适用于休息区域，也适用于计算机设备、检测试验设备以及20倍以下低分辨率的显微镜
手术室(ISO)	100	25	无感觉振动。适用于敏感睡眠区域，大多数情况下适用于分辨率100倍以下的显微镜以及其他的低灵敏度设备
VC-A	50	8	大多数情况下适用于400倍以下的光学显微镜、微量天平、光学天平以及接触和投影式光刻机等设备
VC-B	25	3	适用于1000倍以下的光学显微镜,线宽3μm以上的检验和光赢利设备(含步进式光刻机)
VC-C	12.5	1	大部分1μm以上线宽检测和光刻设备的可靠标准
VC-D	6	0.3	大多数情况下适用于要求最严格的设备,包括极限状态下运行的电子显微镜(TEM$_s$)和电子束系统
VC-E	3	0.1	大多数情况下很难达到的标准,理论上适用于最严格的敏感系统,包括激光装置、小目标系统以及一些对动态稳定性要求极其严格的系统
NIST-A	$1Hz \leqslant f \leqslant 20Hz$:位移 $0.025μm$;$20Hz \leqslant f \leqslant 100Hz$:速度 $3μm/s$	≤0.09	高度敏感的加工
NIST-A1	$f \leqslant 5Hz$:位移 $6μm$;$5Hz \leqslant f \leqslant 100Hz$:速度 $0.75μm/s$	≤0.09	超敏感的加工

① 相应于 1/3 倍频程中心频率 8～100Hz。

② 如集成电路中的线宽、医药研究中的微粒（细胞）尺寸等。

知道振动控制标准，还应掌握振动源的数据，某些振动源的振动值列于表5-19中。

表 5-19 某些振动源引起的振动值

振 源	振源状况	测点距振源距离	拾振方向	频率/Hz	振幅/μm	备 注
汽车、电车	4t 载重货车车速 30～40km/h	10m	水平径向	3.3	1.6	地质：亚黏土
				12.5	2.3	
		40m	垂直	16.7	1.5	
			水平径向	3.3	0.4	
			水平切向	12.5	0.8	
	小汽车车速 30km/h	10m	垂直		3.3	华东某地，沥青路面
		15m	垂直		1.3	
		20m	垂直		1.5	
	无轨电车	15m	垂直		8.5	
		20m	垂直		6.7	
		30m	垂直		4.8	
		35m	垂直		4.3	
	0.9t 载重电瓶车	5m	垂直		4.0	华东某地，混凝土路面
		10m	垂直		3.3	
		20m	垂直		2.4	
		30m	垂直		1.9	
	载重货车常速行驶	38m	垂直	13.0	0.6	华北某地
			水平径向	13.0	1.3	
	4t 载重货车车速 40km/h	2m	垂直	3～5	26.5	混凝土路面
		47m	垂直	3～5	2.5	
	载重货车	3m	垂直	3.5	16.0	厂区内干道
		13m	垂直		4.0	
	载重货车空车	20m	垂直	8.3～11.9	2.0	混凝土路面，测点在车间内水泥地面上
		35m	垂直	8.3～11.9	0.9	
		50m	垂直	8.3～11.9	1.0	
	7t 载重货车常速	21.5m	垂直	13.0	0.3	混凝土路面
			水平径向	13.0	0.2	
			水平切向	12.4	0.2	
	1～2t 载重货车常速	43m	水平径向	16.3	0.3	混凝土路面
			水平切向	17.3	0.2	
		63m	水平径向	13.0	0.2	
			水平切向	14.9	0.1	

振 源	振源状况	测点距振源距离	拾振方向	频率/Hz	振幅/μm	备 注
汽车、电车	4t 载重货车常速 30～40km/h	10m	垂直	16.7	5.2	地质:亚黏土
			水平径向			
制冷压缩机	2AL-15 型,转速 700r/min	基础上	垂直		6.4	
			水平		2.8	
		5m	垂直		1.2	
			水平		1.6	
		11m	垂直		0.4	
			水平		0.3	
	4AJ15/720 型	基础上	垂直	22.4	18.9	
			水平	22.1	38.9	
		1.8m	垂直	33.0	0.7	
			水平	33.0	2.3	
	86-12.5 型	基础上	垂直	33.0	0.7	中南地区。33Hz 为二阶波扰力引起的振动
			水平	33.0	2.3	
	1～100/8L 型	基础上	垂直	5.0	79.0	地质:亚黏土
			水平	5.0	18.0	
		基础上	垂直	4.9	233.0	东北某地,地质为砂土
			水平	4.9	132.0	
	1～100/8-2 型	基础上	垂直	2.8	429.0	东北某地,地质表层为大孔性亚黏土,下层为淤泥质亚黏土及砂土
			水平	2.8	233.0	
空气压缩机	1～100/8L 型	9.2m	垂直	5.0	48.5	地质:软弱黏土。水平径向指垂直于空压机水平扰力方向
			水平径向	5.0	17.0	
			水平切向	5.0	25.9	
		20.4m	垂直	5.0	23.4	
			水平径向	5.0	13.6	
			水平切向	5.0	18.0	
		108m	垂直	5.0	10.7	
			水平径向	5.0	1.7	
			水平切向	5.0	0.5	
	40m³ 0701 卧式单缸压缩机	13.8m	垂直	4.1	9.5	
			水平径向	4.1	4.1	
			水平切向	4.1	12.6	
		26.5m	垂直	4.1	7.5	
			水平径向	4.1	3.6	
			水平切向	4.1	7.5	

第十四节　浮游菌和沉降菌浓度

浮游菌浓度是指经过对已采样的培养皿或培养基培养后得出的菌落数，代表单位体积空气中的活菌数，以个/m^3 表示。没有采到的或者没有存活的细菌并未计入。

每一个菌落代表一个活细菌繁殖成的一个菌团，用英文缩写符号表示就是 1CFU。

沉降菌浓度是指对经过一定时间（如 30min）沉积到培养皿上的细菌培养后生成的菌落数，一个菌落就是一个细菌繁殖成的菌团，即 1CFU。

菌浓参数主要在生物洁净室使用。但细菌不仅对生物洁净室而且也对半导体一类工业洁净室有重要影响。

不同的生物洁净室要求的菌浓标准是不同的。过去国内外标准多用浮游菌浓度来表达。

1968 年，两位美国学者（Blwer 和 Wallace）观察到空气中含菌量为 20～50 个/ft^3（707～1767 个/m^3）时，污染微粒的总病菌数中金黄色葡萄球菌（具有代表性的致病菌）比例可达到 5%，此时极易引起败血症，美国传染病中心的研究也证实了上述结果。

世界卫生组织（WHO）推荐的医院浮游菌浓度标准见表 5-20。这应是动态标准。

表 5-20　WHO 推荐的医院浮游菌浓度标准

级　　别	浮游细菌数量/(个/m^3)
Ⅰ 最低细菌数	<10
Ⅱ 低细菌数	<200
Ⅲ 一般细菌数	200～500，此级房间类型含普通病房、盥洗室、衣帽间、厨房、洗衣房等

这里要特别指出的是，浮游菌浓度和沉降菌浓度一定不要互相换算，虽然理论上可以这样做，但实际上会带来一些麻烦，这在作者的《空气洁净技术原理》《医院洁净手术室建设实施指南》中都有论述。合适的做法是用各自的标准来衡量。

有害的微生物不仅对人有害，而且对工业制品也有很大的影响。对电子电气仪器和制品，在线路板底板的树脂与导体表面生长的霉菌菌丝会降低绝缘性能。有害微生物还会腐蚀聚氯乙烯（PVC）的包覆电线、发电机线圈、电容器等，会使环氧树脂、聚氨酯树脂、聚酰胺树脂老化。在光学镜头上生长的灰绿曲霉菌会使玻璃受到腐蚀。细菌、霉菌能在化妆品中繁殖，对皮肤不利。黏结剂里也能生长霉菌，大大影响黏结性能。

如果以集成电路为例，微生物的影响明显表现在以下几方面。

1. 异物影响

当微生物以几到数百微米存在于硅片表面时，影响如图 5-12 所示。在 n 型片上有一层 SiO_2 膜，通过带有一定图形的光刻胶膜，使用光刻板把 SiO_2 膜一部分用干式腐蚀法腐蚀掉。在干式腐蚀工艺之前，微生物像图 5-12（a）所示那样，在 SiO_2 膜表面某部分繁殖起来，则这一部分就起到了干式腐蚀时的掩膜版作用，留下其下的 SiO_2 ［见图 5-12（b）］。下道工序在掩膜版图形区内用离子注入法进行硼扩散时，如图 5-12（c）所示，在原有微生物处就不能形成 p 型区，还会使接触式光刻机接触不良，这就是异物导致产品质量不良的原因。

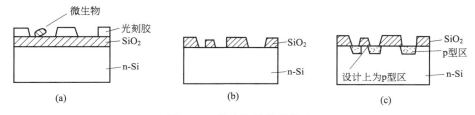

图 5-12　微生物异物的影响

2. 不纯物影响

微生物虽然极小，但其体内含有多种成分，表 5-21 是以全灰分作 100 时微生物体内各成分比例关系。

表 5-21　微生物体内成分

无机物	例 1	例 2	例 3	例 4
K	27.3	4.52	31.52	63.07
Na	12.9	7.98	0.46	0.38
Ca	—	26.72	22.57	1.75
Mg	1.42	8.56	6.07	1.77
P	28.7	25.01	4.64	26.13
S	0.7	2.17	19.06	1.78
Si	21.2	—	—	0.63
Cl	—	0.5	0.52	1.37
Al	—	20.62	0.26	—
Fe	1.84	4.52	—	2.00
Zn	0.18	—	—	—

表 5-22 是大肠杆菌的灰分组成。

表中 Na、K 等碱金属作为表面附近的活动离子能影响特性变动，Ca 生成的重金属盐能引起结晶缺陷，P 会使局部电阻率变化。对大肠杆菌来说，体内含磷成分多在 40% 以上，而磷作为 n 型掺杂被广泛使用。如果在 p 型硅片的表面沾有大肠杆菌，当将此硅片用 100℃ 高温处理后，大肠杆菌成分向晶体内扩散，p 型硅就将变为 n 型材料。

表 5-22　大肠杆菌灰分组成

组　成	在非水溶性化合物中灰分组成百分比/%	在水溶性化合物中灰分组成百分比/%
Na	2.6	19.8
K	12.9	9.9
Ca(CaO)	9.1	13.8
Mg(MgO)	5.9	2.0
P(P_2O_5)	45.8	41.3
S	1.8	4.0
Cl	0	7.4
Fe	3.4	少量
全灰分（平均干燥菌体）	7.25	5.5

3. 表面特性影响

当微生物在表面大量繁殖时，在其表面上涂布或生产的膜与衬底材料之间的黏合力显著降低，同时还能使配线短路、断线。

第十五节　分子态污染物

分子态污染物（AMC）是半导体生产用洁净室对环境要求的一个新指标，20 世纪 90 年代中期才提出。特别是生产集成电路的硅片发展到 8 英寸（1 英寸＝0.0254m）及其以上时，对污染物的控制已由微粒发展到分子态污染物，此时电路上 1/2 线宽大约在 $0.1\mu m$ 以下。分子态污染物粒径为高效和超高效过滤器所过滤微粒的千分之一到万分之一。

据我国台湾文献估计，在洁净室中 AMC 来源如下：

新风 5%～10%；

人员 30%～40%；

生产中挥发 25%～30%；

生产设备 20%～30%。

可见内部污染高于新风。

室内污染来源有：化学原料、溶剂的挥发，室内的气体释放，人员本身及其疏忽造成的意外漏溢。

例如：氢氟酸与含氧化硼的过滤器所用滤材反应释出硼化物，蚀刻剂及清洗区的酸蒸发，建筑装饰材料、帘幕、台面材质、接缝密封胶、硅晶片储存盒、PVC 手套等塑胶材质都会散发出分子态污染物，主要有氨、胺化物、酸、醇类及高挥发性物质。

分子态污染对半导体产品生产的影响主要表现在：其中的酸会腐蚀设备和硅片，使蚀刻速度变化；其中的碱会使显影不清，光学仪器及硅片表面雾化；其中的凝聚性有机物会使黏着力变低，接触电阻增高，并影响清洁效果；其中的掺杂物会改变电压，使电阻系数偏移，造成电气特性改变。

国际半导体设备与材料组织提出的标准洁净环境中气态分子级化学污染物的分级（SEMI F21—95）如表 5-23 所列。

表 5-23　SEMI F21—95 的污染物分级

项　目	级　别				
	1×10^{-12}	10×10^{-12}	100×10^{-12}	1000×10^{-12}	10000×10^{-12}
酸	MA-1	MA-10	MA-100	MA-1000	MA-10000
碱	MB-1	MB-10	MB-100	MB-1000	MB-10000
凝聚性有机物	MC-1	MC-10	MC-100	MC-1000	MC-10000
掺杂物	MD-1	MD-10	MD-100	MD-1000	MD-10000

注：在日本标准中，还有高挥发性有机物。

第六章

洁净室的气流组织和系统设计

第一节　气 流 组 织

一、概述

基本的气流组织如图 6-1～图 6-17 所示。

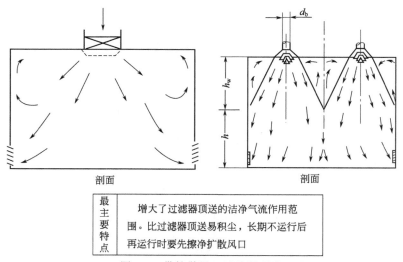

剖面　　　　　　　　　　剖面

最主要特点	增大了过滤器顶送的洁净气流作用范围。比过滤器顶送易积尘，长期不运行后再运行时要先擦净扩散风口

图 6-1　带扩散风口过滤器顶送

最主要特点	适于层高较高的房间 适于有空调要求的洁净室

图 6-2　散流器顶送

最主要特点	甚至比过滤器顶送还简单 特别适用于无顶棚空间的房间 可利用走廊，风管设于走廊顶棚中 适合有一般空调要求的洁净室

图 6-3　风口侧送

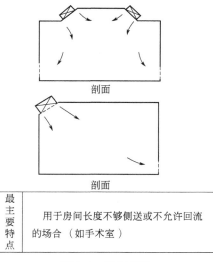

最主要特点	用于房间长度不够侧送或不允许回流的场合（如手术室）

图 6-4　风口斜送

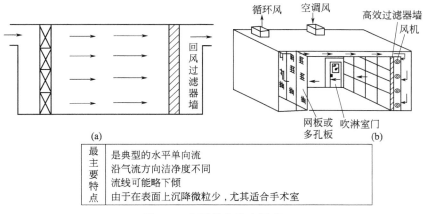

最主要特点	是典型的水平单向流 沿气流方向洁净度不同 流线可能略下倾 由于在表面上沉降微粒少，尤其适合手术室

图 6-5　水平单向流直回式

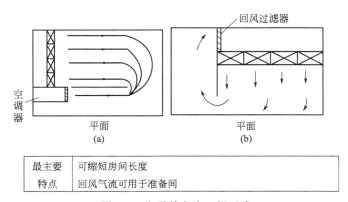

最主要特点	可缩短房间长度 回风气流可用于准备间

图 6-6　水平单向流一侧回式

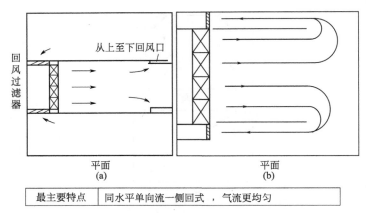

最主要特点	同水平单向流一侧回式 ，气流更均匀

图 6-7 水平单向流双侧回式

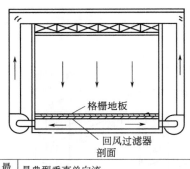

最主要特点	是典型垂直单向流 造价最高 可达到洁净度最高

图 6-8 垂直单向流满布格栅地板
回风，满布过滤器送风

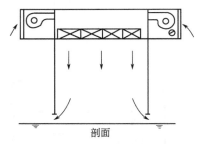

最主要特点	最简易的垂直单向流洁净室 气流平行性不如两侧下回风式 压出之气流有利于所在外部环境洁净度的提高 。如联接回风管，即最简易的两侧下回风式

图 6-9 垂直单向流周边压出式
回风，满布过滤器送风

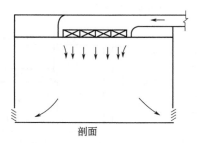

最主要特点	只在需要平行流地区形成局部单向流 投资大为减少

图 6-10 无气幕局部垂直单向流

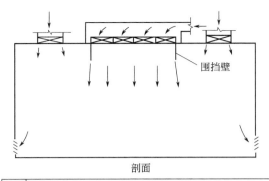

剖面

最主要特点	可延伸垂直单向流的有效长度，等于加宽了送风口或缩短了送风口至工作区的距离

图 6-11　有围挡壁的局部垂直单向流

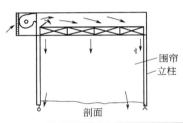

剖面

最主要特点	灵活，便宜 可防止污染侵入，但有障碍

图 6-12　立柱围帘洁净棚

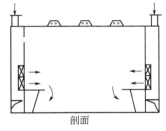

剖面

最主要特点	把工作台面直接置于水平单向流的第一工作面上，因而更紧凑、节省

图 6-13　台面式局部水平单向流

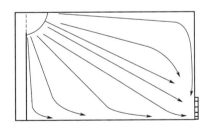

最主要特点	流线近似向一个方向流动，性能接近水平单向流，但施工较简单，费用低，在美国常用于药厂

图 6-14　辐流式洁净室

图中洁净度级别为 209E 级别

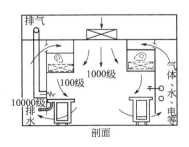

剖面

最主要特点	可达到最高洁净度 具有最大灵活性，适应工艺的变动 比全面平行流洁净室便宜 尤其适用于大规模集成电路生产

图 6-15　隧道式洁净室

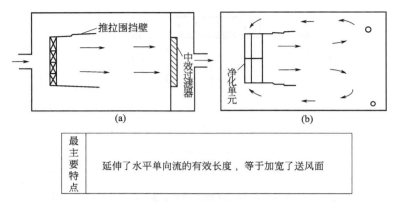

最主要特点	延伸了水平单向流的有效长度，等于加宽了送风面

图 6-16　有围挡壁的净化单元式或墙面式局部水平单向流

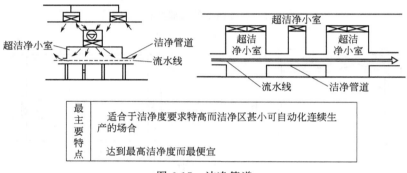

最主要特点	适合于洁净度要求特高而洁净区甚小可自动化连续生产的场合
	达到最高洁净度而最便宜

图 6-17　洁净管道

二、乱流式气流组织设计要点

1. 保持正压

这是乱流式气流组织的最重要的一点。

加压空气量按后面讲的洁净室有关计算方法计算，概算时，一般在 2～6 次/h 换气次数范围内。

正压控制方法见本章第四节正压控制。

2. 局部发尘的控制

前面说过，乱流洁净室内由于气流是乱流，粉尘可以扩散到任何地方，如果局部地点发尘而影响全局，是很不好的，即使增加很多换气次数，效果也不会太好。最好的办法是从局部气流组织的处理上着眼，即对局部发尘设备（如果非设在洁净室内的话）加以围挡和进行局部排风。

图 6-18 是对发尘量大的和排气量也大的尘源用罩子和管道先把含尘空气集中处理之后再循环的做法，如果全部排至室外，能量浪费太大。

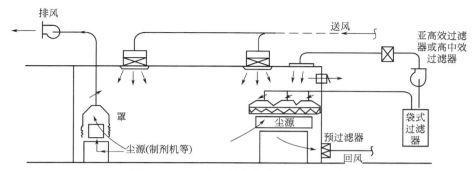

图 6-18   大发尘量的节能式气流组织方案

图 6-19 是使操作工人尽量不接触有害粉尘的气流组织处理方法。

图 6-18 和图 6-19 都是针对药品粉尘的例子，即都是处理药品粉尘自身，所以粉尘处理后再循环送至室内时可不经过高效过滤器，而只经过亚高效过滤器。为防止污染管道，也可在回风口设多级过滤器，其末级为亚高效或高效过滤器，这一点是需要注意的。

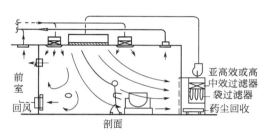

图 6-19   不使工人接触有害
粉尘的气流组织方案

图 6-20 是在产生有毒气体的场合的气流组织方案，此时排风量要经过符合环保要求的处理后排出室外。

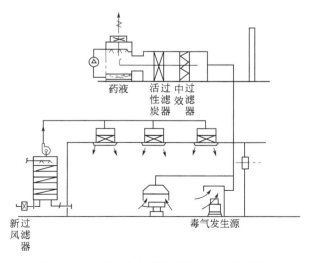

图 6-20   产生有害气体场合的气流组织方案

3. 风机压头的选择

过去习惯按过剩的原则来选择风机压头，这并不合适。应该注意过滤器实际运行的风量都小于额定风量，若都按过滤器初阻力 2 倍选风机，会使开始时风机压头富裕太多，风量和速度太大，如果把阀门关得太小，则又要产生很大的噪声，所以当系统阻力可以比较仔细地计算时，粗效至高效过滤器的终阻力可按初阻力分别加 50～120Pa 来计算（详见后面系统计算部分）。如果系统阻力不便计算或为了估算，也可以仍用 2 倍初阻力的习惯方法。

4. 风机的选择

应选用高效率、低噪声的风机，重要的是工作点应选在风机性能曲线中倾斜度较大的部分，且此性能曲线也尽量选用陡斜的，而不选平坦的，这样风压变化大时风量变化小，不致有大的影响。

在图 6-21 中，如果压头 H 在 o 点上下的 o'—o'' 变化，则风量 L 的 o'—o'' 变化也不大；如果压头 H 至 a 点变化，则即使变化很小如 a'—a''，都会使风量 L 的 a'—a'' 显得很大。

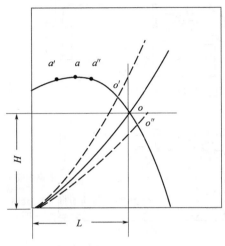

图 6-21 风机性能曲线和风量变化的关系

三、单向流气流组织设计要点

1. 防止过滤器泄漏

如果产生泄漏，就会使单向流气流组织的优点受到损坏，所以应力求避免。

2. 确保室内送风气流的均匀

① 提高送风过滤器的满布率，以减小边框的盲区，盲区影响见图 6-22。

② 提高过滤器风口侧面出风速度，如用扩散风口和侧面为条形开口风口（前者见图 6-23，后者见图 6-24），四周为条形开口，底面是孔眼，边上风速最

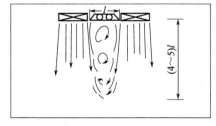

图 6-22 高效过滤器的盲区长度

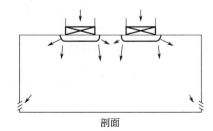

剖面

图 6-23 扩散风口减小盲区

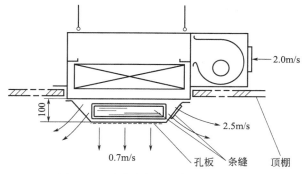

图 6-24　可减小盲区的条形开口风口

好是中间风速的 3 倍以上。

3. 提高送风速度均匀程度

造成送风速度不均匀的原因有过滤器和静压箱阻力不均以及向静压箱送风的速度太大等。

图 6-25 表示静压箱进口风速 v_1 太大，则在进口下方，从高效过滤器出来的风量不足，甚至发生倒吸。而靠近 v_2 吹出气流后部风量又过剩。

克服上述送风速度不均匀现象有以下措施。

① 严格选用高效过滤器，根据《洁净室施工及验收规范》，安装时应根据各台过滤器阻力大小进行合理调配，使送风面上各过滤器之间每台额定阻力和各台平均阻力相差小于 5%。

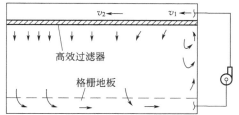

图 6-25　发生倒吸现象

② 过滤器下方设阻尼层，甚至设阻力不均匀的阻尼层。

③ 加大静压箱高度，大于 800mm 更好。

④ 改集中管道给静压箱进风为分散管道进风，如图 6-26 所示，务必使吹入风速 v_1 在 7m/s 以下，或从两侧进风，如图 6-27 所示。

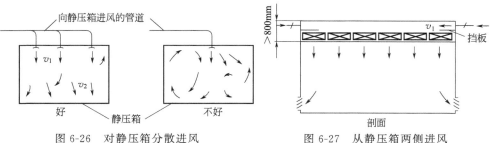

图 6-26　对静压箱分散进风　　　　图 6-27　从静压箱两侧进风

⑤ 如果进风速度 v_1 降不下来或只能单侧进风，则可在进风口附近 $1\sim2$ 个过滤器上面安装可调挡板，如图 6-28 所示。也可增加静压箱内阻力，在出口不远处设多孔板，如图 6-29 所示。

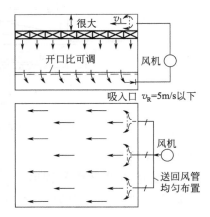

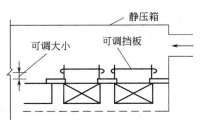

图 6-28　过滤器上安可调挡板　　　　图 6-29　静压箱内设多孔板

⑥ 送风面应采用阻漏层，详见第八章。

4. 提高回风速度均匀程度

在送风上采取的一些措施也可用到回风上，如分散风管、设调节阀、把吸入速度减到 5m/s 以下、调节地面开口比等。

第二节　净化空调系统

一、净化空调

在新风口、送风口、回风口均设置具有一定效率的阻隔式过滤器，可以控制室内悬浮微粒、微生物等污染的空气调节系统称为净化空调系统。

① 必须是三级空气过滤：新风口、送风口、回风口应设符合规范或设计要求的阻隔式过滤器。

② 送风口过滤器或过滤装置必须设在送风末端。

③ 环境内外有压差要求，一般为 $\geq\pm5Pa$。

以前强调洁净室的主要特点是送风三级过滤，即设粗效、中效、高效三级过滤器。其中粗效在新风口，中效在空调装置末端，高效在送风口。后来发展至新风只设粗效已不能满足要求，在某些领域国家标准中已对新风、回风过滤提出更高要求，参见表 6-1。所以有关标准已对净化空调的三级过滤含义改为如上述。

表 6-1　新风过滤器和各室回风口过滤器配备要求

	PM10 年平均浓度/(mg/m³)		过滤器
新风	≤0.07		粗效＋中效
	>0.07		粗效＋中效＋高中效
各室回风口 （含系统和风机盘管）	初阻力/Pa	≤50	相当于高中效
	微生物一次通过率/%	≤10	
	颗粒物一次计重通过率/%	≤5	

二、医院普通集中空调

空调可为使用者带来一个舒适的环境，但必须认识到它同时也是一个污染源，特别是在公共场所，尤其是医院。据 2005 年原国家卫生部调查近一千家公共场所，合格的仅 58 家。

医院是患者集中的地方，各种有害微生物都可以通过回风口进入空调系统。空调设备和系统中有营养液（尘粒提供）和水分（冷凝水提供），为病菌的繁殖提供了充分条件，特别是在停机后温度上升期间。表冷器翅片、凝水盘、加湿器、高湿度下的过滤器、各种表面及缝隙，都是细菌繁殖的温床。

除了回风口，新风口也是污染物的重要入口，特别是在环境差、人口密集的地方。

热交换器翅片因潮湿沾尘，最易积尘，据刘燕敏计算，在两片片距仅 2.3mm 的片间，每片的每面面积积尘按 0.1mm 厚度计算，积尘后盘管通过空气的阻力增加约 19%，这将造成不可忽视的能量损耗。

据此，国标《综合医院建筑设计规范》《医院洁净手术部建筑技术规范》和报批的国标《医院洁净护理与隔离单元技术标准》对医院普通空调和净化空调新风口和回风口过滤器提出如表 6-1 的要求。

医院普通集中空调的基本特征是：

① 没有空气洁净度级别和空气菌浓具体要求。

② 新风口、回风口必须安装符合要求的阻隔式过滤器（非医院集中空调，对此处过滤器无特定要求），送风口可不要求安装过滤器。

③ 可能有环境内外压差要求。

没有上述第②项要求的空调系统即为普通（或一般）集中空调系统。

三、系统划分原则

1. 按朝向分

考虑到太阳辐射热的影响，将同一朝向的房间集中布置在一个系统内，有利于控制。

2. 按使用时间分

将工作时间相同的房间集中于一个系统内，非工作时间该系统可以停止运行，有利于节能。

3. 按室内温湿度条件分

将温湿度条件相同或相近的房间集中于一个系统内，防止不必要的冷却、减湿或加热，有利于减少能耗。

4. 按热负荷特性分

将热湿比、负荷变化等负荷特性相近的房间集中于一个系统，以减少对某些负荷变化需要的过冷却与再加热，有利于节能。

5. 按排风情况分

将要求排风或排风量较大的房间集中于一个系统，有利于系统设计。

6. 按洁净度级别分

将级别相近或 5 级以上与以下的房间集中于一个系统，有利于设计和控制。

7. 按工艺性质分

将工艺性质相同不会造成污染和交叉污染的房间集中于一个系统，有利于保证使用效果。

四、系统分类比较

上面讲了系统划分的原则，现在介绍系统按集中程度加以比较的结果。

三种集中程度比较见表 6-2。

表 6-2　净化空调系统集中程度的比较

项目	集中式净化空调系统	半集中式净化空调系统	全分散式净化空调系统
生产工艺性质	生产工艺连续,各室无独立性;适宜大规模生产工艺	生产工艺可连续,各室具有一定独立性,避免室间互相污染	生产工艺单一,各室独立。适用改造工程
洁净室特点	洁净室面积较大,间数多,位置集中,但各室间洁净度不宜相差太大	洁净室位置集中,可以将不同洁净度的洁净室合为一个系统	洁净室单一,或各洁净室位置分散
气流组织	通过送回风口形式及布置,可实行多种气流组织形式,统一送风,统一回风,集中管理	气流组织主要靠末端装置类型及布置,可实行气流组织形式不多,集中送风,就地回风	可做到多种气流组织,但要注意噪声处理、振动控制
使用时间	同时使用系数高	使用时间可以不一致	使用时间单独
新风量	保证	保证,便于调节	难以保证
占有辅助面积	机房高大,管道截面大,占有空间多	机房小,管道截面小,占有空间少。末端装置占室内部分面积	无单独机房和长管道

续表

项目	集中式净化空调系统	半集中式净化空调系统	全分散式净化空调系统
噪声及振动控制	要求严格控制的场合,可以处理得较为理想	集中风易处理,噪声及振动主要取决于末端装置制造质量	很难处理得十分理想
维修及操作	需要专门训练操作工,但维修量小。系统管理较复杂,各洁净室不能自行调节	介于集中式和全分散式两者之间,如末端装置具有热湿处理能力,各室可自行调节	操作简便,室内工作人员可自行操作,维修量较小,调节、管理简单
施工周期	设备庞大,施工周期长,现场工作量大	介于集中式和全分散式两者之间	建设周期短,易上马
单位净化面积设备费用	较低	目前末端装置价格较高,费用介于两者之间	较高
图例			

第三节　新风处理

过去的习惯做法是新风只经过粗效过滤器处理。实践证明,由于新风较脏,首先会使空调器内换热器盘管等很快堵塞,继之使中效过滤器寿命大为缩短。由于经济管理等原因,不能很快更换,系统内空气品质大受影响。

对于净化系统,90%以上尘源来自新风。由于风量小于总风量很多,所以作者认为对新风加强净化处理,所花经费不多而收效甚大,所以 1994 年作者在《洁净室设计》一书中即提出了对新风最好应采用粗效、中效、亚高效三级过滤的建议,1997 年正式发表了此种新风净化处理的理论根据,2002 年实施的《医院洁净手术部建筑技术规范》（目前已更新为 2013 版本）正式采用了这一措施，但将亚高效改为高中效。

事实证明，加强新风处理对提高进风品质是十分必要的，对提高公共场所、人居环境室内空气品质也是十分必要的。在 2007 年 ISO 的标准中，ISO/DIS 16814《建筑环境设计-室内空气品质-人居环境室内空气质量的表述方法》，和欧洲标准 EN 13774 对新风处理的规定就是最好的说明。

ISO 标准规定：人居环境的空调系统新风最好有 F7 级过滤器，即需要高中效过滤器，因此其也应有 G4、G5（粗效）过滤器保护。

必须指出的是，新风三级过滤器必须是首尾相接的串联方式，这才能达到保护后面管道、部件少受污染从而减少二次污染的目的。一些设计者在设计洁净室新风三级过滤时，往往把风机等部件置于中效过滤器与后面高中效或亚高效过滤器之间，而在设计带热湿处理的新风段时，把热交换器置于中效和高中效或亚高效过滤器之间，这都是不符合新风三级过滤的原则的。

如果在新风处理上采用现成的新风净化机组就更方便了。详见第八章。

第四节　正压控制

一、回风口控制

通过调回风口上的百叶可调格栅或阻尼层，以改变其阻力来调整回风量，达到控制室内压力的目的，这是最简易的方法。但百叶开始的调节风量不大，而且不易关死，还有改变气流方向的问题。

第八章给出了解决上述问题的方法即采用"定风向可调风量回风口"，材料为铝合金。图 6-30 和图 6-31 为回风口与墙体、管壁的连接方式。

该回风口有以下特点。

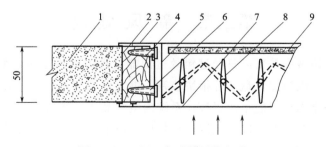

图 6-30　回风口与墙体连接方式

1—保温彩钢板；2—连接木框；3—封头框；4—连接螺栓；5—风口内框；
6—连接螺栓；7—风口外框；8—风口叶片；9—过滤层

① 调节风量时，气流方向不改变，特别适合洁净室使用，尤其是单向流洁净室。

② 风口结构阻力低，可降低常由回风口引起的附加噪声。

③ 风口带过滤层，也消除了风口如黑洞般的视觉。

④ 风口叶片为竖向叶片，避免了横向叶片容易积尘的问题，满足如《医院洁净手术部建筑技术规范》等标准的要求。

⑤ 风口调节性能基本为线性，见图 6-32。

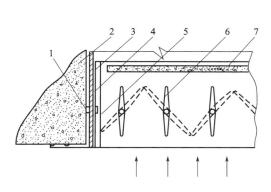

图 6-31　回风口与管壁连接方式

1—连接拉铆钉；2—土建墙；3—风管；4—风口外框；5—风口内框；6—叶片；7—过滤层

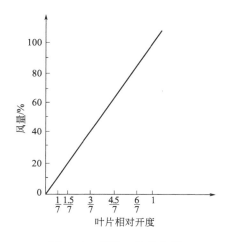

图 6-32　回风口性能曲线

二、余压阀控制

余压阀控制如图 6-33 所示。

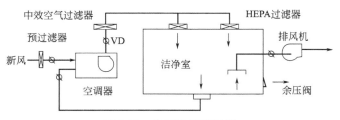

图 6-33　余压阀控制正压

手动调整余压阀上的平衡压块，改变余压阀门开度，实现室内压力控制。但应注意，一旦排风量变化，需重新调整风道上各余压阀。

三、差压变送器控制

差压变送器控制如图 6-34 所示。

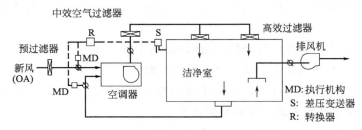

图 6-34　差压变送器控制正压

　　通过差压变送器（S）检测室内压力，然后调整新风量，新风（OA）管路上的电动阀（MD）开大（关小），则回风管路上的电动阀关小（开大）。

四、电脑控制

　　电脑控制如图 6-35 所示。

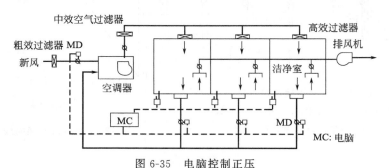

图 6-35　电脑控制正压

　　利用电脑控制不同房间的新风和回风，使控制系统简化。

五、缓冲室过渡

　　当相邻两室压力差过大时，可以采用设缓冲室的办法，形成"压力阶梯"，缩小邻室间的压力差。

　　如图 6-36 所示，想要调节出 A 室压力比 B 室压力高 10Pa，假设因 A 室不够严密而很难做到（图中级别为 ISO 级别）。

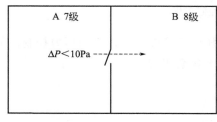

图 6-36　A、B 室之间调不出 10Pa 压差

　　可以在 A、B 之间设缓冲室 C，达到 7 级（ISO），则 A、C 为同级，无压差要求，$\Delta P = 0$，而使 C 比 B 高 10Pa 就很容易实现了，见图 6-37（图中级别为 ISO 级别）。

　　如有一间为人造卫星装配的高 18m 的大体积厂房，其大门就有 3m×3m 这样大，内外压差只有 1Pa，由于体积大，新风补充很困难，门缝又大，所以很难将压差调上去，任何方法都难以奏效。

如果在门外设一和门同样高大的缓冲室（长度应满足运输工具要求，实现两门不同时开关），由于和厂房相比，其体积几乎可以不计，所以给它补充新风以保持对内对外都是正压就十分容易，见图 6-38。

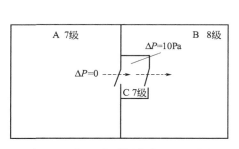

图 6-37　加 C 室后调节出 10Pa 压差

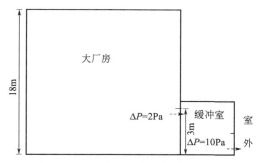

图 6-38　用缓冲室调整压差的又一形式

第五节　双　风　机

当风道系统较长，用一台风机需要大的压头，又会引起噪声的增加，为避免这一结果，有时也加一台回风机，即成为双风机系统。

图 6-39 是一个典型的单风机系统，图 6-40 是一个典型的双风机系统。图中 L 表示送风量，L_s 表示渗透风量，L_c 表示房间有组织的出风量，L_w 表示新风量，L_h 表示回风量，L_p 表示系统有组织的排风量。对于两种系统都可以写出以下风量平衡方程式。

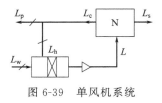

图 6-39　单风机系统

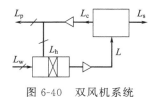

图 6-40　双风机系统

房间　　　　　　　　　　　　$L = L_c + L_s$　　　　　　　　　　（6-1）

整个系统　　　　　　　　　　$L_w = L_p + L_s$　　　　　　　　　（6-2）

排风与回风分流点　　　　　　$L_c = L_h + L_p$　　　　　　　　　（6-3）

分析式（6-1）可知，当送风量 L 一定时，对于两种系统都可能有：

$L > L_c$ 时，$L_s > 0$，室内为正压；

$L = L_c$ 时，$L_s = 0$，室内为零压。

而对于双风机系统，还可能有：

$L<L_c$ 时，$L_s<0$，室内为负压。

所以双风机系统虽然可以保持室内有任何压力值，但如风量不当或调节不好，室内会出现负压，甚至位置不当也会出现负压，例如，如果回风机紧靠回风口，回风口没有阻力，特别是厂房高大而回风口均布在地面上时，将可能使回风口区相当一部分空间处于回风机的负压范围，这就有可能在工作区内形成负压，如图 6-41 所示，所以对于回风机的位置必须经过校核。

图 6-42 是一个实例平面图。

图 6-42 中用地沟回风，回风道出口就和双风机中的回风机吸入端相连。

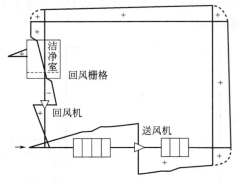

图 6-41 回风机位置对室内压力的影响

由于回风道上仅有格栅地板和粗无纺布滤料，阻力很小，结果在回风机抽吸下，室内地面以上 0.8m 以内的空间为负压，见图 6-43。

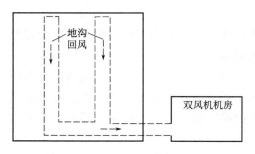

图 6-42 双风机回风实例平面图

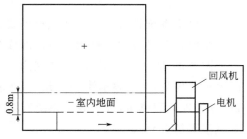

图 6-43 双风机的回风机造成部分空间负压

由于净化空调系统室内允许有较高的正压，故采用单风机系统的仍然居多，或者采用不经过空调器循环的双风机系统。

第六节 加 压 风 机

净化空调系统和一般空调系统不同，由于有几道过滤器，所以需要更大的风机压头，有的系统因而选不到合适的风机，即在需要的风量下没有这么大的压头；有的系统因是改造工程，原有风机风量虽然够而压头不够。在这两种情况下，常用串联加压风机的方案，即在主风机之后串联一台风机。

在实际工程中，加压风机的风量能和主风机一样最好，但如果风量太大或太小会怎样？

应该说，这样单纯问风量太大或太小的问题是不严密的，应该根据加压风机的性能曲线——风量和压头关系曲线来分析问题。

例如，系统需要 20000m³/h 的风量，为克服系统阻力，经计算需要 800Pa 的压头，即工作点应如图 6-44 中的 A 点，A 点所在的曲线 I 是系统的特性曲线，亦称管网特性曲线，体现该系统的风量和阻力的关系，是通过原点的二次抛物线。空调箱中主风机的风量在 20000m³/h 的情况下，具有 500Pa 的压头，其性能曲线如图 6-44 中的曲线 2。

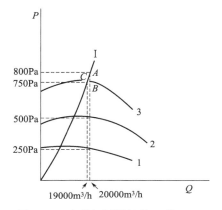

图 6-44　串联加压风机的工况（一）

经过选择，有以下两种结果。

① 选一台具有曲线 1 性能曲线的加压风机，可知在 20000m³/h 风量下，具有 250Pa 的压头。

当两台风机串联时，遵循以下原则。

a. 由于流量连续定理，经过两台风机的风量相同，但一般将大于一台单独运行时的风量（因为总风压比一台的大）。

b. 经过两台风机的风压为两台风机在联合运行风量下各自风压之和，但小于两台风机单独运行时各自风压之和（因为一台风机将是另一台风机的阻力）。

因此，在图 6-44 上，串联后的"机组"性能曲线应为曲线 1 和曲线 2 的压头叠加，即曲线 3，例如在 20000m³/h 下具有 750Pa 的总压头，在曲线 3 上为 B 点，显然这不足以克服在此风量下的系统阻力。"机组"的真正工作点应是"机组"性能曲线和管网特性曲线的交点 C，比 B 左移了，即为了克服系统阻力，风量将有所下降（在性能曲线上升段则相反，但这一段都很短），例如图中所示的 19000m³/h，风量小了，阻力也下降一些，而压头则上升一些，达到平衡。

② 选一台具有曲线 4（见图 6-45）性能曲线的加压风机，可知在 20000m³/h 风量下具有 350Pa 的压头。根据同样的原则，串联后叠加的"机组"性能曲线应为图中的曲线 5，此时以 850Pa 的压头（D 点）去克服

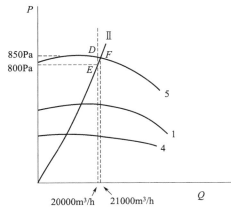

图 6-45　串联加压风机的工况（二）

800Pa（E 点）的系统阻力将有富余，因此压头降低转化为风量的增加。"机组"工作点应是从 D 右移的 F 点（曲线Ⅱ），风量将略微上升，例如达到 $21000m^3/h$。

根据上面分析，可得出选用加压风机时应掌握的原则：

a. 系统阻力大而且阻力随风量变化明显（即管网特性曲线陡）的场合适合用加压风机。

b. 加压风机要尽量远离主风机，起码在出入口管径的 8 倍距离以上，因为离主风机出口太近，气流不稳定，将严重影响串联的效果。

c. 加压风机和主风机最好是同一型号的（风量相同，压头相等，约各占所需压头的一半），串联后"机组"的性能曲线将如图 6-46 所示。

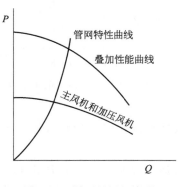

图 6-46 同型号风机串联

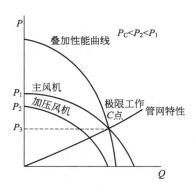

图 6-47 不同型号风机
串联极限的工作点

如果两台风机型号不同，将有极限工作点问题（即曲线要相交），其性能曲线叠加后如图 6-47 所示，C 点为极限工作点。当管网特性曲线较平（系统风量大而阻力小），工作点处于极限工作点右侧时，加压风机失去加压作用（风量风压仅等于甚至小于其中一台风机的风量风压，没有任何增益）。

d. 当加压风机和主风机不是同一型号，而系统风量又不允许正偏差时（例如风量已经太大，或者制冷能力比较紧，或者通过表冷器的风速已经较大，则再加大通过风量即加大风速，会导致表冷器效率的下降），宜使加压风机的压头（在所需风量下）略小于所需压头与主风机压头之差（皆指在所需风量下），即如图 6-44 所示；当系统不允许负偏差时（例如系统风量计算已经偏紧），宜使加压风机压头略大于所需压头与主风机压头之差，即如图 6-45 所示那样。

总之，宜使加压风机压头尽量接近所需压头与主风机压头之差，差别不宜大。

第七节　值班风机

洁净室一般可不设值班风机，但当净化系统停止运行对产品有影响，而工艺又不能采取局部处理措施时可设值班风机，见图 6-48。

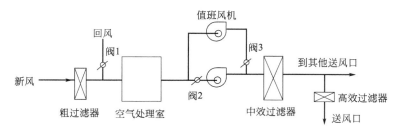

图 6-48　值班风机的设置

正常过程时将阀 1、阀 2 打开，阀 3 关闭；下班后将值班
风机开启，阀 3 打开，阀 1、阀 2 关闭

第八节　定风量与变风量

一、原理

净化空调系统本质上是定风量系统，就是换气次数或者截面风速都是按规范要求设定的，是长年一样的，不像舒适性空调系统需要利用风量的改变来调整供热供冷量。

最普通的定风量（CAV）或变风量（YAV）措施是阀门。当然发现风量有所减小时，可以开大风管上的阀门，如图 6-49 所示。

或者为了平衡各支管的风量，也通过阀门（包括：三通阀）来手工调整。

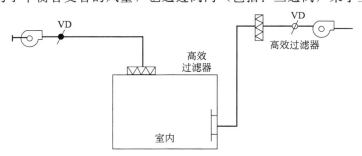

图 6-49　用普通风量调节阀的洁净室

VD—风量调节阀

对于要求控制室压的洁净室来说，诸多干扰室压变化的因素，用这种阀门都不能予以消除。这些干扰因素如：室外风压的变化；系统阻力的增减；室内使用的通风柜、生物安全柜之类停止运行；门的开启；送排风机的启动和停止，以及因需要而临时关闭管道上的阀门等。

即使用这种普通阀来调节风量，其对风量的控制也具有以下问题：一是不准确，二是滞后于工况的变化，三是费事。

二、型式

代替普通阀门的定风量装置是定风量阀，以下举出两种为例。

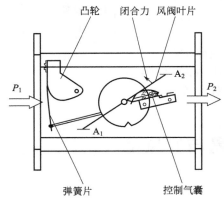

图 6-50　机械式自力控制定风量阀
（天津龙泰吉科技发展有限公司产品）
P_1、P_2 为进出口压力；A_1、A_2 为限位示意

1. 机械式自力控制定风量阀

（1）特性　如图 6-50 所示的这种定风量阀的原理是，当阀的前后压差变化时，通过自动给气囊充气，和缠绕在凸轮上的弹簧片的伸缩作用，调整风阀叶片角度，恰当地减小或增加过滤面积，使风量在一定精度范围内保持恒定。

据生产厂家资料，该定风量阀的特点如下。

① 无需外部动力，在常温下工作，工作温度为 10～50℃；

② 压差范围 50～950Pa（F 型、R 型），或者 20～400Pa（R-in 型），也就是说，启动压力必须大于 20Pa 或 50Pa，阀才能工作；

③ 承压 5kPa；

④ 流量范围 4∶1（F 型、R 型）或者 7∶1（R-in 型）；

⑤ 外部有指针显示流量刻度；

⑥ 该阀也可作变风量应用（F 型、R 型）。

如图 6-51 所示的洁净手术室，由定风量阀保证恒定风量，非工作时间关闭主空调器，只让新风经过冷、热、净化处理后直接进入送风天花，维持室内正压。

（2）规格　该定风量阀几种规格见表 6-3。

（3）参数　表 6-4 是矩形阀体的参数，图 6-52 是其规格图示，图 6-53 是其外观；表 6-5 是圆形阀体的参数，图 6-54 是其规格图示，图 6-55 是其外观；表 6-6 是风管内插式阀体的设定风量值，表 6-7 是其参数，图 6-56 是其外观。

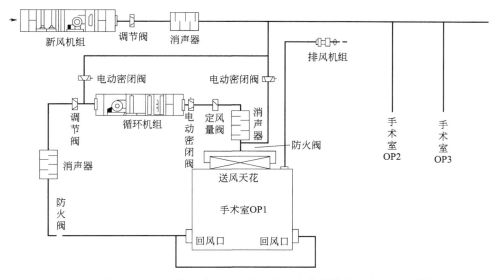

图 6-51　定风量阀用于洁净手术室（据天津龙泰吉科技发展有限公司样本）

表 6-3　机械式自力控制定风量阀规格（天津龙泰吉科技发展有限公司产品）

系列	说　明	规　格	备　注
F	矩形设定式定风量阀	(150×100)mm～(600×600)mm	入口需有长度≥1.5 阀宽的直管,出口有≥0.5 阀宽直管
R	普通圆形设定式定风量阀	$\phi80～400$mm	入口需有长度≥1.5 阀宽的直管
R-in	风管内插式定风量阀	$\phi100～250$mm	

表 6-4　矩形设定式定风量阀参数

尺寸($A×H$)/mm	压差范围/Pa	风量/(m³/h)	误差/%	外壳尺寸/mm				重量/kg
				A_1	H_1	E	F	
150×100	50～950	120	12	226	176	234	134	3
		240	9					
		360	6					
		480	5					
200×100	50～950	145	12	276	176	234	134	3.5
		290	9					
		435	6					
		580	5					
300×100	50～950	235	12	376	176	334	134	5
		470	9					
		705	6					
		940	5					

续表

尺寸(A×H)/mm	压差范围/Pa	风量/(m³/h)	误差/%	外壳尺寸/mm				重量/kg
				A_1	H_1	E	F	
300×150	50～950	380	12	376	226	334	184	5.5
		760	9					
		1130	6					
		1520	5					
300×200	50～950	470	12	376	226	334	234	6
		940	9					
		1410	6					
		1880	5					
400×200	50～950	758	12	476	276	434	234	7
		1516	9					
		2274	6					
		3032	5					
400×250	50～950	790	12	476	316	434	284	10
		1580	9					
		2370	6					
		3160	5					
400×300	50～950	1135	12	476	376	434	334	12
		2270	9					
		3405	6					
		4540	5					
400×400	50～950	1515	12	476	476	434	434	18
		3030	9					
		4545	6					
		6060	5					
500×200	50～950	830	12	576	276	534	234	11
		1660	9					
		2490	6					
		3320	5					
500×250	50～950	1082	12	576	316	534	284	12
		2164	9					
		3248	6					
		4328	5					

尺寸(A×H) /mm	压差范围 /Pa	风量 /(m³/h)	误差 /%	外壳尺寸/mm				重量 /kg
				A_1	H_1	E	F	
500×300	50～950	1351	12	576	376	534	334	13
		2702	9					
		4053	6					
		5404	5					
500×400	50～950	1658	12	576	476	534	434	17.5
		3316	9					
		4974	6					
		6632	5					
500×500	50～950	2158	12	576	576	534	534	18.5
		4316	9					
		6474	6					
		8632	5					
600×200	50～950	940	12	676	276	634	234	13
		1880	9					
		2820	6					
		3760	5					
600×250	50～950	1150	12	676	316	634	284	14
		2300	9					
		3450	6					
		4600	5					
600×300	50～950	1515	12	676	376	634	334	15
		3030	9					
		4545	6					
		6060	5					
600×400	50～950	1838	12	676	476	634	434	18
		3676	9					
		5514	6					
		7352	5					
600×500	50～950	2158	12	676	576	634	534	19
		4316	9					
		6474	6					
		8632	5					

续表

尺寸(A×H) /mm	压差范围 /Pa	风量 /(m³/h)	误差 /%	外壳尺寸/mm A_1	H_1	E	F	重量 /kg
600×600	50～950	3030	12	676	676	634	634	20
		6060	9					
		9090	6					
		12120	5					

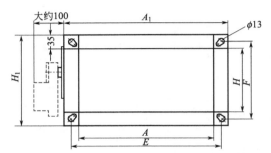
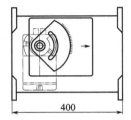

图 6-52　矩形阀体规格

图 6-53　矩形（F 型）阀体外观

表 6-5　圆形设定式定风量阀参数

规格	压差范围 /Pa	风量 /(m³/h)	误差 /%	外壳尺寸/mm D_1	D_2	D_3	L_1	L_2	L_3	L_4	法兰尺寸/mm D_4	L_5	s	b	n-d	标准型 重量/kg
80	80～950	40	12	79	181	—	250	233	300	—	—	—	—	—	—	1.4
		80	9													
		120	6													
		320	5													
100	50～950	80	12	99	200	111	310	233	310	298	133	290	3	25	4-ϕ9.5	1.8
		160	9													
		240	6													
		320	5													
125	50～950	125	12	124	220	136	310	233	310	298	158	290	3	25	4-ϕ9.5	2.0
		250	9													
		375	6													
		500	5													

续表

规格	压差范围/Pa	风量/(m³/h)	误差/%	外壳尺寸/mm							法兰尺寸/mm					标准型重量/kg
				D_1	D_2	D_3	L_1	L_2	L_3	L_4	D_4	L_5	s	b	n-d	
160	50～950	210	12	159	262	171	310	233	310	298	191	290	4	25	6-ϕ9.5	2.5
		420	9													
		630	6													
		840	5													
200	50～950	320	12	199	300	211	310	233	310	298	234	290	4	25	6-ϕ9.5	3.0
		640	9													
		960	6													
		1280	5													
250	50～950	520	12	249	356	261	400	318	400	388	282	380	4	25	6-ϕ9.5	3.5
		1040	9													
		1560	6													
		2080	5													
315	50～950	830	12	314	418	326	400	318	400	388	353	380	4	30	8-ϕ9.5	4.8
		1660	9													
		2490	6													
		3320	5													
400	50～950	1260	12	399	498	411	400	318	400	388	439	380	4	30	8-ϕ9.5	5.7
		2520	9													
		3780	6													
		5040	5													

表 6-6　风管内插式设定式定风量阀设定风量值

规格	设　定　风　量　值/(m³/h)										
100	15	20	25	30	38	46	55	68	77	92	106
125	34	55	62	76	97	120	142	170	190	221	258
160	70	87	103	135	173	218	277	325	377	432	504
200	116	144	170	222	285	367	466	550	633	725	844
250	208	258	305	398	490	630	800	940	1130	1330	1497

表 6-7　风管内插式设定式定风量阀参数

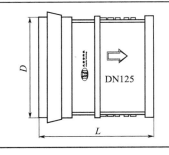

规格	D/mm	L/mm	重量/kg
100	98.5	100	0.15
125	123.5	125	0.25
160	158	160	0.7
200	197	200	1.1
250	247	200	1.6

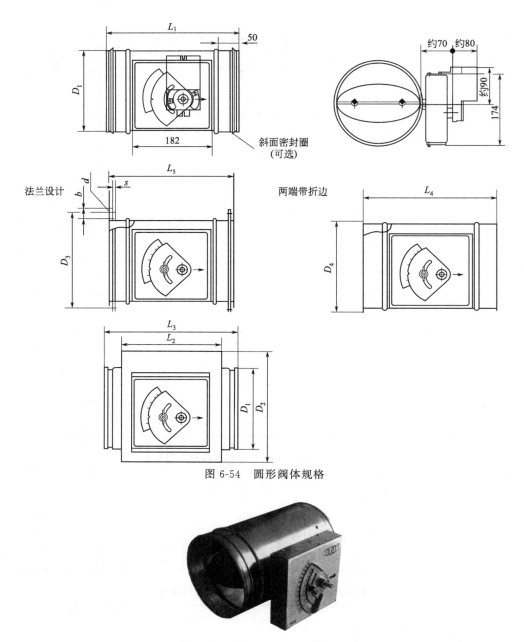

图 6-54　圆形阀体规格

图 6-55　圆形（R 型）阀体外观

2. 文丘里式定风量阀

（1）特性　这种控制阀的原理如图 6-57 所示。每一个阀都有一个锥体组件，它内置一个不锈钢弹簧。随着系统阻力上升，加在锥体上的静压减小，弹簧伸缩并且锥体移开阀体，打开面积增加。较低的压力与较大的打开面积的组合，使风量在一定精度范围内保持恒定。

该阀有以下用途：

① 定风量控制（CVV 系列），用于在静压变化的情况下维持设定风量；

② 双稳态控制（PEV/PSV 系列），用于高/低风量控制（仅有气动）；

③ 双稳态可升级（BEV/BSV 系列），用于高/低风量或者定风量控制，阀门带反馈选件，能够升级为变风量控制阀（仅有气动）；

图 6-56　风管内插式（R-in 型）阀体外观

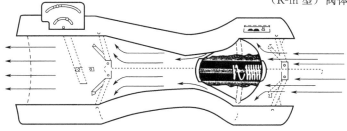

图 6-57　文丘里式定风量阀原理（北京比特赛天系统集成技术有限公司产品）

④ 变风量控制（EXV/MAV 系列），用于闭环反馈变风量控制（气动或者电动），气动型阀门和高速电动型阀门用于通风柜，低速电动型阀门一般追踪时应用。

据生产厂家资料，该阀的特点如下：

① 无需外部动力，工作温度为 0～50℃；

② 在环境相对湿度为 10％～90％时无凝水现象；

③ 压差范围为 150～750Pa；

④ 提供阀门的流量最大范围是 60～1000m³/h；

⑤ 风量控制精度±5％～±10％（笼架式）；

⑥ 阀前、阀后无需附加直风道；

⑦ 对命令信号的响应时间小于 1s；

⑧ 对风道静压变化的响应时间小于 1s；

⑨ 外部有指针显示流量刻度；

⑩ 该阀可有变风量等多种方式。

如图 6-58 所示的例子，通风柜在能保证窗口面风速的最小风量下操作。当操作人员接近通风柜时，系统会根据区域状态传感器（ZPS）的检测增加风量，操作人员离开后流量将恢复到较低而安全的值。

或者由于改变窗口面积使要求恒定的窗口风速改变，此时也需改变通风柜的

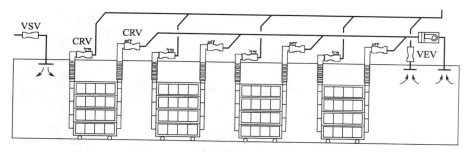

图 6-58　啮齿类动物饲养室使用的文丘里风量控制阀（据北京
比特赛天系统集成技术有限公司样本）

VSV—变风量送风阀；VEV—变风量排风阀；CRV—笼架风阀（定风量）

通风量。

又如对负压洁净室，当门突然打开时，负压将急剧消失，此时可通过安在排风管上的变风量阀迅速使排风量增大，以弥补负压减小。

（2）规格　图 6-59 是上述文丘里阀组合外观，表 6-8 是其规格。

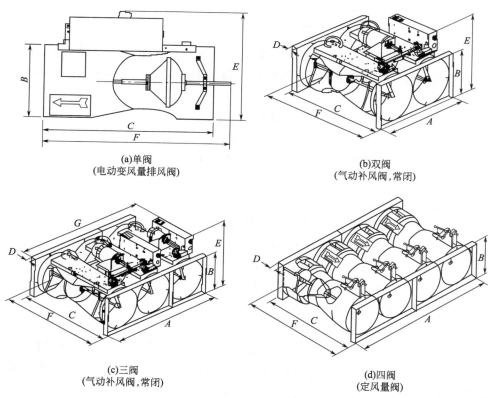

(a)单阀
(电动变风量排风阀)

(b)双阀
(气动补风阀,常闭)

(c)三阀
(气动补风阀,常闭)

(d)四阀
(定风量阀)

图 6-59　文丘里阀组合外观（北京比特赛天系统集成技术有限公司产品）

表 6-8　文丘里阀组合规格

号　数	$A^{①}$ /mm	$B^{①}$ /mm	C /mm	D /mm	$E^{②}$ /mm	F /mm	G /mm	重量 (CVV 阀)/kg	重量 (除 CVV 阀)/kg
8	—	200	597	—	359	711	257	3.2	5.5
10	—	246	552	—	410	665	284	3.2	6.0
12	—	301	681	—	461	827	308	4.1	7.3
2-10	511	257	629	38	426	704	547	8.2	13.6
2-12	613	308	757	38	476	879	629	10.4	16.3
3-12③	924	308	757	38	476	879	934	14.5	23.6
4-12③	1226	308	757	38	476	879	1236	20.9	32.7

① 外廓尺寸。

② 所有阀门类型中最大尺寸（某些配置下可能会小些）。

③ 数字型变风量阀门不提供三阀、四阀。

注：所给重量是大约数，仅供参考，运输发货时，单阀和双阀要再加上 2.7kg，对三阀和四阀要再加上 5.4kg。

（3）参数　该阀参数见表 6-9。

表 6-9　文丘里阀参数（北京比特赛天系统集成技术有限公司产品）

符　号	尺寸 /in	流量范围/(m³/h)				阀门压力降/Pa
		单阀	双阀	三阀	四阀	
M=中压	8	60～1175				150～750
	10	85～1700	170～3350	—	—	
	12	150～2500	300～5000	450～7500	600～10000	
L=低压	8	60～850				75～750
	10	85～925	170～1850	—	—	
	12	150～1750	300～3500	450～5250	600～7000	

注：1. 中压阀压力开关设定点为 75Pa，低压阀定为 50Pa，即启动压力需要这么大。

2. 1in=0.0254m。

该产品关闭时泄漏率如图 6-60 所示。

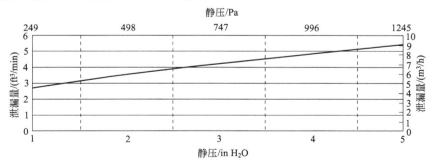

图 6-60　文丘里阀关闭泄漏率

$1ft^3=0.0283168m^3$；$1in=0.0254m$

第九节　海拔高度的修正

一、修正的必要性

空调净化系统常用的风管阻力计算图表和风机等设备的性能参数图表都是按标准大气压，即 1013hPa，或标准空气密度，即 $1.2kg/m^3$ 状态下的空气编制的。

随着洁净技术的广泛应用和我国西部地区经济的发展，广大西部地区的洁净室建设日益增多。在设计这些高海拔地区空调净化系统时如忽略了海拔高度的修正，将带来很大误差，例如选好压头风机，在那里实用时只要转数不变，送出的空气体积即风量（m^3/h）就不变，但产生的压力不够，不好用。

高海拔地区，在此是泛指海拔高度在 1000m 以上的地区，在我国则包括黄土高原、青藏高原和云贵高原等西部及西北、西南地区。这些地区有代表性的城市的海拔高度如表 6-10 所列。

表 6-10　我国主要的高海拔城市

城市	呼和浩特	银川	兰州	西宁	拉萨	贵阳	昆明
海拔高度/m	1063.0	111.5	1517.2	2261.2	3658.0	1071.2	1891.4

海拔高度不同将使空气密度不同，并随着海拔高度的上升而减小。

$$\rho_s = 1.2 \times (B_s/1013) \tag{6-4}$$

式中　ρ_s——当地空气密度，kg/m^3；

B_s——当地海拔高度 H（m）处的大气压力，hPa。

ρ 的变化将影响许多参数，所以要进行海拔高度的修正。

二、风量的修正

当根据当地大气压力下的 h-d 图（焓湿图）计算出空气质量流量 G_s（kg/h）后，其体积流量 L_s（m^3/h）就应修正为：

$$L_s = G_s/\rho_s \tag{6-5}$$

然后按计算的 L_s 选用风管及各种设备。

三、风机压头的修正

在高海拔的地区，当使用风机的转数、效率及气温没有变化时，风机送出的体积风量 L 不变，但空气密度大的，产生的压力大，空气密度小的，产生的压力也小。所以，高海拔地区使用风机的实际运行风压 H_s 将低于其在标准状态下

测得的名义风压 H_o，有

$$H_s = H_o \rho_s / 1.2 \tag{6-6}$$

或者说，在当地大气压下系统总阻力 H_s 和根据标准状态下的图表计算所得的总阻力 h 的关系是：

$$H_s = h \rho_s / 1.2 \tag{6-7}$$

为了保证风压要求，实际选用的风机的名义风压 H'_o 就是：

$$H'_o = 1.2 H_o / \rho_s \tag{6-8}$$

因此，系统的风机应按 L_s（m^3/h）和 H'_o（Pa）选用。

四、电机轴功率的修正

由于风机风压的降低和系统压力损失的减少是等同的，风机电机的轴功率 N 也会减少：

标准状态下 $\qquad\qquad N_o = L_o H_o / \eta_1 \eta_2 \tag{6-9}$

实际状态下 $\qquad\qquad N_s = L_s H_s / \eta_1 \eta_2 \tag{6-10}$

式中，$L_o = L_s$，$\eta_1 \eta_2$ 不变，$H_s = H_o \rho_s / 1.2$，而 $\rho_s < 1.2$，所以有 $N_s < N_o$。

为了保证设计的风压要求，式（6-8）已算出实际选用的风机的名义风压 H'_o，所以实际电机轴功率将增加，即：

$$N_s = L H'_o / \eta_1 \eta_2 = L_o (1.2 H_o / \rho_s) / \eta_1 \eta_2 \tag{6-11}$$
$$= 1.2 L_o H_o / \rho_s \eta_1 \eta_2 = 1.2 N_o / \rho_s$$

五、焓和含湿量的修正

关于焓、含湿量和 $h\text{-}d$ 图等空调参数，在后面关于空调方案设计一章中还要述及，这里只是指出高海拔地区的大气压力低于标准大气压力，在 $h\text{-}d$ 图中的相对湿度 $\varphi = 100\%$ 的饱和曲线将向下移，即在相同的温度和相对湿度下，空气的焓和含湿量将增大，对表 6-10 的主要高海拔城市的计算结果列于表 6-11。

表 6-11　不同大气压力下的焓和含湿量 （据崔跃）

项　目	呼和浩特	银川	西宁	兰州	拉萨	贵阳	昆明
当地大气压力/hPa	889.4	883.5	773.5	843.1	652.3	887.9	808.0
空调计算温度							
干球/℃	29.9	30.6	25.9	30.5	22.8	30.0	25.8
湿球/℃	20.8	22.0	16.4	20.2	13.5	23.0	19.9
当地大气压力下读数							
焓/(kJ/kg)	65.73	70.90	55.28	65.79	51.65	74.98	66.94
含湿量/(g/kg)	13.91	15.65	11.43	13.69	11.26	17.48	16.05

续表

项　　目	呼和浩特	银川	西宁	兰州	拉萨	贵阳	昆明
标准大气压力下读数							
焓/(kJ/kg)	60.21	64.59	45.95	58.03	37.85	68.50	57.30
含湿量/(g/kg)	11.74	13.18	7.77	10.65	5.83	14.95	12.26
空气密度/(kg/m³)	1.045	1.033	0.924	0.993	0.787	1.033	0.952

设计高海拔地区空调净化系统时，一定要使用当地大气压力下的 $h\text{-}d$ 图，否则差别很明显。

六、制冷能力的修正

对表冷器、蒸发器、冷凝器等受迫对流换热设备，其热交换能力都与空气密度有关，都随着空气密度减少而下降。建议参照表 6-12 和表 6-13 修正。

表 6-12　冷式冷水机组制冷能力的修正

海拔高度/m	0	609.6	1219.2	1828.8	2438.4
修正系数	1	0.989	0.979	0.968	0.955

表 6-13　风机盘管空气处理能力的修正

海拔高度/m	供　冷		供热修正系数
	总热量修正系数	显热量修正系数	
500	0.98	0.95	0.95
1000	0.97	0.91	0.91
1500	0.95	0.86	0.86
2000	0.94	0.82	0.82
2500	0.93	0.78	0.78
3000	0.91	0.74	0.74

七、空气压缩机与真空泵排气量修正

空气压缩机设计排气量为 L_s，则选用设备的名义排气量 L'_s 应为：

$$L'_s = KL_s \tag{6-12}$$

修正系数 K 见表 6-14。

表 6-14　空压机排气量修正系数

海拔高度/m	914	1219	1524	1829	2134	2438	2734	3048	3658
K	1.1	1.14	1.17	1.2	1.23	1.26	1.29	1.32	1.37

真空泵排气量的修正系数可见产品样本。

八、电机最高允许环境温度的修正

高海拔地区由于空气稀薄，致使电机散热困难进而使功率下降，因此，允许最高环境湿度也要降低。表 6-15 是原机械工业部颁布过的《电机使用于高海拔地区技术要求》（现已废止）规定的温度，供参考。

表 6-15　电机最高容许环境温度

海拔高度/m	1000	2000	3000	4000
最高容许环境温度/℃	40	35	30	25

因此，在高海拔地区，应加强对机房的通风和对电机的散热。

九、实例

[例]　地点为西宁市，某洁净室按体积和换气次数，需要 $10000\text{m}^3/\text{h}$ 体积风量。按标准状态下的风管阻力计算图表中计算出的系统阻力 h 为 1000Pa，求在当地大气压力下系统总阻力 h_q 和通风机选用压力 H_s。

解：由表 6-11 查出西宁当地夏季计算用大气压力为 773.5hPa，则当地空气密度为：$\rho_s = 1.2 H_s/1013 = 1.2 \times 773.5/1013 = 0.92\text{kg/m}^3$。

所以 $h_q = h\rho_s/1.2 = 1000 \times 0.92/1.2 = 766\text{Pa}$。

通风机的选用压力 H_s 为：

$$H_s = h_q \times 1.2/\rho_q = 1000\text{Pa}$$

可见 $H_s = h$。

说明：对于高海拔地区的净化系统，当以实际的体积风量 L_s 按标准状态下的图表计算出系统的阻力 h，并按一般通风机性能曲线选择通风机时，其风量与风压均不要修正，但电气功率要验算。

当进行空调计算时，必须用当地的质量风量 $G_s = L_s \rho_s$ 进行验算。上例 G 为 9200kg/m^3。若此质量风量低于按热湿负荷计算出的质量风量 G_s，则应用 G_s 重新算出体积风量 $L_{s'} = G_s/\rho_s$，并更改换气次数。

一般情况下没有这个问题，因为净化换气次数要比空调风量大得多。

第七章

和系统设计有关的建筑布局

洁净室的建筑布局和净化空调系统有密切的关系，净化空调系统要服从建筑布局的总体，建筑布局也必须符合净化空调系统的原则，这样才能充分发挥相关的功能作用。净化空调的设计者不仅要了解建筑布局以考虑系统的布置，而且要给建筑布局提出建议使其符合洁净室的原理。

第一节　洁净室的平面布局

洁净室的建设情况是多种多样的，有新建的也有改建的，有整个厂房用于洁净生产的，也有把洁净室附设在厂房内一部分的，因此，一幢建筑物内兼容一般生产和洁净生产的情况并不少见。这种情况下，首先应将两类生产分区集中布置，尽可能为洁净生产创造有利条件。

就洁净区来说，它一般包括洁净区、准洁净区和辅助区三部分，其内容如下：

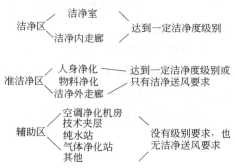

洁净室的平面可以有以下几种方式。

① 外廊环绕式。外廊可以有窗或无窗，兼作参观和放置一些设备用，有的在外廊内设值班采暖［一般是 10 万级（209E）的这样做，而且采暖宜用光管］。外窗必须是双层密封窗。

② 内廊式。洁净室设在外围，而走廊设在内部，这种走廊的洁净度级别一

般都较高，甚至和洁净室同级。洁净室设在外围时，当然没有外窗。

③ 两端式。洁净区设在一边，另一边设准洁净和辅助用房。

④ 核心式。为了节约用地、缩短管线，可以洁净区为核心，上下左右用各种辅助用房和隐蔽管道的空间包围起来，这种方式对于洁净区避开室外气候的直接影响，减少冷、热耗来说，是十分有利的。

第二节 人身净化路线

为了在操作中尽量减少人活动产生的污染，人员在进入洁净区之前，必须更换洁净服并吹淋、洗澡、消毒。这些措施即"人身净化"，简称"人净"。

对于同时设有洁净生产和一般生产的建筑，人净入口就是通往洁净区的日常主要入口；对于整幢建筑用作洁净生产的情况，人净入口往往也就是厂房的主要入口。

洁净生产部分需要的生活用室，包括休息、卫生、杂物和雨具存放等房间，往往与人净用室结合起来布置，但一般在穿洁净工作服之前的区段内。有人把这两部分区域又统一划分为"非洁净区"、"过渡区"和"准洁净区"三块。靠近厂房入口处宜布置污染大的房间，如门厅、净鞋室、存放外衣和雨具杂物室等，视为非洁净区。靠近洁净室的则布置一些有净化要求的房间如洁净服室、吹淋室等，视为入口外的准洁净区。介于上述两区之间的宜布置盥洗室、厕所、休息室等，构成过渡区。

人净与生活用室占用面积较大，根据《洁净厂房设计规范》，一般控制在每人 $4\sim6\mathrm{m}^2$。

根据上述人净用室的目的，它与洁净室的关系应是串联布置，即中间不能被非洁净用房隔断。

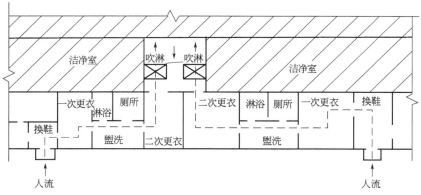

图 7-1 人净用室串联布置例 1

图 7-1、图 7-2 即是串联布置的例子。

在系统设计上，人净用室的二次更衣由于是换穿洁净服的所在，应予送风，并对入口侧一次更衣等其他房间保持正压，此时一次更衣也可少许送风，对厕所、淋浴等保持零压或稍许正压，而厕所、淋浴则应排风，保持负压。如果仅有一次更衣，则可以稍许送风，对入口方向保持正压，或作为洁净区向外排风的中间站，保持零压。

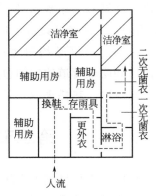

图 7-2　人净用室串联布置例 2

第三节　物料净化路线

各种物料在送入洁净区前必须经过净化处理，简称"物净"。

有的物料只需一次净化，有的需二次净化。一次净化不需室内环境的净化，可设于非洁净区内，二次净化要求室内也具备一定的洁净度，故宜设于洁净区内或与洁净区相邻。

物料路线与人员路线应尽可能分开，图 7-3 是分开的明显例子。

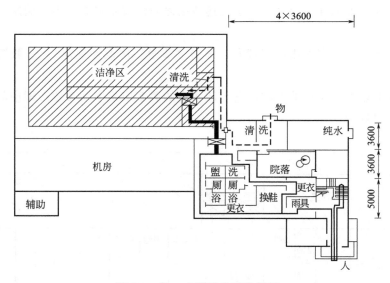

图 7-3　物、人明显分开的例子

如果物料与人员只能在同一处进入洁净室，也必须分门而入，并且物料应先经粗净化处理，见图 7-4。

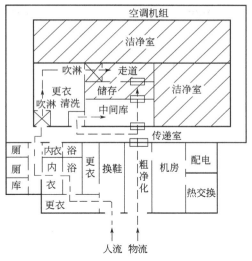

图 7-4　分门而入的例子

对于生产流水性不强的场合，在物料路线中间可设中间库，见图 7-4。

如果生产流水性很强，则采用直通式物料路线，见图 7-5。有时还需要在直通路线中间设多个净化、传递设施，如图 7-6 所示的车间，物料分别由两个入口

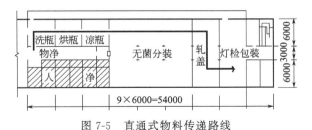

图 7-5　直通式物料传递路线

图 7-6　多次净化、传递的物料路线

沿两条路线进入，其中多晶硅材料要通过几个传递窗，从多晶切割到籽晶清洗、腐蚀、烘干，不断净化直到准备投料。

在系统设计上，物净用房的粗净化和精净化阶段由于会吹落很多微粒，所以只设排风，或既有净化送风、消毒措施，又有排风，但都应对洁净区保持负压或零压；如果污染危险性大，则有的对入口方向也应保持负压。

第四节　管线组织

空调净化机房的位置、系统的划分和气流组织这三个因素制约着风管的布置。

首先系统不宜太大，一般以输送 $30000\mathrm{m}^3/\mathrm{h}$ 左右的风量为宜，即使总管断面在 $1\mathrm{m}^2$ 左右也如此。

其次是净化空调系统的管线都采用隐蔽组织方式。

具体的隐蔽组织方式又有以下几种。

一、技术夹层

1. 顶部技术夹层

在这种夹层内，一般以送、回风管断面最大，故作为夹层内首先考虑的对象。一般将其安排在夹层的最上方，其下安排电气管线，如吊挂件之类可供管线穿行，也可将电气管线安排在风管上方。其他管线依次安排在更下方。

当这种夹层的底板可以承受一定重量时，这可以在其上设置过滤器装置及排风机设备。

2. 房间技术夹层

这种方式和只有顶部夹层相比，可以减少上夹层的布线与高度，可以省去回风管道返回上夹层所需的技术夹道。在下夹道内还可设置回风机、动力配电设备等，某层洁净室的上夹道可以兼作上一层洁净室的下夹道。

二、技术夹道（墙）

上下夹层内的水平管线一般都要转向为竖向管线，这些竖向管线所在的隐蔽空间即技术夹道。在其中不仅可以安排竖向管线，也可以设水平管线，还可以放置不宜放在洁净室内的一些辅助设备，例如真空泵、稳压电源、配电箱等，甚至还可以作为一般回风管道或静压箱，有的可以安设光管型散热器。

这类技术夹道（墙）由于大多采用轻质隔断，所以当工艺调整时，仅需改动夹道内的部分管道和接口，甚至也可拆装这种夹道，因此颇能适应工艺变化的要求。

三、技术竖井

如果说，技术夹道（墙）往往不越层，则需要越层时即用技术竖井，并且经常作为建筑结构的一部分，具有永久性。

由于技术竖井把各层串通起来，为了防火，内部安设管线完成后，要在层间用耐火极限不低于楼板的材料封闭，检修工作分层进行，检修门须为防火门。

不论是技术夹层、技术夹道还是技术竖井，当直接兼作风道时，其内表面必须按洁净室墙面的要求处理。

第五节　机房位置

空调机房最好靠近要求送风量大的洁净室，力求风管线路短。但从防止噪声和振动来说又要求把机房和洁净室隔开。这两方面都应予以考虑。隔开方式有如下几种。

一、构造分离方式

构造分离方式可分成以下几种。

① 沉降缝隔开式。使沉降缝在洁净室与机房之间通过，起分隔作用。

② 夹壁墙隔开式。如果机房紧靠洁净室，不是共用一面隔墙，而是各自有各自的隔墙，两面隔墙之间留有一定宽度的夹缝。

③ 辅助室隔开式。在洁净室与机房之间设辅助室，起缓冲作用。

二、分散方式

该方式可分以下几种。

① 屋面上或吊顶上分散式。现在常有把机房设在最上层屋面上的做法，使之远离下面的洁净室，但屋面下一层最好设为辅助或管理室层，或者作为技术夹层。

② 地面下分散式。把机房设于地下室。

三、独立建筑方式

该方式为在洁净室建筑之外单独建立机房，但其离洁净室最好很近。

即使采用上述隔开方式，仍然要注意机房的防水、隔振和隔声问题。

机房地面应全部做防水处理，并有排水措施，特别是对于上层机房。

为了隔振，应在振源的风机、电机等的支架、底座做防振处理，甚至必须把设备安在混凝土板块上，再用防振材料支撑该板块，该板块的重量应为设备总重量的 2～3 倍，其尺寸应比钢结构公用底座大 50% 以上，并应使风机、电机的综合重心与该板块的重心偏距在 30cm 之内。因此，机房地板荷载应以 5000Pa 为宜，并最好设置小梁以增加承载能力。

为了隔声，除去系统上的消声器外，大型机房可考虑在墙壁内表面贴附有一定吸声效果的材料；要装隔声门；切忌在与洁净区的隔墙上开门。

不言而喻，净化空调系统的机房由于风量大，增加了空气过滤设备等因素，其面积要比普通空调机房大。

第六节　安　全　疏　散

由于洁净室是密闭性很强的建筑，其安全疏散成为非常重要且突出的问题，和净化空调系统的设置也有密切的关系。一般应注意以下几点：

① 每一生产层防火区或洁净区至少设 2 个安全出口，只有面积＜50m^2、人员＜5 人时，可允许只设一个安全出口。

② 人净入口不应作疏散出口。这是因为人净路线往往迂回曲折，一旦烟火弥漫，要求人员很快跑到室外将是很困难的事。

③ 吹淋室门不能作为一般出入通道，由于这种门常为两侧联锁或自动的，一旦出现故障，非常影响紧急疏散，所以一般均应在吹淋室旁设旁通门，工作人员多于 5 人时必须设此门。工作人员平时出洁净室时也不应走吹淋室而应走旁通门。

④ 洁净区内各洁净室的门，考虑维持室内压力状况的需要，其开设方向要朝向压力大的房间，因为要靠压力把门压紧，这显然和安全疏散的要求相反。为了考虑平时洁净和紧急疏散两方面的要求，《洁净厂房设计规范》只规定洁净区和非洁净区之间的门和洁净区与室外之间的门作为安全疏散门对待，其开启方向一律朝向疏散方向，当然，单设的安全门也应如此。

第七节　例　图　分　析

甲方提出在原有建筑物中改造一部分为洁净室的平面图，如图 7-7 所示。要求洁净的为阴影部分。以下洁净度级别采用 209E 级别。

现根据前面提到的一些原则，分析如下。

① 人净路线从更衣到吹淋必须是连续的，不为非洁净环境所中断。现图中第二次更衣仍需经过一段与非洁净室相通的一般走廊，才能通过吹淋室，与上述原则是违背的。同时按工艺要求，到吹淋室外面几间非洁净室工作的人只需一次更衣，则一次更衣者和二次更衣者将在走廊内交叉混杂，使二次更衣失去意义。

② 根据《洁净厂房设计规范》规定，凡洁净室的外窗应为双层密闭窗，而

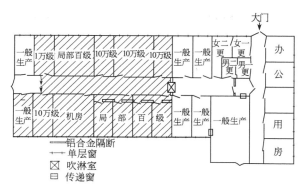

图 7-7　分析用例图

据《空气洁净技术措施》的建议，千级、百级的洁净室不应有直接外窗。现图中局部百级洁净室不仅有直接外窗，且为原建筑的单层窗，其他洁净室也都是单层窗，不论从洁净还是传热角度都是不允许的。

③ 送风和回风必须很好配合并应尽可能有对称性（例如双面回风、送风不要无故偏于一侧等），才能保证良好的气流组织。那种只有送风无处回风或者回风点很少很小的做法是行不通的。现图中各洁净室没有考虑风管线路的组织，皆未给对称回风留下位置，有的房间连一面回风都没有位置。对于局部百级房间，回风量很大，是否能双面回风更显重要，即使在走廊侧墙上回风，由于室宽近5m，一面回风是很难有好的气流组织的，而几间局部百级洁净室更无处设置合适的回风口（连紧挨走廊的墙都没有）。

④ 洁净室建筑平面上的曲折缓冲，对洁净度并无明显意义，现图中几间小的局部百级洁净室在走廊侧又设一道铝合金隔断墙，这种缓冲并无作用，反而损失了使用面积，除非工艺上有需要，否则，最好不要这样安排。

⑤ 如有可能，机房移于建筑物的端头，并取消在走廊上开门。

⑥ 吹淋室旁必须有旁通门，一是为出来的人不需吹淋而设，二是在疏散时方便人员退出。

⑦ 走廊左右两端铝合金隔断上门的开启方向与规范要求不符。

修改平面以后，可能成为图 7-8 所示的平面布置（图中级别为旧级别）。

① 把一次更衣和二次更衣分开，要进洁净室的再二次更衣，将吹淋室外走廊改为准洁净区，只需一次更衣。这样就使更换洁净服和吹淋符合连续性原则。

② 所有洁净室皆改为无窗的，准洁净的二次更衣改为双层密闭窗。

③ 在几间局部百级间和其旁的万级间，沿外墙侧设铝合金玻璃隔断，形成技术夹道，兼作一侧回风道，另一侧回风口开在走廊侧墙上，而把沿走廊侧内隔断取消。外墙侧设夹道对冷热负荷也是有利的。对 10 万级房间，由于洁净度较易达到，出于节省投资也可不设沿外墙隔断，可在过滤器布置上适当靠近外墙一

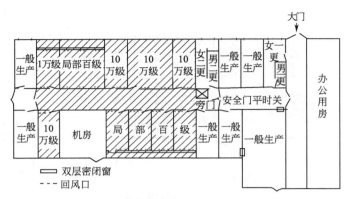

图 7-8　修改后的分析用例图

些，同时把走廊上左端隔断左移，便于在侧墙上开回风口。

④ 把机房门改为开在外墙上，墙内表面应做适当隔声处理。

⑤ 吹淋室改变位置，使之符合和二次更衣的连续性原则，并在边上设旁通门（日常退出换衣用）和安全门（紧急时用）。

⑥ 把走廊左右两端铝合金隔断上门的开启方向改成向外开。

空气净化设备

本章对常用的各种基本空气净化设备的用途、性能和规格做简要介绍，在列举的例子中除注明者外，均引自苏州安泰空气技术有限公司样本。

第一节　过滤器送风口

过滤器送风口是最基本也是最主要的空气净化设备，由过滤器和送风口组成，是空气净化系统区别于空调系统的一个重要标志性的末端设备。

一、常规过滤器风口

常规过滤器风口由冷轧钢板制作，表面经烤漆处理，也有用喷塑处理的，差者为喷漆处理，作为送风末端，直接安于洁净室内顶棚处。

为了使洁净气流向更大范围稀释，一般应带扩散板，如图8-1所示。扩散板的开孔孔径不宜小于8mm。

一种平面型的扩散板送风口，见图8-2。这种风口由于边上的五条送风缝隙在一个平面上，使气流贴顶送出，其混合、扩散、排污的能力显著不符合净化原理，洁净室不应采用此种风口。

图8-1　带扩散板的送风口

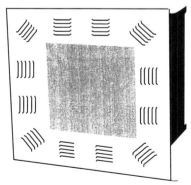

图8-2　带平面型扩散板的送风口

由于洁净室一般采用空调，送风温度低于房间温度，所以也应和风道一样，对风口壁面部分进行绝热，就是在风口内过滤器上的内壁贴绝热材料。为了防止将保温材料吹坏掉尘，绝热材料表面还应加钢板作内壁，但有些产品却省去了这一部分内壁，是明显不合要求的，不能应用。

过滤器风口除有绝热和非绝热之分外，还分上进风和侧进风，见图 8-3～图 8-6。

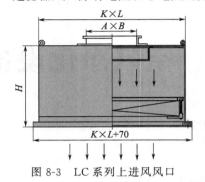

图 8-3　LC 系列上进风风口

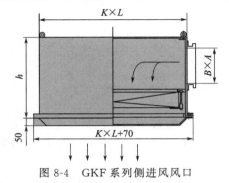

图 8-4　GKF 系列侧进风风口

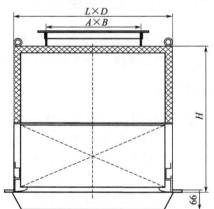

图 8-5　上进风绝热送风口结构（北京同创空气净化设备厂产品）

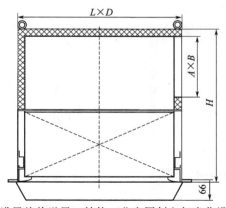

图 8-6　侧进风绝热送风口结构（北京同创空气净化设备厂产品）

表 8-1、表 8-2 是一部分过滤器风口规格。

表 8-1　过滤器风口规格一

型　号		额定风量/(m³/h)	高效过滤器尺寸/mm	外形尺寸 K×L×H(h)/mm	风管法兰尺寸A×B/mm	吊顶开孔尺寸/mm	质量/kg
上进风	侧进风						
LC/GKF-5 Ⅰ	LC/GKF-5 Ⅱ	500	320×320×220	370×370×360/(510)	200×200	380×380	24
LC/GKF-10 Ⅰ A	LC/GKF-10 Ⅱ A	1000	484×484×220	534×534×360/(510)	320×320	545×545	36
LC/GKF-10 Ⅰ B	LC/GKF-10 Ⅱ B		610×610×150	660×660×290/(510)	320×250	670×670	42
LC/GKF-15 Ⅰ A	LC/GKF-15 Ⅱ A	1500	726×484×220	776×534×360/(510)	400×200	786×545	56
LC/GKF-15 Ⅰ B	LC/GKF-15 Ⅱ B		630×630×220	680×680×360/(560)	320×250	690×690	52
LC/GKF-15 Ⅰ C	LC/GKF-15 Ⅱ C		915×610×150	965×660×290/(510)	500×250	975×670	58
LC/GKF-20 Ⅰ A	LC/GKF-20 Ⅱ A	2000	968×484×220	1018×534×360/(510)	500×200	1030×545	64
LC/GKF-20 Ⅰ B	LC/GKF-20 Ⅱ B		1220×610×150	1270×660×290/(510)	630×250	1280×670	66
LC/GKF-22 Ⅰ	LC/GKF-22 Ⅱ	2200	945×630×220	995×680×360/(560)	500×250	1005×690	70
LC/GKF-30 Ⅰ	LC/GKF-30 Ⅱ	3000	1260×630×220	1310×680×360/(560)	630×250	1320×690	72

表 8-2　过滤器风口规格二（北京同创空气净化设备厂产品）

型号 上进风	内配高效过滤器规格/mm	额定风量/(m³/h)	额定风量下的初阻力/≥Pa	外形尺寸 L×D×H/mm	吊顶开孔尺寸/mm	风管连接尺寸A×B/mm	螺钉数量及中心距/mm
GF-01C	484×484×220	1000	250	530×530×500	535×535	320×200	4×86　3×75
GF-02C	484×484×180	800	250	530×530×460	535×535	320×200	4×86　3×75
GF-03C	630×630×220	1500	250	680×680×550	685×685	320×250	4×86　3×93
GF-04C	630×630×180	1200	250	680×680×500	685×685	320×250	4×86　3×93
GF-05C	484×726×220	1500	250	530×776×500	535×781	320×250	4×86　3×93
GF-06C	484×968×220	2000	250	530×1018×500	535×1023	500×250	6×88　3×93
GF-07C	630×945×220	2250	250	680×995×550	685×1000	500×250	6×88　3×93
GF-08C	630×1260×220	3000	250	680×1310×550	685×1315	500×250	6×88　3×93
GF-09C	610×610×150	1000	250	660×660×500	665×665	320×250	4×86　3×93
GF-10C	610×915×150	1500	250	660×965×500	665×970	320×250	4×86　3×93
GF-11C	610×1220×150	1450	250	660×1270×500	665×1275	220×500	4×86　3×93
GF-12C	320×320×220	500	250	370×370×500	375×375	200×200	3×75　3×75

型号 上进风	内配高效 过滤器规格 /mm	额定 风量 /(m³/h)	额定风量 下的初阻 力/≥Pa	外形尺寸 $L×D×H$ /mm	吊顶开孔 尺寸 /mm	风管连接 尺寸$A×B$ /mm	螺钉数量 及中心距 /mm	
GF-01D	484×484×220	1000	250	530×530×450	535×535	320×200	4×86	3×75
GF-02D	484×484×180	800	250	530×530×400	535×535	320×200	4×86	3×75
GF-03D	630×630×220	1500	250	680×680×450	685×685	320×250	4×86	3×93
GF-04D	630×630×150	1200	250	680×680×400	685×685	320×250	4×86	3×93
GF-05D	484×726×220	1500	250	530×776×450	535×781	320×250	4×86	3×93
GF-06D	484×968×220	2000	250	530×1018×450	535×1023	500×250	6×88	3×93
GF-07D	630×945×220	2250	250	680×995×500	685×1000	500×250	6×88	3×93
GF-08D	630×1260×220	3000	250	680×1310×500	685×1315	500×250	6×88	3×93
GF-09D	610×610×150	1000	250	660×660×400	665×665	320×250	4×86	3×93
GF-10D	610×915×150	1500	250	660×965×400	665×970	320×250	4×86	3×93
GF-11D	610×1220×150	1450	250	660×1270×400	665×1275	220×500	4×86	3×93
GF-12D	320×320×230	500	250	170×370×450	375×375	200×200	3×75	3×75

二、零压密封过滤器风口

常规的送风末端由于高效过滤器的边框处很难密封、检漏、堵漏，因此，泄漏是影响其效果的重要方面，见图 8-7。

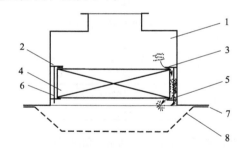

图 8-7　扩散板送风口的泄漏

1—静压箱体；2—压紧边框；3—密封垫；4—高效过滤器；

5—压块；6—螺杆；7—密封垫；8—扩散板

克服边框泄漏的零压密封过滤器送风口见图 8-8。

三、阻漏式送风口

普通过滤器送风口存在边框与滤芯的泄漏危险，零压密封过滤器送风口解决了边框泄漏问题，但滤芯泄漏的危险仍存在。根据阻漏层理论［参阅作者所著的《空气洁净技术原理》（第三版）］生产的阻漏式送风口，不仅可以避免这两种泄漏，而且还具有扩大送风面、使送风速度更均匀等特点，见图 8-9 和图 8-10。

阻漏式送风口规格尺寸由用户和生产厂根据实际情况确定。

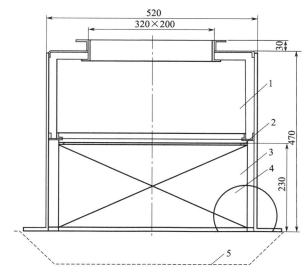

图 8-8　零压密封送风口（北京同创空气净化设备厂产品）

1—静压箱体；2—密封垫；3—高效过滤器；4—零压密封节点；5—扩散板

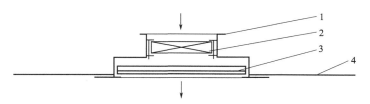

图 8-9　阻漏层过滤器送风口

1—阻漏层送风口；2—高效过滤器（送风面积 F）；3—阻漏层（送风面积 $2F$）；4—顶棚

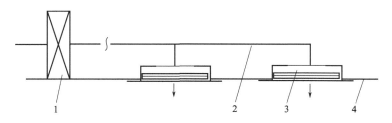

图 8-10　阻漏层送风口

1—零压密封过滤器箱（或一般过滤器箱）；2—风管；3—无过滤器阻漏层风口；4—顶棚

四、阻漏层洁净送风天花

阻漏层洁净送风天花（DSC）是最新一代洁净送风天花装置，和阻漏层送风口一样，都是根据阻漏层理论开发的，其过滤器箱体单独安在顶棚或夹墙内，装置上还加上了零压密封专利技术，保证边框不漏。末端又有阻漏层作第二道防护，它克服了由于高效过滤器安在末端，边框和滤芯漏泄，将无法补救的缺点，即使有一般的漏缝，也将对洁净室内无泄漏；因此它免去了对过滤器的检漏、堵漏，大大减轻了安装维护的工作量；它的洁净气流满布比达到95％，因而使送风气流更均匀。

图8-11是专用于洁净手术部Ⅰ、Ⅱ、Ⅲ级洁净手术室的阻漏层洁净送风天花，表8-3是其性能，表8-4是其规格。

Ⅰ级　　　　　　　Ⅱ级　　　　　　　Ⅲ级

图8-11　斯坦达牌洁净手术室专用阻漏层洁净送风天花

表8-3　阻漏层洁净送风天花性能（据建研洁源公司样本）

项目	传统洁净送风天花	阻漏式洁净送风天花
对室内洁净度的保护	万一高效过滤器泄漏，室内工作必将受到影响	能将由于高效过滤器泄漏所造成的影响降低至原来的1/475
对主流区气流的保护	洁净送风天花下部的气流均匀度，不易达到国家标准的有关要求，抗环境干扰能力弱	洁净送风天花下部的气流均匀度，容易达到国家标准的有关要求，抗环境干扰能力强
出风面积	出风面采用多块散流孔板、网组合，安装要求高	仅用四块阻漏层组合，安装方便，气流满布率≥95％
设备高度	装置高度高，在土建层高较低的场合无法安装	本装置厚度仅在350mm之内，特殊情况可再降低其厚度，能适合更多的安装场合
设备维护工作方便性	更换高效过滤器必须进入洁净手术室，不利于洁净手术部的无菌化管理	在手术室外更换高效过滤器，不污染受保护环境，更换快捷，操作方便
设备安装质量的保障	现场制作、传统拼装，不利于设备质量的保障	工厂制造，仅需现场用配套专用连接件简单拼接组合，有利于设备质量的保障
观感	出风面一般采用多块散流孔板、网组合，固定螺栓外露，不美观	用四块阻漏层组合，无螺栓连接，出风面光感好

表8-4　阻漏层洁净送风天花规格

参数	JTH100-Ⅰ	JTH50-Ⅱ	JTH30-Ⅲ
过滤效率（钠焰法）	99.99％		
出风风速/（m/s）	0.45	0.30	0.23

续表

参数	JTH100-Ⅰ	JTH50-Ⅱ	JTH30-Ⅲ
送风面尺寸/mm	2600×2400	2600×1800	2600×1400
外形尺寸 L×W×H/mm	2680×2480×350	2680×1880×350	2680×1480×350
法兰尺寸/mm	1000×200 4个	500×200 4个	320×200 4个
高效过滤箱规格及数量 L×W×H/mm	1270×670×610×2只	1270×670×610×1只	670×670×610×1只
高效过滤器规格及数量 L×W×H/mm	610×610×295×4只	610×610×295×2只	610×610×295×1只
过滤器箱法兰尺寸/mm	800×500	800×500	500×320
使用场合	Ⅰ级特别洁净手术室,特大型45m²再扩大到1.2倍	Ⅱ级标准洁净手术室,特大型45m²再扩大到1.2倍	Ⅲ级洁净手术室,大型35m²再扩大到1.2倍

五、可调风量过滤器回风口

回风口应有微调室内静压的功能,一般的百叶风口基本没有这个性能,因其叶片不便调节通气截面大小,而且在调节叶片时,气流方向也随之改变,对于单向流洁净室,回风气流方向的变化,也能影响速度场和浓度场。

这里着重推荐一种"定风向可调风量风口",材料为铝合金,可直接订购定型产品,也可非标加工。图8-12是其断面结构。

该风口平面结构见图8-13,规格见表8-5。

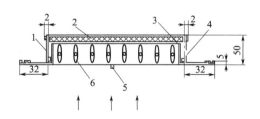

图 8-12　FDK-1 型定风向可调
风量风口断面结构

1—外框；2—过滤层；3—内框；
4—连接件；5—调节手柄；6—叶片

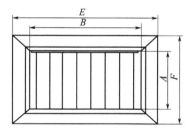

图 8-13　定风向可调风量
风口平面结构

六、零泄漏过滤器回(排)风口

对于负压隔离病房、生物安全实验室等处,要求回、排风不能有泄漏,由于

表 8-5　定风向可调风量风口常用规格（据北京建研洁源科技发展有限公司）

外形最大尺寸 $F×E$/mm	通风尺寸 $A×B$ /mm	规格代号 FDK	适宜回风量 /(m³/h)	板壁开洞尺寸 /mm
488×290	398×200	4020	500	440×240
512×290	422×200			460×240
585×340	495×250	5025	600	540×290
610×340	520×250			560×290
585×390	495×300	5030	700	540×340
610×390	520×300			560×340
684×390	594×300	6030	800	640×340
710×390	620×300			660×340
880×390	790×300	8030	1000	830×340
904×390	814×300			860×340

注：规格代号用宽度和高度数值的 1/10 表示。

风口内的高效过滤器可以经现场检漏，确认无漏后安装，所以危险主要集中在过滤器安装边框的泄漏上。任何机械密封都不能保证零泄漏，只能把泄漏在一定压力条件下降低到一个最小的程度。

由作者等人发明的"动态气流密封负压高效排风装置"即是一种零泄漏或无泄漏的过滤器回、排风口。

图 8-14 即为这种回风口的样式。

图 8-15 是这种回风口安装时配用的现场检漏过滤器的小车。将高效过滤器安装在此车上检测无漏后当场安装。

（以上均据苏州汇通空调净化工程有限公司样本）。

图 8-14　零泄漏过滤器回
　　　　（排）风口外观

图 8-15　现场检漏小车外观

表 8-6 是这种零泄漏风口的规格。

表 8-6 中高效过滤器为 B 类过滤器，钠焰法效率≥99.99％，或者≥0.5μm计数效率≥99.999％。也可按设计要求用 C 类过滤器，效率更高。

表 8-6　零泄漏过滤器回（排）风口规格（据北京建研洁源公司）

序号	型号	风量 /(m³/h)	外形规格 W×H×D /mm	过滤器规格 /mm	排风口规格 /mm	开孔尺寸 /mm
1	WLP-1	300	506×406×350	400×300×120	250×120	450×350
2	WLP-2	500	606×456×350	500×350×120	400×120	550×400
3	WLP-3	700	706×506×380	600×400×120	500×130	650×450
4	WLP-4	900	806×556×380	700×450×120	600×140	750×500

图 8-16 是这种装置的安装方法示意。

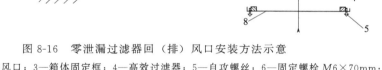

图 8-16　零泄漏过滤器回（排）风口安装方法示意

1—箱体；2—出风口；3—箱体固定框；4—高效过滤器；5—自攻螺丝；6—固定螺栓 M6×70mm；
7—高效固定螺栓 M6×25mm；8—回风孔板；9—正压送风接嘴；10—压差表接嘴

第二节　风机过滤器机组

风机过滤器机组就是在过滤器送风口基础上加风机的一种净化送风装置，它可以单独作为送风口或送风装置使用，以提高某局部区域洁净度，也可连起来使用，构成单向流（垂直的或水平的）洁净区（室）。

一、风机过滤器单元

风机过滤器单元（FFU）是风机过滤器机组的一种，采用离心后倾式直驱风机组，电动机置于铝合金风轮之中。外壳可用不锈钢、镀铝锌板或冷轧钢板喷塑制作。与天花板骨架相配时，不需任何夹紧装置。其外观见图 8-17。

风机可提供 50～100Pa 机外静压，以配用干式表冷器。

FFU 最大特点之一是可以连片安装不需送风支管，可通过 FFU 中央监控系统逐台控制，可同时控制数千台。

127

FFU-901B

FFU-910C

图 8-17　FFU 外观

FFU 最大特点之二是顶棚被 FFU 风机抽吸成负压，因此过滤器边框处如有漏缝，只会向内吸入而不会向外泄漏。

FFU 最大特点之三是虽然单台噪声不大，但当联片安装时，叠加噪声较大，达到 52dB 以下是不容易的，用在洁净手术室、白血病病房等要求很低噪声的场合不能满足标准要求。即使用在工业洁净室场合，也希望顶棚较高，达到一定的高度，才能对降低噪声有所帮助。

表 8-7 是 FFU 的技术参数，图 8-18 是单台 FFU 噪声与送风速度的关系。

表 8-7　FFU 技术参数（据苏州安泰空气技术股份有限公司样本）

参数	FFU-901B	FFU-901C	FFU-910B	FFU-910C
外形尺寸 $L \times W \times H$/mm	1220×610×390	1170×570×390	1220×610×340	1170×570×340
风机类型	EBM 风机			
额定风量/(m³/h)	900			
噪声/dB(A)	≤52	≤52	≤50	≤50
HEPA 过滤效率	≥99.99%，≥0.3μm			
HEPA 过滤规格/mm	1220×610×69	1170×570×69	1220×610×69	1170×570×69
粗效过滤器规格/mm	450×400×25	450×400×25	无	无
电源	AC 220V±10%，1φ，50Hz±2Hz；			
质量/kg	32	31	32	31
消耗功率/(V·A)	170	170	110	110
箱体材质	不锈钢板/镀铝锌板			
参数	FFU-930B	FFU-930C	FFU-940B	FFU-940C	FFU-1800E
外形尺寸 $L \times W \times H$/mm	1220×610×300	1170×570×300	1220×610×350	1170×570×350	1170×1170×374
风机类型	AIRTECH 风机				EBM 风机
额定风量/(m³/h)	900				1800
噪声/dB(A)	≤48	≤48	≤51	≤51	≤60
HEPA 过滤效率	≥99.99%，≥0.3μm				
HEPA 过滤规格/mm	1220×610×69	1170×570×69	1220×610×69	1170×570×69	1170×1170×69
粗效过滤器规格/mm	无	无	450×400×25	450×400×25	无
电源	AC 220V±10%，1φ，(50±2)Hz				
质量/kg	26	25	26	25	40
消耗功率/(V·A)	90	90	100	100	240
箱体材质	不锈钢板/镀铝锌板				

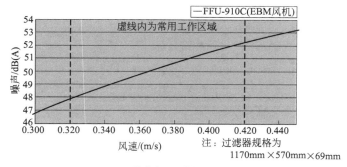

注：过滤器规格为
1170mm×570mm×69mm

(a) FFU-910C的噪声、风速曲线图

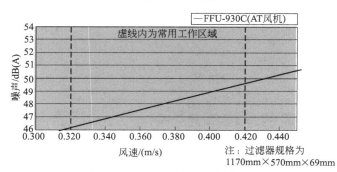

注：过滤器规格为
1170mm×570mm×69mm

(b) FFU-930C的噪声、风速曲线图

图 8-18　单台 FFU 噪声与送风速度的关系

图 8-19 是 FFU 配用的日本风机，图 8-20 是配用的德国风机。

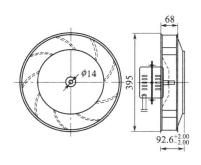

项　目	电流/A	标称功率/W	消耗功率/W	静压/Pa	风量/(m³/h)
高档	0.621		134	190	1300
中档	0.513	60	109	180	1050
低档	0.418		89	170	900

图 8-19　配用日本 AIR TECH 公司风机规格、外观及其性能

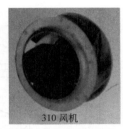

310 风机

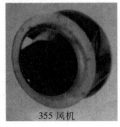

355 风机

型　号	频率/Hz	风量/(m³/h)	转速/min⁻¹	输入功率/W	输入电流/A
R4E 310-AP11-01	50	2020	1390	115	0.52
R4E 355-AK05-05	50	2450	1380	195	0.87

图 8-20　配用德国 EBM 风机规格、外观及其性能

二、水平送风的净化单元

图 8-21 是水平送风的净化单元结构。水平送风净化单元送风面积大，可以组成一面基本从地面到顶棚的水平单向流送风墙，图 8-22 是应用一例。

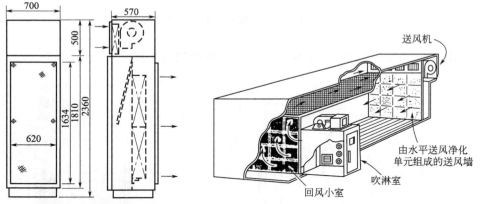

图 8-21　水平送风净化单元结构　　　　图 8-22　由净化单元组成的送风墙

三、洁净屏

当使用范围很小时，可以用洁净屏，图 8-23 所示的一种洁净屏是超薄型风机过滤装置，可以用来提高局部环境的洁净度。例如洁净屏可以和病房组合起来成为洁净病房，以及和诊疗椅、候诊椅等组合成洁净椅，对医护人员和健康人群都是一种有效的保护。

图 8-24 是洁净屏适应不同用途的结构原理，表 8-8 是其性能规格。

四、空气净化器

空气净化器曾称为自净器，是一种空气净化器组，主要由风机，粗效、中效和高（亚高）效过滤器及送风口、进风口组成，粗效、中效过滤器也可以只用其中的一种。净化器按过滤器分为两大类：过滤式空气净化器（如果末级过滤器是高效过滤器，则也可称为高效空气净化器）、静电空气净化器。

空气净化器的作用主要是：

① 设置于乱流洁净室的四角和其他涡流区以减少灰尘滞留的机会；

图 8-23 超薄型洁净屏

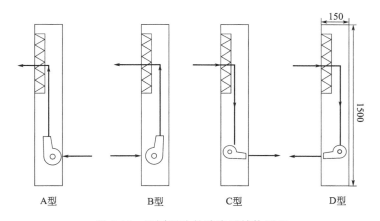

图 8-24 不同用途的洁净屏结构原理

表 8-8 ACP 系列洁净屏性能（据苏州安泰空气技术股份有限公司样本）

性能参数	标 准		高 风 速
气流方式	洁净型（A、B 型）	除污型（C、D 型）	洁净型（A、B 型）
过滤效率	$\geqslant 99.99\%$，$\geqslant 0.3\mu m$		
风量（高/低）/（m³/h）	400/220	480/260	660
噪声（高/低）/dB(A)	47/40	50/40	59
功耗/W	70	75	120
电源	AC 220V,50Hz		
质量/kg	36	41	38

② 作为操作点的临时净化措施，在面对自净器洁净气流的距离上，可形成一洁净空气笼罩的地段，在直流情况下，这一地段的洁净度和周围洁净程度之比可参考图 8-25；

③ 家用。

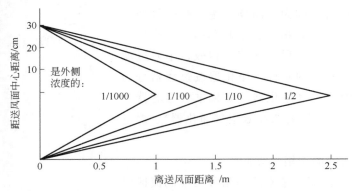

图 8-25 空气净化器出口外的洁净地段

图 8-26 是移动式空气净化器，表 8-9 是其性能规格。

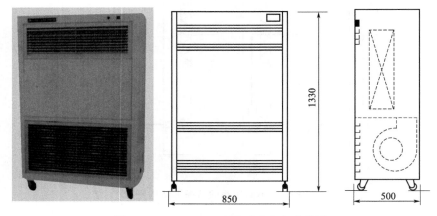

图 8-26 PAU-1000 型移动式空气净化器

表 8-9 移动式净化器性能

性能参数	PAU-1000
过滤效率	≥99.99%，≥0.3μm
风量/(m³/h)	1000
噪声/dB(A)	≤62
外型尺寸(W×D×H)/mm	850×500×1330
电源	AC 220V,50Hz
最大功率/W	350
质量/kg	约75
高效过滤器尺寸/mm	760×610×150

五、层流罩

层流罩是可形成垂直单向流的净化设备，和风口机组不同的是它可以拼装；和可以拼装的 FFU 不同的是它不是从顶棚内回风，而是从室内回风。

图 8-27 是层流罩结构。

层流罩可以带空气幕，也可以不带空气幕，一般均用于要求百级洁净度的地方。表 8-10 是层流罩部分性能举例。

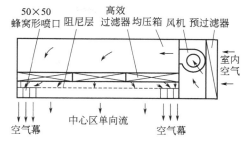

图 8-27　带空气幕层流罩结构

表 8-10　层流罩部分性能

序号	风量/(m³/h)	外形尺寸/mm	用电量/W
1	2000	700×1990×860	820
2	2500	900×1990×860	1520
3	3000	1100×1990×860	1520
4	3500	1300×1990×860	1520

六、净化空调器

净化空调器是装有粗效（过滤新风）、中效、高效过滤器的空调机组，体积较小，使用方便，可与装配式洁净室配套使用，也可单独使用而不需很长的管路系统，特别适合于小型洁净室和改造工程。但是，由于它需要有压头较大体积较小的风机，而这种风机又较少，所以目前国内只有一两种净化空调器。随着低阻亚高效过滤器的研制成功，这种情况将有所改变，配有亚高效过滤器的净化空调器将会有更多的应用。

图 8-28 是净化空调器结构示意图。

七、省力省能新风净化机组

对于设有三级过滤（即使粗效过滤器仅是滤网）的常规新风机组，虽然有高的过滤效果，但阻力较大，且需要频繁查看、更换（当阻力增加 1 倍时）。

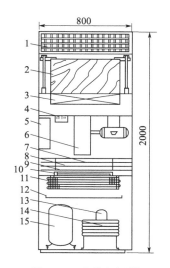

图 8-28　净化空调器结构示意图

1—可调双层百叶风口；2—高效过滤器；3—中效过滤器；4—温度调节指示仪；5—电器盒；6—送风机；7—活性炭过滤器；8—自动电加热器；9—手动电加热器；10—紫外线灯；11—蒸发器；12—接水盘；13—贮液筒；14—冷凝器；15—压缩机

常规新风机组假定在 2500m³/h 风量下（设备断面扩大），选用优秀型号过滤器：

双层固定尼龙网（尚未进入粗效过滤器档次）＋DAI/06-F5 中效过滤器＋DAI/GF6655/08-F8 高中效过滤器。

其初阻力依次为：

$$16Pa＋40Pa＋105Pa＝161Pa$$

假定人工定期清洗尼龙网，终阻力仅增加 10Pa，则整机终阻力为：

$$26Pa＋2×145Pa＝316Pa$$

则运行阻力为：

$$(161＋316)/2＝238.5Pa$$

以上粗效、中效、高中效三种过滤器的更换周期都不同，所以可能要经常查看、更换。

以下介绍一种新型省力省能新风净化机组。

1. 加强新风处理的必要性

（1）我国的大气尘浓度较高。

（2）新风机组进风口很易被毛絮、树叶、大颗粒杂物堵塞，且极难清扫；新风机组的过滤器很易堵塞，常常因为不能及时更换，导致空调系统新风量不足。

（3）空调系统新风一般在几千立方米以上，新风过滤器多，工作量很大。目前，大多数新风机组过滤器的更换，主要靠人为主观判断和人工操作，很难做到准确、及时，也很麻烦。

（4）如果对新风未按要求进行净化处理，那么新风中的尘菌很易进入空调系统，一方面会大量滋生细菌，使空调机组成为污染源，另一方面降低了机组的热交换效率，增加了能耗，热交换翅片上每面增加 0.1mm 积尘，多耗能 19%。再有就是污染了通风管道，增加了日后管道清扫的费用支出。对于空调净化系统来说，加大了末端过滤器的负荷，缩短了过滤器的使用寿命；对于空调通风系统来说，会直接影响室内空气的品质。图 8-29、图 8-30 是积尘的实际照片。

图 8-29　某宾馆空调管道内的厚厚积尘

图 8-30　某医院空调风口的积尘

（5）做好新风处理是空气净化的首要任务，使用方便是空气净化的保证。省力有利于日常维护，省能低碳是践行国家政策。

2. 省力省能新风净化机组

包括自动清洁粗效段和超低阻中效、高中效两个独立设备段，也可组合为一个装置。自动清洁周期由使用方设定，可长可短。中效、高中效过滤段无螺栓安装，面风速降低到 1/4 以下，通道摩擦阻力降低到 1/2 以下。该产品为新一代新风机组专利产品。

3. 省力省能新风净化机组特点（据山东帅迪科技有限公司样本资料）

（1）免维护：自动清洁粗效段，该自动清洁段与家用新风净化器的完全不同；

（2）高效率：三级过滤，末级为高中效；

（3）低阻力：经实测，在约 $1000\text{m}^3/\text{h}$ 新风量时，粗效初阻力 10Pa，无终阻力，中效、高中效初阻力共 14Pa，约为常规的 1/4 或更低；

（4）模块化：按需配置、组合各个功能段，特别适合改造项目；

（5）智能化：微电脑控制、显示各个模块的运行，自动清洁粗效；

（6）标准化：符合规范标准要求，便于设计、施工；

（7）节成本：无需经常更换过滤器，通风管道无需经常清洗；

（8）延寿命：延长空调系统部件的使用寿命，过滤器寿命也延长 2 倍以上；

（9）高节能：提高热交换效率，可以节约空调机组运行能耗，降低运行能耗；

（10）低碳化：免去抛弃大量粗效滤袋。

第三节　洁净工作台

洁净工作台是在操作台上的空间局部地形成无尘无菌状态的装置。如果洁净工作台的设计做到不仅能在干净气流中操作，而且在操作台上能适应操作内容进行各种加工，则将进一步提高工作效率。

一、分类和结构

1. 按气流组织分

按气流组织洁净工作台分成垂直平行流和水平平行流两大类（乱流洁净工作台现在已不多见），分别见图 8-31 和图 8-32。

水平平行流洁净工作台在气流条件方面较好，是操作小物件的理想装置，但是如果操作大物件，如图 8-31 中所示那样，在物体背气流面容易形成负压，把台外空气吸引过来，所以不宜操作大型物件。

吸引

图 8-31　水平平行流洁净工作台

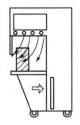

图 8-32　垂直平行流洁净工作台

垂直平行流洁净工作台则适合操作大物件，这是因为像图 8-32 所示那样，使用上部隔断窗（可以是推拉活动的）后，减少了气流出口，在操作台内形成正压，台外空气不会流入台内，此外，垂直平行流洁净工作台适合在台面上进行各种加工，可以大大提高工作效率。

2. 按排风方式分

第一种是无排风的全循环式，如图 8-33 所示。在工艺不产生或极少产生污染的情况下，宜采用全循环式，为了弥补循环中的风量损失，还要补充少量新风。由于空气经过重复过滤，所以操作区净化效果比直流式的好，同时对台外环境的影响也小，但是在内部构造基本相同的情况下，全循环式工作台结构阻力要比直流式的大，因而风机功率也大一些，引起的振动和噪声也可能相应增大。

第二种是全排风至室内的直流式，如图 8-34 所示。直流式工作台采用全新风，和全循环式相比刚好有相反的特点。

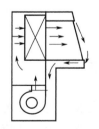

图 8-33　全循环式

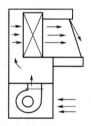

图 8-34　直流式

第三种是台面前部排风至室外式，如图 8-35 所示，此种方式排风量大于等于送风量。

此种方式是在台面前部 100 余毫米的范围内设有排风孔眼，吸入台内排出的有害气体，不使有害气体外逸。即使排风量越来越大，外气也由排风孔眼吸走，不致进入台内，因此风量调节简单。

第四种是台面上全面排风至室外式，如图 8-36 所示。此种方式排风量小于送风量。

此种方式是在台面上全面打眼，全面排风。排风量如果增多，有外气混入台

136

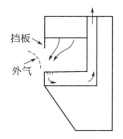

图 8-35　台面前部排风式

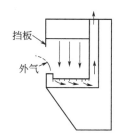

图 8-36　台面上全面排风式

内的危险，所以必须注意排风量的调节。为此，送风量必须比排风量多一些，以防止外气的渗入。

做成图 8-36 那样，台面一部分凹下去，则在台上发生的有害气体，可利用上送风的压力被排走，以防止有害气体外逸。

第五种是台面上部分排风式，如图 8-37 所示。此种方式排风量小于送风量。此种方式是在台面上发生有害气体操作的部分打孔，局部地排出有害气体，这是最简易的排风方式。

3. 按台体整体性分

绝大部分洁净工作台都是做成一个整体，称为整体式洁净工作台，某些有特殊需要的工作台，例如在台面上进行对振动特别敏感的操作，就需要把台面和台体分隔开来的分离式（脱开式）洁净工作台，或称防震工作台，如图 8-38 所示。

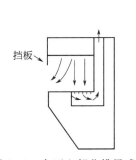

图 8-37　台面上部分排风式

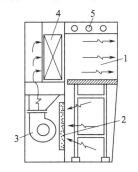

图 8-38　防震工作台

1—洁净气流；2—预过滤器；3—风机；
4—高效过滤器；5—日光灯

4. 按是否配备专用或辅助性设施或做成专门形状，以适应工艺需要来分

按这种分法可分为两类：一类是通用工作台，另一类是专用工作台。专用工作台又可分为专用的和配套使用的，前者例如配有给排水等设施的清洗工作台及备有紫外线灯的医用工作台，后者例如和扩散炉配套的扩散工作台等。

对洁净工作台构造上的一些要求参见表 8-11。

表 8-11 对洁净工作台构造上的要求

箱体	用热轧薄板与骨架气焊易变形,可用冷轧薄板折边搭接,大电流点焊则不易变形,重量也减轻了,内表面应贴消声材料。最大外形尺寸要能通过一般的门
箱体密封	所有缝隙都要用密封胶密封
台面	木质塑料贴面贴于层压板上的台面、不锈钢台面等
操作区	操作区截面尽可能和过滤器送风面相同,尽量减少盲区
阻尼层	为了保护高效过滤器和均匀气流,出口应设阻尼层,但不要用易积灰的结构
风机、电机	应选用高压头低噪声小型离心风机,风机与箱体的连接应用软接头,风机和电机都要有减振措施
高效过滤器	尽量用大面积过滤器,减少过滤器数量,过滤器与框架间的密封尽量采用封导结合的双环密封系统
预过滤器	一定要有,并希望容尘量大些,在使用风量下,初阻力不宜超过 50Pa
灯罩	日光灯尽量设在灯罩内,灯罩内要通过洁净气流
10 级(209E)工作台的特殊做法	不使高效过滤器封头胶两端的出风进入操作区

这里着重说明一下 209E 10 级 (0.1μm) 洁净工作台在做法上的特殊考虑。对于 10 级工作台除要采用 10 级 (0.1μm) 超高效过滤器,采用有效的密封措施 (例如封导结合的双环密封系统),对过滤器封头胶处的泄漏也不能忽视,为了消除这一泄漏的影响,宁可适当缩小操作区截面,把边上的气流引到操作区之外去,可用双层侧壁的方法,也可用抬高台面、降低顶棚的方法,如图 8-39 和图 8-40 所示。

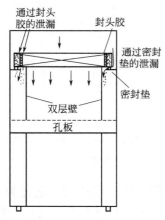

图 8-39 209E 10 级工作台的双层侧壁做法(适用于水平单向流和垂直单向流的封头胶在两侧的情况)

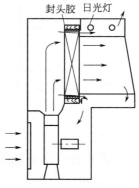

图 8-40 209E 10 级工作台的抬高台面、降低顶棚的做法(适用于水平单向流封头胶在上下边的情况)

二、性能

洁净工作台一般性能如表 8-12 所列。

表 8-12　洁净工作台一般性能

序号	参数名称		技术要求	单位	性能参数
1	扫描检漏①		大气尘或人工尘,下游粒子浓度	粒/L	≤3
			DOP 法检漏,穿透率	%	≤0.01
2	引射作用①		大气尘或人工尘,下游粒子浓度 (≥0.5μm)	粒/L	≤10
			DOP 法检漏,穿透率	%	≤0.01
3	风速	平均风速	单向流洁净工作台操作区平均风速	m/s	0.2~0.5
		不均匀度	风速的相对标准偏差	%	≤20
4	进风风速		进风口设在洁净工作台操作人员腿部的进风口平均风速	m/s	≤1
5	风量		非单向流洁净工作台的换气次数	h⁻¹	60~120
			非单向流洁净工作台额定风量的波动范围	%	±20
6	空气洁净度		操作区的空气洁净度级别	级	洁净度 5 级(HEPA);优于洁净度 5 级(ULPA)
7	沉降菌浓度		操作区台面平均菌落数(只对用于生物洁净用途的工作台有此要求)	CFU/ (皿·0.5h)	≤0.5
8	噪声		前壁板水平中心向外 300mm,且高于地面 1.1m 处的整机噪声	dB	≤65
9	照度		操作区台面上的平均照度(无背景照明)	lx	≥300
10	振动幅值		操作区台面几何中心的垂直净振幅	μm	≤5②
11	气流状态		操作空间垂直气流试验(垂直单向流洁净工作台)	—	气流流线应垂直于台面或出风面,不得有死角和回流
			操作空间水平气流试验(水平单向流洁净工作台)		气流流线应平行于台面或出风面,不得有死角和回流

① 表示该项性能测试从两种方法中选择一种即可。

② 表示该项性能参数有特殊要求的除外。

注：引射作用测试不适用于负压洁净工作台。

JG/T 19—1999《层流洁净工作台检验标准》曾详细规定了性能检测方法，现该标准已被 JG/T 292（自 2010 年后一直沿用）取代。上述检验方法不再一一列举。但实践证明，通过缝隙泄漏，已对生产厂家和用户造成很大麻烦，所以上述两标准关于漏泄检查都给予同样的关注，故特引用如图 8-41～图 8-45 所示。

根据上述新标准，大气尘扫描检漏时的参数如表 8-13 所列。

表 8-13　大气尘扫描检漏时的参数

高效空气过滤器	采样流率/(L/min)	过滤器上游浓度/(粒/L)
普通高效空气过滤器（国标 B、C 类）	2.83 或 28.3	≥0.5μm；≥4000
超高效空气过滤器（国标 D 类和以上）	28.3	≥0.3μm；≥6000

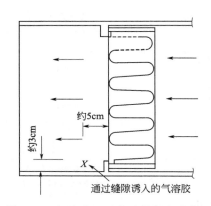

图 8-41　气溶胶通过水平单向流洁净工作台缝隙诱入测定位置的示意图

X—测点位置，巡检速度 5cm/s 以下

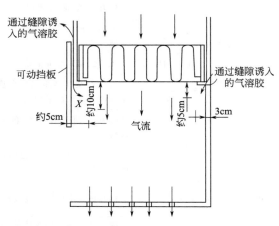

图 8-42　气溶胶通过垂直单向流洁净工作台缝隙和诱入测定位置的示意图

X—测点位置，巡检速度 5cm/s 以下

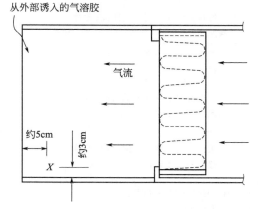

图 8-43　气溶胶从水平单向流洁净工作台外部诱入测定位置示意图

X—测定位置，巡检速度 5cm/s 以下

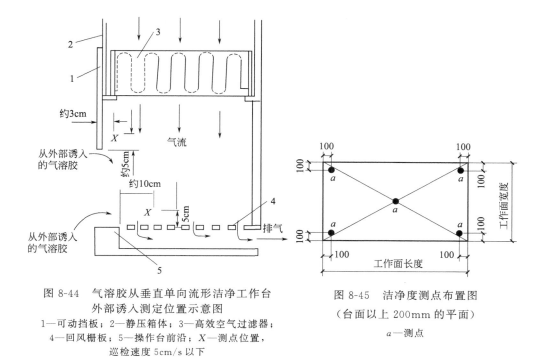

图 8-44 气溶胶从垂直单向流形洁净工作台
外部诱入测定位置示意图

1—可动挡板；2—静压箱体；3—高效空气过滤器；
4—回风栅板；5—操作台前沿；X—测点位置，
巡检速度 5cm/s 以下

图 8-45 洁净度测点布置图
（台面以上 200mm 的平面）

a—测点

三、参数

以下参数参见苏州安泰空气技术有限公司样本。

1. 垂直单向流洁净工作台

① SW-CJ 系列（医用型）。该系列产品见图 8-46，参数见表 8-14。

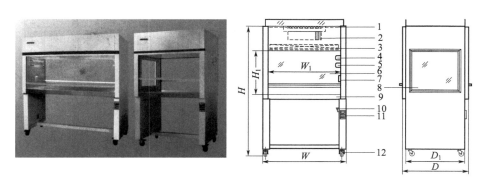

图 8-46 SW-CJ 系列（医用型）工作台

1—预过滤器；2—可变风量送风机组；3—高效过滤器；4—荧光灯；
5—紫外灯；6—钢化玻璃移动门；7—备用插座；8—侧玻璃；9—不锈钢台面；
10—电源开关；11—操作面板；12—万向脚轮

表 8-14　SW-CJ 系列工作台参数

参数	SW-CJ-1F	SW-CJ-1FD	SW-CJ-2F	SW-CJ-2FD
洁净度级别	ISO 5 级,100 级(209E)			
菌落数/[个/(皿·h)]	≤0.5(Φ90mm 培养平皿)			
平均风速/(m/s)	≥0.3			
噪声/dB(A)	≤62			
振动半峰值/μm	≤3		≤5	
照度/lx	≥300			
电源	AC 220V,50Hz			
最大功耗/kW	1.1(含备用插座)		1.5(含备用插座)	
重量/kg	150		300	
工作区尺寸($W_1 \times D_1 \times H_1$)/mm	870×690×520	870×690×520	1360×690×520	1360×690×520
装置外形尺寸($W \times D \times H$)/mm	1000×750×1600	1000×730×1600	1490×750×1600	1490×730×1600
高效过滤器规格及数量/mm	820×600×50 1 台		610×610×50 2 台	
荧光灯/紫外灯规格及数量	15W 1 个/15W 1 个		15W 2 个/15W 2 个	
适用人数	单人双面	单人单面	双人双面	双人单面

② VS 系列（垂直型）。该类型外观及结构见图 8-47，参数见表 8-15。

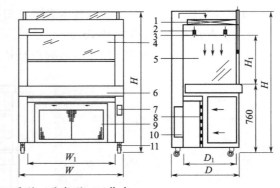

图 8-47　VS 系列（垂直型）工作台

1—无隔板高效过滤器；2—荧光灯；3—出风网板；4—升降移动门；5—侧挡板（钢化玻璃）；
6—工作台；7—操作面板；8—预过滤器；9—可调风门；10—风机；11—万向脚轮

表 8-15　VS 系列工作台参数

参数	VS-840K	VS-1300L	VS-840K-U	VS-1300L-U
洁净度级别	ISO 5 级,100 级(209E)			
风速/(m/s)	≥0.3(可调)			

续表

参数	VS-840K	VS-1300L	VS-840K-U	VS-1300L-U
噪声/dB(A)	≤62			
振动半峰值/μm	≤4			
照度/lx	≥300			
电源	AC,单相 220V/50Hz			
最大功耗/kW	0.4	0.65	0.4	0.65
重量/kg	230	420	230	420
工作区尺寸($W_1 \times D_1 \times H_1$)/mm	660×650×570	1120×650×720	660×650×570	1120×650×720
装置外形尺寸($W \times D \times H$)/mm	840×825×1610	1300×825×1760	840×825×1610	1300×825×1760
高效过滤器规格及数量/mm	760×610×50 1台	610×610×50 2台	760×610×50 1台	610×610×50 2台
荧光灯/紫外灯规格及数量	荧光灯 20W 2个	荧光灯 30W 2个	20W 1个/20W 1个	30W 1个/30W 1个
菌落数/[个/(皿·h)]	—		≤0.5(Φ90mm 培养平皿)	
适用人数	单人单面	双人单面	单人单面	双人单面

③ VT 系列（垂直分离套入型）。该系列结构及外观见图 8-48，参数见表 8-16。

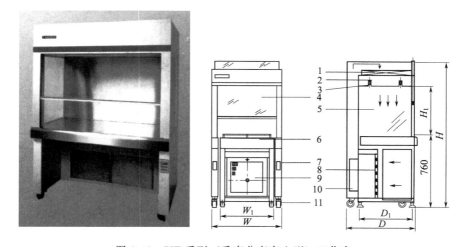

图 8-48　VT 系列（垂直分离套入型）工作台

1—无隔板高效过滤器；2—荧光灯；3—出风网板；4—升降移门；

5—侧挡板（钢化玻璃）；6—工作台；7—操作面板；8—预过滤器；

9—可调风门；10—风机；11—万向脚轮

表 8-16　VT 系列工作台参数

参数	VT-840	VT-1300	VT-840-U	VT-1300-U
洁净度级别	ISO 5 级，100 级(209E)			
风速/(m/s)	≥0.3(可调)			

续表

参数	VT-840	VT-1300	VT-840-U	VT-1300-U
噪声/dB(A)	≤62			
振动半峰值/μm	≤4			
照度/lx	≥300			
电源	AC,单相220V/50Hz			
最大功耗/kW	0.4	0.65	0.4	0.65
重量/kg	230	420	230	420
工作区尺寸($W_1 \times D_1 \times H_1$)/mm	660×650×570	1120×650×720	660×650×570	1120×650×720
装置外形尺寸($W \times D \times H$)/mm	840×825×1610	1300×825×1760	840×825×1610	1300×825×1760
高效过滤器规格及数量/mm	760×610×50 1台	610×610×50 2台	760×610×50 1台	610×610×50 2台
荧光灯/紫外灯规格及数量	荧光灯20W 2个	荧光灯30W 2个	20W 1个/20W 1个	30W 1个/30W 1个
菌落数/[个/(皿·h)]	—		≤0.5(Φ90mm培养平皿)	
适用人数	单人单面	双人单面	单人单面	双人单面

2. 水平单向流洁净工作台

① SW-CJ系列（标准型）。其外观及结构见图8-49,参数见表8-17。

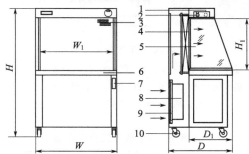

图8-49　SW-CJ系列（标准型）工作台

1—紫外灯；2—荧光灯；3—均压板；4—高效过滤器；5—侧玻璃；6—不锈钢台面；
7—操作面板；8—可变风量机组；9—预过滤器；10—万向脚轮

表 8-17　SW-CJ 系列（标准型）工作台参数

参数	SW-CJ-1B	SW-CJ-1C	SW-CJ-1BU	SW-CJ-1CU
洁净度级别	ISO 5 级，100 级(209E)			
风速/(m/s)	≥0.3(可调)			
噪声/dB(A)	≤62			
振动半峰值/μm	≤3	≤4	≤3	≤4
照度/lx	≥300			
电源	AC,单相 220V/50Hz			
最大功耗/kW	0.4	0.65	1.2(含备用插座)	0.65
重量/kg	110	200	110	200
工作区尺寸$(W_1×D_1×H_1)$/mm	820×480×600	1680×480×600	820×480×600	1680×480×600
装置外形尺寸$(W×D×H)$/mm	900×700×1450	1760×700×1450	900×700×1450	1760×700×1450
高效过滤器规格及数量	820×600×50 1 台	820×600×50 2 台	820×600×50 1 台	820×600×50 2 台
荧光灯/紫外灯规格及数量	荧光灯 20W 1 个	荧光灯 40W 1 个	20W 1 个/20W 1 个	40W 1 个/40W 1 个
菌落数/[个/(皿·h)]	—		≤0.5(Φ90mm 培养平皿)	
适用人数	单人单面	双人单面	单人单面	双人单面

② HS 系列（水平型）工作台。该型外观及结构见图 8-50，参数见表 8-18。

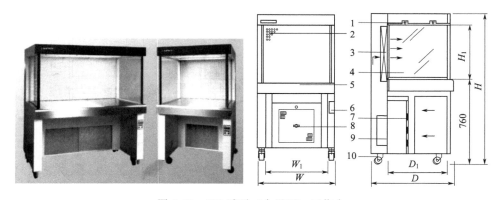

图 8-50　HS 系列（水平型）工作台

1—荧光灯；2—出风网板；3—无隔板高效过滤器；4—侧挡板（钢化玻璃）；5—工作台；
6—操作面板；7—预过滤器；8—可调风门；9—风机；10—万向脚轮

表 8-18　HS 系列（水平型）工作台参数

参数	HS-840	HS-1300	HS-840-U	HS-1300-U
洁净度级别	ISO 5 级,100 级(209E)			
风速/(m/s)	≥0.3(可调)			
噪声/dB(A)	≤62			
振动半峰值/μm	≤3			

续表

参数	HS-840	HS-1300	HS-840-U	HS-1300-U
照度/lx	≥300			
电源	AC,单相 220V/50Hz			
最大功耗/kW	0.4	0.65	0.4	0.65
重量/kg	160	350	160	350
工作区尺寸($W_1 \times D_1 \times H_1$)/mm	720×650×570	1180×650×570	720×650×570	1180×650×570
装置外形尺寸($W \times D \times H$)/mm	840×825×1440	1300×825×1440	840×825×1440	1300×825×1440
高效过滤器规格及数量/mm	760×610×50 1台	610×610×50 2台	760×610×50 1台	610×610×50 2台
荧光灯/紫外灯规格及数量	荧光灯 20W 2个	荧光灯 30W 2个	20W 1个/20W 1个	30W 1个/30W 1个
菌落数/[个/(皿·h)]	—		≤0.5(Φ90mm 培养平皿)	
适用人数	单人单面	双人单面	单人单面	双人单面

③ HT 系列（水平分离套入型）工作台。该型外观及结构见图 8-51，参数见表 8-19。

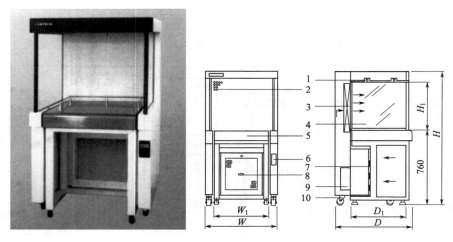

图 8-51　HT 系列（水平分离套入型）工作台

1—荧光灯；2—出风网板；3—无隔板高效过滤器；4—侧挡板（钢化玻璃）；

5—工作台；6—操作面板；7—预过滤器；8—可调风门；

9—风机；10—万向脚轮

表 8-19　HT 系列（水平分离套入型）工作台参数

参数	HT-840	HT-1300	HT-840-U	HT-1300-U
洁净度级别	ISO 5 级,100 级(209E)			
风速/(m/s)	≥0.3(可调)			
噪声/dB(A)	≤62			

参数	HT-840	HT-1300	HT-840-U	HT-1300-U
振动半峰值/μm			$\leqslant 3$	
照度/lx			$\geqslant 300$	
电源			AC,单相 220V/50Hz	
最大功耗/kW	0.4	0.65	0.4	0.65
重量/kg	160	350	160	350
工作区尺寸($W_1 \times D_1 \times H_1$)/mm	$720 \times 650 \times 570$	$1180 \times 650 \times 570$	$720 \times 650 \times 570$	$1180 \times 650 \times 570$
装置外形尺寸($W \times D \times H$)/mm	$840 \times 825 \times 1440$	$1300 \times 825 \times 1440$	$840 \times 825 \times 1440$	$1300 \times 825 \times 1440$
高效过滤器规格及数量/mm	$760 \times 610 \times 50$ 1 台	$610 \times 610 \times 50$ 2 台	$760 \times 610 \times 50$ 1 台	$610 \times 610 \times 50$ 2 台
荧光灯/紫外灯规格及数量	荧光灯 20W 2 个	荧光灯 30W 2 个	20W 1 个/20W 1 个	30W 1 个/30W 1 个
菌落数/[个/(皿·h)]	—		$\leqslant 0.5$(Φ90mm 培养平皿)	
适用人数	单人单面	双人单面	单人单面	双人单面

3. 桌上型洁净工作台

① VD 系列（垂直桌上型）工作台。该型外观及结构见图 8-52，参数见表 8-20。

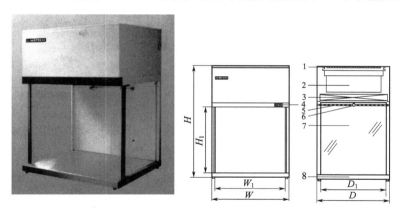

图 8-52　VD 系列（垂直桌上型）工作台

1—初效过滤器；2—风机；3—高效过滤器；4—操作开关；5—出风散流板；

6—日光灯；7—无色透明玻璃挡板；8—不锈钢台面

表 8-20　VD 系列（垂直桌上型）工作台参数

参数	VD-650
洁净度级别	ISO 5 级,100 级(209E)
平均风速/(m/s)	0.3~0.5(二挡可调,推荐使用 0.3)
噪声/dB(A)	$\leqslant 62$
振动半峰值/μm	$\leqslant 5$
照度/lx	$\geqslant 300$
电源	AC,单相 220V/50Hz

续表

参数	VD-650
最大功耗/kW	0.3
重量/kg	60
日光灯规格及数量	80W 1 个
工作区尺寸($W_1 \times D_1 \times H_1$)/mm	615×495×500
装置外形尺寸($W \times D \times H$)/mm	650×535×835
高效过滤器规格及数量/mm	610×450×50 1 台

② HD 系列（水平桌上型）工作台。该型外观及结构见图 8-53，参数见表 8-21。

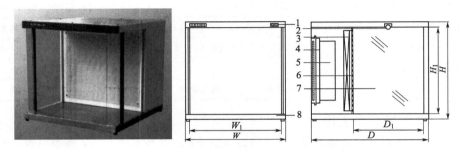

图 8-53　HD 系列（水平桌上型）工作台

1—操作开关；2—日光灯；3—高效过滤器；4—初效过滤器；5—风机；

6—出风散流板；7—无色透明玻璃挡板；8—不锈钢台面

表 8-21　HD 系列（水平桌上型）工作台参数

参数	HD-650
洁净度级别	ISO 5 级,100 级(209E)
平均风速/(m/s)	0.3～0.5(二挡可调,推荐使用风速 0.3)
噪声/dB(A)	≤62
振动半峰值/μm	≤5
照度/lx	≥300
电源	AC,单相 220V/50Hz
最大功耗/kW	0.3
重量/kg	55
荧光灯规格及数量	80W 1 个
工作区尺寸($W_1 \times D_1 \times H_1$)/mm	615×400×535
装置外形尺寸($W \times D \times H$)/mm	650×680×625
高效过滤器规格及数量	610×490×50 1 台

第四节　生物安全柜

一、分级

所谓生物安全柜，是指为了操作人员及其周围人员的安全，把在处理病原体时发生的污染气溶胶隔离在操作区域内的第一道防御装置。

生物安全柜分级见表 8-22。

表 8-22　生物安全柜分级

级别	类型	排风	循环空气比例/%	柜内气流	吸入口风速/(m/s)	主要防护对象
Ⅰ级		可向室内排风	—	乱流	≥0.40	使用者
Ⅱ级	A1 型	可向室内排风	70	单向流	≥0.38	使用者和产品
	A2 型	可向室内排风	70	单向流	≥0.50	
	B1 型	不可向室内排风	30	单向流	≥0.50	
	B2 型	不可向室内排风	0	单向流	≥0.50	
Ⅲ级		不可向室内排风	0	乱流	无吸入口,当一只手套筒取下时,手套口风速≥0.70	首先是使用者,有时兼顾产品

注:不可向室内排风的安全柜的防护对象也兼及环境。

二、Ⅰ级生物安全柜结构

Ⅰ级安全柜供给操作区的空气来自室内,所以不能进行需要无菌洁净条件的操作。但是,这种安全柜对于医院等处作为一般检查的生化和血清学检验是最合适的。同时,它也可以存放能产生大量气溶胶的设备(如离心机、超声波清洗机等),当然,需要针对性的适合的构造。例如对于离心机,必须能把离心室和电机隔绝开来,使离心机转动时产生的风不致影响安全柜的性能。

Ⅰ级生物安全柜的前端也可留有 2～4 个圆形连接长袖手套的开口。

三、Ⅱ-A 级生物安全柜结构

这是微生物学上用得最多的一种安全柜,和Ⅰ级安全柜一样,从前面开口吸入空气并由排风高效过滤器进行排风处理,以防止气溶胶的外逸。

图 8-54 和图 8-55 为该型安全柜结构示意。

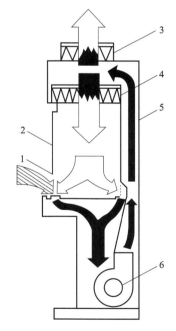

图 8-54　Ⅱ级 A1 型生物安全柜气流流向状况示意(据美国 CDC 手册)

1—前端开口;2—前端视窗;3—排风高效过滤器;
4—送风高效过滤器;5—后部风道;6—风机

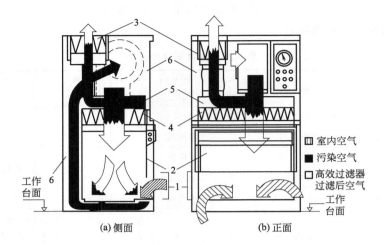

图 8-55　Ⅱ级 A2 型台式生物安全柜气流流向状况示意（据美国 CDC 手册）

1—前端开口；2—工作视窗；3—排风高效过滤器；

4—送风高效过滤器；5—正压风道；6—负压风道

四、Ⅱ-B 级生物安全柜结构

由于该型安全柜开口平均风速已至 0.5m/s 以上，并且在气流上无正压污染区，循环风量可小到零，所以更安全。

图 8-56 和图 8-57 为该型安全柜结构示意。

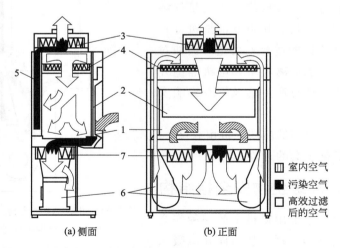

图 8-56　Ⅱ级 B1 型生物安全柜（据美国 CDC 手册）

1—前端开口；2—工作视窗；3—排风高效过滤器；4—送风高效过滤器；

5—正压排风道；6—风机；7—附加的送风高效过滤器

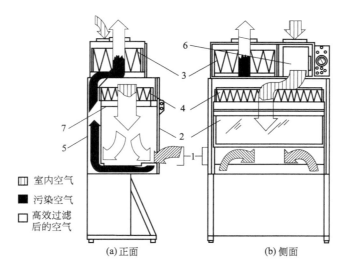

图 8-57 Ⅱ级 B2 型生物安全柜（据美国 CDC 手册）

1—前端开口；2—工作视窗；3—排风高效过滤器；

4—送风高效过滤器；5—负压排风道；6—风机；7—过滤器网

五、Ⅲ级生物安全柜结构

这是高级别生物安全工程上用得最多的一种安全柜，和Ⅰ级安全柜一样，从前面开口吸入空气并由排风高效过滤器进行排风处理，以防止气溶胶的外逸。但是，在操作区内则通过高效过滤器送出垂直向下流动的洁净空气，这在空气洁净技术中称为垂直单向流，通常也称为垂直层流。

图 8-58 和图 8-59 为该型安全柜结构示意。

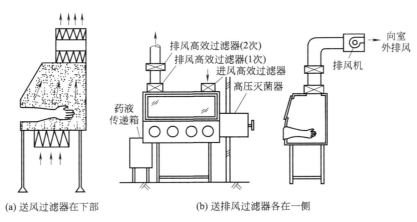

(a) 送风过滤器在下部 　　(b) 送排风过滤器各在一侧

图 8-58 单体型Ⅲ级安全柜构造

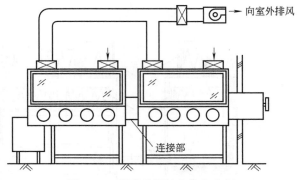

向室外排风

连接部

图 8-59　系列型Ⅲ级生物安全柜

第五节　洁净小室

一、装配式洁净小室

装配式洁净小室适合于某种急需洁净环境或要求局部洁净的场所。其维护结构有钢板板壁、铝型材框架、非金属及塑料贴面或透明薄膜，功能上可以带空调或不带空调。

图 8-60 所示是早期美国医院使用的细菌控制小室。

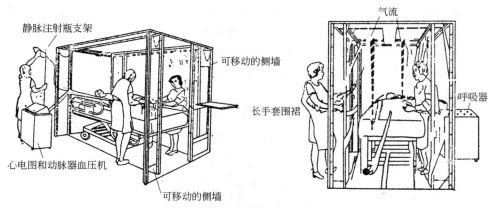

静脉注射瓶支架

可移动的侧墙

气流

长手套围裙

呼吸器

心电图和动脉器血压机

可移动的侧墙

图 8-60　早期美国医院使用的细菌控制小室

图 8-61 所示是国内一种用于小儿白血病的装配式病房。

二、移动式洁净小室

图 8-62 所示是用层流罩和透明薄膜建的可移动的洁净小室，表 8-23 是其性能。

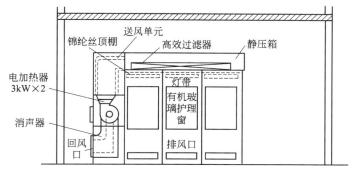

图 8-61 用于小儿白血病的装配式病房

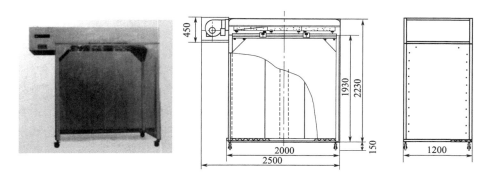

图 8-62 ACB-211 型移动式洁净小室

表 8-23 移动式洁净小室性能

性能参数	ACB-211 支架式 移动小室	性能参数	ACB-211 支架式 移动小室
洁净度级别	100 级(209E)	照明	20W 2 个
工作区尺寸($W_1 \times D_1 \times H_1$)/mm	2000×1200×2080	电源	220V/50Hz
外形尺寸($W \times D \times H$)/mm	2500×1200×2380	最大功耗/kW	0.8
高效过滤器规格/mm	915×610×66 3 台	重量/kg	650

三、洁净卫生间

在洁净室的设计中,总是把卫生间布置在洁净区外面的准洁净区内,洁净区内的工作人员要去卫生间,就必须脱去洁净工作服,走出洁净区;回来后还要再穿上洁净工作服,经过吹淋后再进入洁净区。这样不仅麻烦而且还会把污染带进洁净区,并影响生产和工作效率。

对于洁净病房,由于普通卫生间不能设置在洁净病房中,也有上述问题存在。

洁净卫生间实际上是安有卫生设施的小洁净室,它作为整体设备,在洁净室施工过程中安装就位,接好上、下水即可使用,因此非常方便,受到使用者的欢迎。

图 8-63 所示是其结构，内部为单向流，5 级（ISO），风量 23m³/min。

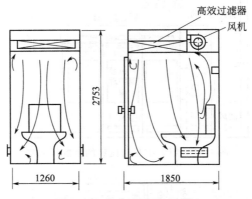

图 8-63　单向流洁净卫生间

该洁净卫生间采用排风来维持内部 5～10Pa 的负压，所以污染不会外逸；卫生间内壁是用整体玻璃钢制成的，无接缝，不渗水；卫生间内不仅设有紫外灯（照射 1min 后自行关闭）灭菌，还特别设计了消毒液给液器，置于水箱中，能自动给水箱滴入消毒液，同时由于设有肘式开关，所以特别适用于有灭菌要求的场合。

该洁净卫生间内主要设施和配用设备如下。

座式大便器	1 个
落地式肘式开关洗手盆	1 个
烘手器	1 个
日光灯	1 支
紫外灯	1 支
消毒剂给液器	1 个
镜子	1 面
高效过滤器	2 只
送风机	1 台
排风机	1 台

第六节　人物流设备

一、空气吹淋室

空气吹淋室是人身净化的主要设备之一，特别是在工业洁净室得到广泛应用，在生物洁净室一般被缓冲室取代，而在医疗领域则不允许采用。

图 8-64 为双侧、单侧吹淋型示意图。

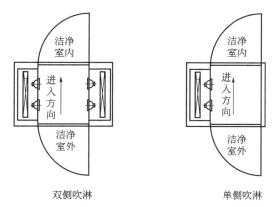

图 8-64　双侧、单侧吹淋型示意图

图 8-65 所示为单侧吹淋转向示意图。

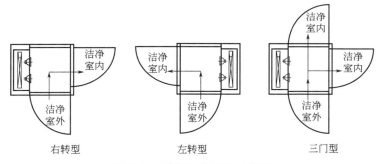

图 8-65　单侧吹淋转向示意图

图 8-66 为单联结构示意图。

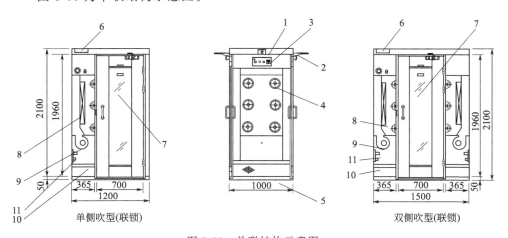

图 8-66　单联结构示意图

1—日光灯；2—闭门器；3—操作面板；4—不锈钢喷嘴；5—不锈钢底盘；6—电源接线盒；7—门；
8—高效过滤器；9—风机；10—预过滤器；11—电气板

图 8-67 是一种双侧吹（门不联锁）吹淋室外观。

图 8-67　双侧吹（门不联锁）吹淋室外观

表 8-24 是标准型吹淋室参数。

表 8-24　空气吹淋室技术参数

项目	EAS-700AS-700AR	EAS-700AS-2-700AR-2	EAS-700AS-i-700AR-i	EAS-700BS-700BR	EAS-700BS-2-700BR-2	EAS-700BS-i-700BR-i
技术参数						
过滤效率/%	≥99.99,≥0.3μm					
喷口风速/(m/s)	≥25					
风淋时间/s	0～99					
喷嘴直径及数量/mm	Φ30 12 个	Φ30 24 个	Φ30 (12×i)个	Φ30 6 个	Φ30 12 个	Φ30 (6×i)个
风淋区尺寸/mm	770×900×1960	770×1900×1960	770×[900+1000×(i−1)]×1960	770×900×1960	770×1900×1960	770×[900+1000×(i−1)]×1960
箱体	冷轧钢板烤漆处理					
底盘	冷轧钢板烤漆处理					
供电电源	AC 380V,50Hz(三相五线制)					
最大功耗/kW	1.8	3.2	1.8+1.4×(i−1)	1.1	1.8	1.1+0.7×(i−1)
包装参数						
重量/kg	450	900	450×i	300	600	300×i
外形尺寸/mm	1500×1000×2100	1500×2000×2100	1500×(1000×i)×2100	1200×1000×2100	1200×2000×2100	1200×(1000×i)×2100

项目	EAS-700AS -700AR	EAS-700AS-2 -700AR-2	EAS-700AS-i -700AR-i	EAS-700BS -700BR	EAS-700BS-2 -700BR-2	EAS-700BS-i -700BR-i
配件资料						
预过滤器规格及数量/mm	850×515×10 2个	850×515×10 4个	850×515×10 (2×i)个	850×515×10 1个	850×515×10 2个	850×515×10 i个
高效过滤器规格及数量/mm	610×610× 120 2个	610×610× 120 4个	610×610× 120 (2×i)个	610×610× 120 1个	610×610× 120 2个	610×610× 120 i个

二、清洗干手器

清洗干手器是一种通用性较强的设备，通常可安置在洁净室的入口处，也可以设置在生物实验室内，起到洗净并快速吹干手的作用，可以减少污染概率，对提高产品质量和成品率均有良好的效果。它可广泛应用于电子、国防、精密仪器、仪表、制药、化工、农业、生物等各个工业部门和各类科学实验室。

图 8-68 所示为干手器外观和结构。

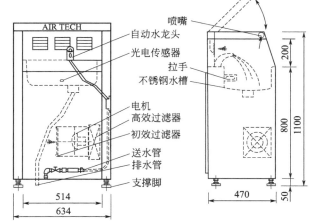

图 8-68 清洗干手器

表 8-25 是清洗干手器性能。

表 8-25 清洗干手器性能

项目	AHW-05 清洗干手器	AHD-04 洁净干手器
过滤效率	≥0.3μm 微粒，≥99.99%	
喷口风速/(m/s)	约 100	
噪声	≤80dB(A)	

续表

项目		AHW-05 清洗干手器		AHD-04 洁净干手器
结构	外箱体	SPCC 烤漆		SPCC 烤漆
	工作区	SUS 304		SUS 304
	感应龙头	SJL-L0812		—
电源		AC220V,50Hz		
最大功耗/kW		1.8		
风机		AC 马达		
干燥时间/s		约 20		
运行方式		洗手	干燥	干燥
必要设备		1/2in 的进水软管		1/2in 的进水软管
		Φ40 的排水管		
外型尺寸/mm		634×470×1100		400×310×850
颜色		象牙白		

注：1in=0.0254m。

三、传递窗

传递窗是洁净室物件净化的重要设备，按结构可分为非联锁传递窗和联锁传递窗，按功能可分为普通传递窗、吹淋传递窗、带消毒功能传递窗和洁净传递窗。

图 8-69 所示是普通传递窗外观和结构。

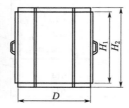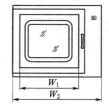

图 8-69　普通传递窗

图 8-70 所示是有功能的传递窗外观。

图 8-71 所示是洁净传递窗结构示意。安于有高洁净要求的洁净区与洁净区之间。

图 8-72 所示是吹淋传递窗结构示意，安于有一般洁净要求的洁净区与非洁净区之间。表 8-26 是以上两种传递窗的技术参数。

APB 系列吹淋传递窗　　　　　SPB 系列吹淋传递窗　　　　　CPB 系列洁净传递窗

图 8-70　有功能的传递窗

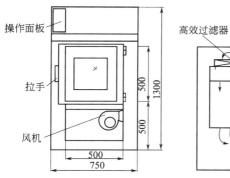

图 8-71　洁净传递窗结构

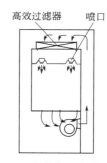

图 8-72　吹淋传递窗结构示意

表 8-26　传递窗技术参数

项目	SPB-557	CPB-557
过滤效率	$\geqslant 0.3\mu m$ 微粒，$\geqslant 99.99\%$	
洁净度		ISO 5 级
风速/(m/s)	喷口＞20	0.3～0.6
工作区尺寸($W\times H\times D$)/mm	$500\times 500\times 700$	
外形尺寸($W\times H\times D$)/mm	$750\times 1300\times 780$	
电源	AC 380V,50Hz	
最大功耗/kW	0.4	
高效过滤器规格/mm	$610\times 305\times 69$ 1 个	

注：SPB-557 是吹淋型传递窗，洁净度按用户要求，故无规定。

四、防飞虫吹淋装置

防飞虫吹淋装置双侧可吹出不平衡交叉高速气流，能有效阻止进口处飞虫进入厂房内部。如果在门上挂若干彩条，则气流速度可以减小，由于彩条的抖动，阻止的效果更佳。

图 8-73 所示是这种装置的外观。

图 8-73　AAC 型防飞虫吹淋装置外观

图 8-74 所示是这种装置结构示意，表 8-27 是其性能。

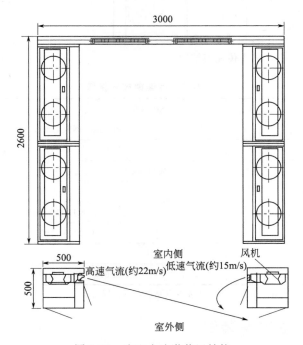

图 8-74　防飞虫吹淋装置结构

表 8-27　防飞虫吹淋装置技术参数

项目	AAC-20250C	项目	AAC-20250C
防虫效果/%	≥95	箱体	优质钢板烤漆
处理风量/(m³/min)	约260(高速侧100,低速侧160)	照明	20W×2
吹出风速/(m/s)	高速侧:约0~22	外形尺寸($W \times D \times H$)/mm	3000×850×2600
	低速侧:约0~15	通道尺寸($W \times D \times H$)/mm	2000×500×2500
电源	AC 380V,50Hz	备注	用膨胀螺栓将本体固定于地面
功耗/kW	约6(电流8A)		

第七节　辅助设备

一、余压阀

余压阀通过排出室内多余空气，改变泄压的大小，来保持室内外的一定压差。

余压阀适用于工业洁净室，对于有防止交叉污染要求的洁净室，特别是医院，不能用这种设备调节室压。

图 8-75 所示是余压阀外观及结构，表 8-28 是其规格参数。图 8-76 是滑动式余压阀外观。

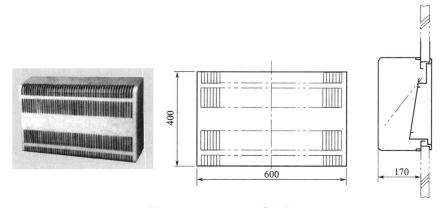

图 8-75　APD-10C 型余压阀

表 8-28　余压阀参数

参数	APD-10C	参数	APD-10C
起始压差	0.5mmH₂O	风量/(m³/h)	0~900
使用压差范围	0.5~0.25mmH₂O	安装开孔尺寸($W \times H$)/mm	560×360

注：1mmH₂O＝9.80665Pa。

图 8-76　滑动式余压阀

二、净化保管柜

净化保管柜适用于电子、机械、精密仪表、计算机等行业中成品或半成品的洁净保管存放。

图 8-77 所示为净化保管柜外观与结构示意。

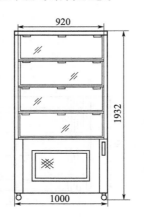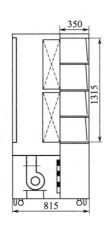

图 8-77　AML-1000 型净化保管柜

表 8-29 是净化保管柜参数。

表 8-29　净化保管柜参数

参数	AML-1000	参数	AML-1000
洁净度	ISO 5 级	外形尺寸($W \times D \times H$)/mm	$1000 \times 815 \times 1932$
风速/(m/s)	≥0.25	电源	AC 220V，50Hz

参数	AML-1000	参数	AML-1000
噪声/dB(A)	≤64	最大功耗/kW	0.5
振动	≤5μm	高效过滤器规格/mm	915×610×90 2个
工作区尺寸($W×D×H$)/mm	920×350×1315		

三、充电式洁净小车

洁净小车适用于洁净物品在洁净地面上的移动，避免洁净物品在移动过程中受到污染。

图 8-78 所示是该装置外观和结构示意。

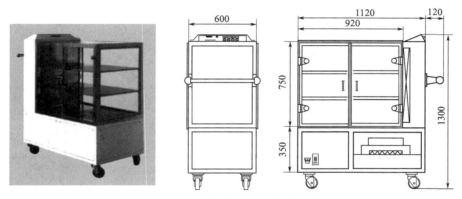

图 8-78   ACDW-1000 型洁净小车

表 8-30 是洁净小车参数。

表 8-30   洁净小车参数

参数	ACDW-1000	参数	ACDW-1000
洁净等级	ISO 5 级	电源	AC 220V,50Hz
风速/(m/s)	0.3(推荐风速)	最大功耗/W	400
噪声/dB(A)	≤62	工作区尺寸($W×H×D$)/mm	920×750×600

四、洁净吸尘器

吸尘器是洁净室的清扫设备，有移动式吸尘器和集中式吸尘器两类。

移动式吸尘器由小型透平式风机、预过滤器、高效过滤器、软管、吸尘嘴等组成，而一般吸尘器是没有高效过滤器的，所以洁净室内绝对不允许用一般吸尘器。

集中式吸尘器用于面积大的洁净室，《空气洁净技术措施》给出以下设置原则。

① 应尽量布置在负荷中心附近，并有隔声减振措施。

② 室内吸尘口位置和数量应根据软管作用半径（一般为 6～12m）确定，使室内各点都能清扫到。

③ 集尘器应布置在吸尘器的吸入端，集尘器可选用布袋除尘器。

④ 每个吸尘嘴吸尘量为 0.039～0.042m³/h。

⑤ 同时工作的吸尘嘴数 n（个）由下式决定：

$$n = \frac{1}{T} \sum \frac{S}{A}$$

式中　S——需要清扫的面积，m²；

　　　T——一次清扫所用时间，h；

　　　A——一个吸尘嘴每小时清扫面积，m²/（h·个）。

A 值见表 8-31。

表 8-31　A 值

被清扫面名称	集中式/[m²/(h·个)]	移动式/[m²/(h·个)]
地面、2m 以下墙面、障碍小的表面	210	180
2m 以上墙面、顶棚、有障碍的表面	140	90

注：表中 A 值是按吸尘嘴直径为 1.5in（1in=0.0254m）考虑的。

⑥ 吸尘管内风速，按表 8-32 选用。

表 8-32　吸尘管内风速

公称管径/in	竖　管		横　管	
	最小/(m/s)	最大/(m/s)	最小/(m/s)	最大/(m/s)
$1\frac{1}{4}$	12	17.5	8.5	14.0
$1\frac{1}{2}$	13	19.0	9.0	15.0
2	15	21.0	10.0	17.5
$2\frac{1}{2}$	16	23.5	11.0	19.5
3	19	25.5	12.0	21.0
4	21	30.0	14.0	24.5
5	24	30.5	15.0	27.0

注：1in=0.0254m。

图 8-79 所示是移动式吸尘器结构示意，图 8-80 所示是集中式吸尘器系统示意。

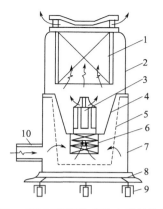

图 8-79　ZX-1 型移动式吸尘器结构示意

1—高效过滤器；2—上壳体；3—串激式电机；4—橡胶隔板；5—粗效过滤器；

6—透平式风机；7—下壳体；8—底盘；9—脚轮；10—软管接口

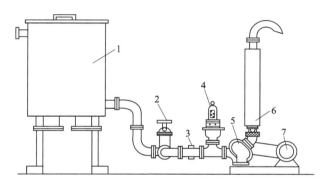

图 8-80　B16580 型集中式吸尘器系统示意

1—集尘器；2—闸板阀；3—盲板；4—安全阀；

5—泵；6—消声器；7—电动机

165

第九章

电子工业洁净用房

第一节 洁净度级别

电子工业洁净室（厂房、车间）所要求的基本空气洁净度级别已在第五章中给出了范围，在《电子工业洁净厂房设计规范》（GB 50472—2008）中列举了具体要求，见表 9-1。

表 9-1 电子产品生产对空气洁净度级别（ISO）的要求

产品和工序	空气洁净度级别(ISO)	控制粒径
半导体材料		
拉单晶	6～8	$0.5\mu m$
切、磨、抛	5～7	$0.3～0.5\mu m$
清洗	3～5	$0.3～0.5\mu m$
外延	3～5	$0.3～0.5\mu m$
芯片制造		
氧化、扩散、清洗、刻蚀、薄膜、离子注入、CMP	2～5	$0.1～0.5\mu m$
光刻	1～4	$0.1～0.3\mu m$
检测	3～6	$0.2～0.5\mu m$
设备区	6～8	$0.3～0.5\mu m$
封装		
划片、键合	5～7	$0.3～0.5\mu m$
封装	6～8	$0.3～0.5\mu m$
薄膜晶体管液晶显示器(TET、LCD)		
阵列板(薄膜、光刻、刻蚀、剥离)	2～5	$0.2～0.3\mu m$
成盒(涂覆、摩擦、液晶注入、切割、磨边)	3～6	$0.2～0.3\mu m$
模块	4～6	$0.3～0.5\mu m$
彩膜板(C/F)	2～5	$0.2～0.3\mu m$
超扭曲向列型液晶显示器(STN、LCD)	6～7(局部 5 级)	$0.3～0.5\mu m$
微硬盘驱动器(HDD)		
制造区	3～4	$0.1～0.3\mu m$
其他区	6～7	$0.3～0.5\mu m$
等离子(PDP)		
核心区	6～7	$0.3～0.5\mu m$
支持区	7～8	$0.3～0.5\mu m$
锂电池		
干工艺	6～7	$0.5\mu m$

产品和工序	空气洁净度级别(ISO)	控制粒径
其他区	7～8	0.5μm
彩色显像管		
涂屏、电子枪装配、荧光粉	6～7	0.5μm
锥石墨涂覆、荫罩装配	8	0.5μm
表面处理	5～7	0.5μm
电子仪器、微型计算机装配	8	0.5μm
高密度磁带制造	6～8(局部5级)	0.5μm
印制版的照相、制版、干膜	7～8	0.5μm
光导纤维		
预制棒	6～7	0.3～0.5μm
拉丝	5～7	0.3～0.5μm
光盘制造	6～8	0.3～0.5μm
磁头生产		
核心区	5	0.3μm
清洗区	6	0.3μm
片式陶瓷电容、片式电阻等制造	8	0.5μm
声表面波器件制造		
光刻、显影	5	0.3～0.5μm
镀膜、清洗、划片、封帽	6	0.5μm

第二节　环境参数

电子工业洁净室应参照表9-2、表9-3的环境参数进行设计。

表9-2　环境参数

参　　数	数　　值	说　　明
截面风速/(m/s)	0.3～0.5	洁净度1～3级(ISO)洁净室
	0.2～0.4	洁净度4～5级(ISO)洁净室
换气次数/(次/h)	50～60	洁净度6级(ISO)洁净室
	15～25	洁净度7级(ISO)洁净室
	10～15	洁净度8～9级(ISO)洁净室
静压差/Pa	≥5	不同等级洁净室之间以及洁净室与非洁净室之间
	≥10	洁净室与(或)室外之间
温度/℃ 冬	18～22	工艺无要求时的生产环境
	16～20	人员净化及生活用房
	按具体工程项目要求	工艺有要求时的生产环境
夏	24～26	工艺无要求时的生产环境
	26～28	人员净化及生活用房
	按具体工程项目要求	工艺有要求时的生产环境

参　数	数　值	说　明
相对湿度/%		
冬	30～50	工艺无要求时的生产环境
	按具体工程项目要求	工艺有要求时的生产环境
夏	50～70	工艺无要求时的生产环境
	按具体工程项目要求	工艺有要求时的生产环境\
新风量/[m³/(人·h)]	40	
噪声/dB(A)	≤65	单向流及单向流与非单向流并存的洁净室
照度/lx	300～500	非单向流洁净室主要生产用房(有低照度要求的如光刻、显示器件等除外)
	200～300	其他用房
照度均匀度	0.7	
静电表面电阻率/Ω	$1×10^5$～$1×10^{10}$	一级标准为 $1×10^5$～$1×10^7$
静电体积电阻率/(Ω/cm)	$1×10^4$～$1×10^9$	
地面对地的漏泄电阻/Ω	$1×10^5$～$1×10^8$	
静电压/V	<50(45%相对湿度)	4级(ISO)以上洁净室
振动速度/(cm/s)	—	
振动加速度/(cm/s²)	—	根据工艺或精密设备、仪器仪表特性确定或参照国标《隔振设计规范》(JBJ 22—1991)
振幅/μm	—	
相对位移量/μm	—	
电磁干扰/mG	<1	4级(ISO)以上洁净室,当洁净室靠近高压输配电设施时尤为重要

表 9-3　若干工序工艺要求的温湿度

工　序　举　例	温度/℃	相对湿度/%
集成电路光刻、匀胶	20±0.1	45±3
离子注入、刻蚀 CVD、外延、扩散	22±1	45±10
薄膜晶体管彩色液晶显示器:清洗、涂胶、曝光、显影、刻蚀、彩色显示器溅射、CVD 间	23±1	55±5
成盒	23±2	55±5
彩色显示器:涂屏、装电子枪、清洗和组装	26±2	55±5
荧光粉配制、涂有机膜、蒸铝、封口	22±2	60±5
磁头生产	21±2	60±5
磁头清洗	21±1	<70
高密度磁带涂布头、切带、带基测试,涂布间和烘干、固化间,组装、维修间和部分原料库,砂磨、化验和配料间	23±1	50±5

第三节　洁净室的建筑设计

一、特点

电子工业洁净室的特点一是大,二是多变。几千平方米、上万平方米的面积并不少见。电子工业的技术更新快，工艺变了，平面布局就要跟着变，因此平面上不宜有固定的分隔，特别是很小的分隔。具体说，有以下一些独特之处应加注意。

（1）平面由工艺决定，电子工业洁净厂房的工艺布局应适应电子产品发展的灵活性，满足产品生产工艺改造和扩大生产的需求。

（2）主体结构宜采用大空间及大跨度柱网，不宜采用内墙承重体系。

（3）大型电子工业洁净厂房常采用上技术夹层、下技术夹层这种"夹心"式多层构造。

（4）应考虑大型生产工艺设备的安装、维修要求，设置必要的运输通道和不影响洁净生产环境的安装口或检修口。

（5）电子工业洁净室按二级耐火等级设计。

（6）特种气体的储存和分配间应有耐火隔墙与洁净室（区）分开，该墙耐火极限不低于 1h。有毒的硅烷或其混合物气瓶储存区至少三面是敞开的，气瓶与周围构筑物或围栏之间的距离应大于 3m，储存区设置的雨篷应不低于 3.5m。

（7）电子工业洁净室的装饰材料不得采用释放对电子产品有影响物质的材料。

（8）电子工业洁净室允许设空气吹淋室，这是和一般生物洁净室不同的。吹淋室应与洁净工作服更衣室相邻。单人吹淋室按最大班人数为 30 人一间设计，当工作人员超过 5 人时，应设旁通门，当人数太多或为了缩短通过时间，也可设隧道式吹淋室。

（9）对于高级别洁净室，为了尽可能不影响气流的单向性、平行性，照明灯具宜采用所谓泪珠形灯具，见图 9-1。

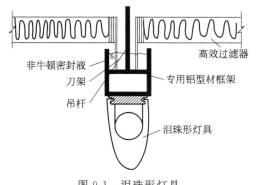

图 9-1　泪珠形灯具

（10）电子工业洁净室常根据生产工艺要求设置防静电环境，以便抑制静电的产生，将已产生的静电迅速、安全地排除。

为此，在设计时首先要明确控制的静电电位（绝对值），该值≤100V 为一级，≤200V 为二级，≤1000V 为三级（据《电子工业洁净厂房设计规范》），其适用场所分别是半导体器件、集成电路和具有一级静电敏感的电子产品制造和测试场所；对静电敏感的精密电子仪器和器件制造和测试场所；除去一、二级以外的电子器件和整机的组装调试场所。

作为一个例子，超高频三级管制造、测试工序的工作台电位列于表 9-4 中。

表 9-4　不同工序的工作台电位

工序名称	工作台特点	电位/V	工序名称	工作台特点	电位/V
晶片切割	上铺涂合成漆的层压板	25～400	半自动冷焊机	铺有机玻璃、橡胶	1000～1500
测试伏安特性	上铺涂合成漆的层压板	20～100	外形检验	铺涂合成漆的层压板	45～500
焊环	铺塑料	15～70	参数测试	铺涂合成漆的层压板	50～200
焊引出线	铺塑料	8～30	短路和断路试验	铺塑料	20～100
密封	铺有机玻璃、橡胶	150～2000			

在洁净室设计中为了减少静电事故，除了产品本身的保护措施外，设计者的责任就是设法减小起电程度。减小起电程度并加速电荷的泄漏，可以通过物理的和化学的方法实现。物理方法有选择合适的材料、接地和调节空气湿度。

① 材料分三种类型：导电材料、静电耗散材料和抗静电材料。表面电阻率低于每单位面积 $10^5\Omega$，是导电的材料；每单位面积达到 $10^6\sim10^9\Omega$，是静电耗散的材料；每单位面积达到 $10^{10}\sim10^{14}\Omega$，是抗静电的材料。

如果器件已获得电荷，并与高电导率的已接地表面相接触，该电荷将迅速排掉，使电流水平达到足够高，以致可损害该器件。可采用静电耗散材料来减小放电速率，以减少过快放电带来的损害。抗静电材料则具有低静电产生能力，也可比较慢地排掉电荷。

② 接地是消除导体上静电荷的一种有效方法，这种方法简单、可靠，不需要很大的费用。接地必须符合安全技术规程的要求。

接地既可将物体直接与地相接，也可以通过一定的电阻与地相接。直接接地法用于设备、插座板、夹具等导电部分的接地。对此，需用金属导体以保证与地的可靠接触。当不能直接接地时，就采用物体的静电接地。如果物体内外表面上任意一点对接地回路之间的电阻不超过 $10^7\Omega$，则这一物体可以认为是静电接地。

即使已采用了其他防静电的方法，工作点的工艺设备、试验和测量设备的所有金属和导电的非金属部分仍都必须接地。

防静电的接地装置和电气安全接地装置应连接在一起。

对于坐着进行操作的人员，建议穿抗静电工作服，人体通过抗静电工作服和抗静电坐垫接地。

③ 调节湿度法是降低起电程度的简单方法之一，是将生产车间中空气的相对湿度提高到 65%～70%。此时大多数介质面层的表面上都凝聚有一层厚厚的水膜。水膜中常含有大量溶解物质的离子，因而介质的表面电导率随湿度的提高而提高。提高湿度尤其能使衣服纤维材料的起电性能降低。

研究证明，当相对湿度超过 65% 时，材料中所含的水分足以保证积聚的电荷全部漏泄掉。如果提高湿度要影响器件的质量，则可采取局部加湿法。为此，采用能在 1～1.5m 范围内向空气喷射细小水滴的专用喷雾器。

化学法是通过化学处理减少在电气材料上产生静电荷的有效方法之一。例如，利用化学处理，在地坪和工作台介质面层的表面上以及设备和各种夹具的介质部分上涂覆一层比电阻小于 $10^5\Omega\cdot m$ 暂时性的或永久性的表面膜。这种导电膜既可涂在整个介质表面，也可涂在其局部地方。为了保证电荷可靠地从介质膜上泄漏掉，必须保证导电膜与接地金属导线之间具有可靠的电接触。导电膜可用金属喷涂、溅射或真空蒸发的方法制取，也可用刷子或喷枪涂覆上一层导电磁漆（厚 $100\sim170\mu m$），然后在常温下进行固化。

介质材料的电导率也可采用各种具有吸湿物质和表面活性剂的抗静电材料来提高。最常用的方法是在材料表面浸涂或擦抹上抗静电剂。当表面涂覆有抗静电剂时，介质的表面比电阻要降低 $3\sim8$ 个数量级。被处理材料的表面电阻取决于抗静电添加剂的性能。

所以，一般要求地面和其他地板采用静电耗散性材料，吊顶和墙的骨架应采用金属材料，玻璃表面粘贴静电耗散性透明薄膜或喷涂静电耗散性防护层。

电子工业洁净室防静电环境的装饰，严禁使用高分子绝缘材料。

（11）电子工业洁净室有防微振的特殊要求，在厂地环境上应避开振动源。振动源分内外两种，其传播途径是：外部振动源→地基基础→主体结构→精密设备→内部振动源→主体结构→精密设备。

为避开外部振动源，电子工业洁净室的建设，应考虑选择在远离机场、铁路、公路干线的地段，该地段四周没有机械、纺织等有大型振动设备的工厂。单独建设的动力厂房与洁净厂房之间应留有足够距离。表 9-5 列出了防振距离供参考。

表 9-5 **场地环境防振距离** （据俞渭雄）

精密设备的允许振动值/(mm/s)		0.003	0.006	0.012	0.025
铁路干线/m		1700	1300	1000	650
公路干线/m	刚性路面	950	600	360	180
	柔性路面	800	500	270	120

外部振动源具有离散性和随机性，当无法避开时，可在设计中提高地基基础和主体结构的刚度来抵抗这类随机振动。

内部振动源如工艺设备和动力设备产生的振动，通常是周期性的，可以采取针对振源的主动隔振措施。

不论外部振源还是内部振源的振动，都要通过基础、梁、板等传递到设备的安装地点，都可以采用被动隔振隔除传递到设备安装地点的振动。

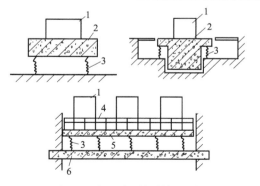

图 9-2 支承式隔振结构示意
1—工艺设备；2—隔振台座；3—隔振器；
4—格栅地板；5—地板（楼板）；6—支承结构

图 9-2 是对设备（包括空调净化设备）采取的被动隔振的一种措施。

二、分区

应按洁净生产、非洁净生产、辅助生产、动力系统和办公生活等功能在平面上合理布局。在平面上宜分区以适应不同的控制要求。

图 9-3 是常被引用的平面标准分区一例，表 9-6 是对分区的说明。

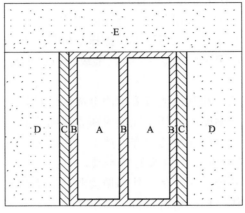

图 9-3 平面标准分区

表 9-6 电子工业平面分区

分区符号	名 称	功 能	特 点
A	前工序生产区	环境要求最高的保证区	对各环境参数均有极高要求
B	洁净辅助区	对人、物提供通道，并进行控制管理	含工艺走廊、维修走廊、人物进出口，环境要求低于 A 区
C	隔离缓冲区	是为保证 A、B 区功能的缓冲地带	兼作各种供应管道（空调净化回风、新风、纯水、离子软化水、高纯气体、溶剂等工业管道和供电、照明、控制等管线）和排放管道（废气、排风、废水、废液等）通过的竖井和管廊，与回风静压箱相通
D	动力服务区	提供合格的空气、水、气体和化学试剂的动力站房	不仅是动力站房，也是排风机房、处理和排放（废气、废水）站房
E	办公区	管理中心	包括人身净化用房

ISO 14644-4 标准给出了微电子洁净室的平面分区，分为工作区、公用设施区和服务区，其功能如下。

（1）工作区 是由人或自动处理设备对晶片或管芯进行加工的区域。保护工作区内产品最通用的方法是单向流，更趋向于利用屏障技术的微环境把人与暴露的产品隔离开。屏障有物理的和气流的两种。洁净度 2 级（ISO）的工序应这样做。

（2）公用设施区　通常是放置晶片加工设备而无操作人员的接口部分。一般要求与其相对应的工作区相邻。

（3）服务区　既无产品又无加工设备的区，靠近工作区和公共设施区。

ISO 将上述三区与空气洁净度级别（ISO）挂钩，举例如下：

光刻、半导体加工区	适用 2 级
工作区、半导体加工区	适用 3 级
工作区、多层掩膜加工、磁盘制造、半导体服务区、公用设施区	适用 4～5 级
公用设施区、多层加工区、半导体服务区	适用 6 级
服务区、表面处理	适用 7 级
服务区	适用 8 级

可见最高级别用到 2 级，但在实践中，最高级别用到 1 级。

图 9-4 所示是垂直分区一例，表 9-7 是其说明。

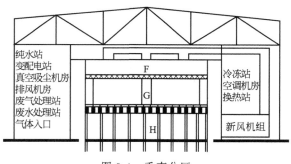

图 9-4　垂直分区

表 9-7　电子工业洁净室垂直分区

分区符号	名　称	功　能	特　点
F	上技术层	送风静压箱和设备管道夹层	静压箱是密封性好的箱体，正压，其下是高效过滤器及吊顶系统
G	工作层	洁净生产区	可用高效过滤器和盲板数量调整洁净度
H	下技术层	回风静压箱兼布置部分设备及管道	地板一般由两层组成，为防微振，该层应有独立基础

第四节　对水气电的要求

电子工业洁净室除有一般给排水要求外，还有纯水要求。我国电子级的纯水技术指标列于表 9-8 中。

表 9-8 中国电子级纯水的技术指标（GB/T 11446.1—2013）

指标	EW-1	EW-2	EW-3	EW-4
电阻率(25℃)/(MΩ·cm)	18 以上(95％时间) 不低于 17	18 以上(95％时间) 不低于 13	12.0	0.5
全硅(最大值)/(μg/L)	2	10	50	1000
细菌个数(最大值)/(个/mL)	0.01	0.1	10	100
>1μm 微粒数(最大值)/(μg/L)	0.1	5	10	300
铜(最大值)/(μg/L)	0.01	1	2	500
锌(最大值)/(μg/L)	0.2	1	5	500
镍(最大值)/(μg/L)	0.1	1	2	500
钠(最大值)/(μg/L)	0.5	2	5	1000
钾(最大值)/(μg/L)	0.5	2	5	500
氯(最大值)/(μg/L)	1	1	10	1000
硝酸根(最大值)/(μg/L)	1	1	5	500
磷酸根(最大值)/(μg/L)	1	1	5	500
硫酸根(最大值)/(μg/L)	1	1	5	500
总有机碳(最大值)/(μg/L)	20	100	200	1000

美国 ASTM 于 1999 年颁布了更详尽、更严格的超大规模集成电路用水标准，见表 9-9。

表 9-9 ASTM D5127（1999）对电子半导体工业用水要求

参 数	E-1	E-11	E-12	E-2	E-3	E-4
线宽/μm	1.0～1.5	0.5～0.25	0.25～0.18	5.0～1.0	>0.5	—
电阻率(25℃)/(MΩ·cm)	18.2	18.2	18.2	17.5	12	0.5
内毒素/(EU/mL)	0.03	0.03	0.03	0.25	—	—
总有机碳/(μg/L)	5	2	1	50	300	1000
溶解氧/(μg/L)	1	1	1	—	—	—
蒸发残渣/(μg/L)	1	0.5	0.1	—	—	—
微粒(空间环境检测仪检测)/(粒/L)						
0.1～0.2μm	1000	1000	200	—	—	—
0.2～0.5μm	500	500	100	3000	—	—
0.5～1μm	50	50	1	—	10000	—
10μm	—	—	—	—	—	100000
微粒(在线检测仪检测)/(粒/L)						
0.05～0.1μm	500	500	100	—	—	—
0.1～0.2μm	300	300	50	—	—	—
0.2～0.3μm	50	50	20	—	—	—
0.3～0.5μm	20	20	10	—	—	—
>0.5μm	4	4	1	—	—	—
细菌/(个/100mL)	1	1	1	—	—	—
细菌/(个/1L)	1	1	0.1	10	10000	100000
全硅/(μg/L)	3	0.5	0.5	10	50	1000
溶解性硅/(μg/L)	1	0.1	0.05	—	—	—

续表

参　数	E-1	E-11	E-12	E-2	E-3	E-4
离子和金属/(μg/L)						
铵（NH_4^+）	0.1	0.1	0.05	—	—	—
溴（Br）	0.1	0.05	0.02	—	—	—
氯（Cl）	0.1	0.05	0.02	1	10	1000
氟（F）	0.1	0.05	0.03	—	—	—
硝酸根（NO_3^-）	0.1	0.05	0.02	1	5	500
亚硝酸根（NO_2^-）	0.1	0.05	0.02	—	—	—
磷酸根（PO_4^{3-}）	0.1	0.05	0.02	1	5	500
硫酸根（SO_4^{2-}）	0.05	0.05	0.02	1	5	500
铝（Al）	0.05	0.02	0.02	—	—	—
钡（Ba）	0.05	0.02	0.02	—	—	—
硼（B）	0.05	0.02	0.005	—	—	—
钙（Ca）	0.05	0.02	0.002	—	—	—
铬（Cr）	0.05	0.02	0.002	—	—	—
铜（Cu）	0.05	0.02	0.002	1	2	500
铁（Fe）	0.05	0.05	0.002	—	—	—
铅（Pb）	0.05	0.05	0.005	—	—	—
锂（Li）	0.05	0.03	0.003	—	—	—
镁（Mg）	0.05	0.02	0.002	—	—	—
锰（Mn）	0.05	0.02	0.002	—	—	—
镍（Ni）	0.05	0.02	0.002	1	2	500
钾（K）	0.05	0.05	0.005	2	5	500
钠（Na）	0.05	0.05	0.005	1	5	1000
锶（Sr）	0.05	0.01	0.001	—	—	—
锌（Zn）	0.05	0.02	0.002	1	5	500

由表 9-8、表 9-9 可见，水质中对微生物的量也有很严的要求，从第五章了解到，作为微粒的细菌对集成电路的危害是不容忽视的。

硅是以有机物和化合物的形式在硅片上留下痕迹的。金属的影响将降低产品寿命。

洁净度级别（ISO）在高于 6 级（不含）时，室内不应设地漏，6 级室内必须设地漏时，应采用洁净专用地漏，7 级及其以上洁净室不宜设排水沟，如必须设时，应在进入室外管网处设水封，此类等级洁净室也不允许排水立管在室内穿过。

电子工业洁净室纯水供应一般采用单管式循环系统，当对水质要求十分严格时，应采用双管式循环系统（例如单晶硅圆片的生产）。

纯水管材质可以在以下几种材质中选择：

低碳优质不锈钢管（304、304L、316、316L）、聚氯乙烯管、聚丙烯管、丙烯腈-丁二烯-苯乙烯管、聚偏二氟乙烯管。

电子工业洁净室常大量使用氢气、氧气、氮气、氩气和氦气等，也使用一些特殊气体，如硅烷等有毒和有爆炸危险的气体。对这些气体的一些技术要求如表 9-10 所列。

表 9-10　半导体用部分气体的技术指标

项目		H₂	O₂	N₂	Ar	He	SiH₄	PH₃
纯度/%		99.9999	99.9999	99.999	99.9995	99.9999	99.995	99.99
杂质含量/10⁻⁹	O₂	10	—	43	200	100	—	4×10^{-3}
	CO	10	10	—	200	50	0.1×10^{-6}	10^{-2}
	CO₂	10	10	—	200	—	0.1×10^{-6}	10^{-2}
	H₂O	90	90	500	500	500	1×10^{-6}	2×10^{-3}
微粒/(个/m³)		10 (0.1μm)	10 (0.1μm)	10 (0.3μm)	商定	商定	商定	商定

（表头注：纯度/%；杂质含量/10^{-9}；微粒/(个/m^3)）

设有氢气等可燃气体管道的场所，列入甲类火灾危险区。氢气、氧气管道的末端或最高点应设高于屋面最高处 1m 以上的放散管。日用量不超过 1 瓶时，气瓶可放在洁净室内。

特种气体存放量不得超过 1d 的用量。可燃和有毒的特种气体瓶应设在通风柜中，不间断通风。硅烷或硅烷混合物只能单瓶存放于气柜中。

气体管道中的气体露点低于 −60℃时，管道内壁应抛光。

电子工业洁净室的生产区、技术夹层、机房、站房等处均应设火灾探测器，在空调净化系统与新风混合前的回风管道中设置早期火灾探测器。

电子工厂洁净用房用电等级和供配电要求除考虑生产工艺外，应遵循国标《供配电系统设计规范》（GB 50052—2009）的规定，这里不再说明。

第五节　空调净化系统

一、电子工业洁净室空调净化系统主要形式

电子工业洁净室空调净化系统主要有以下几种形式：

① 垂直单向流集中送风方式；

② 风机过滤器单元送风方式；

③ 隧道送风方式；

④ 非单向流送风加层流罩送风方式；

⑤ 微环境方式。

以上 5 种送风方式比较见表 9-11。

表 9-11　送风方式比较

方式	主要特点
垂直单向流集中送风	活动区与生产区同处一室,面积可很大,活动自由,灵活性大;正压顶棚,不利于密封
风机过滤器单元送风	同垂直单向流集中送风,但噪声大,耗能较多,不利于维修;负压顶棚,有利于密封
隧道送风	活动区与生产区分开,有利于控制污染
非单向流加层流罩送风	局部操作区可实现较高洁净度(ISO 5 级),自由度差,噪声大
微环境	生产区彻底被隔离,机械手操作,容易实现其他方式难实现的高洁净度(ISO 1~3 级)

二、垂直单向流集中送风方式

集中送风方式是一种经典的方式。集中送风方式就是将多台空调净化机组集中设置在空调机房内。空调机房可位于洁净室的侧面,也可位于洁净室的顶层。垂直单向流集中送风方式可适用于大面积和洁净度级别高的洁净室。

图 9-5~图 9-7 是高级别电子工业洁净室应用垂直单向流集中送风的几种形式。

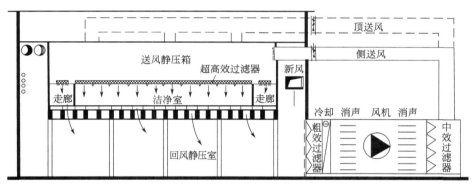

图 9-5　集中送风方式之一（空调器在侧面，离心风机送风）（据张利群）

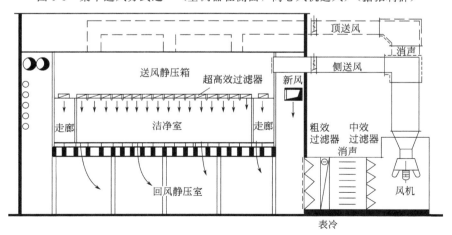

图 9-6　集中送风方式之二（空调器在侧面，轴流风机送风）

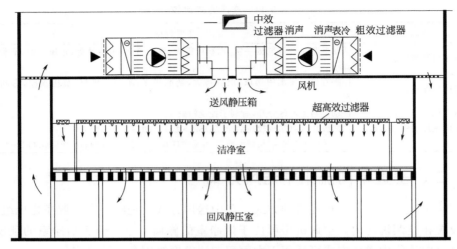

图 9-7　集中送风方式之三（空调器在顶部，离心风机送风）

由图 9-5～图 9-7 可见，垂直单向流集中送风方式的洁净室空间包括活动地板以下的下技术层、工作层和上技术层。

① 如果面积不大，级别不高于 5 级（ISO），下技术层即为不高的回风层，室内空气通过格栅地板经过中效过滤器回风，这是在第四章讲过的典型垂直单向流洁净室。如果洁净室面积大，洁净度要求高，要求送风均匀，也就是要求回风静压箱内气流分布均匀，该层就要有高的层高。

该层的回风地板系统一般由两层组成，一层是铝合金抗静电格栅活动地板，用 250～300mm 的支架架设在开孔模数为 600mm、厚 500～1000mm 的钢筋混凝土现浇刚性地板上，见图 9-8。该刚性混凝土地板有独立基础，直接坐落在基岩上。

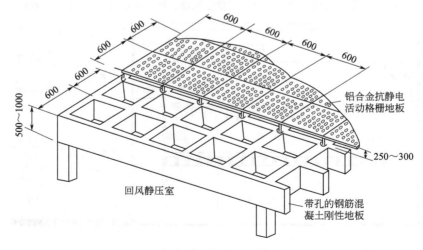

图 9-8　回风地板系统

② 中间的工作层即是生产层，是洁净室的主体。

③ 吊顶以上的上技术层是设备管道夹层，由于有设备，所以吊顶为硬吊顶。

以上三层应视作一个洁净室（区）空间。

从以上各图可见，该方式不仅有技术夹层，也有技术夹道。这样可以满足风管和各种动力管线安装、维护要求。当穿越楼层的竖向管线需暗敷时，宜设置技术竖井，其形式、尺寸和构造应满足风管、管线的安装、抢修和人防要求。

三、风机过滤器单元送风方式

风机过滤器单元送风方式也是集中送风，在最近若干年获得大力推广。该方式灵活性更大。

这种送风方式将新风与回风的混合风由单元机组送到洁净室，再从回风静压室经两侧夹道回至送风静压箱与新风混合，见图 9-9。风机过滤器单元（FFU）安装形式见图 9-10。

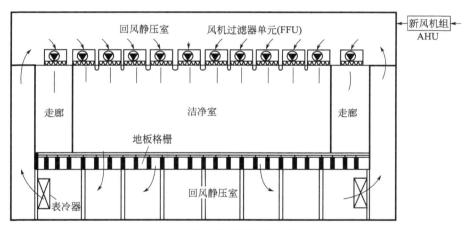

图 9-9　风机过滤器单元送风方式

这种方式由于不需要大的空调机房，送风静压箱内的空气处于被风机过滤器单元中的风机抽吸的状态，所以箱内呈负压，因此有利于防止过滤器边框的泄漏。但是单元台数太多，一台一个电机，发热量全散在顶棚中，给制冷带来过大的负荷。台数多，叠加噪声大，不便于维修。

如果车间跨度很大，新风口开在一侧或两侧不足以使处理过的新风较均匀地分配到每个 FFU，回风也有这种现象，此时可能需要设必要的新风管道，进入纵深。

当风机过滤器单元满布时，其外壳强度应满足上人要求。

由于风机过滤器单元只负责空气循环及其净化处理，不能处理循环风的热负荷（湿负荷由新风兼管），所以必须在循环通路上如夹墙内设冷却装置。为防潮

图 9-10 正在安装的 FFU

湿滋生细菌，此冷却装置应为干表冷器，其进水温度应高于洁净室露点温度，其迎面风速不能太大，要使产生的阻力可为风机过滤器单元的风机余压所克服。为防还有一些凝结水产生，必须考虑适当的排水措施。

当不能在夹墙或下技术层安装干表冷器时，也有使部分回风回到大机组的做法，见后面举例。但这样机组容量要加大，多了风管，削弱了 FFU 的优势。

四、隧道送风方式

1. 形式

隧道式洁净室是由洁净工作台逐渐发展改进而来的，图 9-11（a）即代表最初的方案。图中画面是垂直于图面方向长如隧道的洁净空间的一个横截面。图 9-11（b）是这种方案的一个透视。但是这和在现场把洁净工作台连起来的洁净隧道又不同，由于有空调送风并可调节其与净化送风的比例，故可实现隧道内的温度调节。由于室内排气要穿过工作台循环，所以保持 4 级（ISO）有一定困难。

图 9-12、图 9-13 是将工作台隧道置于全面回风的洁净室内，虽然上述问题得到一定解决，但可以看到隧道的回风是参与全室回风的，则前述由于回风速度不均匀而产生的偏流等影响将发生，当然还有不经济以及一些使用上的问题，所以隧道内保持洁净度级别也不容易。

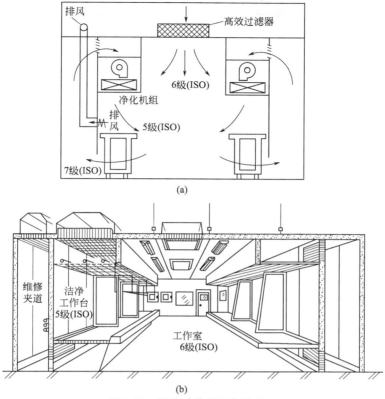

(a)

(b)

图 9-11　隧道式洁净室方案之一

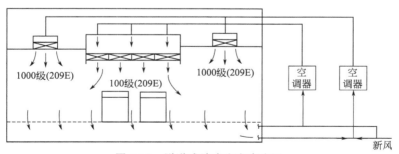

图 9-12　隧道式洁净室方案之二

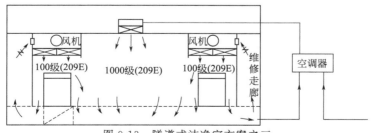

图 9-13　隧道式洁净室方案之三

为了改善回风穿过工作台和共用回风道的情况，提出了如图 9-14、图 9-15 所示的方案，即将工作台隧道置于乱流洁净室中，而回风口在乱流洁净室中央。两方案的差别是在空调方案上，前者隧道内对空调要求高。

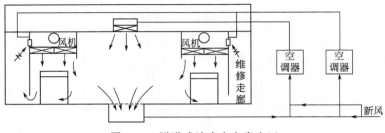

图 9-14　隧道式洁净室方案之四

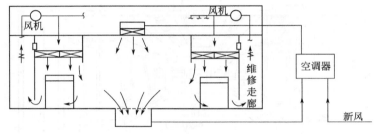

图 9-15　隧道式洁净室方案之五

图 9-16、图 9-17 是把回风口改在操作区边上，使气流的再循环在隧道单元都能进行，图 9-17 所示方案的调节性更好。

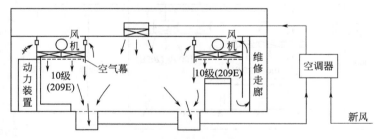

图 9-16　隧道式洁净室方案之六

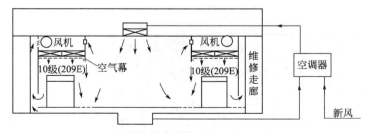

图 9-17　隧道式洁净室方案之七

　　如果我们把隧道单元放大来看，在全部地面回风、全部墙壁回风和地面墙壁都回风这三种方案中，以最后一种带给操作区的污染最小，见图9-18。

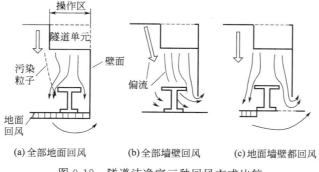

图 9-18　隧道洁净室三种回风方式比较

2. 平面

隧道式送风方式有直列式（见图9-19）和并列式（见图9-20）。

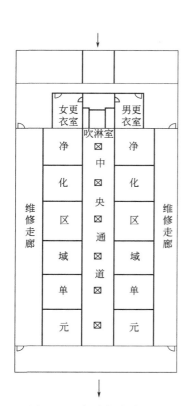

图 9-19　直列式隧道送风

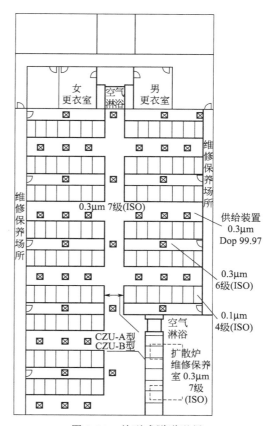

图 9-20　并列式隧道送风

　　隧道式送风方式把洁净室分为生产区、操作区和维护区。位于隧道内的生产区对洁净度和温湿度要求最高。操作区是人活动的区域，要求低于生产区。维护区内有工艺设备暴露的后面部分，排风、上下水、气体以及电气管道。生产区和操作区作为送风区，维护区则为回风区。由于隧道式送风由多个小循环系统组成，某台循环机组发生故障不致影响全局，而且各循环小区可分区控制温湿度。由于隧道格局既定，工艺变化后改造难度大。

　　表 9-12 是隧道式洁净室与全室式洁净室的比较。

表 9-12　隧道式洁净室与全室式洁净室的比较

比较内容	全室式洁净室	隧道式洁净室
洁净度	无操作时，室内各处可达到最高洁净度级别 有操作时，洁净度级别将随设备布置密度、人员密度而变化。如果设备过于拥挤，将在其中引起涡流，在其表面引起逆流，促使粒子的再飞扬	无操作时，在净化区域单元内可直接获得最高洁净度级别 有操作时，乱流区域的走道虽然已受到污染，但可用调整各进出口气流和改变挡板的位置等方法有效地防止污染侵入单元，所以操作期间也可保持单元的最高洁净度
适应性	设备的更换、布置改变和管线连接等均比较自由 工艺设备的小规模改变可迅速实现，大规模改变则要影响全室，需要停产。例如由于生产变更需设置放热量大的生产线时，空调设备也要随之全面更换	工艺设备更换受单元尺寸的限制，由于有维修通道，管线连接自由 只需将专用的空调装置设置于单元后的维修通道内，就可以简单地应付生产的迅速变更。总之，设置和更换专用单元（空调单元、加热单元、排毒单元等）就可以适应生产变化而不牵动全室
操作与维护	无隔墙，有较大的自由度 在顶棚上工作要影响全室，必须停产。维修操作发尘量大时，对邻近操作有影响，使附近洁净度下降	操作自由与否取决于人员移动、物料运输的时间安排 由于每一单元间有隔断，或者在相邻单元之间可以垂下维修用的帘幕，因此不论是顶棚还是邻接单元处于运动状态时，都不妨碍各种维修保养工作的进行，不会使邻接单元洁净度下降
运用灵活性	不管室内工艺设备是否全部运行，整个洁净室都需运行	随时可停止一个或几个净化区域单元的运行
运行费用	与隧道式洁净室相比，单向流洁净室与全使用面积之比大，这将导致循环风量加大，从而提高风机能耗。由于全室单向流需日夜保持，使运行费用更高	单向流是在净化区域内部，因而风机能耗小，又由于每个单元可单独启动、调整和停止，所以运行费用可进一步降低
化学气味和腐蚀性	由于设有隔墙而又有湿法工艺存在，带气味和腐蚀性的气体有影响室内其他设备的危险	每个工序可被隔离在自己的单元内，单元内的空气压力可调节，但有味气体不窜入别的单元
振动和承载能力	由于一般为隔栅地面，地面材料必须据荷载情况加以考虑，有振动问题	大部分地面为混凝土材料，没有安装设备方面的问题，如果需要，可建立独立于建筑物的单独基础，所以振动问题好解决
施工期	长	由于净化区域单元可现场安装，施工期短
初投资	大	中等

五、非单向流送风加局部层流罩送风方式

层流罩是一种局部净化设备，在第八章已经介绍过。将层流罩安在非单向流洁净室的局部，或形成一小区，或形成一条带，就建立了局部 5 级（ISO）环境，如图 9-21 所示。

图 9-22 所示为多台层流罩并列构成一个较大的洁净空间。

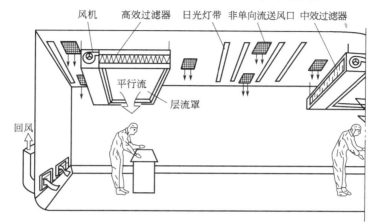

图 9-21　非单向流加层流罩

图 9-22　多台层流罩构成的洁净空间

这也是一种集中送风方式，但是在面积不大的一般洁净室中应用这一方式并不是很合适的方法，主要因为：

① 风机在操作者头上，噪声大，难降低，最大可达 70dB（A）。

② 上送上回，而且送、回风口紧挨一处，更易气流短路，见图 9-23。

改进办法是：a. 另安室内回风口，见图 9-24。

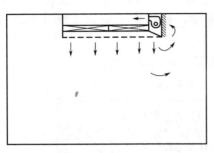

图 9-23　层流罩的送、回风口

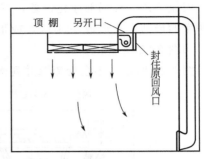

图 9-24　改层流罩回风口为室内回风口

b. 在层流罩周边加垂帘，非单向流加层流罩也可设计成分散送风方式，见图 9-25。

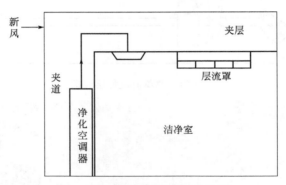

图 9-25　用层流罩的分散式送风

六、微环境方式

1. 概念

微环境是大空间中一块与污染源隔离开来的局部小区域。它包括形成这个环境的环绕一个工艺设备的严密的、超洁净的围挡结构，一个存放硅晶片的容器（SMIF 容器），一个机械手系统（SMIF 手臂系统）。

微环境产生的背景是：由于集成电路的集成度越来越高，对环境的要求越来越严，费用越来越大，而且由于没有能最大限度地消除人在芯片的加工和清洗过程中的污染，因此即使生产环境很好，也不一定能生产出合格产品。

在生产工艺中，最终需要有单个硅晶片的装卸，通常是操作人员用特殊设计的镊子夹住晶片的边缘，或者借助真空棒产生的吸力，从硅晶片的背面拿起或吸起来。在这一过程中来自人、镊子或真空棒的直接粒子污染或非粒子污染是存在的，见表9-13。

表9-13　从进行各种活动的人员身上产生的微粒

项　　目	超过环境级别粒子的倍数（粒子0.2～50μm）	项　　目	超过环境级别粒子的倍数（粒子0.2～50μm）
人员活动		不穿鞋套在地板上跺脚	10～50
4～5人聚集在一个位置	1.5～3	穿鞋套在地板上跺脚	11.5～3
正常散步	1.2～2	从衣袋中掏手帕	3
静坐	1～1.2	源于人员本身	
双手在层流工作台内	1.01	正常呼吸	无
层流工作台——无活动	无	吸烟人员在吸烟后20min内的呼吸	2～5
人员保护用工作服（合成纤维）		打喷嚏	5～20
均匀摩擦衣袖	1.5～3	手、脸皮肤摩擦	1～2

　　1984年微环境模型在美国出现，目的是把生产、加工芯片的部位用高洁净的微环境封闭起来，与操作人员彻底隔开。SMIF系统有一个小型密闭容器，用于储存和输送芯片盒。这些容器穿过专门设计的门在容器与设备之间输送芯片盒。设备周围的环境用密闭罩来隔离，这就使其成为无微粒的环境。

　　每个容器上都装有一个特殊设计的"门"，每台设备周围的每个密闭罩上有配套的门和"口"。两个门同时打开，则任何一个门的外表面上可能存在的微粒都被捕集在两门之间的空间中。

　　图9-26所示是将硅晶片从一个微环境传输到另一个微环境的片盒。

　　该盒除了可增加自动化的操作外，同时也可将高纯氮气通入芯片盒，以降低湿度与氧气浓度，形成一个可严格控制的硅晶片储存环境。

　　包括硅晶片盒的微环境本身的组成示意图见图9-27。

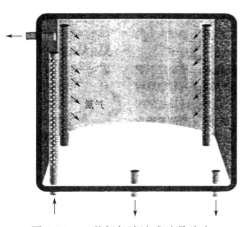

图9-26　一种氮气清洗式硅晶片盒

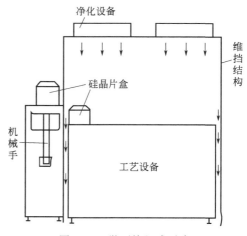

图9-27　微环境组成示意

2. 效果

微环境中加工产品之所以能极大地减少污染，关键在最大限度地减少了人的接触。国外做的实验很能说明问题，实验在 5 种不同条件下进行，见图 9-28（图中级别为 209E 级别）。

实验 1：微环境系统与一般的加工设备共同置于 $0.5\mu m$ 10 级环境中。

实验 2：仅密封洁净加工设备置于 10 级环境中，其余加工设备置于 1000 级（相当于 ISO 6 级）环境中。

实验 3：同实验 2，仅环境改为 20000 级。

实验 4：不采用微环境系统，全部加工设备均置于 10 级环境中，用标准容器传送片盒，人工装卸片盒。

实验 5：同实验 4，但用开式容器传送片盒。

在 10 级环境中测定 $\phi150mm$ 硅单晶片上的本底微粒数，粒径分别为 $0.22\mu m$、$0.48\mu m$、$1.09\mu m$、$2.95\mu m$。

再把片盒装入特殊容器中或者普通传送盒中，在不同环境中，将这些晶片运送到 30m 远的模拟加工设备站。用机械手或手工完成装卸片盒的工作，再停留 1min，再次测定晶片表面上增加的微粒数，这就构成了一次循环。测定结果见图 9-29。对于以上每种条件的实验，这样的循环都要重复进行 100 次，以弄清楚

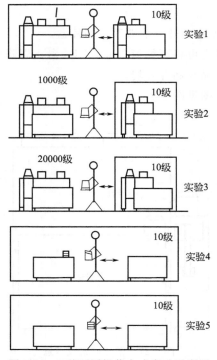

图 9-28 5 种不同操作方式实验示意图

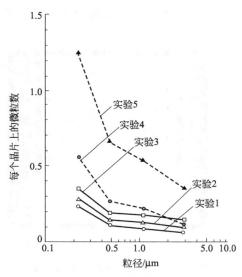

图 9-29 晶片上沉积的微粒数

微粒逐渐增加的速率和数据重复性水平。

从测定结果可见：

① 凡是采用微环境系统的实验 1、2、3 所测得的微粒数相差不大而且都很少，但其环境级别分别为 10、1000、20000，相差悬殊，这表明微环境系统对控制污染有较大作用。

② 实验 4、5 结果表明，虽然都处在很洁净的环境中（10 级），但因不用微环境，或用开式容器传送片盒，对晶片造成严重污染。

③ 无限制地提高环境洁净度级别难以做到，而对局部采用微环境洁净技术，能收到极大的效果。

3. 配置

图 9-30 所示是配置 SMIF 系统的车间透视图，图 9-31 是 SMIF 车间平面示意。

图 9-30　美国某公司配置 SMIF 系统车间透视

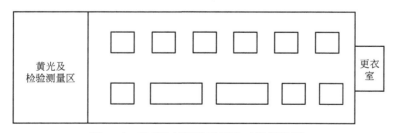

图 9-31　SMIF 车间平面示意（据颜登通）

SMIF 围挡结构由自净器、结构框架和透明面板组成，自净器提供垂直单向流。

洁净车间中的微环境配置示意见图 9-32。

图 9-33（图中级别为 209E 级别）是美国 VTC 公司配置 SMIF 系统的洁净

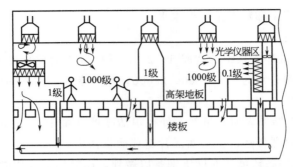

图 9-32　洁净车间中微环境配置示意（各级别为美国 209E 标准）（据颜登通）

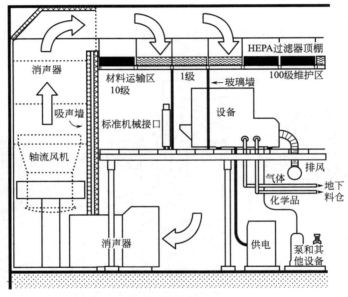

图 9-33　美国 VTC 公司的洁净车间剖面

车间剖面，图中级别的控制粒径均为 $0.5\mu m$。从图中可见对于消声采用了前后两道消声器，还加了吸声墙。

4. 比较

微环境系统与传统洁净室的比较见表 9-14、表 9-15。

但是，微环境方式的机械手和自动传输设备毕竟较复杂，维护要求也高，实施起来还有很大难度，我国目前尚未广泛采用。

微环境系统与隧道方式比较见表 9-16。

应用微环境系统后半导体器件成品率明显提高。我国台湾半导体制造公司（TSMC）的 FABⅠ生产线采用了隧道式系统，而 FABⅡ生产线采用了微环境系统，在生产相同产品情况下，后者的成品率比前者提高较多，见表 9-17。经济比较见表 9-18。

表 9-14　传统洁净室与微环境空调特性比较（据胡雨燕）

项目		传统1级(209E)洁净室	传统万级(209E)中的微环境	项目		传统1级(209E)洁净室	传统万级(209E)中的微环境
过滤器与风机	总风量/(ft³/min)	3246048	890300	冷负荷/冷吨	办公室	50	50
	过滤器/个	4508	1237		生产线	1477	894
	循环风机/个	32	9		工艺用冷却水	172	172
	正压渗透风量/(ft³/min)	19100	19100		总量	1699	1699
排风	一般排风量/(ft³/min)	40000	40000		冷水机组	6	4
	酸/(ft³/min)	11700	11700		空调箱	12	6
	碱/(ft³/min)	23000	23000	热负荷/冷吨	办公室	978	978
	溶剂/(ft³/min)	6200	6200		生产线	8547	8547
	总排风量/(ft³/min)	80900	80900		工艺用冷却水	450	450
	新风总量/(ft³/min)	100000	100000		总量	3141	3141
					冷水机组	13115	13115
					空调箱	2855	2855

注：1. 1ft³＝0.0283168m³。

　　2. 冷吨的换算见表17-7。

表 9-15　传统洁净室与微环境的能耗比较

项目	传统1级(209E)洁净室	传统万级(209E)中的微环境	项目	传统1级(209E)洁净室	传统万级(209E)中的微环境
总风量/(ft³/min)	3246.048	890300	空调通风系统总耗能/kW	3754	762
风机发热/(Btu/h)	8326100	1689566	空调通风系统年度耗能/(kW·h)	32885506	6673250
风机冷负荷/冷吨	694	141	空调通风系统年度开销/美元	322548	65453
空调系统耗能/kW	833	169	其余系统年度开销/美元	801749	162644
风机耗能/kW	2921	583	厂房年度用电费用总和/美元	1124297	228147

注：Btu/h 的换算见表17-7。

表 9-16　隧道方式和微环境方式的比较（10000m² 生产车间）（据张利群）

项目	隧道	微环境	项目	隧道	微环境
空调器数量/台	170	78	洁净室墙面长度/m	1900	600
超高效过滤器数量/只	6600	3000	电量/kW	4100	1900
净化送风量/(m³/h)	7700000	2200000	回风口面积/m³	650	350
冷量/kW	15500	13000			

表 9-17　微环境系统成品率的提高（据胡雨燕）

产品	名称	芯片尺寸/mm	芯片面积/mm²	成品提高率/%	产品	名称	芯片尺寸/mm	芯片面积/mm²	成品提高率/%
A	存储器	3.8×4.6	17.48	5.19	F	ASIC	6.1×3.2	19.52	9.58
B	存储器	3.0×7.3	21.90	31.66	G	ASIC	6.6×5.7	37.62	2.05
C	存储器	7.5×5.2	39.00	20.53	H	ASIC	5.8×6.7	38.80	7.00
D	存储器	7.5×8.5	63.97	19.89	I	ASIC	7.1×7.3	51.83	0.31
E	存储器	11.0×7.5	82.50	15.02	J	ASIC	8.7×8.1	70.47	4.51

表 9-18 隧道方式和微环境方式的经济比较（10000m² 生产车间）（据张利群）

项 目	微环境方式比隧道方式省/（美元/m²）	项 目	微环境方式比隧道方式省/（美元/m²）	项 目	微环境方式比隧道方式省/（美元/m²）
厂房建设费	300	冷冻系统	130	投资总节省	1400
洁净室系统	800	供电系统	170	运行费节省	200 美元/（年·m²）

七、实例分析

1. 薄膜晶体管液晶显示器（TFT-LCD）生产车间（设计人林东安）

图 9-34 所示为该生产车间平面区划，图 9-35 所示为竖向区划。本例中洁净度级别采用 ISO 级别。

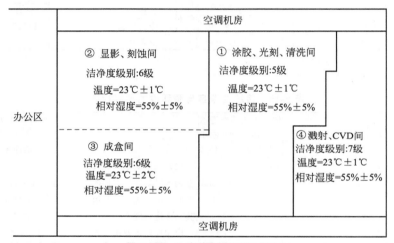

图 9-34 生产车间平面区划

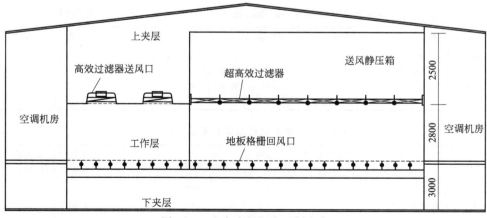

图 9-35 生产车间竖向区划方案

① 方案 1。图 9-36 是方案 1 的系统布置剖面。

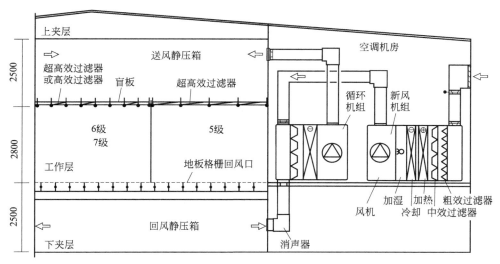

图 9-36　系统布置方案 1

空气处理及送回风过程如下：

新风 → 新风处理机组（温、湿度处理，粗效、中效过滤器）→ 循环机组（限于 6、7 级温度处理，中效过滤器）→ 送风管 → 送风静压箱（上技术层）→

回风静压箱（下技术层）← 满布地板格栅回风口（5 级开孔率 40%，6、7 级开孔率 20%）← 室内回风

② 方案 2。主要解决方案 1 的 6、7 级区大面积过滤器液槽密封系统的投资大、施工复杂问题。图 9-37 所示是方案 2 的系统布置剖面。

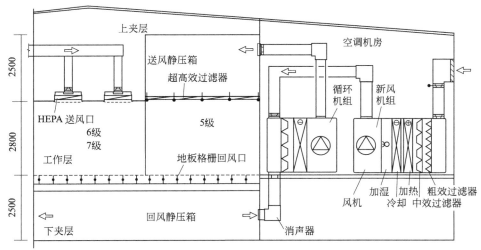

图 9-37　系统布置方案 2

空气处理及送回风过程如下：

新风→ 新风处理机组（温、湿度处理，粗效、中效过滤器）→ 循环机组（温度处理，中效过滤器）→ 送风管（限于6、7级）→

↑

回风静压箱　满布地板格栅回风口
（下技术层）　（6、7级开孔率20%）←

↑

室内回风

③ 方案3。主要解决方案2的5级区大面积液槽系统的高投资，以及安装、维修不便和工艺调整难的问题。图9-38所示是方案3的系统布置剖面。

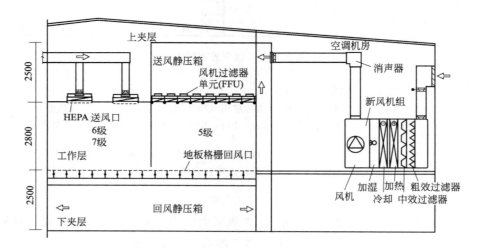

图 9-38　系统布置方案 3

空气处理器送回风过程如下：

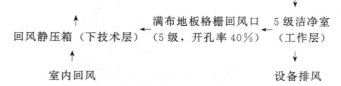

新风→ 新风处理机组（温、湿度处理，粗效、中效过滤器）→ 送风静压箱（限于5级）→ 风机过滤器单元（FFU）

↓

回风静压箱（下技术层）　满布地板格栅回风口（5级，开孔率40%）← 5级洁净室（工作层）

↑

室内回风　　　　　　　　　　　设备排风

注意：该方案回风没有经过干表冷器，可能会使空气处理不到位。

④ 方案4。主要改善方案1、2空调循环机组较大的问题，用较小的中效过滤的净化循环机组代替。图9-39是方案4的系统布置剖面。

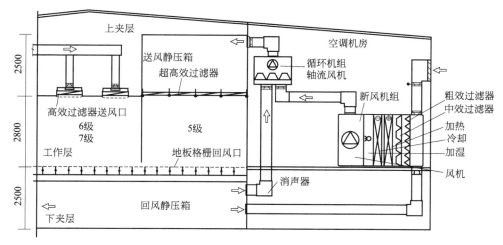

图 9-39 系统布置方案 4

空气处理及送回风过程如下：

新风→ 新风处理机组（温、湿度处理，粗效、中效过滤器）→ 循环机组（中效过滤器）→ 送风管→ 超高效过滤

部分回风←回风静压箱（下技术层）←满布地板格栅回风（6、7级开孔率 20%，5级开孔率 40%）← 洁净（工作）← 设备

⑤ 方案 5。主要解决方案 1～4 中，5～7 级共用技术层回风静压箱相互影响，尤其是对不同级别洁净室之间的压差不易调整的问题。解决办法是把送风系统及下技术层回风静压箱按不同级别隔开，使其相互独立，见图 9-40。需要补充的措施是适当增加下技术层高度，以便布置部分回风管道。

通观以上 5 种方案，设计者是进行了认真分析比较的，对其中优缺点，读者也会有自己的判断。最后设计者选择了方案 2。

2. 计算机磁头生产车间（设计人张春明）

图 9-41、图 9-42 所示分别为该车间一、二层平面。本例中洁净度级别采用 ISO 级别。

该设计方案采用 FFU 系统，但未在夹墙内设干表冷器，而是让部分回风回到大机组，部分回风被 FFU 吸纳，见图 9-43。

由于 FFU 上方有风口向下送风，有可能影响地板回风的深入均匀分布，如果大机组送风只到送风静压箱，与地板回风在入口处混合，也许有利。

该方案说明加热由装在送风管中的电热器实现。该方案需多设一台大机组，不过会削弱 FFU 的优势，但作为一个实例，此处介绍出来供参考。

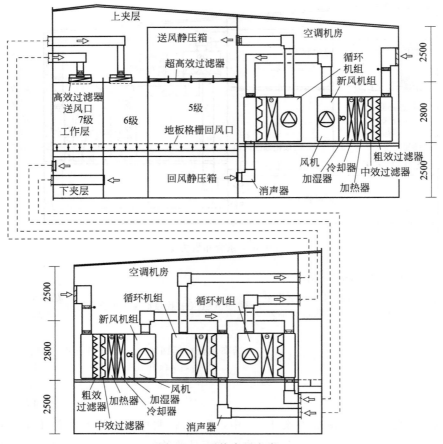

图 9-40 系统布置方案 5

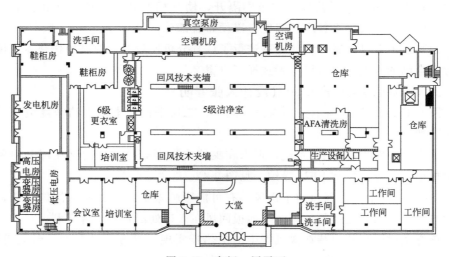

图 9-41 车间一层平面

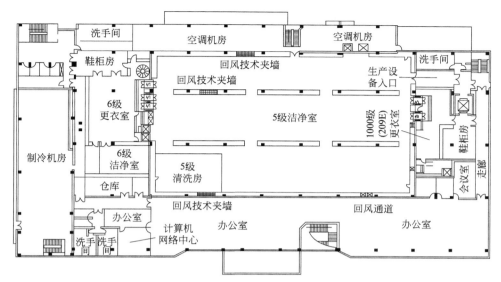

图 9-42　车间二层平面

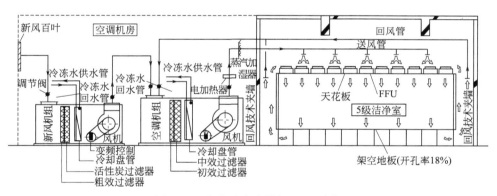

图 9-43　未设干表冷器的 FFU 系统

3. 6in 0.8μm CMOS 生产车间（设计人杨景安）

要求微环境内洁净度为 $0.1\mu m$ 1 级（209E），温度为 $22℃\pm0.1℃$，相对湿度为 $43\%\pm2\%$。其他区域为 $0.3\mu m$ 1000 级（209E），温度为 $22℃\pm0.5℃$，相对湿度为 $43\%\pm10\%$（工艺操作区外）。

过滤器由超高效过滤器（EU 16，$0.12\mu m$ 效率为 99.99995%）和 FFU 组成。

① 净化室隔墙。

形式：实心的双层板（轻质）。

材料：两面金属薄板中间带填充料或整体壁板。

处理：最后环氧涂刷（厚度 $\geqslant 50\mu m$）。

表面：光滑平整，耐碰撞，防水，容易维修，不发尘，不落尘。

② 玻璃显示窗边框。铝合金冲压成形断面，阳极氧化处理或上珐琅，配有非常干净的层压玻璃。

③ 净化室架空活动地板。

表面材料：纯正的经过滚花碾压的压铸铝合金。

承载能力：≥17000N/m²。

定义荷载：700～800N/m²。

最大不平整度：1/300板面长度。

表面电阻值：$10^{-7} \sim 10^{-5} \Omega$。

④ 硅片传输。受投资所限，采用手动系统，在微环境下手工传送、打开片盒和装取硅片。

⑤ 微环境装置形式。在吊顶安装型或地板固定型或两者混合型中选用，见图 9-44 和图 9-45。

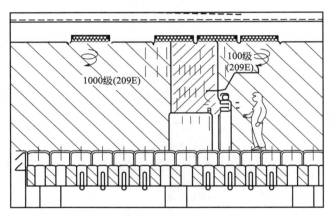

图 9-44　吊顶安装型微环境装置示意

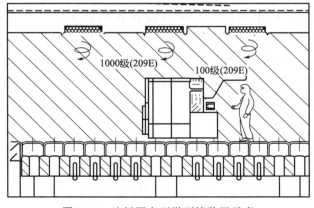

图 9-45　地板固定型微环境装置示意

第六节　有害气体排放处理

一、有害气体种类

（1）含酸类废气　主要来源于化学清洗工作中产生的挥发性气体。

（2）含碱类废气　主要来源于化学清洗工作中产生的挥发性气体。

（3）毒性废气　如含磷、硼、镓、砷以及四氯化硅等的废气，主要来源于化学气相沉积干蚀刻机、扩散、离子植入等工序。

（4）工艺尾气　如含 H_2、O_2 等工艺尾气。

（5）含有机溶剂废气等　生产过程中会使用多种有机物，如乙氧基全氟丁烷、全氟三丙基胺、全氟三丁基胺、全氟乙烷、丙二醇单甲基醚、异丙醇、乙醇、丁酮、丙酮、环己酮、乙醛等。这些有害物质一则污染外环境的大气，二则在进入空调系统后，对生产进一步造成危害，所以必须处理。

二、处理措施

对含酸、碱气体可用湿式淋洗方法处理，可直接用水，或用其他化学溶液如氨水、氢氧化钠溶液进行中和。

对含砷（如三氯化砷）、磷（如三氯化磷）等的废气，可喷进酸、碱溶液吸收，其中 50％氢氧化钠对 PCl_3 吸收效果好，但对 $AsCl_3$ 的效果不理想。对含砷化氢（AsH_3）的气体可用饱和高锰酸钾溶液喷淋吸收。对含四氯化硅（$SiCl_4$）的尾气可直接淋水进行水解。其他工艺尾气如氮气、氧气、氨气、硅烷等也可淋水吸收。

也可用加热（燃烧）兼水洗方法去除有害气体。对于未处理的或反应剩余的可燃性气体如氢气、硅甲烷，可利用加热（燃烧）方式将其高温氧化；若为有毒有腐蚀性或易爆气体，可溶于水的，利用冷水洗涤冷却。

还可用活性炭加添加剂的化学过滤器处理有害气体。也可用化学吸附方式将有害气体吸附至金属罐中，通过压力或出口浓度传感器，检测吸附剂是否饱和，定时更换吸附剂。

还可用沸石浓缩转轮加直燃式焚化系统，使废气经过一浓缩转轮浓缩，浓缩倍率可提高 10 倍，再将高浓度的有机废气送入燃烧机燃烧后排放，因此燃烧机的大小可为原来的 1/10。后段燃烧分解效率可达 99％。通过转轮机的气体速度以不超过 2m/s 最佳。此种方式由于完全燃烧而无二次污染。

三、淋水式处理

淋水式是一种传统的经典方法，利用水洗方法将可溶于水的废气及粉尘水洗清除。部件有喷嘴、水泵、加碱设备及 pH 值分析器、进出口压力敏感元件、流量敏感元件、控制监视装置等。图 9-46 是某半导体工业常用的区域性洗涤塔。表 9-19 是区域性洗涤塔的优缺点比较。

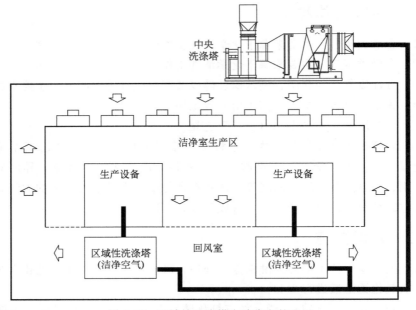

图 9-46 区域性洗涤塔在洁净室的配置

表 9-19 区域性洗涤塔之优缺点比较 （据魏振翼）

类 别	优 点	缺 点
水洗式	①用溶解吸收法，废气被有效处理 ②成本低，能源损耗少	①水气逆流至反应室或排至厂区管路 ②维修保养多
吸附式（兼含加热）	①维修保养次数少 ②能源损耗少 ③生产安全问题较少	①有废弃物处理的环保问题 ②不适用大量废气处理 ③成本高
燃烧式	①成本低，能源损耗少 ②维修保养次数少	①SiH_4 在控制机制下燃烧 ②效率不能预知
加热（燃烧）兼水洗式	①有效处理全氟碳化物 ②环境污染较小 ③适用大量废气处理	粉尘凝结或阻塞造成维修保养次数多

淋水式用来处理进风中的有害气体也是常用的方法。

由于分子态污染物（AMC）对半导体产品性能影响极大，所以对重新进入送风系统的各种有害气体要慎重防范、积极处理。

对生产超大规模集成电路的高级别洁净室，可以用二级淋水室，第一级用自来水喷淋，第二级用纯水喷淋，表 9-20 是淋水效果实测数据。

表 9-20　淋水室处理新风效果实测

项　目	处理前	处理后	项　目	处理前	处理后	项　目	处理前	处理后
B	1	0.7	Zn	1	0.4	Na	1	0.1
NO_3^-	1	0.7	Ca	1	0.1	SO_4^{2-}	1	0.1
Cl	1	0.4	Mg	1	0.1	Fe	1	0.06

四、化学过滤器处理送风和回风

化学过滤器在系统中有以下配置方案：

① 设于新风处理机组内，消除新风带入的污染；

② 设于回风空调机组内，消除生产中所产生的污染以节约新风量及其他空调负荷；

③ 与 FFU 结合控制送风气流的洁净；

④ 与微环境结合，设于生产设备近端以保证生产质量。

化学过滤器按结构可分为填充式、折叠式和蜂窝式。化学过滤器与一般纤维过滤器之比较见表 9-21。

表 9-21　化学过滤器与纤维过滤器的差异（据魏振翼）

纤维过滤器	化学过滤器
由纤维交织而成，靠粒子的动能及惯性效应拦截捕集	借由多孔性的吸附载体将气体分子吸附（吸收反应）滤除
过滤器阻力会随着滤下来粒子的数量增加而增加	滤网阻力不会随污染物的吸附量变化而变化
尘粒的拦截会让滤材变脏，可由滤材网外观判别	气态污染物吸附无法由滤网外观判别
阻力越高效率越佳	效率会随吸附物的增加而递减
已有标准及测试方法来评价滤器性能	对气体滤除性能的标准及测试程序仍在发展中
滤除效率与环境温湿度无关	滤除效率与环境温湿度及污染物浓度有关
要注意的性能包括：效率（穿透率）、阻力、寿命、价格	要注意的性能包括：气体清除效率、寿命、阻力、价格

五、化学过滤器的性能与应用

化学过滤器一般为抽屉式，抽屉内填充活性炭或高效化学吸附剂，后者可与有害气体进行氧化、中和、物理吸附等反应，以达到吸附有害气体的目的。表 9-22 所列是一种化学过滤器性能。

图 9-47 是化学过滤器应用一例。

图中化学过滤器是这样设置的：

表 9-22　一种化学过滤器技术数据（据王唯国）

项目		活性炭	活性炭	吸附剂活性炭	活性炭	高纯碳纤维			高纯碳纤维		
药品		$KMnO_4$	H_3PO_4	$CaCO_3$	—	H_3PO_4	K_2CO_3	K_2CO_3	—	H_3PO_4	K_2CO_3	K_2CO_3
处理对象		SO_x	NH_3	SO_4^{2-}	TOC	NH_3	SO_4^{2-}	SO_4^{2-}、H_2S	TOC	NH_3	SO_4^{2-}	SO_4^{2-}、H_2S
用途		处理新风,大风量,高浓度				处理循环风,大风量,低浓度				工艺设备		
过滤器	形式	抽屉式				V 式				蜂窝式		
	外框	烤漆钢板				镀锌钢板				纯化铝板		
	尺寸/mm	610×610×460 或 610×610×660				610×610×292				610×610×155		
	重量/kg	约 90		约 162		10		12		6		
风量		28ft/min		56ft/min		28ft/min		56ft/min		10ft/min		
阻力/Pa		170		170		70		140		36		
性能		$SO_2(10\sim30)\times10^{-9} \rightarrow 1.0\times10^{-9}$				$NH_3\ 5\times10^{-9} \rightarrow 1\times10^{-9}$				$NH_3\ 1\times10^{-9} \rightarrow 0.5\times10^{-9}$		
寿命		1~1.5 年				150d/300d		300d/600d		450d/900d		
后过滤器		中效				高效				高效		

注：1ft＝0.3048m。

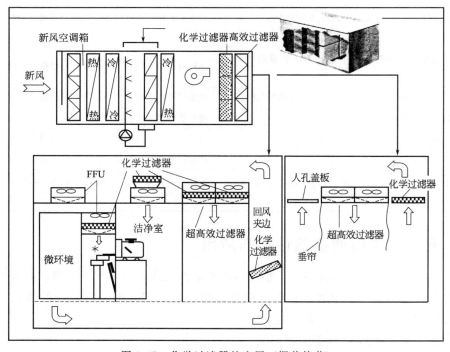

图 9-47　化学过滤器的应用（据黄倩芸）

第一种设置方式，设于新风空调箱中，如图中左上部分，为了去除由室外带入的污染。

第二种设置方式，设于循环风空调箱或其通路中，如图中左下部分的右侧，为了去除生产环境所产生的污染以节省新风量及新风负荷。

第三种设置方式，与FFU结合，设于洁净室顶棚上的送风口，如图中左下部分回风道左侧，为了控制送风气流的洁净度。

第四种设置方式，设于微环境中接近生产设备一端，如图中左下部分之最左边，为了对生产设备的关键部位就近供给洁净气流。

第十章

医院洁净用房和净化用房

为了设计好医院洁净用房和净化用房，应对医院设计总体要求有一个基本了解，以下内容就是基于《综合医院建筑设计规范》（GB 51039—2014）和《医院洁净手术部建筑技术规范》（GB 50333—2013）这方面的内容整合而成的，供大家参考。医院用房有相关国标、行标和团标，而且有修订的版本，所以具体设计时应以这些标准的现行版本为依据。

第一节　医院医疗工艺设计的一般要求

一、基础数据

我国《综合医院建筑设计规范》（GB 51039—2014），首次提出了医疗工艺设计任务，提出了医疗系统构成与功能，医疗工艺流程及相关工艺条件、技术指标、参数，医疗装备配置标准、种类、规格，医疗用房配置要求及房间条件等。现就对上百家医院多年的数据统计，举例做一扼要介绍，见表10-1、表10-2。

表 10-1　各科门诊量占总门诊量比例

科　别	占门诊总量比例/%	科　别	占门诊总量比例/%
内科	28	儿科	8
外科	25	耳鼻喉科、眼科	10
妇科	15	中医	5
产科	3	其他	6

表 10-2　各科住院床位数约占医院总床位数比例

科　别	占医院总床位数比例/%	科　别	占医院总床位数比例/%
内科	30	儿科	6
外科	25	耳鼻喉科、眼科	6
妇科	8	中医	6
产科	6	其他	7

二、相关专业系统设置

医院智能化系统、医用气源系统和呼叫对讲系统的设置见表10-3～表10-5。

表 10-3　医院智能化系统

第一层次	第二层次	第三层次
建筑设备自动化	火灾自动警报及消防联动控制系统，紧急广播及公共广播系统,建筑设备监控系统	
	安全防范系统	闭路电视监控系统 防盗报警系统 出入口管理系统、巡更系统
	停车场管理系统 IC 卡系统	
通信网络电视	综合布线系统 卫星电视及有线电视系统 电话程控交换机 计算机网络设备	
综合医疗信息管理系统	综合医疗信息管理的软件与硬件 触摸屏信息查询系统 公共显示系统 医生工作站	
医院专用系统	医用对讲系统 电子叫号系统 视频示教系统 远程医疗系统	
智能化集成系统	建筑设备管理系统（BMS）	

表 10-4　医用气源系统

气源种类	使用部位	终端配置
氧气、真空吸引、压缩空气(三气)	ICU、手术室、CCU、导管室、分娩室	每床一套
	ICU、手术室	每床(间)二套
氧气、真空吸引(二气)	各病房、静点室、血透室、抢救室	每床一套

表 10-5　呼叫对讲系统

设置部位	点-点关系	要求	设置部位	点-点关系	要求
手术部	护士站-各手术室	呼叫、对讲	各病房卫生间	护士站-各卫生间	呼叫
导管室	护士站-各导管室	呼叫、对讲	CCU、静点室、分娩室	护士站-各病房卫生间	呼叫
各护理单元	护士站-各病房床头	呼叫、对讲		护士站-各分娩室	呼叫、对讲
ICU、CCU	护士站-各病床	呼叫、对讲			

第二节　建筑设计的一般要求

医院用房对建筑设计的一般要求，见表 10-6、表 10-7。

表 10-6　对建筑的一般要求

名　称	一般要求	用房组成
门诊部	应设在靠近医院交通入口处，内部平面应使病人尽快到达就诊位置	①必须配备的用房 公共部分：门厅、挂号处、问讯室、病历室、预检分诊室、记账处、收费处、药房、候诊处、采血室、检验室、输液室、注射室、门诊办公室、厕所和为病人服务的公共设施 各科：诊查室、治疗室、护士站、值班更衣室、污洗室、杂物储藏室、卫生间（前端应采用迷宫式）等 各科酌情设置：换药处、处置室、清创室 ②可单独设置公用或利用医科技室的用房及设施：X 射线检查室、功能检查室
急诊部	应自成一区，单独出入口，其中抢救室应直通门厅，与医技部、手术部应有便捷联系	①必须配备的用房 急救部分：抢救室、抢救监护室、手术室或清创室（二级以上医院） 急诊部分：诊查室、治疗室、清创室、换药室 公共部分：接诊分诊、护士站、输液室、观察室、污洗室、杂物储藏室、值班更衣室、卫生间（前端应采用迷宫式） ②可单独设置或利用门诊部、医技科室的用房及设施：挂号室、病历室、药房、收费室、检验室、X 射线诊断室、功能检查室、手术室、重症监护室 ③输液室由治疗间和输液间组成
重症监护 重症监护病房（ICU） 冠心病监护病房（CCU）	①宜与手术室、急诊室、放射诊断室临近 ②宜与急诊部、介入治疗室邻近	必须配备的用房：监护病房、治疗室、处置室、仪器室、护士站、污洗室
儿科病房	不宜高于 4 层，每间隔离病房不得多于两床，窗和散热器应有安全防护	①必须配备的用房：配奶室、奶具消毒室、隔离病房和专用卫生间 ②可单独设置或利用其他科室的用房及设施：监护病房、新生儿病房、儿童活动室
妇产科病房	产房应自成一区，母婴同室或家庭产房应有家属卫生通过	①妇科必须配备的用房：检查室、治疗室 ②产科必须配备的用房：产前检查室、待产室、分娩室、隔离待产室、隔离分娩室、产期监护室、产休室。如有条件限制，隔离待产室和隔离分娩室可兼用 ③产科宜设手术室
婴儿室	应邻近分娩室，应设观察窗	必须配备的用房：婴儿室、洗婴池、配奶室、奶具消毒室、隔离婴儿室、隔离洗婴池、护士室

名　称	一般要求	用房组成
烧伤病房	可设于外科护理单元尽端	必须配备的用房:换药室、浸浴间、重症单人病房及卫生间、多人病房及卫生间、护士室、洗涤消毒室、消毒品储藏室
血液病房(骨髓移植)	可设于内科护理单元之内,亦可自成一区,洁净病房仅供一人使用	必须配备的用房:治疗期单人病房、恢复期多人病房、缓冲室、病人浴室、内走廊、洗涤消毒间、消毒品储藏柜、人员的卫生通道。病人用厕所的设置应慎重考虑
负压隔离病房	应自成一区,入院病人与病愈出院病人应分别设出入口	必须配备的用房:单人病房、多人病房、缓冲室、卫生间
血液透析室	可设于门诊或住院部内,自成一区	必须配备的用房:病人换鞋与更衣处、透析室、隔离透析治疗室、治疗室、复洗间、污物室、配药间、水处理设备间
医院生殖中心	可单独设置或利用医院用房	必须配备的用房:诊察室、B超室、取精室、取卵室、体外受精实验室、胚胎移植室、检查室、妇科内分泌测定室、精子库
放射科	宜在底层,自成一区,邻近门急诊和住院部	必须配备的用房:放射设备机房(CT扫描室、摄片室)控制室、暗室、观察室、登记存片室;肠胃检查室应设专用厕所
放射治疗科	宜设在底层,自成一区	必须配备的用房:治疗机房(后装机、钴60、直线加速器、深部X射线治疗)、控制室;治疗计划系统、模拟定位室、模具间、污洗间、固体废弃物存放间
磁共振检查室	自成一区或与放射科一区,应尽量避开强电磁波,对磁场有影响的导体和移动磁场的干扰,考虑屏蔽、氦气排放、冷却水供应等,应设置在底层	必须配备的用房:扫描室、控制室、机械间(计算机、配电、空调机)
核医学科	宜单独建造,或在顶层或首层,自成一区,控制区应设于尽端	必须配备的用房: ①非限制区:候诊室、诊室、医生办公室、厕所 ②监督区:等候更衣室、功能测定室的控制室及其设备机房等 ③控制区:卫生通过、医技功能检查室、计量室、服药室、注射室、试剂配制室、医护功能检查室、运动负荷实验室、扫描间、储源室、分装室、注射室、洗涤室、留观室、病人卫生间等
介入治疗	邻近急诊室、手术室、CCU	必须配备的用房:血管造影机房、控制室、机械间、洗手准备室、无菌物品室、治疗室、术前准备与术后恢复室、更衣室、厕所
检验科	自成一区,按办公区、准备区、实验区三区布置,接种与培养室之间设传递窗	必须配备的用房:临床检验室、生化检验室、微生物实验室、PCR实验室、血液实验室、细胞检查室、血清免疫室、洗涤间、试剂室、材料库房
病理科	自成一区,宜与太平间合建,与停尸房有内厅相通	①必须配备的用房:取材室、制片室、标本处理室(脱水、染色、蜡包埋、切片)、镜检室、洗涤消毒室、卫生通过 ②可单独设置或合用的设施:病理解剖室、标本库

续表

名　称	一般要求	用房组成
功能检查室	超声、电生理、肺功能宜自成一区	必须配备的用房:各种检查室(肺功能、脑电图、肌电图、脑血流图、心电图、超声等)、处置室、医生办公室、护士站、治疗室
内镜室	自成一区,与门诊部邻近,上下消化道检查室应分开设	①必须配备的用房:各种纤维内窥镜(上消化道内镜、下消化道内镜、膀胱镜、支气管镜、胆道镜、输卵管镜、腹腔镜)检查室、准备间、处置室;等候室、术后恢复室、厕所;病人、医护人员更衣室;下消化道检查应设置卫生间、内镜洗涤消毒间 ②根据需要设置的用房:观察室(麻醉)、无痛内镜麻醉评估室、值班室、卫生间等
血库	宜自成一区,邻近手术部	必须配备的用房:配血室、贮血室、发血室
中心供应室	应设在医疗区内自成一区,邻近手术部	必须配备的用房: ①污染区:收件室、分类室、清洗室、消毒室、推车清洗室等各室 ②清洁区:敷料制备室、器械制备室、灭菌室、质检室、一次性用品库、卫生材料库、器械库等 ③无菌区:无菌物品储存室
洁净手术部	①应自成一区,不宜设在首层和高层建筑的顶层,必须分为洁净区与非洁净区,并在其中设缓冲室或传递窗 ②可在单通道、双通道、多通道或中心岛之间选择通道方式 ③平面布置中的净化程序应连续布置,不应被非洁净区中断。一次性物品存放、换车应跨区设置	①必须配备的用房:洁净手术室、洁净辅助用房(如无菌操作的特殊实验室、体外循环灌注准备室、刷手间、消毒准备室、预麻室、一次性物品存放室、无菌物料及精密仪器存放室、护士站、洁净区走廊、ICU、苏醒室、二次更衣室) ②一般辅助用房(如卫生洁具间、污物集中室、谈话室、办公室等) ③如设日间手术室,宜单独成区

　　注:在待批的国标《医院洁净护理与隔离单元建筑技术标准》中,对 ICU(含新生儿的)、烧伤病房、血液病房、负压隔离病房作为净化用房都有等级规定。

表 10-7　洁净手术部的用房要求

名称	要求
洁净手术室	可分为有前室和无前室两种。 特大型:40～50m² 大型:30～40m² 中型:25～30m² 小型:20～25m²

续表

名称	要求
洁净手术室	这是 2000 年制定的标准,现还无新标准,但随着手术室功能的扩大,按实际需要,面积多有突破 平面四角以小圆角为好,大的四斜角不利于平面利用,不应采用。顶棚和墙的交角更不应用大的斜角,那样有压抑感
辅助用房 　麻醉准备间(预麻间)	 手术台、医用气体仪器、麻醉器械柜
刷手间	2～4 间手术室设一间,可设在洁净走廊内,不设门
冲洗消毒间	可 1 室或多间手术室设一间,内有冲洗消毒设施
无菌储存间	不宜过大,存放必需的无菌敷料与器械
护士站	设在手术部入口处较好,应有物流传输、数据信息设施等
一次性物品室	跨区设置,应设前室作为脱外包用,在非洁净区
更衣室	应跨区设置,分一次更衣(脱衣)和二次更衣(穿衣),后者为 8 级洁净室。可在跨区处设二次换鞋而进入二更。更衣室面积为人均 0.5～0.8m²
换车间	应跨区设置。换车后的一半用房为洁净室
卫生间	一般设在脱衣、淋浴之前,有困难时也必须在二次更衣、洗手之前
家属等候室	设在手术部外非洁净区,但一边应与洁净走廊通过缓冲室相通,便于手术过程中与家属联系
其他房间	会诊室、手术办公室、休息室、值班室、库房、小型清洗消毒室等均应该设在非洁净区
负压手术室或平疫结合手术室(不需正负压切换)	以下情况可设置:①在急救情况下,病人不能经过卫生处理的急救手术;②特殊感染手术;③虽是由空气途径传播的传染病,但必须就地急救的急诊手术 对其要求为:①应自成一区,有独立出入口,并与手术部外建筑通道建立快捷联系;②平面上应洁污分流,有备用的无菌储物间、冲洗消毒间及清洁走廊;③与洁净走廊应有分隔门及缓冲室,以便隔离消毒

第三节　我国医院洁净用房和净化用房分级

我国 2013 年《医院洁净手术部建筑技术规范》和 2014 年《综合医院建筑设计规范》对医院洁净用房都同样分为 4 个级别,以细菌浓度为基础,以空气洁净度为保障条件, 即要规定空气洁净度级别, 这是有关国际标准和国家标准的规定, 这就是洁净室, 也称洁净用房。表 10-8～表 10-10 是手术部洁净用房的标准。参照国际上有关标准,待批的国标《医院洁净护理与隔离单元建筑技术标准》对用房未以空气洁净度作规定,而完全以空气沉降菌落总数分级,本书称为净化用房,菌落数与表 10-9 分级相当,但无洁净度级别。

这是医院非洁净手术部用房的一个趋势。

表 10-8 洁净手术室用房的分级标准

洁净手术室等级	沉降法（浮游法）细菌最大平均浓度		空气洁净度级别		参考手术
	手术区	周边区	手术区	周边区	
I	0.2 CFU/(30min·Φ90 皿)(5 CFU/m³)	0.4 CFU/(30min·Φ90 皿)(10 CFU/m³)	5	6	假体植入、某些大型器官移植、手术部位感染可直接危及生命及生活质量等手术
II	0.75 CFU/(30min·Φ90 皿)(25 CFU/m³)	1.5 CFU/(30min·Φ90 皿)(50 CFU/m³)	6	7	涉及深部组织及生命主要器官的大型手术
III	2 CFU/(30min·Φ90 皿)(75 CFU/m³)	4 CFU/(30min·Φ90 皿)(150CFU/m³)	7	8	其他外科手术
IV	6 CFU/(30min·Φ90 皿)		8.5		感染和重度污染手术

注：1. 浮游法的细菌最大平均浓度采用括号内数值。细菌浓度是直接所测的结果，不是沉降法和浮游法互相换算的结果。

2. 眼科专用手术室周边区比手术区可低 2 级。

表 10-9 洁净手术部洁净辅助用房的分级标准

洁净用房等级	沉降法（浮游法）细菌最大平均浓度	空气洁净度级别
I	局部集中送风区域：0.2 个/(30min·Φ90 皿)(5 CFU/m³)，其他区域：0.4 个/(30min·Φ90 皿)(10 CFU/m³)	局部 5 级，其他区域 6 级
II	1.5 CFU/(30min·Φ90 皿)(50 CFU/m³)	7 级
III	4 CFU/(30min·Φ90 皿)(150 CFU/m³)	8 级
IV	6 CFU/(30min·Φ90 皿)	8.5 级

注：浮游法的细菌最大平均浓度采用括号内数值。细菌浓度是直接所测的结果，不是沉降法和浮游法互相换算的结果。

表 10-10 洁净手术部主要辅助用房分级

用房名称		洁净用房等级
在洁净区内的洁净辅助用房	需要无菌操作的特殊用房	I～II
	体外循环室	II～III
	手术室前室	III～IV
	刷手间	IV
	术前准备室	
	无菌物品存放室、预麻室	
	精密仪器室	
	护士站	
	洁净区走廊或任何洁净通道	
	恢复（麻醉苏醒）室	
	手术室的邻室	无

用 房 名 称		洁净用房等级
在非洁净区内的非洁净辅助用房	用餐室	无
	卫生间、淋浴间、换鞋处、更衣室	
	医护休息室	
	值班室	
	示教室	
	紧急维修间	
	储物间	
	污物暂存处	

第四节 我国医院用房的空调净化参数

迄今为止还没有发现有哪个国家医院的标准在室内空气环境方面除空气净化技术和系统之外还提到别的技术措施，见表 10-11。

表 10-11 各国标准情况

国别	标准名	空气洁净技术和系统以外的手段
美国	ANSI/ASHRAE/ASHE170—2008 医疗护理设施的通风	无
美国	VA Surgical Service Design Guide 退伍军人医院标准手术部设计指南 2005	无
德国	DIN1946-4 医疗护理设施建筑和用房的通风空调 2008	无
日本	HEAS-02—2004 医院空调设备设计与管理指南	无
俄国	GOST R 52539—2006 医院中空气洁净度一般要求	无
法国	NFS90-351—2003 医疗护理设施洁净室及相关受控环境悬浮污染物控制要求	无
瑞士	SWKI 99-3：Heating, ventilation and air—conditioning system in hospitals 2005 医院暖通空调系统	无
瑞典	SIS-TR 39 Vägledning och grundläggande krav för mikrobiologisk renhet i operationsrum 手术室生物净化基本要求和指南	无
西班牙	UNE100713—2003	无
巴西	NBR 7256：Tratamento de Ar em Unidades Médico—assistenciais. 2011，医疗护理设施空气处理	无
英国	UK Department of health and social services，engineering data：vetilation of operating departments，a design guide UK Department of health and social services，health technical memorandum 2025，ventilation in healthcare premises 卫生与社会服务部，手术室部通风，设计指南	无
欧洲	欧洲标准《医院通风》FprCEN/TR16244	无

我国医院除洁净手术部用房外，其他用房空调净化参数还不详尽，表 10-12 汇集了这方面的部分数据，括号中给出的是本书建议的参数，皆供参考。有具体标准的，应遵照标准执行。表 10-13 为《医院洁净手术部建筑技术规范》（GB 50333—2013）给出的技术指标。

表 10-12　医院用房空调净化参数

类别	净化用房的级别	温度	相对湿度	与邻室相对压差	噪声	最小换气次数或风速	最小新风量（每人）	备注
门诊诊室	—		—	—	—	—		
小儿科诊室和候诊室	—	24～27℃	—	正压	—	—	（40m³/h）	非单独系统时回风应自循环
隔离诊室和病房	Ⅳ		30%～60%	负压（不小于 5Pa）	—	12 次/h		
急诊一般诊室		24～27℃		负压，不小于 5Pa		不小于 8 次/h	不小于3 次/h	
发热诊室	Ⅳ			负压，不小于 5Pa				
住院普通病区有排风房间	—	22～27℃	—	—		—	（40m³/h）	
产科早产儿和免疫缺损新生儿	Ⅲ（有保温箱）Ⅱ（无保温箱）	夏季 25℃冬季 25℃	30%～60%	正压，不小于 5Pa		10 次/h		
重症护理单元	Ⅳ	24～26℃	30%～60%	正压，不小于 5Pa	—	8～10（NICU）次/h	（60m³/h）	
骨髓移植治疗期	Ⅰ	24～26℃	40%～55%	正压，不小于 5Pa		工作区风速0.25～0.3m/s，夜间 0.15m/s，		
恢复期	Ⅱ	24～26℃	40%～55%	正压，不小于 5Pa		18 次/h		
烧伤	重度及重度以上：Ⅱ	30～32℃	40%～60%	正压，不小于 5Pa		0.2～0.5m/s		
	重度以下：Ⅲ	30～32℃	40%～60%			12 次/h		
哮喘	Ⅱ	（25±1）℃	50%±5%	正压，不小于 5Pa	40dB（A）		（60m³/h）	
解剖室			—		—		全新风	
太平间	—	—	—	负压	—		—	可自然通风或机械通风
检验科、病理科	涉及有害微生物：不低于生物安全二级	22～26℃	30%～65%	—			（60m³/h）	可局部用负压工作台或Ⅱ级生物安全柜

续表

类别	净化用房的级别	温度	相对湿度	与邻室相对压差	噪声	最小换气次数或风速	最小新风量(每人)	备注
体外受精取卵室 其他洁净用房	I	(22~26℃)	30%~60%	—	50dB (A)	—	(40m³/h)	I级用房可采用局部集中送风或洁净工作台
	II				50dB (A)	—		
	III				—	—		
超声、内镜等检查	—	22~26℃	30%~60%	—	—	—		
心血管造影	III	—	—	正压≥8Pa	—	—		
心脏导管室及治疗室	III~IV	22~26℃	40%~60%	—	不大于55dB (A)	—		
烧伤处置	IV	24~27℃	≤60%	—	≤60dB (A)	—		
磁共振	—	22℃±2℃	60%±10%	—	—	—		
核医学	—	22℃±2℃,每小时温度变化<3℃	60%±10%	—	—	—		
放射性同位素	—	—	—	负压	—	—	全新风	储存室、废物保管室、储存放射性物品时,24h排风
中心供应室 无菌区 污染区 其他区	III	18~26℃ — —	30%~60% — —	正压10Pa 负压5Pa —	—	—	(40m³/h)	

注：( )内为作者建议值。

表 10-13 《医院洁净手术部建筑技术规范》(GB 50333—2013) 给出的技术指标

名称	室内压力	最小换气次数/(次/h)	工作区平均风速/(m/s)	温度/℃	相对湿度/%	最小新风量/[m³/(h·m²)]或次/h(仅指本栏括号中数据)	噪声/dB(A)	最低照度/lx	最少术间自净时间/min
I级洁净手术室和需要无菌操作的特殊用房	正	—	0.20~0.25	21~25	30~60	15~20	≤51	≥350	10
II级洁净手术室	正	24	—	21~25	30~60	15~20	≤49	≥350	20
III级洁净手术室	正	18	—	21~25	30~60	15~20	≤49	≥350	20

续表

名称		室内压力	最小换气次数/(次/h)	工作区平均风速/(m/s)	温度/℃	相对湿度/%	最小新风量/[m³/(h·m²)]或次/h(仅指本栏括号中数据)	噪声/dB(A)	最低照度/lx	最少术间自净时间/min
Ⅳ级洁净手术室		正	12	—	21～25	30～60	15～20	≤49	≥350	30
体外循环室		正	12	—	21～27	≤60	(2)	≤60	≥150	—
无菌敷料室		正	12	—	≤27	≤60	(2)	≤60	≥150	—
未拆封器械、无菌药品、一次性物品和精密仪器存放室		正	10	—	≤27	≤60	(2)	≤60	≥150	—
护士站		正	10	—	21～27	≤60	(2)	≤55	≥150	—
预麻醉室		负	10	—	23～26	30～60	(2)	≤55	≥150	—
手术室前室		正	8	—	21～27	≤60	(2)	≤60	≥200	—
刷手间		负	8	—	21～27	—	(2)	≤55	≥150	—
洁净区走廊		正	8	—	21～27	≤60	(2)	≤52	≥150	—
恢复室		正	8	—	22～26	25～60	(2)	≤48	≥200	—
脱包间	外间脱包	负	—	—	—	—	—	—	—	—
	内间暂存	正	8	—	—	—	—	—	—	—

注：1. 负压手术室用房室内压力一栏应为"负"。

2. 平均风速指集中送风区地面以上1.2m截面的平均风速。

3. 眼科手术室截面平均风速应控制在0.15～0.2m/s。

4. 温湿度范围下限为冬季的最低值，上限为夏季的最高值。

5. 手术室新风量的取值，应根据有无麻醉或电刀等在手术过程中散发有害气体而增减。

第五节　国外医院用房分级和参数

为了弥补国内资料的不足，特选出几个国外标准中的医院用房参数和分级供设计者参考。

一、日本医院协会标准

以下数据为日本医院协会标准《医院空调设备的设计与管理指南》（HEAS-02—2013）的医院用房参数。

表10-14～表10-23是日本医院协会的相关标准。

表 10-14 日本医院协会标准的医院用房参数

洁净度级别	名称	摘要	适用范围	最小换气次数/(次/h) 新风量	最小换气次数/(次/h) 全风量	室内压力 P:正压 E:等压 N:负压	末端过滤器效率
I	高洁净区域	要求层流方式的高洁净度区域	生物洁净手术室 易感染患者用病房[5]	5[1] 2[2]	—[4] 15	P P	DOP 计数法 99.97%
II	洁净区域	不要层流方式、低于 I 级的高洁净区域	一般手术室	3[2][3]	15[6]	P	比色法 90%以上(换算为 DOP 计数法约 65%)
III	准洁净区域	比 II 级洁净度稍低,而比一般高的洁净区域	早产儿室 膀胱镜、血管造影室 刷手间 NICU、ICU、CCU 分娩室	3 3 2 2 2	10 15 6 6 6	P P P P P	比色法 80%以上
IV	一般清洁区域	在室内的患者没有开创状态的一般区域	一般病房 新生儿室 人工透析室 诊查室 急诊(处置、诊查) 接待室 X 射线摄影室 内视镜室(消化器) 理疗室 一般检查室 材料部 手术部周边区域(苏醒室) 门诊药房 制剂室	2[7] 2 2 2 2 2 2 2 2 2 2 2 2 2	6 6 6 6 6 6 6 6 6 6 6 6 6 6	E E E E E E E E E E E E E E	比色法 60%以上
V	污染管理区域	在室内处理有害物质,如发生感染性物质的室,为防止室内空气漏向室外需维持负压	核辐射管理区域各室 细菌检查室、病理检查室 隔离诊查室 感染症用隔离病室[9] 内视镜室(支气管) 解剖室	全排风 2 2 2 2 全排风	6[8] 6 12 12 12 12	N N N[10] N N N	比色法 60%以上
V	防止污染扩散区域	防止臭气和粉尘向室外扩散需维持负压的区域	患者用厕所 储藏室 污物处理室 太平间	—[11] —[11] —[11] —[11]	10[12] 10[12] 10[12] 10[12]	N N N N	—[11]

① 较多采用的新风量是与人均 30m³/h 相当的换气次数。
② 参照生物洁净手术室的空调环境。
③ 为排出剩余麻醉气体和使用激光手术刀时的臭气,也有要求新风量 10 次/h 以上的。
④ 送风速度控制在:垂直层流为 0.35m/s,水平层流为 0.45m/s。
⑤ 造血干细胞移植患者用的病房等。
⑥ 参照一般手术室的空调环境。
⑦ 应注意病房配置厕所时,由必要排风量确定新风量。
⑧ 实际上必要的送风量,要由处理放射物质的种类和量、处理方法、有效的稀释量决定。
⑨ 为有效处理排风的污染物质,应考虑排风处理装置。
⑩ 防止空气污染的伤害。
⑪ 没有特殊规定,由各设施的状况决定。
⑫ 表示排风量。

表 10-15　主要用房的温湿度设计条件

部门	室名	夏季		冬季		备注
		干球温度/℃	相对湿度/%	干球温度/℃	相对湿度/%	
住院部	病房	24～26～27	50～60	22～23～24	40～50	注意窗侧冷辐射和日照的影响
	医护站	25～26～27	50～60	20～22	40～50	
	接待室	26～27	50～60	21～22	40～50	
门诊部	诊查室	26～27	50～60	22～24	40～50	比候诊室温度高
	候诊室	26～27	50～60	22～24	40～50	
	门诊药房	25～26	50～55	20～22	40～50	
	急救手术室	23～24～26	50～60	22～26	45～55～60	
中心诊疗部	手术室	23～24～26	50～60	22～26	45～55～60	
	苏醒室	24～26	50～60	23～25	45～50～55	
	ICU	24～26	50～60	23～25	45～50～55	
	分娩室	24～25～26	50～60	23～25	45～50～55	也有要求设定更高的温度
	新生儿、早产儿室	26～27	50～60	25～27	45～55～60	
	一般检查室	25～26～27	50～60	20～22	40～50	
	X 射线摄影室	26～27	50～60	24～25	40～50	
	X 射线操作室	25～26	50～60	20～22	40～50	
	水治疗室	26～27	50～65	26～28	50～65	应有设备发热的对策希望用辐射采暖
	解剖室	24～26	50～60	20～22	40～50	
供给部	洗涤室(作业区周围)	30 以下	70 以下	15 以上	40 以上	
	材料部各室	26～27	50～60	20～22	40～50	
管理部	一般居室	26～27	50～60	20～22	40～50	

注：1. 表中带下划线的数值，是空调设计的标准设计值。
　　2. 应考虑夏季日照和高温机器的辐射热、冬季窗户的冷辐射的影响。

表 10-16　门诊部的各室条件

用室	洁净度级别	最小风量		室内压力	排风	室内循环机器的设置	温湿度条件				容许噪声/dB(A)	备注
		新风量/(次/h)	全风量/(次/h)				夏季		冬季			
							温度/℃	湿度/%	温度/℃	湿度/%		
风挡室	Ⅳ	—	3～6	P	—	○	—	—	—	—	50～55	
正门大厅	Ⅳ	2	6	P	—	○	27	50	20	50	50～55	
中央候诊大厅	Ⅳ	2	6	E	—	○	26	50	22	50	50～55	
门诊各候诊区	Ⅳ	2	6	E	—	○	26	50	22	50	50～55	
门诊各科事务室	Ⅳ	2	6	E	—	○	26	50	22	50	50～55	
电诊台	Ⅳ	2	6	E	—	○	26	50	22	50	40～50	
谈话室	Ⅳ	2	6	E	—	○	26	50	24	50	40～50	

续表

用室	洁净度级别	最小风量		室内压力	排风	室内循环机器的设置	温湿度条件				容许噪声/dB(A)	备注
		新风量/(次/h)	全风量/(次/h)				夏季		冬季			
							温度/℃	湿度/%	温度/℃	湿度/%		
诊查室	Ⅳ	2	6	E	—	○	26	50	24	50	40～50	
处置室	Ⅳ	2	6	E	—	○	26	50	24	50	40～50	
妇产科内诊室	Ⅳ	2	6	E	—	○	26	50	24	50	40～50	
隔离诊查室	Ⅴ	2	12	N	全排风	×	26	50	24	50	40～50	为有效处理污染物质应考虑排风处理装置
采血室	Ⅳ	2	6	E	—	○	26	50	22	50	45～50	
采尿室	Ⅴ	—	10	N	全排风		27		22		45～50	采尿室要排风
检查室(眼科、耳鼻咽喉科等)	Ⅳ	2	6	E	—	○	26	50	22	50	40～50	听力检查室的噪声等级另定
器材保管室	Ⅳ	2	6	P～E							50～55	
牙科技工室	Ⅴ	2	10	N			26	50	22	50	50～55	
整形石膏室	Ⅴ	2	10	N							50～55	
活物处理室	Ⅴ	—	10	N	全排风		26	50	22	50	50～55	
外来患者用厕所	Ⅴ	—	15	N	全排风						50～55	

注：1. P表示正压，E表示等压，N表示负压。

2. ○表示可，×表示否。

表 10-17　病房部门各室条件 1（一般病房、儿科病房）

用室	洁净度级别	最小风量		室内压力	排风	室内循环机器的设置	温湿度条件				容许噪声/dB(A)	备注
		新风量/(次/h)	全风量/(次/h)				夏季		冬季			
							温度/℃	湿度/%	温度/℃	湿度/%		
病房内走廊	Ⅳ	1	3	E	—	○	27	50	20	50	40～50	
传染病用隔离病房	Ⅴ	2	12	N	全排风	□	26	50	23	50	40～45	
易感染患者用病房	Ⅰ	5	15	P	—	□	25	50	25	50	40～45	希望夜间低5dB
一般病房	Ⅳ	2	6	E	—	○	26	50	23	50	40～45	
病房内厕所	Ⅴ	—	10	N	全排风						50～55	
病房内浴室	Ⅴ	—	10	N	全排风						50～55	

续表

用室	洁净度级别	最小风量		室内压力	排风	室内循环机器的设置	温湿度条件				容许噪声/dB(A)	备注
		新风量/(次/h)	全风量/(次/h)				夏季		冬季			
							温度/℃	湿度/%	温度/℃	湿度/%		
医护站	IV	2	6	E	—	○	26	50	22	50	45~50	与洁净工作领域同条件
处置室	IV	2	6	E	—	○	26	50	24	50	40~50	
污物处理室	V	—	10	N	全排风	—	—	—	—	—	50~55	
浴室	V	—	6	N	全排风		28		26		50~55	
洗脸室	V	—	6	N			27		21		50~55	
洗涤室	V	—	6	N								
器材室	IV	2	5	E							50~55	
被服室（使用前）	IV	2	5	E							50~55	
被服室（使用后）	V	—	10	N	全排风						50~55	
患者食堂	IV	2	6	E	—	○	26	50	22	50	45~50	
配餐室	IV	—	6	E			26	50	22	50	50~55	
垃圾回收室	V	—	10	N	全排风						50~55	
儿科病房游戏室	IV	2	6	E	—	○	26	50	22	50	45~50	

注：1. "—"表示没有特别规定，根据具体状况确定。

2. P表示正压，E表示等压，N表示负压。

3. ○表示可，□表示用安有高性能过滤器的循环设备较好。

表 10-18 病房部门各室条件 2（ICU、CCU 等）

用室	洁净度级别	最小风量		室内压力	排风	室内循环机器的设置	温湿度条件				容许噪声/dB(A)	备注
		新风量/(次/h)	全风量/(次/h)				夏季		冬季			
							温度/℃	湿度/%	温度/℃	湿度/%		
ICU、CCU												
ICU病房	III	2	6	P	—	□	24	50	25	50	40~45	与洁净工作领域同条件
医护站	IV	2	6	E	—	○	26	50	22	50	45~50	
器材室	IV	2	5	E	—		—	—	—	—	50~55	
被服室（使用前）	IV	2	5	E	—		—	—	—	—	50~55	
被服室（使用后）	V	—	10	N	全排风		—	—	—	—	50~55	
污物处理室	V	—	10	N	全排风		—	—	—	—	50~55	
厕所	V	—	10	N	全排风		—	—	—	—	50~55	
烧伤治疗												
病房	I	2	15	P	—	□	26~32	50~95	24~32	50~95	45~50	单独系统24h运行

用室	洁净度级别	最小风量		室内压力	排风	室内循环机器的设置	温湿度条件				容许噪声/dB(A)	备注
							夏季		冬季			
		新风量/(次/h)	全风量/(次/h)				温度/℃	湿度/%	温度/℃	湿度/%		
人工透析												
透析室	Ⅳ	2	6	E	—	○	26	50	23	50	40～45	
插管操作室	Ⅱ	3	15	P	—	○	26	50	22	50	40～45	
准备室	Ⅳ	2	6	E	—	○	26	50	22	50	45～50	
洗净室、机械室	Ⅳ	2	10	N	全排风	○	＜28	—	＞15	—	50～55	
高压氧治疗室	Ⅳ	2	6	E	—	○	26	50	23	50	40～45	防爆规格
核医学病房												
放射线治疗病房	Ⅴ	—	—	N	全排风	—	26	50	23	50	40～45	
配药准备室	Ⅴ	—	—	N	全排风	—	26	50	22	50	40～45	
储藏室	Ⅴ	—	—	N	全排风	—					50～55	
患者用	Ⅴ	—	—	N	全排风	—					50～55	
厕所												

注：1. P 表示正压，E 表示等压，N 表示负压。

2. ○表示可，□表示用安有高性能过滤器的循环设备较好。

表 10-19　检查部门各室条件 1（体检、病理检查）

用室	洁净度级别	最小风量		室内压力	排风	室内循环机器的设置	温湿度条件				容许噪声/dB(A)	备注
							夏季		冬季			
		新风量/(次/h)	全风量/(次/h)				温度/℃	湿度/%	温度/℃	湿度/%		
体检室												
集中室	Ⅳ	2	6	E	—	○	26	50	22	50	45～50	
一般检查室	Ⅳ	2	6	N	—	○	26	50	22	50	40～50	
生化检查室	Ⅳ	2	6	P	—	○	26	50	22	50	40～50	
血液、血清检查室	Ⅳ	2	6	P	—	○	26	50	22	50	40～50	
试剂保管室	Ⅳ	2	5	E	—	○	26	50	22	50	40～50	
血液凝固检查室	Ⅳ	2	6	E	—	○	26	50	22	50	40～50	
采血室	Ⅳ	2	6	E	全排风	○	26	50	22	50	40～50	
采尿室	Ⅴ	—	10	N	全排风	—	27	—	22	—	45～50	
细菌检查室	Ⅴ	2	6	N	全排风	×	26	50	22	50	40～50	
检查器材室	Ⅳ	2	5	P～E		○					50～55	
器材洗净室	Ⅴ		10	N	全排风	○	26	50	22	50	50～55	
病理检查室												
集中室	Ⅳ	2	6	E	—	○	26	50	22	50	45～50	

续表

用室	洁净度级别	最小风量		室内压力	排风	室内循环机器的设置	温湿度条件				容许噪声/dB(A)	备注
		新风量/(次/h)	全风量/(次/h)				夏季		冬季			
							温度/℃	湿度/%	温度/℃	湿度/%		
切片室	V	2	12	N	全排风	×	26	50	22	50	40～50	
操作室	V	2	12	N	全排风	×	26	50	22	50	40～50	
组织保存室	V	—	12	N	全排风	×	26	50	22	50	40～50	
电子显微镜室	IV	2	6	E	—	○	26	50	22	50	45～50	对振动应予注意
染色体检查室	IV	2	6	E	—	○	26	50	22	50	40～50	
细胞诊断室	IV	2	6	E	—	○	26	50	22	50	40～50	
组织诊断室	IV	2	6	E	—	○	26	50	22	50	40～50	
解剖室	V	2	12	N	全排风	—	24	50	22	50	50～55	
准备前室	V	2	12	N	全排风	—	24	50	22	50	50～55	
标本制作室	V	2	12	N	全排风	—	26	50	22	50	40～50	
标本保存室	V	—	6	N	全排风	—	<30	—	<25	—	50～55	
检查部门通用室												
检查器材室	IV	2	5	P～E	—	—	—	—	—	—	50～55	
器材清洗室	V	—	10	N	全排风	○	26	50	22	50	50～55	
污物处理室	V	—	10～15	N	全排风	—	—	—	—	—	50～55	
厕所	V	—	10	N	全排风	—	—	—	—	—	50～55	

注：1. P 表示正压，E 表示等压，N 表示负压。

2. ○表示可，×表示否，□表示用安有高性能过滤器的循环设备较好。

表 10-20　检查部门的各室条件 2（生理机能检查）

用室	洁净度级别	最小风量		室内压力	排风	室内循环机器的设置	温湿度条件				容许噪声/dB(A)	备注
		新风量/(次/h)	全风量/(次/h)				夏季		冬季			
							温度/℃	湿度/%	温度/℃	湿度/%		
事务室	IV	2	6	E	—	○	26	50	22	50	45～50	
脑电波检查室	IV	2	6	E	—		26	50	23	50	35～40	
血管电图室	IV	2	6	E	—		26	50	23	50	35～40	
心电图室	IV	2	6	E	—	○	26	50	23	50	40～50	
负荷心电图室	IV	2	6	E	—	○	26	50	23	50	40～50	
听力性能主干反应检查室	IV	2	6	E	—	○	26	50	23	50	40～50	
自计温度计室	IV	2	6	E	—	○	26	50	23	50	40～50	
操作室	IV	2	6	E	—	○	26	50	22	50	45～50	
平衡机能检查室	IV	2	6	E	—	○	26	50	23	50	40～50	
呼吸机能检查室	IV	2	6	E	—	○	26	50	23	50	40～50	
超声波检查室	IV	2	6	E	—	○	26	50	23	50	40～50	
读片室	IV	2	6	E	—	○	26	50	22	50	40～50	

续表

用室	洁净度级别	最小风量 新风量/(次/h)	最小风量 全风量/(次/h)	室内压力	排风	室内循环机器的设置	温湿度条件 夏季 温度/℃	温湿度条件 夏季 湿度/%	温湿度条件 冬季 温度/℃	温湿度条件 冬季 湿度/%	容许噪声/dB(A)	备注
内窥镜检查室（消化器）	IV	2	12	E	—	○	26	50	23	50	40～50	
内窥镜检查室（支气管）	IV	2	12	N	全排风	□	26	50	23	50	40～50	
内窥镜前处置室	IV	2	6	E	→	○	26	50	22	50	40～50	
准备作业室	IV	2	6	E	—	○	26	50	22	50	45～50	
清洗、消毒室	V	2	12	N	全排风	×	26	—	22	—	50～55	
污物处理室	V	—	10～15	N	全排风	—	—	—	—	—	50～55	
厕所	V	—	15	N	全排风	—	—	—	—	—	50～55	

表 10-21　放射线部门各室条件

用室	洁净度级别	最小风量 新风量/(次/h)	最小风量 全风量/(次/h)	室内压力	排风	室内循环机器的设置	温湿度条件 夏季 温度/℃	温湿度条件 夏季 湿度/%	温湿度条件 冬季 温度/℃	温湿度条件 冬季 湿度/%	容许噪声/dB(A)	备注
诊断												
候诊厅	IV	2	6	E	—	○	26	50	22	50	40～50	
一般摄影室	IV	2	6	E	—	○	26	50	24	50	40～50	
TV 摄影室	IV	2	6	E	—	○	26	50	24	50	40～50	
CT 室	IV	2	6	E	—	○	26	50	24	50	40～50	实施定位脑手术的场合用Ⅲ级手术室
MPI 室	IV	2	6	E	—	○	26	50	24	50	40～50	
骨盐定量测定室	IV	2	6	E	—	○	26	50	24	50	40～50	
结石破碎室	IV	2	6	E	—	○	26	50	24	50	40～50	
血管造影室	III	3	15	P	—	□	26	50	24	50	40～50	
恢复室	IV	2	6	E	—	○	26	50	24	50	40～50	
操作室（通用）	IV	2	6	E	—	○	26	50	22	50	45～50	
读片室	IV	2	6	E	—	○	26	50	22	50	40～50	
治疗												
候诊室	IV	2	6	E	—	○	26	50	22	50	40～50	
诊查室	IV	2	6	E	—	○	26	50	24	50	40～50	
直线加速器室	IV	2	6	E	—	○	26	50	24	50	40～50	
γ 射线机房	IV	2	6	E	—	○	26	50	24	50	40～50	
工作室	V	—	10	N	—	○	26	50	22	50	50～55	
腔内治疗室	IV	2	6	E	—	○	26	50	24	50	40～50	
操作室（通用）	IV	2	6	E	—	○	26	50	22	50	45～50	
治疗计划室（位置确定）	IV	2	6	E	—	○	26	50	22	50	45～50	

续表

用室	洁净度级别	最小风量		室内压力	排风	室内循环机器的设置	温湿度条件				容许噪声/dB(A)	备注
		新风量/(次/h)	全风量/(次/h)				夏季		冬季			
							温度/℃	湿度/%	温度/℃	湿度/%		
温热疗法室	IV	2	6	E	—	○	26	50	24	50	40~50	
监控室(RI管理室)	IV	2	6	E	—	○	26	50	22	50	45~50	
检查计测室	V	全新风	12①	N	全排风	○	26	50	22	50	40~50	
调剂准备室	V	全新风	12①	N	全排风	×	26	50	22	50	40~50	
废弃物保管库	V	全新风	12①	N	全排风	×	26	50	22	50	40~50	
贮藏库	V	全新风	12①	N	全排风	×	26	50	22	50	40~50	
读片室(管理区域内)	V	全新风	12①	N	全排风	○	26	50	22	50	40~50	

① 按 RI 物质浓度计算值确定风量。

表 10-22 药剂部门的各室条件

用室	洁净度级别	最小风量		室内压力	排风	室内循环机器的设置	温湿度条件				容许噪声/dB(A)	备注
		新风量/(次/h)	全风量/(次/h)				夏季		冬季			
							温度/℃	湿度/%	温度/℃	湿度/%		
事务室	IV	2	6	E	—	○	26	50	22	50	50~55	
调剂室	IV	2	4	E	—	○	26	50	22	50	50~55	
药品传递	IV	2	6	E	—	○	26	50	22	50	50~55	
药品库	IV	2	6	E	—	○	<30	<65	>15	>40	50~55	
制剂室	IV	2	6	E	—	○	26	50	22	50	50~55	
注射药制剂室	II①	2	15	P	—	□	26	50	22	50	50~55	采用层流罩时可为IV级
清洗室	V	—	10	N	—	○	26	50	22	50	50~55	
药品试验室	IV	2	8	E	—	○	26	50	22	50	40~50	
药品室	IV	2	6	E	—	○	26	50	22	50	40~50	
DI 室	IV	2	6	E	—	○	26	50	22	50	40~50	

① 按 RI 物质浓度确定风量。

表 10-23 供给部门和其他各室条件

用室	洁净度级别	最小风量		室内压力	排风	室内循环机器的设置	温湿度条件				容许噪声/dB(A)	备注
		新风量/(次/h)	全风量/(次/h)				夏季		冬季			
							温度/℃	湿度/%	温度/℃	湿度/%		
中央材料												
清洗室、回收室	IV	2	6	N	全排风	○	26	50	22	50	50~55	
装配调整室	IV	2	6	P	—	○	26	50	22	50	50~55	
已灭菌室、供给室	IV	2	6	P	—	○	26	50	22	50	50~55	

续表

用室	洁净度级别	最小风量		室内压力	排风	室内循环机器的设置	温湿度条件				容许噪声/dB(A)	备注
		新风量/(次/h)	全风量/(次/h)				夏季		冬季			
							温度/℃	湿度/%	温度/℃	湿度/%		
灭菌器区域	V	—	10	N	—	—	<40	—	<40	—	50～55	人活动区为28℃
洗涤布料												
回收室	V	—	10	N	全排风	—	26	50	22	50	50～55	
洗涤室	V	—	10	N	全排风	○	<28	—	>17	—	50～55	
保管室、供给室	Ⅳ	2	6	E	—	○	26	50	22	50	50～55	
太平间	V	—	10	N	全排风	○	26	50	22	50	40～50	单独排风系统
垃圾回收室	V	—	10	N	全排风	—					50～55	

二、美国建筑师学会标准

以下数据为美国建筑师学会标准《医院和卫生设施建设与装备指南》（1998）给出的医院用房参数。

表 10-24 是美国建筑师学会标准。

表 10-24　医院和门诊病人设施中影响病人治疗的区域的通风要求[①]

区域名称	与相邻区域的空气运动关系[②]	每小时最小室外新风量[③]/(次/h)	每小时最小总风量[④]/(次/h)	全部排风直接排至室外[⑤]	由室内装置进行再循环[⑥]	相对湿度[⑦]/%	设计温度[⑧]/℉(℃)
外科和主要护理区							
手术/外科膀胱内部检查[⑨]	出	3	15	—	否	30～60	68～73(20～23)
分娩室[⑨]	出	3	15	—	否	30～60	68～73(20～23)
恢复室[⑨]	—	2	6	—	否	30～60	70(21)
主要和特别护理	—	2	6	—	否	30～60	70～75(21～24)
治疗室[⑩]	—	—	6	—	—	—	75(24)
外伤科[⑩]	出	3	15	—	否	45～60	70～75(21～24)
麻醉气体储存室	—	—	8	是	—	—	—
内镜检查室	—	2	6	—	否	30～60	68～73(20～23)

续表

区域名称	与相邻区域的空气运动关系②	每小时最小室外新风量③/(次/h)	每小时最小总风量④/(次/h)	全部排风直接排至室外⑤	由室内装置进行再循环⑥	相对湿度⑦/%	设计温度⑧/℉(℃)
外科和主要护理区							
支气管内镜检查室	进	2	12	是	否	30～60	68～73(20～23)
护理区							
病房	—	2	2	—	—	—	70～75(21～24)
卫生间	进	—	10	是	—	—	—
新生儿护理单元	—	2	6	—	否	30～60	75(24)
保护性无菌病房⑪	出	2	12	—	否		75(24)
空气感染隔离室⑫	进	2	12	—	否		75(24)
隔离小室或休息室⑪⑫	进/出	—	10	是	否		75(24)
待产/分娩/恢复	—	2	2	—	—		70～75(21～24)
待产/分娩/恢复/产后	—	2	2	—	—		70～75(21～24)
病房走廊	—	—	2	—	—		
辅助区域							
放射科⑬							
X射线科(外科/主要护理和导管插入治疗)	出	3	15	—	否	30～60	70～75(21～24)
X射线科(诊断和治疗)	—	—	6	—	—		75(24)
暗房	进	—	10	是	否		
实验室							
普通⑭	—	—	6	—	—		75(24)
生物化学⑮	出	—	6	—	否		75(24)
细胞学	进	—	6	是	否		75(24)
玻璃器皿清洗室	进	—	10	是	否		—
组织学	进	—	6	是	否		75(24)
微生物学⑬	进	—	6	是	否		75(24)
医疗辐射科	进	—	6	是	否		75(24)
病理学	进	—	6	是	否		75(24)

区域名称	与相邻区域的空气运动关系②	每小时最小室外新风量③/(次/h)	每小时最小总风量④/(次/h)	全部排风直接排至室外⑤	由室内装置进行再循环⑥	相对湿度⑦/%	设计温度⑧/℉(℃)
实验室							
血清学	出	—	6	—	否	—	75(24)
消毒室	进	—	10	是	—	—	—
太平间	进	—	12	是	否	—	—
非冷冻尸体存放室	进	—	10	是	—	—	70(21)
药房	—	—	4	—	—	—	—
诊断和治疗区							
检查室	—	—	6	—	—	—	75(24)
药品室	—	—	4	—	—	—	—
治疗室	—	—	6	—	—	—	75(24)
物理治疗和水治疗法	进	—	6	—	—	—	75(24)
污物工作室或污物存放室	进	—	10	是	否	—	—
洁净室或洁净物品存放室	—	—	4	—	—	—	—
消毒和供应							
环氧乙烷消毒室	进	—	10	是	否	30~60	75(24)
消毒设备室	进	—	10	是	—	—	—
主要内科和外科供应							
污物或污染室	进	—	6	是	否	—	68~73(20~23)
洁净室	出	—	4	—	否	30~60	75(24)
消毒物品储存室	—	—	4	—	—	70(最大值)	—
服务区							
食品配置中心⑭	—	—	10	—	否	—	—
商品陈列室	进	—	10	是	否	—	—
食品日储存室	进	—	2	—	—	—	—
洗衣房,普通	—	—	10	是	—	—	—
用过的床单(分类和储存)	进	—	10	是	否	—	—
洁净床单储存	—	—	2	—	—	—	—
用过的床单和垃圾滑落室	进	—	10	是	否	—	—
便盆室	进	—	10	是	—	—	—

续表

区域名称	与相邻区域的空气运动关系[2]	每小时最小室外新风量[3]/(次/h)	每小时最小总风量[4]/(次/h)	全部排风直接排至室外[5]	由室内装置进行再循环[6]	相对湿度[7]/%	设计温度[8]/℉(℃)
服务区							
浴室	—	—	10	—	—	—	75(24)
管理人员的壁橱	进	—	10	是	否	—	—

① 表中的通风量包括直接影响病人护理的舒适和无菌及臭气控制的通风量，并且以卫生保健设施主要是"无烟区"为基础确定的。在允许吸烟的场所，需要调整通风量。表中没有给出具体通风量的区域，应按 ASHRAE 标准 62-1989、可接受室内空气品质的通风量要求和 ASHRAE 应用设计手册来确定通风量。专门的病人护理区包括器官移植单元、烧伤单元特别工作室等，应为空气品质控制提供适当的附加通风量。OSHA 标准和/或 NIOSH 标准为保证卫生保健设施的医护人员健康和安全，要求特殊的通风量。

② 通风系统的气流组织一般应设计成气体由洁净区域流向较不洁净区域的形式。若为节能采用变风量或过载保护系统的任何形式，则必须不能破坏走廊与房间的压力平衡关系或表中规定的最小通风量。除 NFPA 90A 标准有关出口走廊空间的规定允许之处外，在其他区域内，渗入和渗出风量不应超过每小时最小总风量的 15% 或如表中规定的较大值。

③ 为满足排风要求，需要从室外补充风量。除了表中列出的某些区域外，本表没有列出各区域具体的室外补充风量。良好的工程实践需要室外空气补充到通风系统中以平衡所需的排风量。在系统运行时，最小室外新风量应保持常量。

④ 若提供的换气量是为了确保任何时间系统再次启动时能达到规定的换气次数，则当房间不用时，可以减少换风量。应设当换风量减少时能够保证与原来相同风向的调节设施。若不超过②中允许的最大渗入或渗出量并且不破坏相邻的压力平衡关系，则当空间没有使用或不必须设通风系统时，那些没有指定必须具有连续不断的流向控制的区域可以关闭通风系统。

⑤ 被污染或有臭味区域的气体应排至室外而不能再循环至其他区域。注意，个别区域如治疗肺部传染病病人的特别护理区及烧伤病房需要对排至室外的气体进行特殊考虑。

⑥ 再循环室内暖通空调装置是指那些主要用于加热和冷却空气而不对空气进行消毒的局部装置。由于清洗困难并可能增强污染，标有"否"的区域不应采用再循环室内装置。但是，若采用 HEPA 过滤器，则在个别隔离室为实现空气传染控制，可以再循环使用空气。隔离室和个别护理单元可由再热装置进行通风，再热装置内仅是从中央系统引入的一次风通过再热装置。重力型加热或冷却装置如辐射器或对流式暖气炉不应用于手术室和其他特殊护理区域。

⑦ 列出的范围是需要特殊控制的最小和最大值。

⑧ 在指定温度范围的区域，通风系统应能使房间的任何一点温度都保持在温度范围内。单个数字表示加热和冷却能力至少应能满足规定的温度值。当病人可能不穿衣服并需要一较温暖的环境时通常采用这些值。在病人舒适度和医药条件允许的情况下，本标准不排除采用比规定的温度值低的温度的可能。非居住区如储存室等应采用适用于使用功能的温度值。

⑨ 有关麻醉废气、蒸气废气和氮氧化物工作环境的国家研究机构的职业安全和健康标准文件规定，在使用各种气体的区域内既需要局部排风系统（净化系统），又需设一般排风系统。

⑩ 本文中的外伤科是指急诊部门的手术室或用于急诊外科的其他接受外伤病人的区域。用于最初处理事故伤员的第一辅助室或"急诊室"可以按表中的"治疗室"设计通风系统。用于支气管窥镜检查的治疗室应按支气管窥镜检查室设计通风系统。用于氮氧化物冷疗手术的治疗室应配有排除废气的设施。

⑪ 应对保护性无菌病房的气流做特殊设计，以保护病人不受普通环境中的空气传染微生物（即曲霉菌属孢子）的感染。这些特殊通风区域的气流组织应设计成使气体直接由最洁净的病人护理区域流向较不洁净区域的形式。这些房间应在送风端设置对 0.3μm 微粒的效率为 99.97% 的高效过滤器（HEPA）。这些过滤器保护病房不受由通风部件的维修引起环境微生物散发的污染。再循环 HEPA 过滤器能用于增加等量的室内换气量。保护性无菌病房需要设定风量通风系统。若医院认为保护性无菌病房中的病人需要空气传染隔离室，则应设该室。不允许采用在房间内为实现保护性无菌病房和空气传染隔离室间的转换而设的可逆气流形式。

⑫ 本表中的感染病菌隔离室用于隔离感染病菌如麻疹、水痘或肺结核病菌在空气中的传播。空气传染隔离室（AII）通风系统的设计包括在不需要隔离护理期间普通病人护理所需的设施。为增加等量的室内换气量，可以在病房使用补充再循环装置；这种再循环装置不能提供所需的室外新风量。若采用 HEPA 过滤器，空气可以在个别隔离室内再循环。不允许采用在房间内为实现保护性无菌病房和空气传染隔离室（AII）间的转换而设的可逆气流形式。

⑬ 若需要，应为有毒气体或化学蒸气的排除设适当的排风罩和排风装置。

⑭ 食品配置中心通风系统的送风应与排风罩或事故排风联动，以使从出口走廊渗出或渗入的风量不破坏 NFPA 90A 标准对出口走廊的限定条件、NFPA 96 标准的压力要求或表中确定的最大值。在空间没有使用时，换风量可以减少或调节到气味控制要求的任一范围。

三、美国 ASHRAE-170（2013）标准

手术室及相关科室设计参数见表 10-25。

表 10-25　手术室及相关科室设计参数

房间功能	与邻室的压差关系[n]	每小时最小新风换气次数	每小时最小总换气次数	房间所有的排风直接排到室外[j]	通过室内设备的自循环风量[a]	相对湿度[k] /%	设计温度[l] /(F/℃)
B 类和 C 类手术室[m][n][o]	正压	4	20	—	否	30～60	20～24
治疗室（原 A 类手术室）	正压	3	15	—	否	30～60	21～24
外伤病房（危重和休克病人）	正压	3	15	—	否	30～60	21～24
产科[m][n][o]	正压	4	20	—	否	30～60	20～24
恢复室	—	2	6	—	否	30～60	21～24
医疗/麻醉气体储藏室	负压	—	8	是	否	—	—
激光眼科治疗室	正压	3	15	—	否	30～60	21～24
防护环境病房	正压	2	12	没要求	否	最高 60	21～24
空气传染隔离病房	负压	2	12	是	否	最高 60	21～24

（a）用于感染控制的高效过滤装置（无冷热盘管）可进行自循环。但大型加热或供冷装置不适用于手术室及其他特护区。

（j）可能存在有害物质和/或气体的室内空气直接排放，不得循环。例如，个别情况下要特别注意肺部感染特护治疗门诊和烧伤病房的排气。系统运行时应保持最小新风量。为满足排气要求，需要从外界补给空气。

（k）在相对湿度有特殊控制要求时，应给出其上下限。

（l）系统应在正常运行时保证室内温度在限定范围内。当病人舒适度和/或医疗条件另有要求时，可以提高或降低温度。

（m）美国国家职业安全与卫生研究所（NIOSH）标准规定了麻醉废气和蒸汽的职业暴露及氮氧化物的职业暴露控制，分别要求对这两种气体设局部排风（净化）系统，可以利用区域的一般通风。

（n）相邻不同区间的压差至少为 2.5Pa。若安装监控报警，要设置一定裕量来避免报警偏差。

（o）某些外科医生或手术的室温要求可能超出规定范围，因此手术室环境设计应充分考虑医生、麻醉和护理人员等所有使用者的需要。

在本书校稿之际，又传来 2013 版改为 2018 版。将手术用房重新分为 1 级用房，为检查与治疗室，只需 4～6 次换气；2 级用房为外科操作室即原来的 A 类手术室，仍需 15 次换气；3 级用房为手术室即原来的 B 类和 C 类手术室，仍需 20 次换气，气流方式均不变。

四、俄罗斯国家标准

俄罗斯联邦国家标准 GOST R525392006 给出了对医院洁净用房静态时的洁净度要求。

表 10-26 是俄罗斯联邦国家标准。

表 10-26　静态房间空气洁净度的基本要求

房间组		$1m^3$ 空气中最大允许粒子量（粒径 ≥ $0.5\mu m$）	按照 ISO 14644-1 的洁净度级别	$1m^3$ 空气中最大允许 CFU 量
1	手术台区域	3520	5 级	5
	手术台周围区域	35200	6 级	20
2	病床区域	3520	5 级	5
	病床周围区域	35200	6 级	20
3[①]		3520000	8 级	100
4		未标准化	—	500
5[①]		3520000	8 级	100

① 在使用单向流的区域，其要求与手术台（1 组）区域的空气洁净度要求对应。

该标准共分为 5 级，对于手术室也强调保护关键区域——手术台、供打开仪器和植入材料使用的桌台及手术人员所在区域。规定手术台区形成单向流，手术台区分别定级。这些规定和我国《医院洁净手术部建筑技术规范》的规定完全一样。

该标准规定单向流速度为 $0.24 \sim 0.3 m/s$（没有明确在哪一个截面）。

表 10-27 是该标准的新风量标准。其他国家的标准都高，但未像我国标准那样规定最小新风量。

表 10-27　新风用量要求

房间组	新风用量
1～3	每人不低于 $100m^3/h$
4	符合其他规范性文件
5	符合其他规范性文件
使用麻醉的房间	每台麻醉机不低于 $800m^3/h$
吸烟患者病房	每人不低于 $72m^3/h$（假设房间中的每个人都吸烟）

表 10-28 是俄罗斯标准给出的气流类型和过滤器等级。

表 10-28　气流类型和过滤器等级

房间组别		房间（区域）洁净度级别（ISO）	气流类型	换气次数 /（次/h）	过滤器等级
1	手术台区域	5 级	U	无规定	F7＋F9＋H14
	手术台周围区域	6 级	N	30～40	F7＋F9＋H13
2	病床区域	5 级	U	无规定	F7＋F9＋F14
	病床周围区域	6 级	N	30～40	F7＋F9＋H13
3		8 级	N	12～20	F7＋F9

续表

房间组别	房间（区域）洁净度级别（ISO）	气流类型	换气次数/（次/h）	过滤器等级
4①	—	N	1～3	F7＋F9
5	8级	N	12～20	F7＋F9

① 4组房间中，自然通风是最普通的形式。如为强制通风，建议使用安装在3组和5组房间内的过滤器等级，但要减少换气次数。

注：1. U表示单向流，N表示非单向流。

2. 为了延长F7级过滤器的使用寿命，宜采用G3（G4）级过滤器作为初级过滤。

3. 换气次数为参考值，仅反映空气洁净度的要求。在确定换气次数时，还需要考虑其他影响空气洁净度的因素（排除多余的热量和湿气，排出有害物质等）。在计算换气次数时，要考虑产生单向流的局部空气净化装置及设施的作用。

表10-29是俄罗斯标准对医疗用房的分类，可见在我国相关标准中属于Ⅱ级的用房，在该标准中都归入1组。

表10-29　医疗设施的房间分类

房间组	功能	特征
1	无菌技术和单向流手术间，用于： ——器官和组织的接合和移植； ——异物植入（置换髋关节、膝关节和其他关节，使用网对疝囊修复等）； ——对心脏、大血管、泌尿系统等进行再造和修复外科手术等； ——使用显微外科术的再造和修复外科手术； ——不同位置肿瘤的综合外科手术； ——开胸腹手术； ——神经外科手术； ——需用器械和材料、长时间打开的大面积创面和/或长时间的外科手术； ——在经过术前化疗和/或放疗、免疫力低下且有多处脏器衰竭患者身上的外科手术； ——多系统创伤手术和其他①	将包括植入物在内的无菌和清洁异体导入人体；长时间的外科手术；大面积创伤（手术范围）；对衰弱和免疫受损患者的手术
2	采用单向流的重症监护室，用于以下患者： ——骨髓移植后； ——大面积烧伤； ——经历大剂量化学和放射治疗； ——大面积外科手术后； ——免疫力低下或无免疫力	患者的免疫力缺乏，对微生物过敏，虚弱，在重症监护室长期监护
3	无单向流或者有单向流但截面小于1组的手术间，适用于： ——内窥镜手术； ——血管内手术； ——其他小手术的治疗和诊断操作； ——血液透析、血浆除去等； ——剖宫产手术； ——脐血、骨骼骨髓、脂肪组织等的取样，之后将干细胞分离	患者的被传染风险小于1组房间，但有必要为患者和材料提供保护，避免经空气传染

续表

房间组	功能	特征
3	洁净度要求更高的无单向流的房间,包括: ——接受器官移植手术的患者病房; ——烧伤患者病房; ——术前及其他手术间前的房间; ——敷裹室; ——产房; ——麻醉后房间; ——复苏监护室; ——新生儿科; ——消毒材料储存间; ——术后监护室(用于只从重症监护室收入的患者) ——进行非外科一般治疗的衰弱和重症患者监护室	患者的被传染风险小于1组房间,但有必要为患者和材料提供保护,避免经空气传染
4	有关患者、人员和其他患者不需特殊保护措施的房间: ——除了2、3和5组以外的患者病房; ——内镜诊断室(胃十二指肠镜检查、结肠镜检查、支气管镜检查、逆行胆管胰管造影及其他); ——住院部; ——康复病房	
5	传染病室(隔离病房) ——传染病(包括飞沫传染)患者病房; ——脓性感染患者敷裹室; ——脓性感染、厌氧性感染和其他疾病患者手术室[②]	优先保护所有医护人员和其他患者。这些房间的空气禁止进入到相邻房间

① 如果需要,可为早产儿护理等所需的完全隔离区（装置）提供1组房间的特殊环境。
② 应提供横断面积为 $3.0 \sim 4.0 \text{m}^2$ 的单向流区域。

第六节　空调设计的规定

一、一般规定

① 医院洁净用房和净化用房采用净化空调系统,前者有空气洁净度要求。普通用房采用普通集中空调系统。三个系统的新风和回风的过滤器配置均应符合表 6-1 的规定。

② Ⅰ级洁净用房和净化用房送风末端应设高效过滤器,Ⅱ级设亚高效过滤器（对 $\geqslant 0.5 \mu\text{m}$ 微粒,效率 $\geqslant 95\% \sim 99\%$ 为宜,洁净手术室用后者）。Ⅲ、Ⅳ级用房的可设高中效过滤器。Ⅲ级: $\geqslant 0.5 \mu\text{m}$ 微粒,效率 $\geqslant 85\% \sim 95\%$ 为宜（洁净手术室用后者）；Ⅳ级: $\geqslant 0.5 \mu\text{m}$ 微粒,效率 $\geqslant 70\%$ 。末级过滤器应在 $\leqslant 70\%$ 额定风量下运行。

③ 洁净用房和净化用房不得使用静电空气净化装置作为送风末端,严禁采

用普通的风机盘管机组或空调器。

④ 洁净用房和净化用房患者通道上不得设空气吹淋室。

⑤ 高中效过滤器宜采用超低阻型号，其性能见表 10-30。

表 10-30 超低阻高中效过滤器性能（据北京建研洁源科技发展有限公司样本）

风速/(m/s)	0.31	0.41	0.52	0.61	0.71	0.79	0.89	0.99
阻力/Pa	8	10	12	13	15	17	19	21
过滤效率 η/%								
≥0.3μm		≥0.5μm		≥0.7μm		≥1.0μm		≥2.0μm	≥5.0μm

过滤效率 η/%					
≥0.3μm	≥0.5μm	≥0.7μm	≥1.0μm	≥2.0μm	≥5.0μm
74.8	85	87.4	89.8	93.8	95.8

不同采样时刻滤菌效率/%						
第 0.5min	第 8min	第 13min	第 19.5min	第 21min	第 25min	平均
99.34	99.34	99.39	99.47	99.26	99.43	99.37

二、各类用房空调设计的特殊规定

1. 洁净手术部

① 洁净区与非洁净区之间必须设缓冲室或传递窗。其他区域、房间之间根据需要也可设缓冲室。缓冲室应有洁净度级别，并与洁净度高的一侧同级，但不应高过 6 级（ISO）。缓冲室面积在 $3m^2$ 以上。

② 洁净手术部的平面布置应对人员及物品（敷料、器械等）分别采取有效的净化流程（见图 10-1）。净化程序应连续布置，不应被非洁净区中断。

③ Ⅰ、Ⅱ级洁净手术室应每间采用独立系统，Ⅲ、Ⅳ级洁净手术室可 2～3

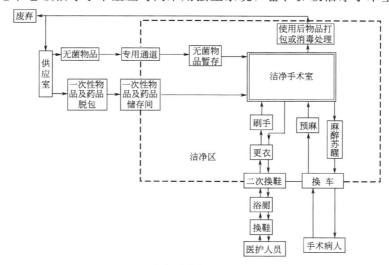

图 10-1 洁净手术部人、物净化流程

间合用一个系统。

④ Ⅲ级以上（含Ⅲ级）洁净手术室应采取在手术台上方局部集中送风方式，见图 10-2。

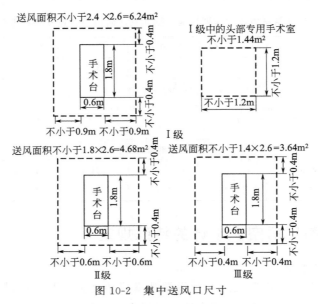

图 10-2 集中送风口尺寸

⑤ 实践已证明，阻漏式送风天花是性能优越的集中送风方式，一般送风方式难免要泄漏，检、堵都极困难，而阻漏层送风天花就免去了这项麻烦，最重要的是不在室内换过滤器，避免了污染。手术部规范也明文指出宜采用不在室内换过滤器的方式。这种方式已获得很大推广。表 10-31 是两种送风方式比较。图 10-3 是阻漏式送风天花结构，图 10-4 是其实际应用情况。

表 10-31　传统和新型手术室专用阻漏式末端分布装置比较表

项目	传统手术室专用末端分布装置	新型手术室专用阻漏式末端分布装置
原理	传统的过滤器送风口概念	采用了先进的阻漏层概念
特性	过滤、均流和堵漏的三个功能集于一体	过滤、均流和堵漏三个功能"解耦"
气流特性	气流均匀性较差，气流易扩散，抗干扰性差	单向流气流，断面风速均匀性好，气流密集、平行，抗干扰性好，使Ⅱ、Ⅲ级手术室送风具层流特性
过滤特性	过滤器安装在末端装置内，传统机械式密封，过滤器需要在手术室内检漏	末端过滤器安装在另外专用箱体内，零压密封，过滤器不需要检漏
渗漏	过滤器及安装框架易渗漏	无渗漏危险
末端装置	钣金箱体，手工制作，形体加工误差大	铝合金型材箱体，分四个独立箱体，可工厂化加工，形体加工误差小
运输安装	不便运输，现场制作，整体吊装	便于运输，可现场拼装，十分方便
维修	须在手术室内维修、更换过滤器，需要拆装末端装置	无需在手术室内更换过滤器，装置为半永久性，不需要拆装与维修
外观	随意性较大，孔板不美观，均流网日久会松弛	模式、规格统一，无孔板，均流网不会松弛

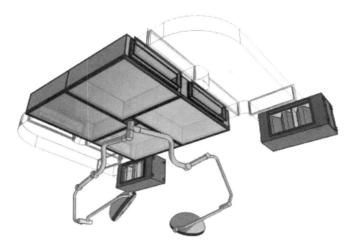

图 10-3　阻漏层送风天花结构

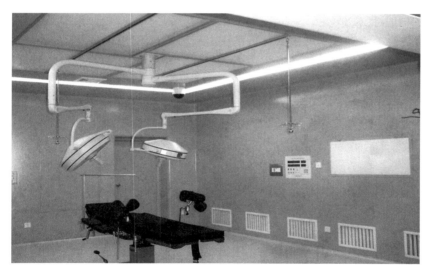

图 10-4　阻漏式送风天花实际应用情况

⑥ 新风处理可采用分散系统也可采用集中系统。

集中系统是将新风集中处理后分送到各小系统或各室，这样不便于调节、节能，但便于集中管理。

各个小系统或各个区域、房间（如手术室）有各自的新风处理设备，机房多了，可能增加了管理工作量，但在使用上更具灵活性，有利于节能。

⑦ 新风机组宜采用第八章介绍的"省力省能新风净化机组"。

⑧ 新风口不应设在机房内，新风净化机组应尽量安在入口处，进风速度应不大于 3m/s。

⑨ 手术室要两侧回风，Ⅰ级手术室应采用连续风口回风，其他级别手术室每侧回风口不应少于 2 个。应采用定风向可调风量回风口。

⑩ 各手术室排风管宜独立设置，条件相近的手术室可以共用排风总管。

⑪ 排风应设高中效（含）以上过滤器和止回阀。

⑫ 排风管出口应直接通向室外。

⑬ 所有洁净室在室宽大于 3m 时应采用双侧下部回风，不应采用四角或四侧回风，走廊可采用上回风。

⑭ 下部回风口口上边高度不应超过地面之上 0.5m，下边离地面不应低于 0.1m。

⑮ 不应采用淋水式空气处理器。通过表冷器截面风速不应大于 2m/s。

⑯ Ⅰ～Ⅲ级洁净用房系统的高效过滤器之前管路内的空气相对湿度不宜大于 75%。

⑰ 负压手术室回、排风口必须安装无泄漏的动态气流密封负压高效排风装置。

2. 一般手术部

① 一般手术部根据气候条件可采用全新风通风系统。

② 一般手术部可采用普通集中空调系统，但送风口末端应设不低于高中效的过滤器。

3. 重症护理单元

① 宜优先采用集中净化空调系统，送、回风口宜采用上送下回布置，送风口宜设在每床后方距床尾不小于 0.5m 的顶棚上，回风口应位于每床床头一侧下方。

② 当只能采用风机盘管机组时，其送、回风口应设高中效过滤器，并宜通过墙内风管上送下回；当采用风机盘管机组上送上回时，送风口应在床头侧顶棚上，回风口应在床尾侧顶棚上，顶棚送回风口相距不宜小于 2m。

③ 开放式多床 ICU 病房应在顶棚上设一定数量排风口，风口内应安装中效过滤器。

4. 骨髓移植病房（血液病房、白血病房）

① 治疗期Ⅰ级血液病房应采用垂直单向流方式，送风面应比病房四边（靠墙除外）外延 40cm。恢复期Ⅱ级血液病房可采用分散送风口。

② 各病房应采用独立的互为备用的双风机并联方式，24h 运行。

③ 至少设两挡风速。

④ 应两侧风口回风，Ⅰ级病房为连续回风口，采用定风向可调风量过滤回风口。

5. 烧伤病房

① 各病房应采用独立系统。

② 应设备用送风机，24h 运行。

③ 重度烧伤患者病房应采用集中布置送风口，送风面应比病床四边外延 10cm。

④ 普通烧伤病房可为多人间，设分散送风口。每张病床均不应处于其他病床的下风侧。

⑤ 病区内的浴室、厕所等应设排风装置，并装中效过滤器，最好装低阻高中效过滤器，设置与排风机联锁的密闭风阀。

6. 哮喘病病房

① 各病房应采用独立系统，24h 运行。

② 严格控制温度波动。

7. 负压隔离病房

① 重症或危重症呼吸道传染病负压隔离病房，条件允许且有必要时，应采用全新风系统，或者用时可切换成全新风系统。

② 一般隔离病房可以采用回风有高效过滤器的室内自循环风系统。该方式限于有传染性病人居住的单人病房或多人同类病人病房的室内自循环。可采用风机盘管制冷供热，另设独立的或公共的新风供给系统。

自循环有以下几种形式：

a. 用风机盘管，如图 10-5 所示。

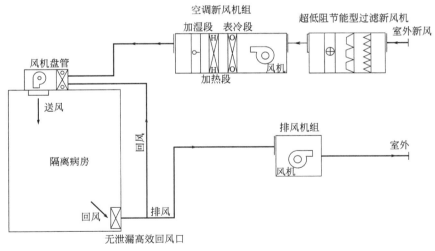

图 10-5　用风机盘管自循环

由于室内负荷由风机盘管负担，空调新风机的负担减轻。

由于回风高效过滤器滤菌效率可达到 99.9999％以上，室内菌浓达到每立方米几百万个才能穿透过 1 个，一般情况下，室内不可能达到如此高的菌浓，所以回风是相当干净的，不必担心风机盘管上积尘积菌。

b. 用送风风口加风机，如图 10-6 所示。

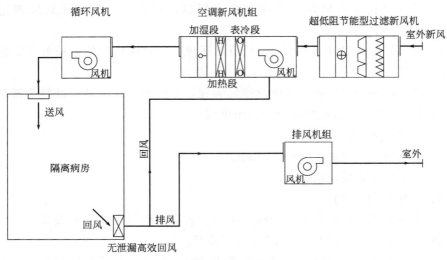

图 10-6　用风机送风口自循环一

用风机盘管的形式在盘管内有很大可能产生凝结水，这仍是不希望发生的，所以此方案将盘管取消，由一般风机送风代之，回风经过空调新风机，加大了新风机的负担。

c. 用送风风口加室内自循环风机，如图 10-7 所示。

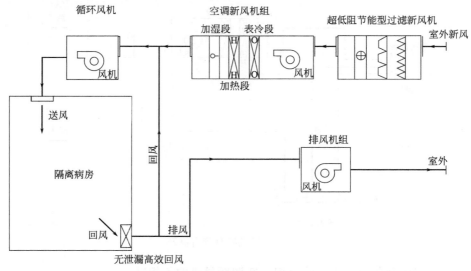

图 10-7　用风机送风口自循环二

病房内只住 1～2 个人，热湿负荷很小。如果回风不需要热湿处理，不经过空调新风机组，而由空调新风机组只处理新风来承担全部空调系统的热湿负荷，就不会出现凝结水的问题了。刘华提出了具体方案，如图 10-7 所示。

该方案通过降低机器露点或增加新风量两种方法解决空调新风机组承担全部湿负荷的问题。如果增加新风量，对双人病房计算结果只要 3.1 次/h 新风，即增加 1 次/h。

该方案以上海气象条件为例计算表明，空调新风机组中部分类型的表冷器 6 排即达到设计要求（<26℃，<60%），用另一部分类型表冷器则需 8 排。

③ 应在室内排风口或回风口处设无泄漏免检漏的负压高效排风装置，内设最少为国标 40 级的高效过滤器，排风管出口应有逆止阀、防雨水措施。运行中排风管应处于负压状态。

④ 宜采用两挡送风量，夜间设为低挡。空调系统应 24h 运行。

⑤ 无净化空调系统的病区、病房和辅助房间，宜按区域设置机械通风系统，设机械送排风或最少应有机械排风。隔离病房之外的区域，不论有无净化空调，回风口皆应安装超低阻高中效过滤器。

⑥ 隔离病房门口必须设缓冲室，可以与病房合用一个送风系统或采用自净器循环（详见后面实例分析）。缓冲室换气次数不少于 60 次/h。为观察方便，缓冲室带观察窗的门应对着患者床头。

⑦ 隔离病房卫生间可只设排风，压力应比室内低。

⑧ 隔离病房优选的送回风方式是：床头里下侧回风，床沿外侧设主送风口形成定向流，床尾设次送风口。主次风口面积比为（3：1）～（2：1）。

⑨ 多间隔离病房的走廊与清洁区之间再设一道缓冲室，隔离效果更好。

8. 发热门诊

① 设置

a. 建发热门诊的医院如原有负压隔离单元病区，则宜建在其一层。

b. 三级综合医院，宜在院区内设独立发热门诊。

c. 院区如有负压隔离病区，发热门诊应与其有连廊通道。

d. 考虑平疫结合要求，发热门诊附近宜留有临建用房用地。

e. 发热门诊建筑应有明显标识和路标。

② 布局

a. 平面上应区分：患者入口区、筛查区、接诊区、留观区、检验区和污物区等。

b. 隔离留观的一般为疑似病人，应为单人间，面积以 $10\sim15m^2$ 为宜。

c. 如设 PCR 实验室，应自成独立区域，或为方舱实验室。

d. 发热门诊入口应有进深不小于 1.5m 的带门斗的感应式转动门。

③ 设施

a. 通风空调应采用医院普通集中空调、负压措施。

b. 门斗内冬季可用风口向内送热风，不得用门帘、空气吹淋实施和热风幕。

c. 应有液氧供给设施。

9. PCR 实验室

① 概念　PCR 实验室是进行病毒提取检测的实验室，PCR 是聚合酶链式反应英文名称的简称。由于病毒含量不高不易被检测，于是通过基因扩增的方法使病毒能被检测到。

② 构成　PCR 实验室一般分为三区：试剂准备区、样本制备区、扩增分析区。如果可在 1 台仪器上完成检测，也可只设样本制备和扩增分析两个区。每个区都有工作室和缓冲室。

③ 设施　PCR 实验室主要设施配置见表 10-32。

表 10-32　PCR 实验室主要设施

分区名称	主要设备配置
试剂准备区	2～8℃冰箱、低温冰箱、混匀器、可移动紫外线灯、微量加样器、低速离心机、超净工作台
标本制备区	2～8℃冰箱、低温冰箱或超低温冰箱、可移动紫外线灯、微量加样器、高速离心机、生物安全柜、水浴箱、自动核酸提取仪
扩增分析区	实时荧光定量 PCR（RT-PCR）、微量加样器、可移动紫外线灯、离心机、超净工作台、UPS

需要注意的是：PCR 实验室宜采用全新风的净化空调系统。样本制备区应采用生物安全二级（BSL-2）实验室，排风应独立。其他各区也宜分别设置排风系统，保持负压。

10. 生殖中心

① 概念　生殖中心是进行人类辅助生殖技术活动的场所，该技术包括体外受精—胚胎移植和人工受精两大类。

② 用房　一般包括诊疗室、检查室、取精室、精液处理室、清洗室、超声室、胚胎培养室、取卵室、体外受精实验室、胚胎移植室等。

③ 净化空调

a. 体外受精实验室应采用净化空调系统，应为Ⅰ级净化用房，可采用局部集中送风。胚胎操作应在层流净化工作台内进行。

取卵室应按Ⅱ级净化用房设计，可采用局部集中送风。以上两室的噪声均不应大于 45dB（A），气味宜符表 5-11 中气味刺激的感觉强度为 0 级指数。

冷冻室、工作室、走廊和其他辅助用房可按净化空调Ⅳ级净化用房设计。

b. 局部操作应采用层流净化工作台。

11. 中心供应室

① 应区分无菌区、其他区和污染区。

② 无菌区应采用独立系统。

③ 低温无菌室（如环氧乙烷气体消毒器室）应采用独立排风。

④ 污染区内发生污染最大的场所应设独立排风系统。

⑤ 各区间的物品应通过传递窗传送，对大的物件应采用落地式传递窗传送，传递污染物品应采用联锁式传递窗。

⑥ 有条件的中心供应室应采用集中式净化空调系统，上送下回，如图 10-8 所示。送风口安高中效或亚高效过滤器，新风口和回风口过滤器应符合表 10-30 的规定。

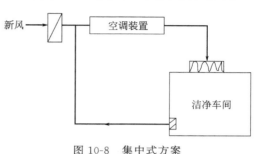

图 10-8　集中式方案

⑦ 当洁净用房不多或不大，不可以采用集中式空调净化系统时，可采用分散式空调净化系统：顶棚上安装风机盘管机组，其回风口必须安超低阻高中效过滤器，新风由新风净化机组供给，见图 10-9。

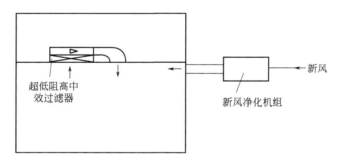

图 10-9　分散式方案

⑧ 当不需要空调时，可用带超低阻高中效过滤器的净化风口代替风机盘管机组，使工作区达到一定的净化，见图 10-10。

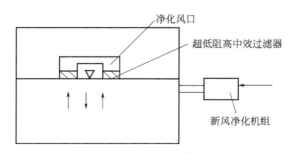

图 10-10　无空调的分散式方案

12. 检验科、病理科、检查室

① 应采用独立系统。

② 产生有害气体的部位（试剂配制、标本处理、实验装置等）应采用负压洁净工作台。

③ 产生对人有害气溶胶的操作，应在二级（含以上）生物安全实验室中进行。

④ 应考虑检查用医疗设备发热量。

13. 治疗室

① 放射治疗室应在排风口上安高效过滤器。不允许任何管道设施穿越。

② 磁共振的扫描间的风口应用非磁性并能屏蔽电磁波的材料制作。

第七节　对水气电的要求

一、对电的要求

① 根据用电客户的性质和重要性，民用建筑电气负荷分为一级、二级、三级。一级负荷用户重要性最大，应由两个电源供电，即通常说的双路供电，而且对其中特别重要的用户，还应有第三电源或自备（应急）电源。

② 根据《医院洁净手术部建筑技术规范》（GB 50333—2013）规定，洁净手术部电负荷为双路供电的一级负荷，双路供电有困难时，应有备用电源，并能在1min 内自动切换。

一级负荷还适用于医院的以下场所或设备。

县级及以上医院 { 急诊室、监护病房、手术部、分娩室、婴儿室、血液病房的净化室、血液透析室、病理切片分析、CT 扫描室、血库、高压氧舱、加速器机房、治疗室、配血室的电力照明、培养箱、冰箱、恒温箱的电源、走道照明

一级负荷用电单位中心的设备 {
消防用电设备，例如：消防水泵、消防电梯、排烟及正压风机、消防中心（控制室）电源
应急照明、疏散标志灯
走道照明、值班照明、警卫照明、障碍标志灯
主要业务用电子计算机系统电源
保安系统电源
电话机房电源
客梯电力
排污泵
变频调速恒压供水的生活水泵

一级负荷通常由 10kV 电源加快速启动的柴油发电机组或加 EPS（UPS）供电。

③ 二级负荷重要性次于一级负荷，宜由两回路供电。通常由 6kV 及其以上专用架空线或电缆线或两根电缆组成的电缆段供电（每根电缆应能承受 100% 二级负荷）。

④ 二级负荷适用于一级负荷以外的场所，如高级病房、X 射线机电源以及二级负荷用户中的消防、客梯、生活水泵等用电。

⑤ 三级负荷对供电无特殊要求。

⑥ 每个洁净手术室的干线必须单独铺设并与辅助病房用电分开。

⑦ 医药用房禁止采用 TN-C 接地系统。

⑧ I 级手术室和心脏外科手术室必须设置有隔离变压器的功能性接地导线。其他手术室也应考虑用隔离变压器。

⑨ 医疗场所的用电特性参见表 10-33〔引自《综合医院建筑设计规范》（GB 51039—2014）〕。

表 10-33　医疗用房的用电特性

部门	医疗场所以及设备	场所类别			自动恢复供电时间		
		0	1	2	$t \leqslant 0.5s$	$0.5s < t \leqslant 15s$	$t > 15s$
门诊部	门诊诊室	√					
	门诊治疗		√				
急诊部	急诊诊室	√				√	
	急诊抢救室			√	√[①]	√	
	急诊观察室、处置室		√			√	
住院部	病房		√				√
	血液病房的净化室、产房、早产儿室、烧伤病房		√		√[①]	√	
	婴儿室		√			√	
	重症监护室		√	√	√[①]	√	
	血液透析室		√		√	√	
手术部	手术室			√	√[①]	√	
	术前准备室、术后复苏室、麻醉室		√		√[①]		
	护士站、麻醉师办公室、石膏室、冰冻切片室、敷料制作室	√				√	
功能检查	肺功能检查室、电生理检查室、超声检查室		√				
内窥镜	内窥镜检查室	√[②]			√[②]		
	泌尿科	√[②]			√[②]		

部门	医疗场所以及设备	场所类别			自动恢复供电时间		
		0	1	2	$t \leqslant 0.5s$	$0.5s < t \leqslant 15s$	$t > 15s$
影像科	DR诊断室、CR诊断室、CT诊断室		√			√	
	导管介入室		√			√	
	心血管造影检查室			√	√[1]	√	
	MRI扫描室		√			√	
放射治疗	后装、钴60、直线加速器、γ刀、深部X射线治疗		√			√	
理疗科	物理治疗室		√				√
	水疗室		√				√
检验科	大型生化仪器	√			√		
	一般仪器	√				√	
核医学	ECT扫描间、PET扫描间、γ射线机、服药、注射		√			√[1]	
	试剂培制、储源室、分装室、功能测试室、实验室、计量室	√				√	
高压氧	高压氧舱		√			√	
输血科	储血	√				√	
	配血、发血	√					√
病理科	取材、制片、镜检	√				√	
	病理解剖	√					√
药剂科	贵重药品冷库	√					√[3]
保障系统	医用气体供应系统	√				√	
	消防电梯、排烟系统、中央监控系统、火灾警报以及灭火系统	√				√	
	中心(消毒)供应室、空气净化机组	√					√
	太平柜、焚烧炉、锅炉房	√					√[3]

① 照明及生命支持电气设备。

② 不作为手术室。

③ 恢复供电时间可在15s以上,但需要持续3~24h提供电力。

注:0类场所为不使用医疗电气设备接触部件的场所,1类场所为上述接触部件与患者身体接触的场所,2类场所为上述接触部件与患者体内(主要为心脏)接触以及断电后患者有生命危险的场所。

⑩ 洁净手术部的配电总负荷不应小于8kW。

二、对气的要求

① 医用气源应按日用量计算,储备量应不小于3d的用气量。

② 各种医用气体供应压力如表10-34所列(引自2014版《综合医院建筑设

计规范》）。

表 10-34　各种医用气体的供应终端压力

医用气体	供气压力/MPa	医用气体	供气压力/MPa
氧气	0.4～0.45	氮气	0.8～1.10
氧化亚氮	0.35～0.40	氩气	0.35～0.40
负压吸引	−0.07～−0.03	二氧化碳	0.35～0.40
压缩空气	0.45～0.95		

③ 洁净手术部最少应供应氧气、压缩空气和负压吸引。

④ 洁净手术部用气标准见表 10-35。

⑤ 根据国家卫健委 2020 年发布的《新型冠状病毒感染的肺炎诊疗方案（试行第六版）》，"新冠"患者病人使用气体终端用气量应有以下几种情况：

a. 普通鼻导管吸氧：氧流量 1～6L/min；

b. 高流量鼻导管吸氧：氧流量 8～80L/min；

c. 无创呼吸引机：氧流量 15～30L/min；

d. 有创呼吸引机：氧流量 15～30L/min；

e. 轻型、普通型患者医用真空终端 20～40L/min，重型、负重型患者为 60～80L/min；

以上床位数同时使用率按 100％计。

表 10-35　洁净手术部用气的终端压力、流量和日用时间

气体种类	单嘴压力/MPa	流量		
		单嘴流量/(L/min)	日用时间/min	用时使用率/%
氧气	0.40～0.45	10～80	120(恢复室 1440)	50～100
负压吸引	−0.07～−0.03	30	120(恢复室 1440)	100
压缩空气	0.45～0.90	60	60	80
氮气	0.90～0.95	230	30	10～60
氧化亚氮	0.40～0.45	4	120	50～100
氩气	0.35～0.40	0.5～15	120	80
二氧化碳	0.35～0.40	10	60	30

注：据《医院洁净手术部建筑技术规范》（GB 50333—2013）。

三、对水的要求

① 医疗用房用水水质必须符合 GB 5749—2006《生活饮用水卫生标准》和卫生部制定的《生活饮用水水质卫生规范》（2001）。

② 洁净手术部的热水储存不应低于 60℃，当设置循环系统时水温不应低于 50℃。

③ 一般均应采用非接触非手动开关。

④ 洁净手术部按每间手术室不多于 2 个龙头配备。

⑤ 洁净手术部的排水横管直径应比常规大一级。

第八节　实 例 分 析

一、洁净手术部例 1

该实例选自《洁净手术部建设实施指南》，其平面布置见图 10-11。

该"指南"是针对 2002 版洁净手术部规范的，走廊分洁净走廊（8 级）和清洁走廊（8.5 级），2013 版规范已统一为"洁净区走廊"，均为 8 级，以下引用图中走廊均属于前者。

图 10-11　例 1 四层洁净手术部平面图

1. 概况

建筑面积 2515m^3，位于新建病房综合楼四层，17 间洁净手术室，平面呈双走廊型。

Ⅰ级手术室 2 间，每间一台空调机组；

Ⅱ级手术室 8 间，每间一台空调机组；

Ⅲ级手术室 7 间，每间一台空调机组。

新风用 4 台新风机组，集中供应新风。排风机组为每间手术室独立设置。

2. 简单分析

① 与表 10-7、表 10-10 相比，洁净辅助用房稍缺。

② 正负压切换手术室目前的位置不符合《医院洁净手术部建筑技术规范》规定的"与其相邻区域之间必须设缓冲室"的要求，无缓冲室，且与手术部的污物清洗处相通也不合适。其位置位于平面的最里端，如病人走中部的正常电梯，将污染一片区域，如右方电梯又走污物又走感染病人，是不合适的。

③ 更衣室平面应明确区分脱衣和穿衣（二更），为防止脱衣过程中的纤维衣屑等飞扬进入洁净区，应在穿衣处送风，使二更达到 30 万级（209E）或 10 万级（209E），不回风，风从二更压向非洁净区。所以从洁净分区图上看，穿衣（二更）应划在洁净区，并是洁净区的一个入口。

厕所绝对不能如图 10-11 所示那样布置，设在进入内区的附近，因为上厕所必须是在穿衣之前，可上可不上，上完以后要洗手，要二次换鞋。所以厕所可设在脱衣处甚至换鞋之前。

图 10-12 为较好的做法。

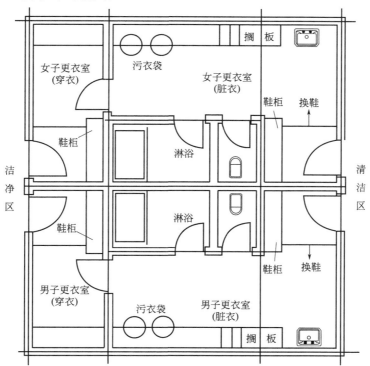

图 10-12　区别脱衣、更衣的卫生通过

④ 如果清洁走廊仅是走卫生人员，为回收污物的通道，如图 10-11 所示用一般的门是对的，而且门的开启方向也是对的，应向内。这是易为一般设计者忽略的地方。

⑤ 洁净走廊与清洁走廊共属洁净区，其间无须设缓冲室，而清洁走廊与非洁净区，按规范要求"洁净区与非洁净区之间必须设缓冲室或传递窗"。一般设计者都忽略了这一点。

⑥ 苏醒室应靠近麻醉办公室等处，并有可观察的透明点。因为病人苏醒过程中要有人监护，图上位置未能体现这一点。

⑦ 规范要求"Ⅲ、Ⅳ级洁净手术室可 2～3 间合用一个系统"，现在虽然 1 间 1 台机组，也无不可。

二、洁净手术部例 2

该实例选自《洁净手术部建设实施指南》，其二层平面见图 10-13，三层平面见图 10-14。

1. 概况

建筑面积 8000m^2，分别在大楼的二层和三层设洁净手术部，设双走廊。

① 二层手术室有：Ⅰ级手术室 1 间（铅防护），一个空调系统；Ⅲ级手术室 8 间，其中一间为正负压切换，一间为铅防护。正负压切换的为 1 个空调系统，其余的为 2 个空调系统。洁净走廊，10 万级（209E），2 个空调系统。

ICU，1 个空调系统。

更衣区，1 个空调系统。

办公区，1 个空调系统。

② 三层手术室有：Ⅰ级手术室 4 间，其中铅防护 1 间，每间一个空调系统；Ⅱ级手术室 6 间，每间一个空调系统。

洁净走廊，10 万级（209E），2 个空调系统。

ICU，1 个空调系统

更衣区和办公区，1 个空调系统。

新风系统为每一空调系统独立采用，只有净化处理。排风系统各手术室独立。

2. 简单分析

① 每层有各自的更衣室，避免只在一层设，经过垂直通道会有污染的问题，但与例 1 一样，同样存在脱衣、更衣区分等问题。

② 二层清洁走廊上缺少污物集中地。

③ 正负压切换手术室布置较好，独立自成一区，有自用电梯。

④ 换床室应分隔，不宜将洁净车放置于洁净走廊。

⑤ 刷手间通过独立的非自动门进入手术室是不合适的。

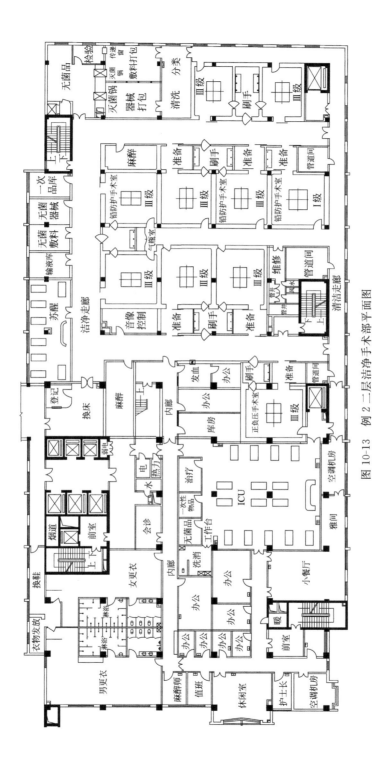

图 10-13 例 2 二层洁净手术部平面图

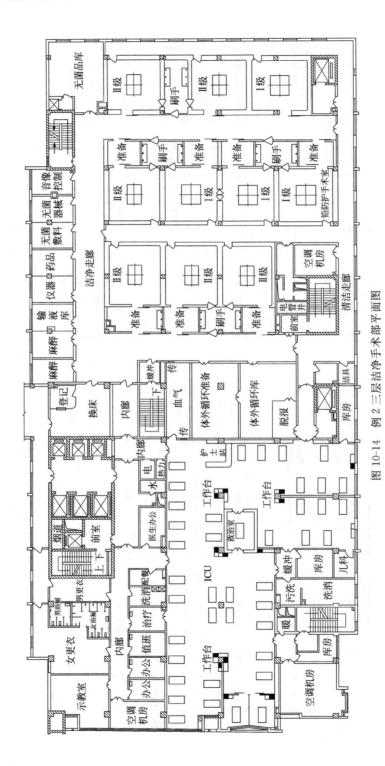

图 10-14　例 2 三层洁净手术部平面图

⑥ 一次性物品室未跨区，规范给出的跨区原则的示意见图 10-15，并参见图 10-1。

⑦ 洁净手术室都有准备间，属带前室的布置，方便，但面积占用较多。

⑧ Ⅰ级手术室边上无辅助房间，对大型手术恐有不便。

⑨ 三层 ICU 左侧在中心设 4 张床，于气流组织不利，容易造成交叉污染。一般应当在一侧设床，另一侧回风；或两侧设床，中间送风，两侧回风。

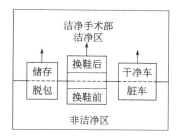

图 10-15　跨区示意

三、洁净手术部例 3

该例选自《洁净手术部建设实施指南》，其手术部平面布置见图 10-16，手术室平面见图 10-17。

1. 概况

建筑面积 1100m²，位于病房大楼第 11 层，空调机房在 6 层，平面为双走廊型。

Ⅰ级手术室 1 间，1 个空调系统，阻漏式洁净送风天花集中送风。Ⅱ级手术室 2 间，1 间 1 个空调系统，阻漏式洁净送风天花集中送风。Ⅲ级手术室 2 间，共用 1 个空调系统，阻漏式洁净送风天花集中送风。Ⅳ级手术室 1 间，为正负压切换，1 个空调系统。辅助房间，1 个空调系统。ICU 及其辅助间，1 个空调系统。

新风系统为每个空调系统独立采用，只有空调净化处理，排风机为各手术室独立设置。

2. 简单分析

① Ⅰ级手术室放在最里端，干扰最小。

② 更衣室符合规范要求，分为脱衣和更衣。

③ 复苏室紧靠护士办和麻醉办，并可观察。

④ 换车处脏车放在走廊上，地方显然不足，若进入换车处换，换车处未区分洁净与非洁净，地方也小。

⑤ 清洁走廊一端设污物集中是合适的。

⑥ 一次性物品室未跨区，参见图 10-1。

⑦ Ⅵ级手术室和清洁走廊均应为 30 万级（209E），属洁净区，不应划成不同的区分标志。

⑧ 清洁走廊与非洁净区之间应有缓冲室。

⑨ 采用阻漏式洁净送风天花集中送风为安装带来方便，无泄漏之患。

⑩《洁净手术部建设实施指南》是在 2002 版《医院洁净手术部建筑技术规范》的基础上编写的，该规范有在送风面下设输液导轨的规定，在 2013 版中已取消，因在送风面下有摩擦滑动是不适宜的。

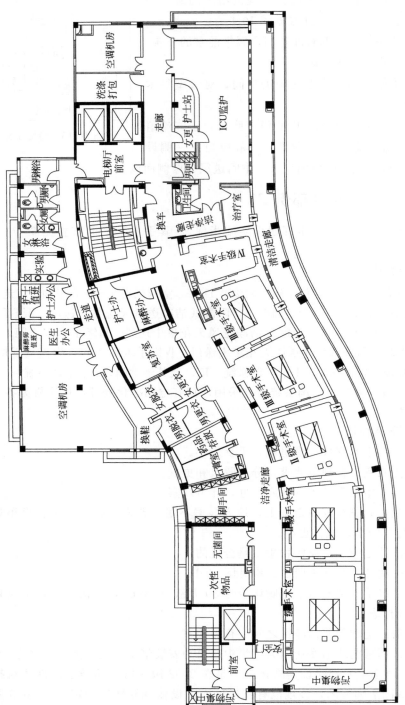

图 10-16　例 3 洁净手术室平面图

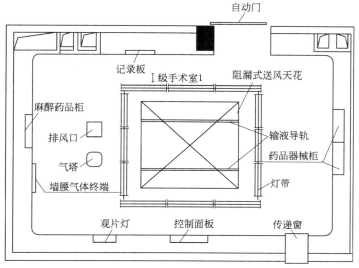

图 10-17　例 3 洁净手术室平面图

四、洁净手术部例 4

该例选自《洁净手术部建设实施指南》，其平面布置见图 10-18。

1. 概况

建筑面积 $4307\mathrm{m}^2$，设于二层。

Ⅰ级手术室 2 间，1 间 1 个空调系统；Ⅲ级手术室 14 间，两间合用一个系统；共 32 个空调净化系统。

平面布置为中心岛型。最中心为无菌走廊（无菌物品通道），1 万级（209E）。手术室外围是洁净走廊，为医护人员、病人及术后污物通道，10 万级（209E）。每间手术室配刷手间（医生通过）、麻醉诱导间（病人通过）及清洗间（术后污物在此处理后通过）。新风设两套集中预处理系统，专为手术室服务，一为正常新风供应，一为正压新风供应。排风机每间手术室独立设置。

2. 简单分析

① 一般洁净手术部无菌物料从 10 万级（209E）洁净走廊进入，所以本例无菌走廊也可定为 10 万级（209E）。

② 平面非常规整，对运作管理有利。

③ 手术室后门不走人，只为进入无菌物料，也可改为大传递窗。

④ 洁净走廊与非洁净区之间有缓冲，例如在走廊与图中左、右下方的污洗室之间应有缓冲，可设污洗室外的小间为缓冲室，这种缓冲室并不一定是另一间房间，将走廊隔出一小段，增加一道门就行了。

⑤ 人员卫生通过建在本层，应注意防止受污染。

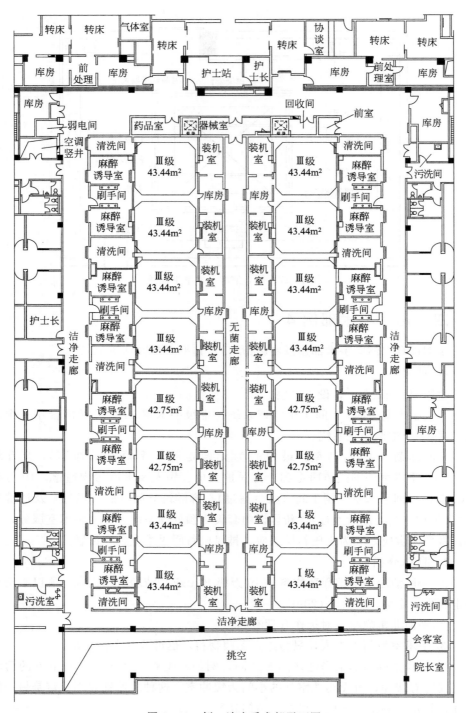

图 10-18 例 4 洁净手术部平面图

五、洁净手术部例 5

本例选自《洁净手术部建设实施指南》，其平面布置见图 10-19。

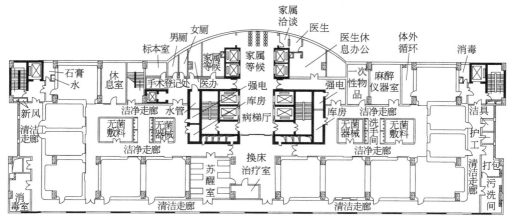

图 10-19　例 5 四层洁净手术部平面图

1. 概况

建筑面积 1998m^2，建于病房综合楼三、四层，设洁净手术室 22 间。Ⅰ级手术室 2 间，每间 1 台空调机组（其中一间与其体外循环室共用一台机组）。Ⅱ级手术室 5 间，每间一台空调机组。Ⅲ级手术室 6 间，每 3 间合用一台空调机组。Ⅳ级手术室 9 间，其中 4 间用一台空调机组，另 5 间用一台空调机组。洁净走廊用一台空调机组。洁净走廊辅房用一台空调机组。新风集中供应，设 3 台新风机组。排风机为每间手术室独立设置。

2. 简单分析

① 一次性物品区未跨区，在本例中容易改动，见图 10-20。

② 清洁走廊压力应高于消毒室（左下方）和污洗室（右下方），后两室对走廊为负压，故门应向走廊开启。其他如洁具室、护工室也应如此。

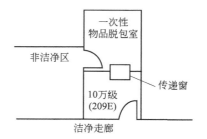

图 10-20　一次性物品室改动方案

③ 所有手术室洁净度都高于清洁走廊，故门的开启方向应向内。

④ 清洁走廊与通向室外的非洁净区之间应有缓冲。

六、负压隔离病房例

该例的隔离病房区平面布置见图 10-21（设计人梁磊、刘华）。

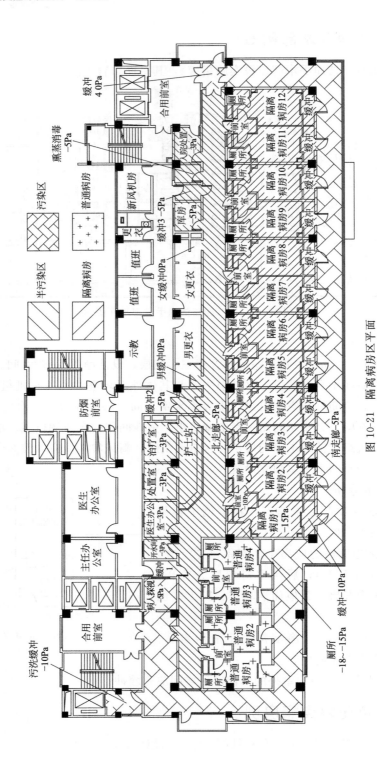

图 10-21　隔离病房区平面

该例的双人隔离病房平面见图 10-22。

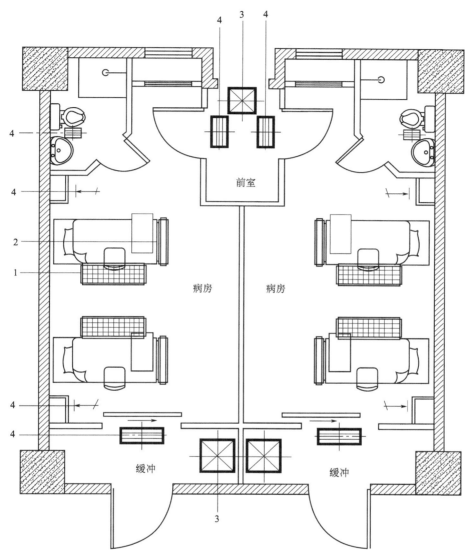

图 10-22　双人隔离病房平面

1—隔栅主送风口；2—条形次送风口；3—亚高效送风口；4—回（排）风口，内含无泄漏高效排风装置

1. 概况

隔离病房位于中心楼 12 层，1600m²，设 12 套负压隔离病房，4 套普通病房。每两套病房共用一个前缓冲室，单用一个后缓冲室。此外，在病区有关出入口皆有缓冲室，实现"三区（清洁区、半污染区和污染区）两缓（病房入走廊、走廊至外界）"，大大提高了隔离能力。各区采用独立空调系统。清洁区用风机

盘管加独立空调系统；半污染区用一个独立的全空气系统；污染区隔离病房每套有独立的全空气系统，高低两挡风速。其他区域为一个独立的全空气系统。

病房12次换气，缓冲室60次换气。

压力梯度见图10-23。

```
厕所-18~-15Pa←病房-15Pa←病房前缓冲室-10Pa←内走廊-5Pa←缓冲0Pa←清洁区（正压）
```

图 10-23 压力梯度设置

2. 简单分析

① 病房前后均有走廊，充分实现洁污分流。

② 病房前后设缓冲室，走廊与外界各部结合都有缓冲，将大大提高隔离效果，提高安全性，由于是因地制宜的设置，并未显出多用面积。缓冲4应为正压。

③ 病房设在一侧，辅房设在对面一侧，整齐划一，便于使用和控制污染。

④ 前室通病房的门，方向应反过来，因为前室压力高于病房。

⑤ 双人病房采用送风口集中于两床之间的布置，有利于控制污染散播。

⑥ 由于排风口安有无泄漏负压高效排风装置，所以可以切换成回风，因回风要经99.9999%以上滤菌效率过滤器过滤，过滤器边框又无泄漏，只有室内每立方米有几百万个至几千万个的细菌时，回风才能有一个细菌通过，这一概率是极小的。

⑦ 这一顶棚安风机盘管的方式，应处理好万一仍有凝结水的积存和排除问题。

七、白血病病房例

图10-24所示为北京大学深圳医院白血病病房病区平面图（设计人张彦国）。图中洁净度级别采用209E级别。

图10-25所示为该白血病病房机房剖面。

1. 概况

① 建于病房楼的11层，将一片扇形的普通病房区改造成血液病房区，专为其服务的净化空调系统机房设在12层对应位置上，辅助区系统的机房设在11层。

病区共有5级白血病房4间，均为8m²左右；6级病房1间；其他辅助治疗间12间，加机房总面积约280m²。

② 设计参数，参照YFB-004—1997《军队医院洁净护理单元建筑技术标准》确定，采用的是洁净用房（有洁净度级别），见表10-36。

表中0.25m/s风速为白天的，夜晚病人入睡时，实际控制在0.12m/s以上。

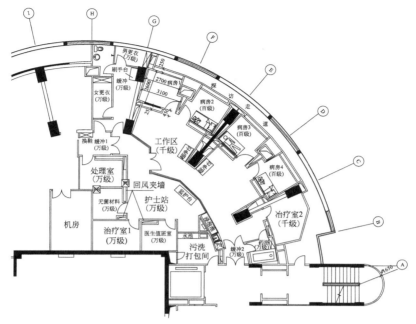

图 10-24　白血病病房病区平面图

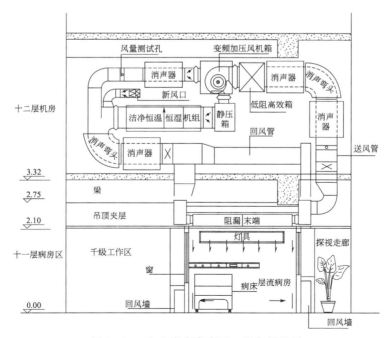

图 10-25　白血病病房病区、机房剖面图

③ 空调净化系统设置：每间病房均为独立系统，辅助房间另设一个系统。因病房风量大，冷热负荷小，采用恒温恒湿机组（在病区内可远程控制），另配加压风机的 2 次回风系统，风机变频控制。辅助区系统为一次回风。该系统 2002 年建成后一直运行正常。

表 10-36　各房间设计参数

房间	静压差程度	换气次数 /（次/h）	截面风速 /（m/s）	温度/℃		相对湿度 /%	A声级噪声 /dB(A)
				冬季	夏季		
5 级病房	++		0.25	22～24	24～26	45～60	45～50
6 级病房	+	50		22～24	25～27	45～60	50
7 级病房	+	25		22～24	25～27	45～60	50

2. 简单分析

① 病房吊顶以上、梁以下的净高只有 0.5m，按常规垂直单向流要在顶棚满布高效过滤器是无法实现的，设计者采用只有 0.35m 厚的阻漏式洁净送风天花，顺利地解决了这一难题。

② 设计者考虑病房两侧下部连续回风，这是十分必要的。如果断续回风，回风速度将提高，是不希望发生的。设计者采用了定风向可调风量回风口，保证了回风均匀。

③ 为了确保室内安静，送、回风管路上都设计了两节消声器再加消声弯头，可以说，充分利用了硬吊顶以上技术夹层空间，保证噪声达标。

④ 病房工作区侧的窗下有平台，窗上有开孔，可以用来作不进病房的诊治之用；探视走廊侧的窗下也有平台，方便探视人员。

⑤ 工作区设了 2 台洁净工作台，做到可以及时就地化验。

⑥ 医护人员和病人从两个方向进入病房区，病人进来后先药浴，这有利于污染控制和管理。

3. 问题讨论

① 白血病房内要不要设卫生间。从本例可见是没有设卫生间的。反对设的观点是：在病人白细胞下降到"0"的过程中，病人无一点抵抗力，护理实践表明，一旦有些微感染，都将是致命的，更何况病人的粪便还要去称量、化验，不能"一冲了之"。为了病人的安全，不应设厕所。

主张设的观点是：谁也不愿意在床上大小便，只要对卫生间保持经常清洁、消毒、负压，是不会出大问题的。

该例是否设卫生间，应从白血病人进入病房后的治疗过程去分析。

第一阶段为准备过程，其特点是怕病人污染了洁净病房。

进入病房的病人是带菌的，要经过 1：2000 洗必泰药浴、肠道灭菌，每天都要对病人耳后、耳眼、脐眼、肛门、鼻腔等处检菌和消毒，在此期间衣、被要常换，经过各种化验检查，确认已彻底消毒后，要插输液管，要进行放疗或化放疗2～4d，目的是将体内白细胞杀死，病人白细胞可能降到"0"。在此之前若病人身上的细菌污染了室内和空气，将会造成严重后果。

第二阶段为治疗进行过程，其特点是怕病人受到感染。

在放、化疗后，给病人回输骨髓或干细胞。在此期间病人抵抗力一直丧失直至完全丧失，最怕感染，甚至连吹风引起的感冒都极危险。所以，此时必须确保一切操作无菌、空气无菌，保证室内正压。有的医院在此期间还用过氧乙酸等消毒剂对室内空气表面进行喷雾消毒（病人可罩起来吸氧，系统停机，半小时后可开机自净）。

第三阶段是病人在室内应等待到中性粒细胞上升到500，白细胞到2000，才可能移至洁净度低一级的病房或继续治疗直至出院。

从上面对治疗过程的分析可见，在第一阶段，由于病人锁骨下静脉插有输液管，不仅不方便也怕污染。在第二阶段病人处于全卧床状态，最怕感染，而卫生间虽经消毒，也难免有疏漏。只有第三阶段可以适当自由。因此，在治疗期病房是否设卫生间确实应由院方和设计人员认真对待。

② 白血病病房居住性环境问题。据何广麟研究，白血病患者久受疾病折磨，易产生忧郁心理，加之长期独居一室，难免感到孤独。只有少数医护人员经过严格净化程序方能进入病室，更易造成患者紧张情绪。针对上述心理机能的反应，需要在患者心理上形成一种安全感与亲切感，需要为其提供信息和与亲朋等交往的机会，将其置身于社会生活中，这就要求创造一个适宜的病房环境，以满足患者的心理需要。因此，在建筑设计时强调医疗环境的居住性是十分重要的。

何广麟提出的创造病房居住性的措施如下。

a. 空间尺度的考虑。病房空间一般都较狭窄、低矮，给患者心理上产生一种压抑、闭塞感，影响治疗效果。这就需要利用建筑处理手段扩大患者的视觉域，使其在心理上获得开敞的感觉。为此，在设计中可设置通透隔断使病房与前室（或护士站）、探视廊等在视觉上隔而不断，形成一个完整空间，使患者随时可看见医务人员和探视亲友。通过设置窗台尽可能低矮的大面积窗，以引入室外自然景物与时辰变化，以造成景观变化。

b. 室内色彩的考虑。色彩是易引起人们情感变化的外界因素之一，也是组成客观环境的要素之一。色彩不仅有美学价值，且有功能和心理价值，不同色彩会在机体上引起不同的感情和活动能力。在洁净病房设计中，对色彩设计可做以下考虑：

（a）改变传统使用的白色。国外、国内所做的实验表明，白色并不总是有利于病人的，因为患者离开习惯的生活环境住进陌生的病房环境，单调的白色不易引起病人对家庭和社会生活环境的联想，从而在心理上感到单调、冷淡，不利于患者的康复。根据白血病患者需要稳定、安静的室内气氛，宜采用绿色或蓝色作为基本色调，特别是绿色使人感到舒畅、清新、亲切，在这样的环境中白血病患者可减少烦闷的情绪，从而耐心地接受治疗。

（b）统一中求变化，打破色彩的单调感。基本色面积大，宜采用彩度低的色彩。为了打破色彩的单调感而又不破坏整体效果，病房中的陈设（如床头柜、电视等）以及探视廊、前室的墙面上适量地运用彩度高的色彩，通过基本色和强调色的对比，并利用可变色彩（如灯光、医护人员衣物，以及患者被褥等）以丰富室内环境，并使其具有更多的家庭气氛，使患者感受到住院是日常生活的延续，在心理上觉得快慰。

c. 多种措施并举。主要的措施有：

（a）采用背景音乐，有控制和有节奏地播放低缓、轻柔的曲调，以转移患者对噪声的注意力。

（b）保证患者和亲友、护士交流。这对身患重病而又需较长时间独居一室的白血病患者尤为重要。他们需时常看到亲友，得到心理上的安抚，平时看到工作人员活动，也有助于消除患者的恐惧。为此，设计中可设置近视廊，并在病室与护士工作前室之间采用通透玻璃隔断，尤其对近视廊内陈设（如盆景、壁画等）的布置与暖色彩的运用更要为与亲友的会见烘托出一种亲切、欢快的家庭气氛。

八、 ICU 例

原设计如图 10-26 所示（设计人刘华），主要问题是两侧上送风，一侧上回风，使有回风一侧处于无回风一侧的下风向（两侧均布置病床），而且因是上回风，使下风侧病人呼吸带高度污染更严重，这是严重违反污染控制原则的。

设计人改变了原设计，设计了以下两种方案。

方案 1：中间顶部送风，两侧下回风，见图 10-27。

该方案通过气流把两侧隔开，达到了不使一方处于另一方下风向的目的。这一方案简单，也是常规应该采用的方案。

此外，在送风口和回风口都安装了超低阻高中效过滤器，新风采用了超低阻高效率新风净化机组。

方案 2：采用隔离病房的送风方案，在床侧设主送风口，床尾设次送风口，主送风口对侧床头侧下方设回风口，使每一病床都能彼此隔离，形同病房，其他过滤设施见方案 1。应该说这一方案比上一个方案更可行。由于超低阻高中效过滤器便宜，并未增加设备费用，此方案应该是首选的方案，见图 10-28。

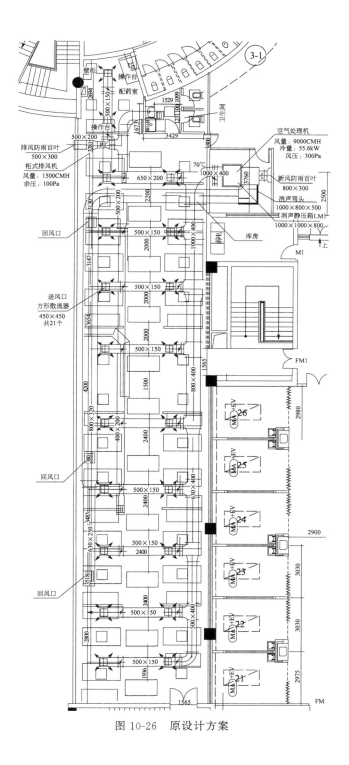

图 10-26 原设计方案

261

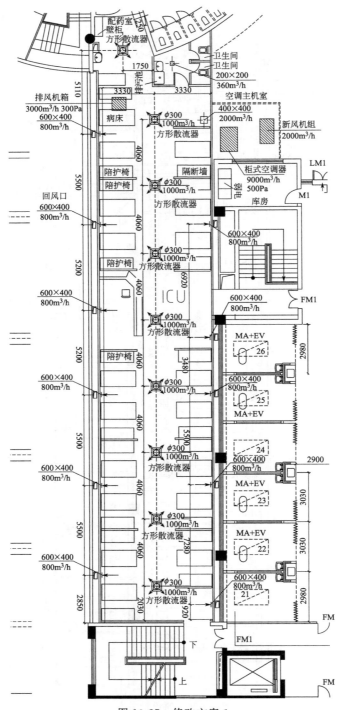

图 10-27　修改方案 1

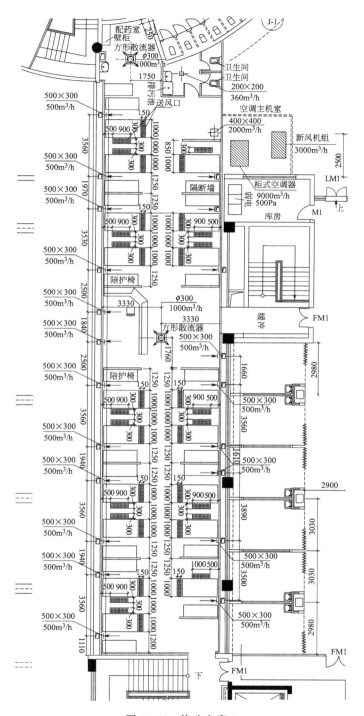

图 10-28　修改方案 2

第十一章

生物安全实验用房

第一节 基本概念

一、概念

生物安全实验用房即通过防护屏障和一系列安全管理措施达到确保生物安全目的的生物实验室和动物实验室，统称生物安全实验室。

二、组成

由主实验室、其他实验室和辅助用房组成。

主实验室——生物安全柜或动物隔离器所在的房间，或穿正压防护服工作的实验室。是生物安全实验室中污染风险最严重的区域。

其他实验室——进行辅助实验，但没有安全柜或动物隔离器，也不穿正压防护服的一般实验室。

辅助用房——如缓冲室、更衣室、浴室等。

第二节 设计要点

一、分级

实验室分级原则见表 11-1。

表 11-1 分级原则

实验室分级	处理对象
一级	对人体、动植物和环境危害较低，不会引发健康成人疾病
二级	对人体、动植物和环境有中等危害或具有潜在危险的致病因子

实验室分级	处理对象
三级	对人体、动植物或环境具有高度危险性,甚至使人传染上致命疾病
四级	对人体、动植物或环境具有高度危险性,传播途径不明,没有预防和治疗措施

微生物生物安全实验室采用符号为 BSL-1、BSL-2、BSL-3、BSL-4。

动物生物安全实验室采用符号为 ABSL-1、ABSL-2、ABSL-3、ABSL-4。

二、建筑隔离原则

总图设计上应强调隔离,见表 11-2。

表 11-2　总图设计应遵循隔离的原则

名称	建筑物	位置
一级生物安全实验室及其辅助用房	可共享建筑物	无要求
二级生物安全实验室及其辅助用房	可共享建筑物,但应自成一区,宜设在其一端或一侧,与建筑物其他部分可相通,但应设可自动关闭的门	新建的应远离公共场所
三级生物安全实验室及其辅助用房	可共享建筑物,但应自成一区,宜设在其一端或一侧,与建筑物其他部分设密闭门相通	应远离公共场所,主实验室离外部建筑物距离应不小于外部建筑物高度的1.2倍
四级生物安全实验室及其辅助用房	独立建筑物	应远离公共场所,宜远离市区,其间宜设植物隔离带。主实验室与外部建筑物距离应不小于外部建筑物高度的1.5倍

三、人身安全防护原则

人的安全是第一位的,人身安全防护措施见表 11-3。

表 11-3　人身安全防护措施

一级生物安全实验室	一般无须使用生物安全柜,或使用Ⅰ级生物安全柜
二级生物安全实验室	当可能产生微生物气溶胶或出现溅出的操作时,应使用Ⅰ级生物安全柜;当处理高浓度或大容量感染性材料时,均应使用部分或无循环风的Ⅱ级生物安全柜
三级生物安全实验室	所有涉及感染材料的操作,必须使用Ⅱ级安全柜。若涉及化学致癌剂、放射性物质和挥发性溶媒,为防止这些物质的积累,则只能使用Ⅱ-B级全排风生物安全柜或Ⅲ级安全柜
四级生物安全实验室	必须使用Ⅲ级全排风生物安全柜或其系列生物安全柜。当人员穿着正压防护服时,可使用Ⅱ-B级全排风生物安全柜

四、设计参数

主要用房技术指标如表 11-4 所列 [引自《生物安全实验室建筑技术规范》(GB 50346—2011)]。

表 11-4 主实验室的主要技术指标

级别	相对于大气的最小负压	与室外方向上相邻相通房间的最小负压差/Pa	洁净度级别	最小换气次数/(次/h)	温度/℃	相对湿度/%	噪声/dB(A)	最低照度/lx	围护结构密闭性（包括主实验室及相邻缓冲间）
BSL-1/ABSL-1	—	—	—	可开窗	18~28	≤70	≤60	200	—
BSL-2/ABSL-2	—	—	—	可开窗	18~27	30~70	≤60	300	—
BSL-3 中的 a	−30	−10	7 或 8	15 或 12	18~25	30~70	≤60	350	所有缝隙应无可见泄露
BSL-3 中的 b1	−40	−15							
ABSL-3 中的 a 和 b1	−60	−15							
ABSL-3 中的 b2	−80	−25					≤60	350	空气压力维持在 −250Pa 时，房间内每小时泄漏的空气量应不超过受测房间净容积的 10%
BSL-4	−60	−25							房间维持 −500Pa 后，20min 内自然衰减的气压小于 −250Pa
ABSL-4	−100	−25							

五、净化空调

1. 系统

a. 一级、三级生物安全实验室可开窗，故无压差、换气次数等要求。

b. 我国从实践中提出了加强型二级生物安全实验室的要求，即通过带循环风的空调系统甚至全新风等措施加强安全防护水平，常用 P2＋表示。并且要设缓冲间。

c. 三级、四级生物安全实验室应采用洁净空调系统，全新风。

2. 排风

a. P2＋的排风要经过高效过滤器。

b. 三级、四级生物安全实验室排风不仅要经过高效过滤器，还要求能原位消毒和检漏。

c. 四级生物安全室排风应设两道高效过滤器。

d. 排风口应距周围建筑不小于 20m。

e. 排风口距新风口应大于 12m，并在所在建筑屋面 2m 以上。

3. 气流组织

a. 实验室宜采用上送下排方式。

b. 当人员穿正压防护服且平面布置上有不便时，或者是 ABSL 以防止动物损坏回、排风口，也可采用上送上排。

六、主要设施

1. 生物安全柜

在第八章第四节已对生物安全柜的原理、结构、分级等做了简要介绍，在安全柜安装于安全实验室后的使用时，应特别注意它的开、关对生物安全实验室的状况会产生相当影响，从而影响实验室的安全性。根据国家建筑工程质量监督检验中心空调净化检测室（现为国家空调设备质量检验检测中心净化空调检测部）近十年间的检测数据，曹国庆等总结出安全柜可能给实验室带来的问题，主要有：

a. 安全柜排风量不足，安全柜无法正常启动。这或者是排风机选型的问题，也或者是由排风系统的变风量控制模式上存在一定的时间差造成的。

b. 房间工况切换时出现压逆转。这一情况出现在某一时段房间送风量超过房间及安全柜排风量之和时，或者当工作间与其缓冲间负压风量不匹配时，这些都大大增加了安全风险。

c. 工程切换时室内负压过大，对围护结构易产生破坏。

d. 多台安全柜切换时系统紊乱，这类问题多由同时启动多台安全柜时系统阀门切换不及时、跟不上造成。

提出的解决方案是：

a. 更换快速响应阀门。

b. 优化操作模式和设备性能。

c. 优化定送变排、安全柜排风等量切换模式。

2. 动物隔离设备

见第十三章。

3. 蒸汽灭菌器

生物安全实验室所用的蒸汽灭菌器内气体必须经过高效过滤器处理后排放。冷凝水必须经过高温高压消毒灭菌后排放。

4. 气（汽）体消毒设备

过去常用甲醛作为消毒剂，但由于其对人体有较大危害，现在国内外多采用过氧化氢（H_2O_2）、二氧化氯（ClO_2）作消毒剂，尤其是后者为首选。

气（汽）体消毒主要采用密闭熏蒸方法。对被消毒的大空间在消毒后应进行自净排风。

5. 气密门

过去主要有两种气密门：一种是带密封圈的机械压紧式气密门。如果密封条弹性不足或垫有异物或长时间后老化变硬等，仍有漏泄可能。另一种是充气式密封门，一般为进口产品，需要有充放气设备和系统，可充气胶管（置于门板骨架的凹槽内）一般为进口产品。使用中发生过因异物垫扎而导致胶管破裂事故。设备复杂价格较贵。

由于现在要求在±500Pa（过去是−250Pa）条件下检漏都无漏，上述原理密封门都有漏的可能。

国内专利产品正负压密封门则在即使密封元件有缝隙情况下，不论室内是达到500Pa正压或是负压，皆不会发生室内空气漏至外部的可能。

6. 原位点扫描检漏装置

获得美国和欧洲6国专利的国产原位点扫描检漏装置（苏州汇通空调净化工程有限公司生产）比现有的线扫描装置更有效。

7. 化学淋浴系统

这一系统主要应用于高级别生物安全实验室。该实验室设有化学淋浴间，当操作人员从污染区进入此淋浴间后，启动消毒开关，即有化学消毒剂对防护服进行喷雾淋浴，大约1min后化学药剂喷雾停止而冲洗喷头开始喷水冲洗。可以控制冲洗时间，冲洗完成后开启空气吹淋装置，工作服上的水分吹干后，被吹人员即可脱除防护服。

第三节　高级别生物安全实验室建设管理

一、严格立项

由于生物安全实验室涉及国家核心利益，是国家安全的重要组成部分，所以它的建设立项极其严格。设计者必须关注的国家相关法律法规主要有：

《病原微生物实验室生物安全管理条例》（国务院令第424号）

《高等级病原微生物实验室建设审查办法》（科学技术部令第18号）

《人间传染的高致病性病原微生物实验室和实验活动生物安全审批管理办法》（卫生部第50号令，国家卫健委于2022年1月进行了修订）等法令、法规和管理办法。

二、熟悉和掌握的法规

目前我国已出台的关于生物安全实验室建设技术方面的法规主要有：

《实验室　生物安全通用要求》GB 19489—2008

《生物安全实验室建筑技术规范》GB 50346—2011

《实验动物设施建筑技术规范》GB 50447—2008

《病原微生物实验室安全通用准则》WS 233—2017

《进出境动植物检疫法实施条例》

《医疗废弃物管理条例》

《农业转基因生物安全管理条例》

《实验动物管理条例》

《实验动物　环境及设施》GB 14925—2010

《移动式实验室　生物安全要求》GB 27421—2015

第十二章

制药工厂净化空调

第一节　标准和级别

现代制药工厂实行《药品生产质量管理规范》，即 GMP 制度。保证 GMP 实施的硬件措施之一是空气洁净技术。

一、 GMP 定义的空气洁净度级别内涵

① GMP 定义的空气洁净度级别是对无生命微粒和有生命微粒都实行控制。

② 对 $\geqslant 0.5\mu m$ 和 $\geqslant 5\mu m$ 两个粒径的微粒都控制。

③ 沉降菌浓度和浮游菌浓度任选一种控制。

④ 静态作为鉴定、验收标准状态，动态作为日常监控标准状态。

二、各种 GMP 的空气洁净度级别

我国和世界卫生组织（WHO）的 GMP 洁净度级别见表 12-1。欧洲的 GMP 洁净度级别见表 12-2。

表 12-1　我国和世界卫生组织（WHO）的 GMP 洁净度级别

名称	空气洁净度级别	$\geqslant 0.5\mu m$ 微粒 /（粒/m³）		$\geqslant 5\mu m$ 微粒 /（粒/m³）		浮游菌 /（CFU /m³）	沉降菌 (ϕ90mm) /（CFU /4h）	表面微生物	
		静态	动态	静态	动态			接触碟 (ϕ55mm) /（CFU /碟）	五指手套 /（CFU /手套）
中国 GMP(2010) 和《药品包装用材料、容器注册验收通则》(2000)	A	3520	3520	20	20	<1	<1	<1	<1
	B	3520	352000	29	2900	10	50	5	5
	C	35200	3520000	2900	29000	100	50	25	—
	D	352000	不做规定	29000	标准规定	200	100	50	—

续表

名称	空气洁净度级别	≥0.5μm 微粒/(粒/m³)		≥5μm 微粒/(粒/m³)		浮游菌/(CFU/m³)	沉降菌(φ90mm)/(CFU/4h)	表面微生物	
		静态	动态	静态	动态			接触碟(φ55mm)/(CFU/碟)	五指手套/(CFU/手套)
中国兽药 GMP (2002)	A	3520	3520	不做规定	不做规定	<1	<1	<1	<1
	B	3520	352000	不做规定	2900	10	5	5	5
	C	352000	3520000	2900	29000	100	50	25	—
	D	3520000	不做规定	29000	不做规定	200	100	50	—
WHO GMP (1992)	A	≤3.5×10^3	≤3.5×10^3	0	0	<1			
	B	≤3.5×10^3	≤3.5×10^3	0	0	≤5			
	C	≤3.5×10^5	≤3.5×10^5	≤2×10^3	≤2×10^3	≤100			
	D	≤3.5×10^6	≤3.5×10^6	≤2×10^4	≤2×10^4	≤500			

表 12-2 欧洲 GMP（2005/2008）的洁净区微生物监控动态标准

空气洁净度级别	≥0.5μm 微粒/(粒/m³)		≥5μm 微粒/(粒/m³)		浮游菌/(CFU/m³)	沉降菌(φ90mm)/(CFU/4h)	表面微生物	
	静态	动态	静态	动态			接触碟(φ55mm)/(CFU/碟)	五指手套/(CFU/手套)
A	3520	3520	20	20	<1	<1	<1	<1
B	3520	352000	29	2900	10	5	5	5
C	352000	3520000	2900	29000	100	25	25	—
D	3520000	不做规定	29000	不做规定	200	100	50	—

我国 GMP（2010）其分级内容和欧盟 GMP（2008）相同。

三、药品生产各工序的空气洁净度级别

药品对空气洁净度级别的具体要求见表 12-3。

表 12-3 药品对空气洁净度级别的具体要求

级别	无菌药品		非无菌药品	原料药	
	非最终灭菌	能最终灭菌		无菌原料药	非无菌原料药
B 级背景下的A 级	①产品灌装(或灌封)、分装、压塞、轧盖 ②灌装前无法除菌过滤的药液或产品的配制 ③产品处于未完全密封状态(如冻干过程中轧盖前的状态)下的操作和运转 ④直接接触药品的包装材料、器具灭菌后的装配以及处于未完全密封状态下的运转和存放			粉碎、过筛、混合、分装	

级别	无菌药品		非无菌药品	原料药	
	非最终灭菌	能最终灭菌		无菌原料药	非无菌原料药
C级背景下的A级	轧盖	①对容易长菌、灌装速度很慢、灌装所用容器为广口瓶、容器须暴露数秒后方可密封等高污染风险产品的灌装（或灌封） ②兽药大容量注射剂灌封			
D级背景下的A级	轧盖				
B级	①处于未完全密封（如轧盖前）状态下的产品置于完全密封容器内的运转 ②直接接触药品的包装材料、器具灭菌后处于密闭容器内的转运和存放				
C级	①灌装前可除菌过滤的药液或产品的配制 ②产品的过滤 ③吹灌封设备所处的环境	①产品的灌装（或灌封） ②容易长菌、配制后需要等待较长时间方可灭菌或不在密封容器中配制的高污染风险产品的配制和过滤 ③眼用制剂、无菌软膏剂、无菌混悬剂的配制、灌装（或灌封） ④直接接触药品的包装材料和器具最终清洗后的处理 ⑤兽药大容量非静脉注射剂灌封 ⑥接触兽药制品的包装材料最终处理后的暴露环境			
D级	①直接接触药品的包装材料、器具的最终清洗、装配或包装、灭菌 ②无菌生产隔离器所处的环境	①轧盖 ②灌装前物料的装备 ③产品浓配或采用密闭系统的稀配 ④产品过滤 ⑤直接接触药品的包装材料和器具的最终清洗 ⑥直接接触兽药的包装材料的最后一次精洗 ⑦吹灌封设备所处的环境	①口服液体、固体、腔道用药（含直肠用药）、表皮外用药等非无菌制剂的暴露工序区域 ②直接接触上述药品的包装材料最终处理的暴露工序区域		精制、干燥、粉碎、包装等生产操作的暴露环境

级别	生物制品		中药制剂
B级背景下的A级	①无菌药品中非最终灭菌的产品规定的各工序 ②灌装前不经除菌过滤的制品其配制、合并等		①提取、浓缩、收膏工序采用敞口方式生产的,其操作环境应当与其制剂配制操作区的洁净度级别相适应 ②浸膏的配料、粉碎、过筛、混合等操作环境应当与其制剂配制操作区的洁净度级别一致 ③注射剂浓配前的精制工序至少为D级环境
C级背景下的A级	①细胞的制备 ②半成品制备中的接种与收获 ③添加稳定剂、佐剂、灭活剂等		
B级			
C级	①体外免疫诊断试剂的阳性血清的分装、抗原与抗体的分装 ②细胞的培养 ③接种后鸡胚的孵化 ④细菌培养 ⑤灌装前需经除菌过滤制品、配制、添加稳定剂(佐剂、灭活剂)、除菌过滤、超滤等		
D级	①原料血浆的合并、非低温提取、分装前的巴氏消毒 ②口服制剂其发酵培养密闭系统环境(暴露部分需无菌操作) ③酶联免疫吸附试剂等体外免疫试剂的配制、分装、干燥、内包装 ④鸡胚的孵化、溶液或稳定剂的配制与灭菌		

注: 1. 据 GMP(2010)说明,非最终灭菌的无菌药品灌装后轧盖,应根据已压塞产品的密封性、轧盖设备的设计、铝盖的特性等因素,在 C 级或 D 级背景下仅要求静态 A 级的区域中完成。

2. 是兽药 GMP(2002)的要求。

第二节　净化空调设计参数

一、人药 GMP 和兽药 GMP 对比

人药 GMP 与兽药 GMP 比较见表 12-4[兽药 GMP 有关标准引自《兽药工业洁净厂房设计标准》(T/CECS 805—2021)]。

二、具体要求

具体要求见表 12-5。

表 12-4　洁净车间应控制的设计参数

应控制的参数	人药 GMP(2010)	兽药 GMP(2021)
空气洁净度级别(含细菌浓度)	要求	要求
换气次数($\dfrac{\text{送入洁净室风量}}{\text{室体积}}$)	未要求	要求
工作区截面风速	要求	要求
静压差	要求	要求
温湿度	要求	要求
照度	要求	要求
噪声	未要求	要求
新风量	未要求	未要求

表 12-5　GMP 各级别的参数控制值

项目		A 级区	A 级背景下 B 级区	C 级区	D 级区
工作区截面平均风速/(m/s)	兽药	垂直≥0.25,但不大于 0.32 水平≥0.35,但不大于 0.46	局部百级同左		
	人药	垂直≥0.25 水平≥0.35	局部百级同左		
换气次数/(次/h)	兽药	40～60		≥20	≥15
	人药	—			
噪声/dB(A)	兽药	≤65	局部百级区≤65 周边区≤63	≤60	≤60
	人药	—	—	—	—
舒适性温度/℃	兽药	20～24(A、B、C 级),18～26(D 级)			
	人药	18～26			
舒适性相对湿度/%	兽药	45～60(A、B、C 级),45～65(D 级)			
	人药	45～65			
工作区最低照度/lx	兽药	主要操作室≥300 其他区域≥150			
	人药	主要操作室≥300			
静压差/Pa	兽药	相邻不同级别洁净室≥10 洁净室(区)与非洁净室(区)≥10 洁净室(区)与室外≥10			
	人药	相邻不同级别洁净室≥10 洁净室(区)与室外≥10			

注:温湿度为无工艺要求时的数值,冬季取不低于下限,夏季取不高于上限。

人药 GMP 和欧盟 GMP 虽然都未给出具体换气次数，但规定"生产操作全部结束，操作人员撤出生产现场并经 15～20min（指导值）自净后"，洁净区"应当达到"静态级别。即动态 B 级区（7 级）→静态 B 级区（5 级），动态 C 级区（8 级）→静态 C 级区（7 级），动态 D 级区（9 级）→静态 D 级区（8 级）。作者在《药厂洁净室设计、运行与 GMP 认证》一书中得出，6、7、8 级开机换气次数分别为 38 次/h、20.7 次/h、14 次/h，自净换气次数分别为 27.5 次/h、21 次/h、21 次/h。据作者、冯昕等人的计算和实测，A 级背景下的 B 级需要 38～46.4 次/h，自净时间可由 18min 下降到 14min，而且 15～20min 为指导值，高级别的可略低于它，低级别的可略高于它，据此，建议 A 级背景下的 B 级换气次数为 40～50 次/h，C 级换气次数≥20 次/h，D 级换气次数≥15 次/h（此时动态 D 级转静态 D 级的自净时间可能略长于指导值）。表 12-5 中兽药换气次数与上述原则相符。

第三节　我国 GMP（1998）和国外 GMP 的对比

在各国 GMP 中，以欧盟 GMP 的要求最全、最严。欧盟 GMP 是重要的参考对象。为了对欧盟 GMP 有一简明了解，特从各方面对我国 GMP（1998）与欧盟 GMP 和 WHO GMP 进行了对比，见表 12-6～表 12-27。我国 GMP（2010）和欧盟 GMP（2005）基本相同，在参数以外的规定上和 1998 版差别不大，本版未作调整。

表 12-6　对厂区环境的要求

中国 1998 版 GMP		WHO 1992 版 GMP		欧盟 2005 版 GMP	
第 8 条	药品生产企业必须有整洁的生产环境；厂区的地面、路面及运输等不应对药品的生产造成污染；生产、行政、生活和辅助区的总体布局应合理，不得互相妨碍	11.1	原则：厂房选址、设计、施工、改造和保养适合生产操作。其布局及设计必须以降低差错的危险性和能有效地清洁和保养为目标，为的是避免交叉污染，积尘藏秽。总之，避免对产品质量的任何不良影响	3.1	应根据厂房及生产保护措施综合考虑选址问题，应尽可能地减少引起物料或产品污染的因素
第 9 条	……相邻厂房之间的生产操作不得相互妨碍	11.2	（通则）厂房所在的环境，如和保护性生产过程的措施一起考虑时，应使物料或产品发生任何污染的危险度降至最低		

表 12-7　不同 GMP 对平面布置的要求

中国 1998 版 GMP		WHO 1992 版 GMP		欧盟 2005 版 GMP	
第 9 条	厂房应按生产工艺流程及所要求的空气洁净级别进行合理布局。同一厂房内……的生产操作不得相互妨碍	11.8	更衣和贮衣,洗涤及厕所设施应便于使用,并与使用时人数相适应,盥洗室不应与生产区或储存区直接往来	第 3 章原则	布局与设计时应将错误的可能性减至最小,并有利于有效的清洁和维护
第 12 条	生产区和储存区应有与生产规模相适应的面积和空间用以安置设备、物料……	11.9	如可能,保养车间应与生产区分开……	3.5	……生产、贮存和质量控制区不应作为非本区工作人员的通道
		11.15	通常,应具有分开的原料取样区……	3.7	厂房应按生产工艺流程及相应洁净级别要求合理布局
第 28 条	质量管理部门根据需要设置的检验、中药标本、留样观察以及其他各类实验室应与药品生产区分开。生物检定、微生物限度检定和放射性同位素检定要分室进行	11.21	厂房最佳布局的方式应能使各生产区按操作顺序和必需的洁净级别合理连接	3.13	原辅料的称量通常应在专门设计的独立称量室内进行
		11.32	……需要独立的仪器室	3.18	仓储区应有足够空间,以利有序地存放各类物料和产品……
第 29 条	对有特殊要求的仪器、仪表,应安放在专门的仪器室内,并有防止静电、振动、潮湿或其他外界因素影响的设施	17.2	部件准备(例如容器和盖子)、产品准备、滤过及灭菌的各种操作均应在洁净区内的不同地点进行	3.20	接收室的设计和配置应确保进货的外包装在进入仓储区前可进行必要的清洁
第 51 条	更衣室、浴室及厕所的设置不得对洁净室(区)产生不良影响			3.21	在独立区域设置待验区
				3.22	原辅料一般应有独立取样室
				3.23	不合格产品,收回或退回的物料、产品,应放置在隔离区
				3.24	高活性物料或产品应存放在安全的区域内
				3.26	生物检定、微生物限度检定和放射性同位素检定……要分室进行
				3.28	应有独立房间保护敏感性仪器……
				3.31	更衣设施、清洗设施和盥洗室应方便使用,其数量应适合使用者数量。厕所不得与生产区域或仓储区直接相通
				3.32	维修车间应尽可能与生产区分开……

表 12-8　不同 GMP 对区域划分的要求

中国 1998 版 GMP		WHO 1992 版 GMP		欧盟 2005 版 GMP	
第 20 条	生产青霉素类等高致敏性药品必须使用独立的厂房与设施……生产 β-内酰胺结构类药品必须……与其他药品生产区域严格分开	11.10	动物房应与其他区域严格隔绝……	3.6	不得在生产药品的厂房内生产技术毒药,如杀虫剂和除草剂
				3.26	通常质量控制实验室应独立于生产区
				3.30	休息室或茶点室应与其他区域分开
第 21 条	避孕药品的生产厂房应与其他药品生产厂房分开……	11.29	质量控制实验室应与生产区分开。用于生物、微生物或放射性同位素检测的区域,应彼此分开	3.33	动物房应与其他区域严格分开
				附 7.1	未经过加工(天然植物的药材)应单独存储

表 12-9　不同 GMP 对防止交叉污染的要求

中国 1998 版 GMP		WHO 1992 版 GMP		欧盟 2005 版 GMP	
第 10 条	厂房应有防止昆虫和其他动物进入的设施	11.1	原则:厂房布局及设计必须以降低差错的危险性……为目标,为的是避免交叉污染……	第 3 章原则	布局与设计……避免交叉污染、尘埃堆积和所有影响产品质量的因素
第 12 条	生产区和储存区……应最大限度地减少差错和交叉污染	11.6	厂房设计和装备应为防止昆虫或其他动物进入提供最大保障	3.4	厂房的设计……应能有效防止昆虫和其他动物进入
第 19 条	不同空气洁净度等级的洁净室(区)之间的人员及物料出入,应有防止交叉污染的措施	11.22	有足够的操作和中转储存空间,……使不同药品或其组分之间产生混淆的危险性降至最低限度,避免交叉污染,并使遗漏或误用生产或检验步骤的危险性降到最低限度	3.8	工作空间和中间存储空间充分……避免交叉污染……
				3.15	药品包装室的设计和布局应防止混淆和交叉污染
第 42 条	……不合格的物料要专区存放,有易于识别的明显标志……			3.22	如果在仓储区取样,取样时应防止交叉污染
附录一 3.(4)	洁净室(区)与非洁净室(区)之间必须设置缓冲设施,人、物流走向合理	11.27	包装药品的厂房应有特殊设计和布局,以避免混淆或交叉污染	3.27	实验室……应有充分空间避免混淆和交叉污染
附录二 3	10000 级洁净室(区)使用的传输设备不得穿越较低级别区域	17.16	所有生产厂房的设计应尽可能地避免监督人员或检验人员不必要的进入,B 级区的设计应便于从外面观察所有操作	5.19	通过适当的技术或管理方法避免交叉污染……
		17.27	关键灌装区域如 A 级灌装区,应考虑采用屏障,限制非必需人员进入	附 2.7	生物药品之间存在交叉污染的风险……产品的性质以及所使用的设备将决定所需要的隔离的程度,以避免交叉污染

277

表 12-10　不同 GMP 对方便生产操作的要求

中国 1998 版 GMP		WHO 1992 版 GMP		欧盟 2005 版 GMP	
第 9 条	……同一厂房内以及相邻厂房之间的生产操作不得相互妨碍	11.1	原则：厂房选址、设计、施工、改造和保养适合生产操作……	第 3 章	……布局与设计必须方便进行有效清洁和保养
第 12 条	生产区和储存区应有与生产规模相适应的面积和空间用以安置设备、物料，便于生产操作……	11.21	厂房最佳布局的方式应能使各生产区按操作顺序和必需的洁净级别合理连接	3.11	下水道设计……应尽可能避免明沟排水，如不能避免，应浅安装，以方便清洁和消毒。
第 26 条	仓储区可设原料取样室，取样环境的空气洁净度级别应与生产要求一致……			3.31	更衣室、盥洗室应方便使用

表 12-11　对系统独立与联合的要求

中国 1998 版 GMP		WHO 1992 版 GMP		欧盟 2005 版 GMP	
第 20 条	生产青霉素类等高致敏性药品必须使用独立的厂房与设施，……生产 β-内酰胺结构类药品必须使用专用设备和独立的空气净化系统……	11.20	为了使交叉污染引起的事故降至最低限度，一些特殊药品，例如：高致敏物质（如青霉素）或生物制品（如活微生物制品）的生产必须有专用的、独立的设备……	3.6	为降低由交叉污染所致严重危害的风险，一些特殊药品，如高致敏药品（如青霉素）或生物制品（如用活性微生物制备而成）必须采用专用和独立的生产设施……
第 21 条	避孕药品的生产……有独立的专用的空气净化系统。生产激素类、抗肿瘤类化学药品应避免与其他药品使用同一设备和空气净化系统……	11.31	……生物制品、微生物和放射性同位素实验室需要独立的空调装置和其他措施	3.33	动物房应……有独立入口（动物通道）和空气净化设施
				附 2.8	卡介苗和结核菌素生产……原则上应使用专用设备
第 22 条	……强毒微生物及芽孢菌制品……有独立的空气净化系统	18.12	对于一些特殊的产品，例如：无菌产品、某些抗生素、细胞抑制剂等应分别在专门设计的带有完全隔离的空气控制系统的密闭区域中生产	附 2.9	在处理炭疽芽孢、杆菌、肉毒梭状芽孢杆菌和破伤风梭状芽孢杆菌灭活完成前的生产应使用专用设施

表 12-12　对空气直流与循环的要求

中国 1998 版 GMP		WHO 1992 版 GMP		欧盟 2005 版 GMP	
第 21 条	……放射性药品的生产、包装和储存应使用专用的、安全的设施,生产区排出的空气不应循环使用……	15.12	应采取适当的技术或组织管理措施避免交叉污染	附 2.14	空气处理设备应当与生产区域相符,在处理病原活体的区域不应出现空气再循环
附录一 3.(9)	洁净室(区)的净化空气如可循环使用,应采取有效措施避免污染和交叉污染			附 3.5	生产放射性药品区域的排风不应循环流通……应有防止空气通过排气管道倒流入洁净区(如当排风机故障时)的系统
附录三 2	产尘量大的洁净室(区)经捕尘处理仍不能避免交叉污染时,其空气净化系统不得利用回风				
附录四 2	易燃、易爆、有毒、有害物质的生产和储存的厂房设施应符合国家的有关规定				

表 12-13　对正压与负压的要求

中国 1998 版 GMP		WHO 1992 版 GMP		欧盟 2005 版 GMP	
第 20 条	生产青霉素类等高致敏性药品……分装室应保持相对负压……	15.12	应采取适当的技术和组织管理措施避免交叉污染。例如:…… (b)采用适当的气闸,压力差及排气……	附 2.13	正压区域应当用来生产无菌产品……病原体暴露的操作应在负压区进行。在病原体的无菌生产所处的负压区域或者生物安全柜周围应当由正压无菌区包围
第 22 条	……强毒微生物及芽孢菌制品的区域与相邻区域应保持相对负压……	17.24	供应的过滤空气应使生产区在一切操作条件下保持正压……关于空气的供应以及压力差,如果含有某些物质如致病性、强毒性、放射性物质或活病毒、活细菌必须进行调整……	附 3.3	为了防止放射性粒子泄漏,产品暴露区域的空气压力可能有必要比周边环境的低。但是,仍然有必要保护产品免受环境污染
附录三 3	空气洁净度级别相同的区域,产尘量大的操作室应保持相对负压……				
附录五 16	操作有致病作用的微生物应在专门的区域内进行,并保持相对负压	17.26	……压差指标器应安装在需要测定压差的两个区域之间,压差应定时记录		

表 12-14　对防止污染、有利整洁的要求

	中国 1998 版 GMP		WHO 1992 版 GMP		欧盟 2005 版 GMP
第 13 条	洁净室（区）内各种管道、灯具、风口以及其他公用设施，在设计和安装时应考虑使用中避免出现不易清洁的部位	11.24	道路、照明装置、通风口及其他公共设施的设计和安装位置，应避免产生不易清洁的凹陷处。这些设施应尽可能从生产区外进行维修	3.10	管道设施、照明装置、通风口及其他公用设施在设计和安装时应考虑使用中避免出现不易清洁部位……
第 20 条	生产青霉素类等高致敏性药品……排至室外的废气应经净化处理并符合要求，排风应远离其他空气净化系统的进风口……	17.24	……清除污染的措施及对洁净区排出的空气处理，对于一些生产操作是不可忽视的	附 1.25	管道和风道以及其他公用设施的安装不能形成死角、未封闭的开口和难以清洁的表面
第 21 条	……生产激素类、抗肿瘤类化学药品应避免与其他药品使用同一设备和空气净化系统；不可避免时，应采用有效的防护措施和必要的验证	17.30	设备的装配和维修应尽可能在洁净区外面进行……	附 1.26	在无菌生产的 A/B 级区一般禁止使用水槽和地漏。……在较低洁净级别的洁净室内安装的地漏应当有水封，防止倒流
	放射性药品……排气中应避免含有放射性微粒，符合国家关于辐射防护的要求与规定			附 1.33	生产设备及辅助装置的设计和安装方式应便于在洁净区外操作、保养和维修
附录四 4	生产性激素类避孕药品的空气净化系统的气体排放应经净化处理				

表 12-15　对更衣和级别的要求

	中国 1998 版 GMP		WHO 1992 版 GMP		欧盟 2005 版 GMP
第 52 条	工作服的选材、式样及穿戴方式应与生产操作和空气洁净度等级要求相适应，并不得混用。 洁净工作服的质地应光滑、不产生静电、不脱落纤维和颗粒性物质，无菌工作服必须包盖全部头发、胡须及脚部，并能阻留人体脱落物……	17.11 17.12 17.13	衣服及其材质应适合加工和工作区域的要求，其穿戴方式应防止污染产品 生产人员的衣服应适合所在生产区的空气级别…… 各级别所要求的衣服说明如下： D 级：头发和胡须应遮盖，应穿防护服及适合的鞋或套鞋，并应采取适当的措施避免从洁净区外带入污染 C 级：头发和胡须应遮盖，应穿戴具有高领、袖口扎紧的套装或单件，适合的鞋或套鞋，该衣服不应脱落纤维和颗粒性物质 B 级：安全帽应将头发、胡须全部盖住；并将其下边放在衣领内，应戴面罩以防止微粒脱落；应穿戴灭菌或消毒的袜子，裤脚应塞入鞋内。衣袖应塞入手套内，防护服应不脱落纤维或微粒性物质，并应留住人体脱落的微粒性物质	附 1.19	衣物及其质量应符合加工过程和工作区级别要求，穿着方式应保护产品不受污染 对于各个级别衣物的说明如下： D 级：头发和其周围的胡须应该盖住，应该穿一般保护性服装和合适的鞋或鞋套，应采取恰当的措施防止外来的任何污染物 C 级：头发和胡须应盖住。应该穿着一身套装并有收口袖口和高脖领，适宜的鞋与鞋套，这些衣物不能掉毛和微粒状物质 A，B 级：帽子应遮住头发、胡须，并塞进脖领中。戴口罩以避免唾液飞溅。应该穿着经过消毒的非强力橡胶或塑料手套和消毒灭菌过的鞋，裤腿应塞进鞋中，袖子塞进手套，保护服装不应产生纤维、粒状物质，并能阻留身体散发的粒子

表 12-16　对洁净服清洗和整理的要求

	中国 1998 版 GMP		WHO 1992 版 GMP		欧盟 2005 版 GMP
第 52 条	……不同空气洁净度等级使用的工作服应分别清洗、整理，必要时消毒灭菌。工作服在洗涤、灭菌时不应带入附加颗粒性物质	17.15	洁净区所用衣服的清洁方式应不带入附加的尘粒污染物；这些衣服应使用专用的清洗设施，不合适的清洗或灭菌方法能破坏纤维，从而增加尘粒脱落的危险。洗涤和灭菌操作应按标准操作规程进行	附 1.21	洁净区域服装应在清洗和整理时防止带上污染物。这些操作应有条文规定，最好采用单独的洗衣间。不恰当的衣物处理将损坏纤维，可能增加产生粒子的危险性
附录一3.(5)	100000 级以上区域的洁净工作服应在洁净室（区）内洗涤、干燥、整理，必要时应按要求灭菌				

表 12-17　对更衣环境的要求

中国 1998 版 GMP		WHO 1992 版 GMP		欧盟 2005 版 GMP
无明文规定	17.22	更衣室的设计应使之成为一个气闸，不同生产阶段使用的更衣室应隔开，以便使防护服的尘粒及微生物污染降至最低限度，并应通入有效过滤的空气。进入和离开洁净区应使用分开的更衣室	附 1.10	……无菌生产的吹、灌、封设备本身装有 A 级空气吹淋装置，可以安装在至少级别 C 的环境中，条件是必须使用 A、B 级的服装
			附 1.27	更衣室应被设计成缓冲室，用来分开不同阶段的更衣，以减少洁净服微生物和微粒的污染。……末级更衣室静态情况下应与人员将进入的区域同级……

表 12-18　对人、物流的要求

	中国 1998 版 GMP		WHO 1992 版 GMP		欧盟 2005 版 GMP
第 19 条	不同空气洁净度等级的洁净室（区）之间的人员及物料出入，应有防止交叉污染的措施	15.12	应采取适当的技术措施或组织管理措施避免交叉污染。例如：……（b）采用适当的气闸，压力差及排气……灭菌药品；……人员或物料应通过气闸进入洁净区……	附 1.1	无菌产品的生产必须在洁净区域内进行，人员、设备和物料的进入必须经过空气缓冲区
附录一3.(2)	洁净室（区）与非洁净室（区）之间必须设置缓冲设施，人、物流走向合理			附 1.27	进入和离开洁净区的更衣室最好分开设置
				附 1.28	缓冲室的两扇门不能同时开启

表 12-19　对传送带、传递窗的要求

中国 1998 版 GMP		WHO 1992 版 GMP		欧盟 2005 版 GMP	
附录一 3.(4)	10000 级洁净室（区）使用的传输设备不得穿越较低级别区域	17.18	传送带不应在 B 级洁净区与低空气洁净度级别的加工区域之间通过，除非此传送带自身是连续消毒的（如在灭菌通道中消毒）	附 1.32	传送带不能穿梭于 A（B）级和一个较低洁净级别的区域之间，除非这条传送带是被连续灭菌的（例如在灭菌隧道里面）
				附 1.53	部件、容器、设备和其他任何在进行无菌生产的洁净区内需要的物件，应当经过灭菌，通过与墙密封的双向开口的灭菌器来传递……

表 12-20　无菌药品对空气洁净度级别的具体要求

	中国 1998 版 GMP			欧盟 2005 版 GMP	
级别	无菌药品		级别	部分或全过程无菌（即非最终灭菌）	能最终灭菌
	非最终灭菌	能最终灭菌			
百级	①灌装前不需除菌滤过的药液配制和注射剂灌封、分装、压塞 ②接触药品的内包材最终处理后暴露环境	大容量（≥50mL）注射剂灌封	A（相当于百级）		
万级内局部百级	①灌装前不需除菌滤过的药液配制和注射剂灌封、分装、压塞 ②接触药品的内包材最终处理后暴露环境	大容量（≥50mL）注射剂灌封	B（相当于百级）内 A	①灌装前不需要除菌过滤的物料处理和产品制备 ②塞上胶塞前冷藏干燥等使用的密闭容器的转运 ③暴露于环境中制备的无菌油膏、霜剂、悬浊液和乳胶剂的制备和灌装并在以后的工序中没有过滤步骤的	①灌装操作缓慢 ②容器为广口瓶 ③封口前必须暴露一些时间的灌封操作
万级	灌装前需除菌滤过的药液配制	①注射剂稀配、滤过 ②小容量注射剂的灌封 ③接触药品的内包材最终处理	D	①灌装前需要除菌过滤的物料和产品制备 ②使用密封转盘的塞胶塞之前冷藏干燥等使用的密闭容器的转运	油膏、霜剂、悬浊液和乳胶剂的灌装

表 12-21　放射性药品对洁净度级别的具体要求

级别	中国 1998 版 GMP	级别	欧盟 2005 版 GMP
100～10 万	与相对应无菌药和非无菌药和原料药相同	A	
		B 内 A	无菌放射性药品、产品或容器暴露的工作区应符合无菌要求,可以在层流工作台内操作
		C	
30 万	免疫分析药盒各组分制备	D	无菌放射性药品的生产环境

表 12-22　吸入式喷雾剂对洁净度级别的具体要求

级别	中国 1998 版 GMP	级别	欧盟 2005 版 GMP
	无此种剂型	A	
		B 内 A	所有液体(如流体或气体推进剂)灌装并应经过滤,除去粒径大于 $0.2\mu m$ 粒子
		C	
		D	产品或洁净组件暴露的区域

表 12-23　生物制品对空气洁净度级别的具体要求

	中国 1998 版 GMP				欧盟 2005 版 GMP	
级别	灌装前不经除菌过滤	灌装前经除菌过滤	其他	级别	部分或全过程无菌即非最终灭菌	能最终灭菌
百级	①制品的配制、合并、灌封、冻干、加塞 ②添加稳定剂、佐剂及灭活剂等工序		①细胞的制备 ②半成品制备中的接种与收获	A		
万级内局部百级	①制品的配制、合并、灌封、冻干、加塞 ②添加稳定剂、佐剂及灭活剂等工序		①细胞的制备 ②半成品制备中的接种与收获	B 内 A		
万级		①制品的配制、合并、精制 ②添加稳定剂、佐剂及灭活剂等工序 ③除菌过滤和超滤工序 ④体外免疫诊断试剂的阳性血清和抗原、抗体的分装	①半成品制备中的细胞培养 ②接种后鸡胚的孵化和细菌培养	C		

续表

中国 1998 版 GMP				欧盟 2005 版 GMP	
级别	灌装前不经 除菌过滤	灌装前经除菌过滤	其他	级别	部分或全过程无 菌即非最终灭菌	能最终 灭菌
10 万级			①鸡胚的孵化 ②溶液或稳定剂的配制与灭菌 ③血清等的提取和血浆的合并 ④非低温提取 ⑤分装前巴氏消毒 ⑥轧盖及最终容器清洗 ⑦口服剂发酵密闭系统环境（暴露部分需无菌操作） ⑧深部组织创伤和大面积体表创面用品 ⑨酶联免疫吸附剂的包装、配液、分装与干燥 ⑩胶体金试剂、聚合酶链式反应（PCR）试剂、纸片法试剂等其他体外免疫试剂制备	D	分离血浆的解冻和郁积工艺	

表 12-24　对设计参数的要求

参数	中国 1998 版 GMP	欧盟 2005 版 GMP
空气洁净度	有具体数值要求	有具体数值要求
空气含菌浓度	（相应为百级、万级、10 万级、30 万级）有具体数值要求	相应为 A（百级）、B（百级）、C（万级）、D（10 万级） 有具体数值要求
	（相应为百级、万级、10 万级、30 万级）	相应为 A（百级）、B（百级）、C（万级）、D（10 万级）
换气次数	未要求	有原则要求：“应与房间大小、室内设备和人员状况相联系”
截面风速（对于 5 级） 静压	未要求（2010 版要求，见表 12-5） 有具体数值要求	0.36～0.54m/s 有具体数值要求
温湿度	有具体数值要求	有原则要求：“应适当，不直接或间接影响生产和储藏中的产品质量，也不影响设备的精确运行”，“由于所穿着的防护服的材质，室内温度和湿度都不能过高”

续表

参数	中国 1998 版 GMP	欧盟 2005 版 GMP
照度	有具体数值要求 （相应为百级、万级、10 万级、30 万级）	有原则要求："生产区应有足够的照明，尤其是目测在线控制的地方"
噪声	未要求	未要求
新风量	未要求	未要求

表 12-25　对洁净度的具体要求

项目	空气洁净度级别	≥0.5μm 微粒数/(粒/m^3)		≥5μm 微粒数/(粒/m^3)	
		静态	动态	静态	动态
中国 1998 版 GMP	100	≤3.5×10^3		0	
	10000	≤3.5×10^5		≤2×10^3	
	100000	≤3.5×10^6		≤20×10^3	
	300000	≤1.05×10^7		≤60×10^4	
欧盟 2005 版 GMP	A（相当于百级）	≤3.5×10^3	≤3.5×10^3	1	1
	B（相当于百级）	≤3.5×10^3	≤3.5×10^5	1	≤2×10^3
	C（相当于万级）	≤3.5×10^5	≤3.5×10^6	≤2×10^3	≤2×10^4
	D（相当于 10 万级）	≤3.5×10^6	取决于操作性质	≤2×10^4	取决于操作性质

表 12-26　对菌浓的具体要求

项目	空气洁净度级别	浮游菌/(个/m^3)		沉降菌/(ϕ90 皿·0.5h)[①] /(个/皿)		五指手套印 /(个/手套)
		静态	动态	静态	动态	动态
中国 1998 版 GMP	100	≤5		≤1		
	10000	≤100		≤3		
	100000	≤500		≤10		
	300000			≤15		
欧盟 2005 版 GMP	A（相当于百级）		<1		≤0.25	<1
	B（相当于百级）		≤10		≤0.625	≤5
	C（相当于万级）		≤100		≤6.25	
	D（相当于 10 万级）		≤200		≤12.5	

① 经过换算。

表 12-27　生物制品的生产条件

项目	条款	要有独立的建筑物	与其他厂房或区域严格分开，要有专用设备	不能在同一区域内同时生产	可以在同一区域内同时生产
中国 1998 版 GMP	附录五 10	聚合酶链式反应（PCR）试剂的生产			

项目	条款	要有独立的建筑物	与其他厂房或区域严格分开,要有专用设备	不能在同一区域内同时生产	可以在同一区域内同时生产
中国1998版GMP	第22条		不同种类的活疫苗的处理及灌装		
	附录五5		生产过程中使用某些特定活生物体阶段		
	附录五6		卡介苗生产,结核菌素生产		
	附录五7		芽孢菌操作直至灭活过程完成之前;炭疽杆菌、肉毒梭状芽孢杆菌和破伤风梭状芽孢杆菌的生产		
	附录五13		以人血、人血浆或动物脏器、组织为原料生产的制品		
	附录五16		操作有致病作用的微生物		
	附录五20		用于生物制品生产的动物室、质量检定动物室		
	第22条			生产用菌毒种与非生产用菌毒种、生产用细胞与非生产用细胞、强毒与弱毒、死毒与活毒、脱毒前与脱毒后的制品的加工或灌装;活疫苗与灭活疫苗、人血液制品、预防制品的加工或灌装	
	附录五8			如设备专用于生产孢子形成体,当加工处理一种制品时应集中生产。在某一设施或一套设施中分期轮换生产芽孢菌制品时,在规定时间内只能生产一种制品	

续表

项目	条款	要有独立的建筑物	与其他厂房或区域严格分开,要有专用设备	不能在同一区域内同时生产	可以在同一区域内同时生产
中国 1998 版 GMP	附录五 15				各种灭活疫苗(包括重组 DNA 产品)、类毒素及细胞提取物,在其灭活与消毒后可以与其他无菌制品交替使用同一灌装间和灌装、冻干设施。但在一种制品分装后,必须进行有效的清洁和消毒,清洁消毒效果应定期验证
	附录五 14				使用密闭系统生物发酵罐生产的制品(如单克隆抗体和重组 DNA 产品)
WHO 1992 版 GMP	15.12(a)		在隔离区内生产(如……活疫苗、活菌制剂及某些生物制品)		
	17.39		含有活微生物的制剂,不应在用于其他药品加工的区域生产或灌装		……灭活或提取的疫苗经灭活验证和清洁验证后,可以与其他灭菌药品在相同的厂房内灌装
欧盟 2005 版 GMP	附 2.8		卡介苗和用来处理生产结核素产品时要用到去活细胞,应用专用设施生产		
	附 2.9		在处理炭疽芽孢杆菌、肉毒梭状芽孢杆菌和破伤风梭状芽孢杆菌时应使用专用设施直至活性工艺完成		
	附 2.10		其他几种形成孢子的有机物的生产应当使用专用设施,不同时生产多于一种产品		

项目	条款	要有独立的建筑物	与其他厂房或区域严格分开,要有专用设备	不能在同一区域内同时生产	可以在同一区域内同时生产
欧盟2005版GMP	附2.11				单克隆类抗体和使用 rDNA 技术生产的产品,可以在同一区域同时生产
	附2.12				收获之后的生产工序可以在同一生产区域内同时进行。对于已死的疫菌和类毒素只有在进行了培养灭活或脱毒之后才允许生产
	附2.40		色谱法使用设备众多,应专用于一种产品净化……不提倡在工艺相同阶段使用相同设备		

生物制品(如疫苗)的生产车间要用到生物安全实验室和生物安全柜,可参阅第十一章和第八章。

第四节 关于百级(A 和 B)区的背景洁净度

一、关于欧盟 GMP B 区洁净度

我国 GMP(1998)规定百级区(即欧盟 GMP 的 A 区)的静态背景环境(即欧盟的 B 区)为万级,而欧盟 GMP 的这一规定为百级。作者等人研究指出,这是没有必要的,仅从沉降菌数量看,欧盟 GMP B 区(百级)允许数为 5 个/4h,而通过理论计算(这一计算曾验证过美国宇航局标准)证明在 B 区为万级时,沉降菌数为 5.5 个/4h,见表 12-28。

表 12-28 欧盟 GMP A、B 区动态时计算沉降菌量

项目	洁净度	浮游菌最大数量/(个/m³)	最大沉降量(φ90 皿)	欧盟 2005 版 GMP
A	百级	1	3670 个/(m²·周),0.55 个/4h	<1 个/4h
B	万级	10	36700 个/(m²·周),5.5 个/4h	5 个/4h

也许是巧合，0.55 个/4h 取整为＜1 个/4h，5.5 个/4h 取整为 5 个/4h。当然，欧盟 GMP 是不是这么考虑的我们不得而知，但至少说明它的数据是有依据的。

美国宇航局标准强调的是最大沉降量，所以验算一致用的是 $10\mu m$ 作为细菌的沉降等价直径。但根据测定和理论分析，洁净室内细菌的沉降等价直径可取 $3.9\mu m$，病毒取 $3\mu m$。据此计算 B 区动态的沉降菌数量，将小于表 12-28 的结果，见表 12-29。

表 12-29　B 区动态计算沉降菌量与 A 区标准数据的比较

项目	洁净度	浮游菌最大数量/(个/m³)	浮游菌最大沉降量(ϕ90 皿)	欧盟 2005 版 GMP A 级
B	万级	10	5505 个/(m²·周),0.82 个/4h	＜1 个/4h

B 区动态下沉降的细菌数＜1 个/4h，已达到欧盟 GMP 中 A 级的标准要求。所以从尘、菌两方面的沉降量分析，即使 B 区静态为万级，在尘、菌的沉降上都可以满足更高级别（如 1～2 级的表面洁净度和 A 区洁净度）的要求。

二、百级区背景洁净度如何实现

当 A 区为封闭区域时，B 区应另设风口，但像欧盟 GMP 几十次换气，要实现静态百级标准不论从理论上还是实践上都是不可能的。

当 A 区不完全封闭时，例如有垂帘也只在工作面以上，或工作面以下仍与外面相通，可做如下考虑。假设某车间洁净度达到万级，设 9 个送风口，如图 12-1 所示。如果把这几个风口集中布置，就成了如图 12-2 所示的情形。

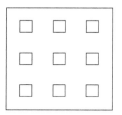
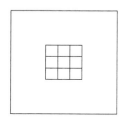

图 12-1　洁净车间内分散布置 9 个高效送风口　　　　图 12-2　送风口集中布置

单个乱流风口风速都接近 1m/s，如果把集中后的风口面积扩大近一倍，就成为图 12-3 所示那样，风速就降到 0.5m/s 左右，而总风量未增加。这时，如果扩大后的送风口面积占全室面积的 1/12～1/9，理论研究和国内外的实践都证明送风口下方洁净度可达到百级，而周边环境的万级未变。如果上述比例在 1/9 以下，则周边达到千级。难道此时还需要在周边再设送风口（见图 12-4）以达到万级吗？中间的风口原本是从边上集中起来的，若处置不当边上气流还会对核心层流产生破坏作用。

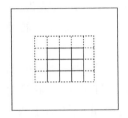

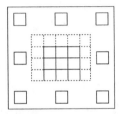

图 12-3　集中布置送风口面积扩大一倍　　图 12-4　集中布置送风口面积扩大一倍后
再在周边分散布置风口

将来新设计的车间，当 A 区不封闭时，只要满足 A 级区面积不小于 A-B 总面积的 1/12，则 B 区自然达到万级，对于节能省钱有极大的意义。

三、百级灌装及其背景区级别的可能方案

① 百级灌装区即 A 级洁净区可采用欧盟 2005 版 GMP 的静动态数据。

② 灌装背景区即 B 级洁净区动态可采用欧盟 2005 版 GMP 的数据，静态同动态，就像 A 级洁净区那样。

③ B 级洁净区动态可采用欧盟 2005 版 GMP 的数据，静态为高于万级的某级，如 5000 级。

④ B 级洁净区只要动态，静态不定，就像美国 FDA 的 GMP 那样。

⑤ 国内标准可借用 A、B、C、D 称呼，虽然其中不完全和欧盟 GMP 对等，但 WHO 的 A、B、C、D 四级也和欧盟 GMP 的不全相同，其 A 级浮游菌是＜3 个/m³，而不是＜1 个/m³；若怕混淆，不用 A、B、C、D 称呼也可以。

第五节　平面设计

一、厂区划分

① 厂区内生产区应与行政区、生活区分开，合理布局，间距恰当，不得互相妨碍。生产区内布局应考虑人员物料分门而入，人流、物流协调，工艺流程协调，洁净级别协调。洁净生产区应设在厂内环境整洁，无关人流、物流不穿越或少穿越的位置。兼有原料药合成等的制剂厂的原料药生产区以及三废处理、锅炉房等有严重污染的区域，应置于该地区全年最多风向的下风侧。

② 生产区。生产区的分区见图 12-5。

二、洁净区（室）的设置原则

① 空气洁净度级别相同的洁净室（区）宜相对集中。

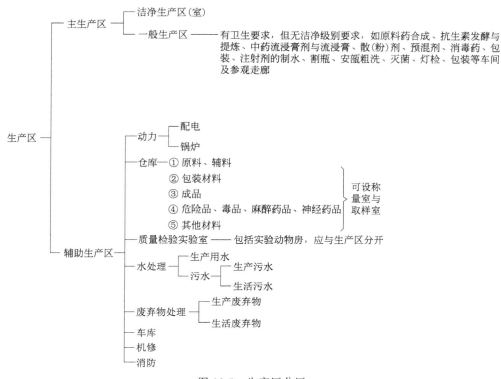

图 12-5　生产区分区

② 不同空气洁净度级别的洁净室（区）宜按空气洁净度级别的高低按里高外低布局，并应有指示压差的装置或设置监控报警系统。

③ 空气洁净度级别高的洁净室（区）宜尽量布置在无关人员最少到达的外界干扰最少的区域，并宜尽量靠近空调机房。

④ 不同洁净度级别室（区）之间有相互联系（人、物料进出）时，应按人净、物净措施处理。

⑤ 洁净室（区）中原辅材料、半成品、成品存放区域应尽可能靠近与其相关的生产区域，以减少传递过程中的混杂与污染。

⑥ 青霉素、β-内酰胺结构等高致敏性药品的生产必须设置独立的洁净厂房、设施及独立的空气净化系统。

生物制品应按微生物类别、性质及生产工序的不同，设置各自的生产区（室）、储存区或储存设备。

中药材的前处理、提取、浓缩，以及动物脏器、组织的洗涤或处理都必须与其制剂严格分开。

⑦ 洁净室（区）需设立单独的备料室、称样室，其洁净度级别同初次使用

该物料的洁净室（区）。

⑧ 需在洁净环境下取样的物料，应在仓储区设置取样室，其环境的空气洁净度级别同初次使用该物料的洁净区（室）。无此条件的兽药生产企业，可在称量室内取样，但需符合前述的要求。

⑨ 洁净室（区）应设单独的设备及容器具清洗室。

1 万级以下洁净室（区）的设备及容器具清洗室可设在该区内，空气洁净度级别与该区域相同。100 级、1 万级洁净室（区）的设备及容器具宜在本洁净室外清洗，其清洗室的空气洁净度级别，不应低于 1 万级。如必须设在洁净室（区）内，则空气洁净度级别与该区域相同。洗涤后应干燥。进入无菌洁净室的容器具应消毒或灭菌。此外，应另设设备及容器具的存放室，要求与其清洗室相同，或在清洗室设存放柜。其空气洁净度不应低于 10 万级。

⑩ 清洁工具洗涤、存放室宜设在洁净区外。如需设在洁净室（区）内，其空气洁净度级别应与本区域相同，并有防止污染的措施。

⑪ 10 万级及以上区域的洁净工作服的洗涤、干燥、灭菌室应设在洁净室（区）内，其洁净度级别不低于 30 万级。无菌工作服的整理室、灭菌室，其洁净度级别应与使用此无菌工作服的洁净室（区）相同。不同洁净度级别区域的工作服不应混洗。

⑫ 人员净化用室包括换鞋室、更衣室、盥洗室、气闸室等，按工艺要求设置。厕所、淋浴室、休息室的设置不得对洁净室（区）产生不良影响。

人净程序见图 12-6、图 12-7。

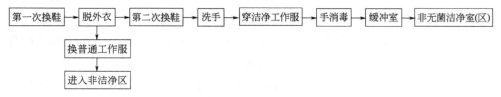

图 12-6　进入非无菌洁净室（区）人净程序

三、防止交叉污染的措施

1. 压差控制

① 防止外界微粒对产品的污染——正压差。

② 防止产品散发的微粒（含微生物）、气体对环境的污染——负压差。

需要负压的对象有：

a. 青霉素等高致敏性药品的精制、干燥，特别是分装车间；

b. 强毒、致病微生物及芽孢菌制品车间；

c. 产尘量大的如口服固体制剂的配料、制粒和压片等操作间；

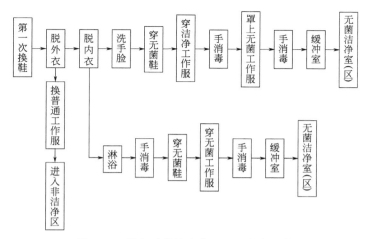

图 12-7 进入无菌洁净室（区）人净程序

d. 产生放射性的车间；

e. 产生强刺激性气体的车间。

2. 普通气闸室

两门联锁，不能同时开启的小室。

3. 空气吹淋室

对于 30 万级、10 万级（D 级）	可不设吹淋室
对于 1 万级（C 级）	可设可不设
对于 1000 级	可设
对于 100 级（A、B 级）	可不设也可设

4. 缓冲室

① 有一定面积或体积，送洁净风并达到一定空气洁净度级别的小室。

② 设置原则

a. 体积必须大于 $6m^3$，或面积不小于 $2.5m^2$。

b. 洁净度级别应同于将进入的洁净室（区），但不高于 1000 级。

c. 相差一级的洁净室之间完全无必要设立。

d. 相差两级的洁净室之间应根据具体情况考虑是否设立。

e. 如邻室有异种污染源，即使是同级也应在其间设立缓冲室。

③ 缓冲室的作用见表 12-30。

5. 传递窗

传递窗的选用原则如下。

① 如果两室间传递的并非异种品种，没有交叉污染的后果，可用两门非联锁的一般型传递窗。

表 12-30　缓冲室的作用

序号	图例				作　用
1	内室 +++	缓冲 → ++	外室 → +	非洁净区 → 0	绝对保护产品 保护外部环境无要求
2	内室 －－－	← 缓冲 －－	← 外室 －	非洁净区 0	绝对保护外部环境 保护内部环境和产品无要求
3	内室 +++	外室(二次隔离) → ++	← 缓冲 －	非洁净区 0	非常保护产品兼及内外环境
4	内室 －－－	← 外室(二次隔离) －－	缓冲 → +	非洁净区 0	非常保护内外环境兼及产品
5	内室 +	← 缓冲 ++	外室 → +	非洁净区 0	使内室易达到正压,保护产品兼及环境
6	内室 → －	← 缓冲 －－	外室 －	非洁净区 0	使内室易达到负压,保护环境兼及产品
7	内室 → +	缓冲 －	外室 → +	非洁净区 0	使内室易达到正压,保护环境兼及产品

续表

序号	图 例				作 用
8	内室	缓冲	外室	非洁净区	使内室易达到负压,保护产品兼及环境
	←	→	→		
	−	++	+	0	

② 如果传递中有交叉污染的可能,或者在洁净区与非洁净区之间传递,可选用联锁型传递窗。

③ 如果在传递中有发生严重交叉污染的可能,可选用净化型传递窗。

6. 传送带

传送带的有关规定见表12-31。

表 12-31 关于传送带的规定

中国 GMP(1998)		中国兽药 GMP(2002)		WHO GMP(1992)	
附录一3.(4)	1万级洁净室(区)使用的传输设备不得穿越较低级别区域	附录一3.(4)	传输设备不应在1万级的强毒、活毒生物洁净室(区)以及强致敏性洁净室(区)与低级别的洁净室(区)之间穿越;传输设备的洞口应保证气流从相对正压侧流向相对负压侧	17.28	传送带不应在B级洁净区与低空气洁净度级别的加工区域之间通过,除非此传送带自身是连续消毒的(如在灭菌通道中消毒)

注意

• 尽可能减小洞口面积,或用垂帘加以遮挡,最大限度地减少维持一侧正压的风量,或者说,在原风量下提高一侧的正压。

• 必要时在传送口高压一侧另设送风竖管,如图12-8所示,形成空气幕封住洞口。

7. 电梯

注意

• 人、物不能共用一个电梯。

• 电梯应设在非洁净区。

• 如果电梯只能设在洁净区,电梯口应有缓冲室。

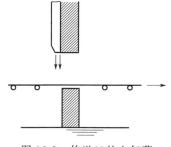

图 12-8 传送口的空气幕

四、工艺布局

药厂净化空调设计与药品生产的工艺布局密不可分。根据《兽药生产质量管理规范培训指南》和《药品生产质量管理规范实施指南》,列举兽药和人药关于无菌药品的生产工艺布局,如图12-9～图12-18所示(级别名称未予改变)。

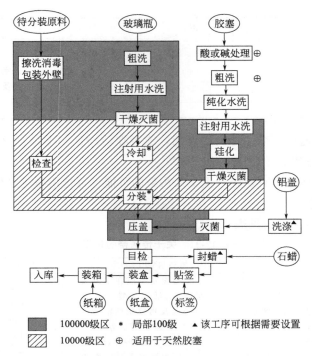

图 12-9 非最终灭菌无菌粉末注射剂工艺及环境区域划分示意图

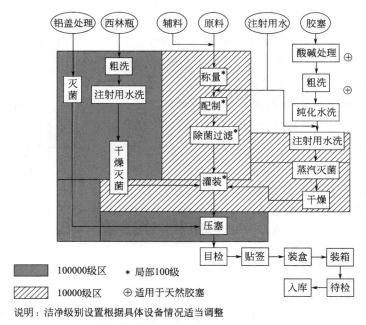

说明：洁净级别设置根据具体设备情况适当调整

图 12-10 非最终灭菌无菌注射液工艺及环境区域划分示意图

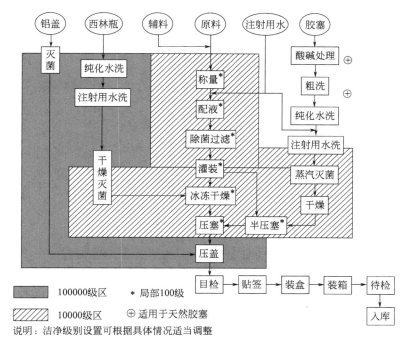

图 12-11 非最终灭菌无菌冻干粉注射剂工艺流程及环境区域划分示意图

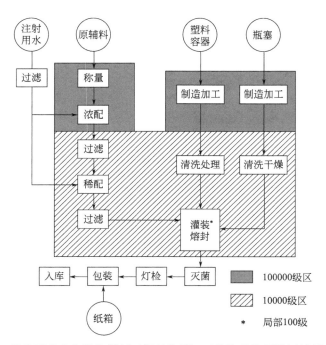

图 12-12 最终灭菌大容量注射剂（塑料容器）工艺流程及环境区域划分示意图

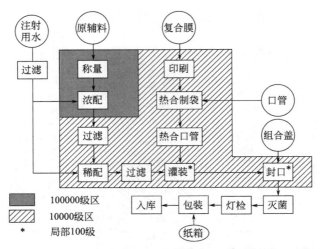

图 12-13 最终灭菌大容量注射剂（复合膜）工艺流程及环境区域划分示意图

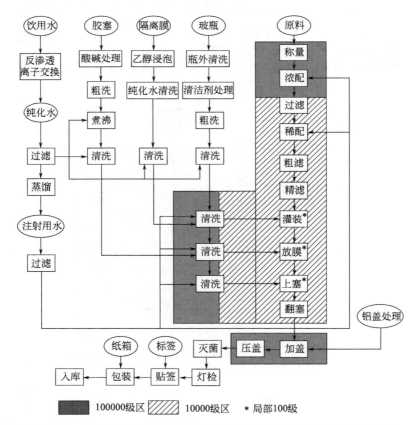

图 12-14 最终灭菌大容量静脉注射剂工艺流程及环境区域划分示意图

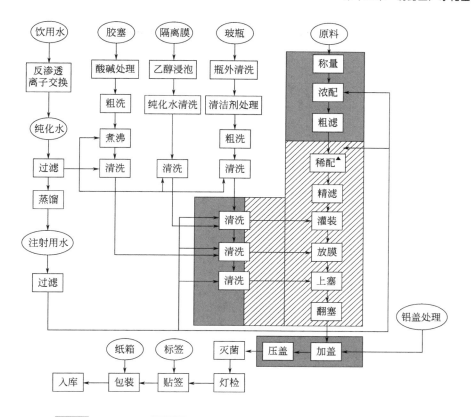

图 12-15 最终灭菌大容量非静脉注射剂（兽药）工艺流程及环境区域划分示意图

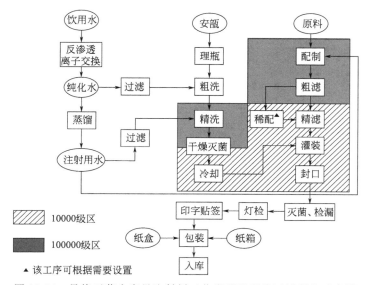

图 12-16 最终灭菌小容量注射剂工艺流程及环境区域划分示意图

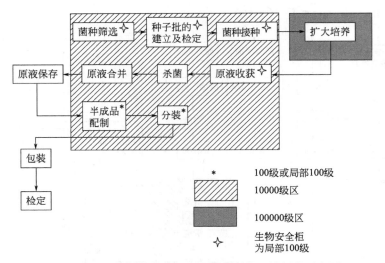

图 12-17 细菌疫苗生产工艺流程及环境区域划分示意图

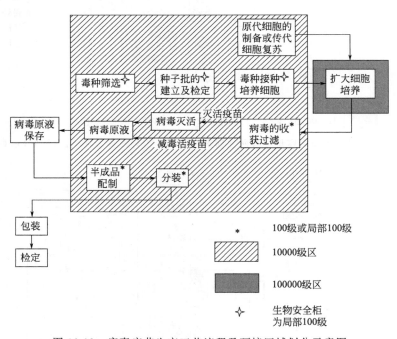

图 12-18 病毒疫苗生产工艺流程及环境区域划分示意图

第六节 洁净空调系统

洁净空调系统设置原则见表 12-32，青霉素车间系统的设置见表 12-33。

表 12-32　洁净空调系统设置原则

需要独立的系统	①生产 β-内酰胺结构类药物的车间 ②生产青霉素等强致敏性药物的车间 ③生产强毒微生物及芽孢杆菌制品的车间 ④其他特别需要防范的有菌有毒操作区
需要直流的系统	①产生易爆易燃气体或粉尘的场合(如使用溶剂的原料药精制、烘干,或产尘量大的工序等) ②产生有毒有害物质的场合(如生产高致敏性、高致病性病原体的操作工序) ③有可能通过系统混药的场合(如同时生产多品种片剂的车间) ④有可能通过系统交叉污染的场合(如动物实验饲养室)
需要高效过滤器排风的系统	①生产青霉素等强致敏性药物的车间 ②产生强毒微生物的车间 ③产生放射性物质的车间
需要负压的系统	①青霉素等高致敏性药品的精制、干燥,特别是分装车间 ②操作烈性传染病原、人畜共患病病原及芽孢菌制品车间 ③产尘量大的如口服固体制剂的配料、制粒和压片等操作室

表 12-33　青霉素车间系统的设置

系统	做　法	选择
厂房和分装车间各有独立系统	①在分装车间主要发尘点上设高效过滤器排风 ②分装车间自循环回风 ③自循环回风口上设超低阻高中效过滤器	最好
整个生产厂房是独立系统	①在致癌物质发生源的分装车间的主要发尘点上设高效过滤器排风 ②分装车间回风上设超低阻高中效和亚高效过滤器	次之
分装车间已造好,无法排风	必须在回风口上安超低阻高中效和高效过滤器	再次之

第十三章

实验动物设施的空调净化设计

第一节 概 述

实验动物是适用于某种实验目的的动物，是人类各种疾病机理、预防治疗的研究中人的替代者；化学肥料、农药的毒性试验，食品添加剂、化学制品有害成分的影响，药物和化工产品致病、致癌、致畸、致残、致突变等作用的试验体；化学、生物、激光武器试验，宇航试验等试验体；商品鉴定和国际贸易中的实验标样。

一、实验动物的概念

实验动物是一个笼统的称呼，它包括普通（或清洁）动物、已知菌动物、无特定致病菌动物和无菌动物，即：

普通（或清洁）动物（CV 动物）

（在清洁的环境或在自然环境中饲育的动物，对遗传和微生物无严格要求，

允许带菌但不允许有人畜共患病）

无菌动物（CF 动物）

（将即将临产动物剖腹取出，饲养于无菌隔离器中，喂以灭菌饮食）

已知菌动物（即悉生动物，GN 动物） 无特定病原体动物（即 SPF 动物）

（无菌动物断乳时喂以纯培养的已知 （将无菌动物或已知菌动物，饲养在 ISO 7 级

菌丛，饲养在 ISO 7 级以上洁净环境中） 以上洁净环境中，体内无特定微生物和寄生虫）

因此，实验动物就是指用于科学实验的，经人工饲育，对其携带的微生物和

寄生虫实行控制，遗传背景明确或来源清楚的动物。

二、实验动物和环境

动物由双亲的卵子和精子结合时确定了"遗传型"。受精卵受环境（发生环境）的影响发育为"表现型"。发育的动物为了适应自身所处的环境（近邻环境）使生理发生变化而得以生存（变化型）。

作为遗传型的因素有动物物种、品质、血统、性别等，发生环境有产仔数、哺育仔数、哺育时间、年龄等。近邻环境包括水、饲料等饮食条件，温湿度等气象条件，饲养笼具、垫料、声音、臭味等居住条件或同居动物、微生物感染等生物要素。

可以区分以下三种环境：

1. 普通环境

符合动物居住基本要求。

2. 屏障环境

严格控制人员、物品和空气的进出，适用于 CV 动物和 SPF 动物。

3. 隔离环境

箱里无菌隔离装置以保持装置内无菌状态或无外来污染物。适用于 SPF 动物、GN 动物、GF 动物。

恰当地控制上述环境，就能获得重复性高的动物实验结果。

第二节 实验动物环境设施

实验动物环境设施的任务主要是对实验动物的近邻环境进行控制，可以分为表 13-1 所列的三类。

表 13-1 实验动物设施分类

分类	设施形式	适用动物	压力特点	用途
隔离环境	隔离器、饲育架	GF 动物、SPF 动物、GN 动物	正压	实验动物饲育、动物实验、检疫
			负压	动物实验、检疫
屏障环境	屏障式围护结构	CV 动物、SPF 动物	正压	实验动物饲育、动物实验、检疫
			负压	动物实验、检疫
普通环境	开放系统	CV 动物	零压	实验动物饲育、动物实验、检疫

对实验动物设施的具体说明如下。

一、隔离器式

如图 13-1 所示，是在装有操作手套的隔离器中饲育动物的装置，用于饲育无菌动物和已知菌动物。内部可保持 5 级（ISO）以上的洁净度，设置该装置的房间、操作人员不需要考虑无菌要求，但不适于大量饲养。一般用塑料来制造隔离器。

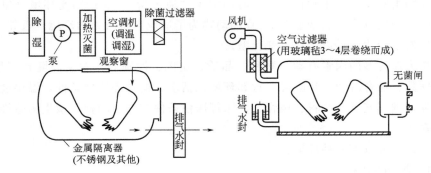

图 13-1　隔离器式

饲养隔离器一般和手术隔离器连起来使用，如图 13-2 和图 13-3 所示。

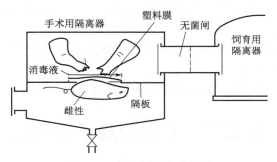

图 13-2　剖腹切开方法概要

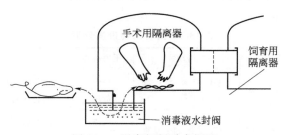

图 13-3　子宫切割手术概要

二、屏障式

主要是把 7~8 级（ISO）的生物洁净室作为饲养室，用于动物的长期饲养和繁殖。人、物入内时要经过淋浴室（人）、洗浴间（动物）、气闸或缓冲和高压灭菌装置等严格的屏障。图 13-4 所示是屏障式基本平面布置。

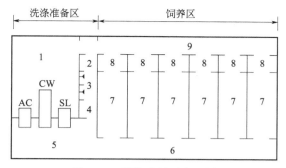

图 13-4　屏障式平面布置图

1—洗涤室；2—更衣室；3—淋浴室；4—穿衣室；5—洁净准备室；6—洁净走廊；7—饲养室；
8—后室；9—污染走廊；AC—高压灭菌器；CW—笼具洗涤机；SL—灭菌气闸

如图 13-5 所示是屏障式各种走廊的布置形式。

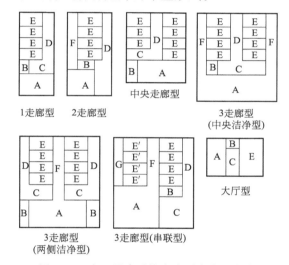

图 13-5　全面屏障系统走廊形式布置方案

A—洗涤室；B—屏障（淋浴等）；C—洗涤准备室；D—洁净走廊；E—饲育室；
E′—洁净度更低的饲育室；F—污染走廊；G—严重污染走廊

三、饲养笼架式

饲养笼架本身也可以由许多隔离器组合而成。如图 13-6～图 13-9 所示，可以是带净化送风的笼架，然后再置于级别较低的洁净室内。简称 IVC。

四、开放系统

开放系统也称普通环境，这是对人、物、空气等进出房间不实行清除污染的系统，只进行一般程度的污染控制。

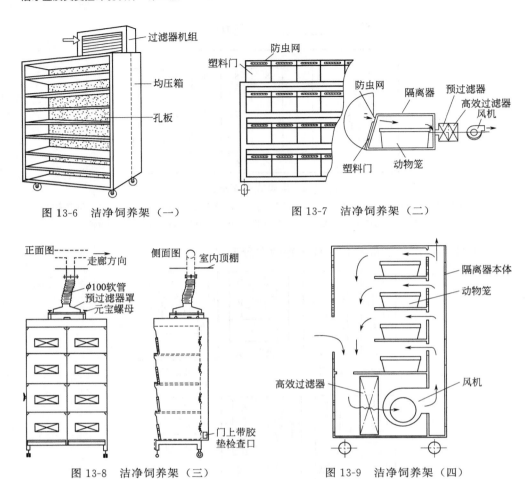

图 13-6　洁净饲养架（一）　　　　　图 13-7　洁净饲养架（二）

图 13-8　洁净饲养架（三）　　　　　图 13-9　洁净饲养架（四）

表 13-2 是屏障系统和开放系统在防护方面的比较。

表 13-2　人出入饲养室的防护及除污染方法

出入房间时的实施事项		屏障系统	开放系统	备注	出入房间时的实施事项		屏障系统	开放系统	备注
穿的衣服	换长上衣		○		脚	换鞋	⊙	○	
	换贴身衣服	⊙				脚消毒		○	光脚穿拖鞋
	穿封闭防护服	△		不淋浴时多用	手	手指消毒	⊙	○	
全身除污染	空气淋浴	○		不用淋浴和两者并用时		戴手套	○	○	
	淋浴	⊙			头	戴头巾	⊙	○	
	洗澡	○				戴口罩	⊙		
	药浴	△		非常严格时					

注：⊙表示要求用，○表示常用，△表示仅少数情况用。

五、生物安全设施

实验动物设施要用到生物安全实验室 ABSL 各级，可参考第十一章；用到生物安全柜，可参阅第八章。

第三节　实验动物的生理指标和要求的环境指标

目前文献上反映出来的实验动物生理指标和要求的环境指标差异很大，经整理，在表 13-3 中给出了不同动物的代谢量和除臭必要的换气量。表 13-4 列出不同文献给出的最佳温、湿度。

表 13-3　不同动物的代谢量和除臭必要的换气量

种类	质量/g	代谢量（与1个人等价的只数）	除臭换气量/[m³/(h·只)]	种类	质量/g	代谢量（与1个人等价的只数）	除臭换气量/[m³/(h·只)]
小鼠	21	672	0.25	猫	3000	16	20.38
大鼠	200	110	1.39	猴	5000	16	30.6
田鼠	120	—	0.7	狗	14000	5	约110
豚鼠	410	70	1.97	鸡	2000以上	23	11.3～22.5
兔	3600	21	20.38	猪（小型）	250000	0.62	—

表 13-4　最佳温、湿度

项目	小鼠	大鼠	田鼠	豚鼠	兔	猫	猴	成年犬	幼弱犬
最佳温度/℃	22.2	22.2 23.3 23.0	22.2	21.2	20.0 23.0	22.0 24.0	24.8 28.2 24.0	22.2 23.9	21.0
最佳湿度/%	50	50	50	50	50	50	50	50	50

温度超过 30℃，产仔率会受到严重影响。相对湿度低于 40%，大鼠环尾病高发，导致大量死亡。

很显然，50% 的相对湿度实现起来很有难度。我国在修订《实验动物环境及设施》和制定《实验动物设施建筑技术规范》（GB 50447—2008）等国家标准时，考虑到动物的要求与实施的可能性及节能等因素，对普通环境和屏障环境分别提出要求，如表 13-5 所归纳，这样既有实用性，又可操作。除换气次数、压差和 GB 14925—2010《实验动物　环境及设施》有明显改变外，其他参数将基本无变化。但是我国各地气候差异甚大，应该可以因地制宜地采取一些相应措施。

表 13-5　实验动物对温湿度要求

种类	温度/℃		相对湿度/%	最大日温差/℃
	普通环境	屏障或隔离环境		
啮齿类	18～29	20～26	40～70	4
中、小型动物(如猫、狗、兔、猴、猪)	16～28			
鸡	—	16～28		

非饲育室的辅助用房如二更室、缓冲室、无变化消毒室可放宽到 18～28℃，相对湿度 30%～70%。

表 13-6 给出了若干动物的发热量，表 13-7 给出了若干动物对噪声和照度的要求。

表 13-6　若干动物的发热量

种类	体重/g	发热量/{kcal/(h·只)[kJ/(h·只)]}								
		基础代谢时发热量		通常活动时发热量						
				显　热		潜　热		全　热		
小鼠	21	0.15	(0.63)	0.83	(3.48)	0.43	(1.80)	1.26①	(5.28)	0.75②
田鼠	118	0.41	(1.72)	2.5	(10.47)	0.75	(3.14)	3.25	(13.61)	2.1
大鼠	300	1.12	(4.69)	5.5	(23.03)	2.75	(11.51)	8.25	(34.54)	5.4
豚鼠	410	1.45	(6.07)	8.0	(33.50)	3.75	(15.70)	11.8	(49.41)	7
兔	2600	4.8	(20.10)	15.3	(64.06)	4.50	(18.84)	19.8	(82.90)	27.3
猫	3000	6.3	(26.38)	18.8	(78.72)	6.20	(25.96)	25.0	(104.68)	30.1
猴	4300	8.6	(36.01)	23.0	(96.30)	11.50	(48.15)	34.5	(144.45)	43.2
狗	16000	21.9	(90.70)	62.5	(261.69)	30.0	(125.61)	92.5	(387.30)	84
山羊	36000	34.3	(143.61)	103.0	(431.26)	32.5	(136.08)	135.5	(567.34)	151
绵羊	45000	48.0	(200.98)	140.0	(586.180)	47.5	(198.88)	187.5	(785.03)	236
猪	250000	179.5	(751.57)	525.0	(2198.180)	175.0	(732.73)	700.0	(2930.118)	940
鸽子	375	1.16	(4.86)	3.8	(15.91)	0.75	(3.14)	4.55	(19.05)	7.5
鸡	2100	4.7	(19.68)	16.0	(66.99)	3.0	(12.56)	19.0	(79.55)	

① 该列为日本资料。

② 该列为加拿大资料。

表 13-7　若干动物对噪声、照度要求

种类	对噪声要求/dB(A)	对照度(动物照度)要求/lx	昼夜明暗交替时间/h
小鼠 大鼠 豚鼠 地鼠	≤60(最好≤55)	15～20	12：12 或 10：14

续表

种类	对噪声要求/dB(A)	对照度(动物照度)要求/lx	昼夜明暗交替时间/h
猫 兔 狗 猴	≤60	100～200(最好100～300)	12：12 或 10：14
鸡	≤60	5～10	12：12 或 10：14

要说明的是，动物照度要模拟动物的生活环境，照度不够时应采用局部照明。动物房的工作照度应不小于200lx。

第四节　实验动物设施的污染控制设计

一、严格分区

为了避免交叉污染，在平面上严格分区有利于污染控制。从洁净程度上可分为5区，见表13-8。

表 13-8　动物实验设施洁净度分区

名称	概念	人、物的出入	空气过滤器	压差	应用举例
洁净区	符合无菌洁净室	充分灭菌、消毒，穿的衣服全换、淋浴等	用高效过滤器处理送风	+++ ++	屏障系统的洁净侧
清洁区	比普通区洁净	容易灭菌、消毒、换上衣等	用亚高效过滤器处理送风	+	要求稍低的屏障系统或屏障系统污染侧
普通区	一般	根据需要消毒、洗刷、穿白罩衣等	与一般居室同	+ —	开放系统的洁净侧，屏障系统的污染侧
不洁净区	不洁净但无特殊危险	穿工作服，退出时适当清除污染	处理排风	—	开放系统的污染侧
污染区	有感染危险	穿防护衣，严格清除污染、灭菌、焚菌等	用高效过滤器处理排气等	——— ——	感染饲养室，输入野生动物检疫室

从工作内容上可分为6区见表13-9。

表 13-9　按工作类别分区

工作类别	分区	用房举例
生产	生产区	育种室、饲育室等
	辅助生产区	检疫室、人净用房、清洗消毒储存用房、洁净走廊、污染走廊
	辅助区	办公室、卫生间等
实验	实验区	操作及其前后饲育室、样品配置室、手术室、解剖室等
	辅助实验区	和辅助生产区相仿，应增加无害消毒室
	辅助区	办公室、卫生间等

在分区的用房配置上应注意不同级别、不同种类的实验动物应分室、分区饲养，而且屏障设施的楼梯、电梯宜设在生产区和实验区之外，并不应在区内设卫生间。

为了避免产生较大噪声的动物如鸡和狗的鸣叫惊吓了鼠、兔等小动物，也应将其分区生产和实验。

和洁净手术部一样，也区分为单走廊方式、双走廊方式，为避免单走廊方式发生交叉污染，应采取严格包装、分时控制和二次更衣等措施。

二、严格出入制度

动物进入宜与人和物的进入通道分开。动物进入生产区和实验室，宜设单独的通道，狗、猴、猪等动物入口宜设置洗浴间，负压屏障设施应设无害化消毒室，处理一切运出实验区的物品。同样进入屏障设施的所有物品必须经高压灭菌、消毒后进入。这些消毒设备应设在清洗消毒室与洁物储存室之间。

三、空气净化是保障条件

通过空气净化设计达到对实验动物设施的动态污染控制。通过必要的空气洁净度要求控制微生物浓度，见表 13-10。

表 13-10　空气洁净度和菌浓要求（据《实验动物设施建筑技术规范》）

环境	洁净度级别（ISO）	沉降菌浓度（0.5h Φ90mm 皿）/（个/皿）	环境	洁净度级别（ISO）	沉降菌浓度（0.5h Φ90mm 皿）/（个/皿）
普通	—	—	洁净走廊和洁物储存	7	—
屏障	7	≤3	污物走廊和无害化消毒	7～8	—
隔离	5～7[①]	无检出	缓冲间	7～8	—

① 为根据隔离设备性能和要求选择。

四、压力梯度是重点

① 在污染控制设计时，应把握的重点是压力梯度的设置。

首先确定是正压还是负压。健康的实验动物饲育一般保持饲养环境对外为正压，以防动物受到感染；感染动物的饲育及实验，必须保持负压，以防对外部环境污染。表 13-11 是不同环境对压力正负的要求。

表中"单方面通行"，是指只能由洁净走廊进入饲育室，从污染走廊出去，不可以从饲育室又退回至洁净走廊，再进入另一饲育室，因为洁净走廊压力最高，可以把气流压向每一饲育室内，而不致使污染从饲育室内进入洁净走廊。

表 13-11　实验动物室内压力

系统名称	洁净走廊	饲育室	污染走廊	备注
双走廊屏障系统（单方面通行）	+++	++	+	污染走廊压力的正负,视隔断方式而异
双走廊屏障系统（互通）	++	+++	—	
单走廊屏障系统	++	+++	——	
半屏障系统	++	+++ （++）	—	（　）表示不一定非这样,视情况讨论决定
开放系统				
感染饲育室（一般动物用）	——	——	——	（　）表示不一定非这样,视情况讨论决定
感染饲育室（SPF 即无特定病原体的动物用）	（—）	———	——	
感染饲育室（使用隔离箱）	±	—	±	

　　表中"互通"是指允许经过洁净走廊到每个饲育室,即可以从这一饲育室返回洁净走廊再进入另一饲育室,此时走廊的污染危险大大增加,为弥补这一缺陷,使饲育室压力高于走廊,就不会发生走廊向饲育室倒灌的情况。

　　表中"单走廊"就是指干净的人、物进入饲育室和将室内东西拿出来都走这一走廊,反之为双走廊。如果该走廊相对于外部洁净,则应为正压,如果比外部脏,则应为负压,这种单走廊形式显然不如双走廊有利于控制污染。

　　② 饲育室和相邻相同房间的压差要求不小于 10Pa,隔离环境（器、笼）对外压差应不小于 50Pa。

五、通风系统的特殊性

　　① 保持环境的洁净度和新风量是动物饲养的必要条件。一般情况下生产区的实验动物饲养的数量较多,出现故障就将造成严重损失;实验区的实验不仅数量大且时间长,中断后的损失无法弥补。所以送风机和排风机都应备用。

　　② 对配电应有较高要求。屏障环境和隔离环境的用电负荷不宜低于 2 级,必要时可设置备用电源。

　　③ 宜用新风。为避免交叉污染和减少除臭的费用,使用开放笼、架的屏障环境送风宜用全新风。

　　④ 自循环回风。如果采用回风,应采用各室（区）自循环回风,而不是通过大系统回风。

　　⑤ 回风方式。屏障式设施的气流一般宜采用上送下回方式,为避免毛、草等进入回风口,回风口下端离地面应在 0.1m 以上。对较大动物,由于地面易受粪便等污染,回风也可考虑上回。

　　⑥ 热回收。如果用热回收装置,为避免交叉污染,应采用新风不会被排风

污染的装置。

⑦ 避免吹风感。动物特别是小动物，对吹风特别敏感，因此，室内气流速度应力求均匀，数值应较低，在笼架周边不应大于 0.2m/s，以 0.15m/s 为宜。如果增加风口数量，则增加了投资，所以可仅增加送风口面积而不加大风量，既降低了风速，也有利于送风均匀。

⑧ 避免在室内换过滤器。以普通风口来说，每次更换高效过滤器是一个可能造成污染的机会，因此需要把动物转移，换完过滤器后还要消毒。不在室内换过滤器则是解决这一问题的关键。

现在，这两个问题可能通过安装第八章介绍的阻漏层送风口解决。用一个集中的高效过滤器箱——它本身还可保证边框无泄漏，安在顶棚上或夹道中，因此可不在室内换过滤器，过滤器是用抽拉式装卸的。同时用阻漏层扩大了风口面积，见图 13-10。

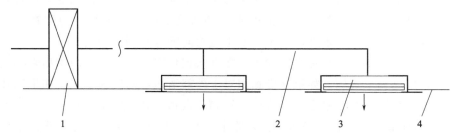

图 13-10 阻漏层送风口

1—零压密封过滤器箱（或一般过滤器箱）；2—风管；3—无过滤器阻漏层风口；4—顶棚

⑨ 增加回风的均匀性，顶送、侧墙大面积回风方式（见图 13-11）得到研究与应用。

图 13-12 所示是这一形式透视图。

图 13-13 所示的为墙面回风和一般上送下回方式的比较。

在图 13-13（a）的常规回风口设置时，一方面因室截面比风口面积大得多，不能在气流截面上形成均匀气流，而各层温差也不同。另一方面，通过笼架内部的部分空气由于热浮力作用和诱导气流的作用由饲养架后部和墙之间上升，再经天棚下部返回送风侧的室内中部，还有一部分气流从笼架直接返回到送风

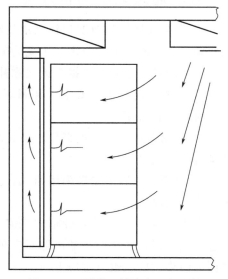

图 13-11 顶送、侧墙大面积回风

侧。因而送到笼具的洁净空气已被污染，也使工作区环境恶化，容易引起工作人员的变态反应。返回工作区的污染空气再一次通过笼架时将造成二次污染，而各层连通的笼架还会导致交叉污染。

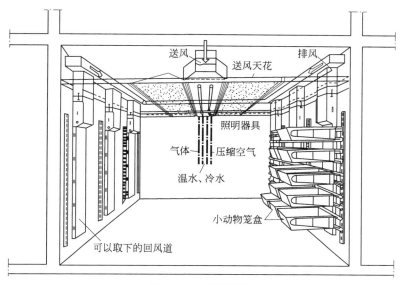

图 13-12　墙面回风

如图 13-13（b）所示的笼架前面为 4 扇有机玻璃门，从上至下设 5 排直径 25mm 的孔，每排 24 个。架后设可调式条缝形排风口。

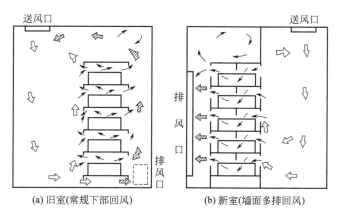

(a) 旧室(常规下部回风)　　(b) 新室(墙面多排回风)

图 13-13　不同回风方式的气流分布

⑩ 由于大量含有臭气的新风排至室外，将构成极大的污染，排风的除臭是一项繁重的任务。

除臭有淋水式、活性炭吸附式等，而以后者最常用。

如果排风中不仅有臭气，还有致病性微生物，则必须经过高效过滤器。

图 13-14 所示是包括除臭装置的空调系统。

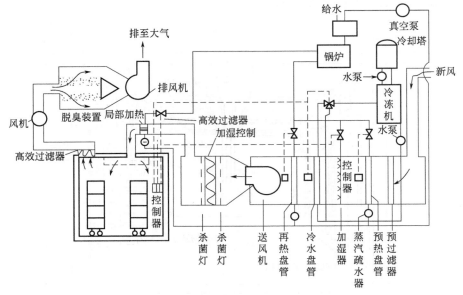

图 13-14 设置除臭装置的空调系统

⑪ 无交叉污染的热回收。由于是全新风，希望热回收节能，但排风中的有害微生物通过泄漏有可能污染与其热交换的新风，所以普通的热交换器不能采用。如果用热回收装置，应采用不会发生新排风之间物质交换从而避免交叉污染的装置。图 13-15 所示是这种装置之一。

在新风管道和排风管道内各放一个盘管，两个盘管由一个带泵的闭合管路连接起来。

夏季，盘管内的流体由新风加热，而后被抽至排风管道中的盘管内，热量由盘管内的流体传递给温度较低的排风，变冷了的流

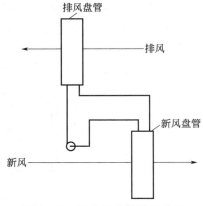

图 13-15 不会发生物质交换的
热回收装置

体直接返回新风管道中的盘管，再次吸收热量降低新风管内的新风温度。

冬季，盘管内流体的循环路线不变，但两侧盘管的功能相反。图 13-16 所示是热管式回收装置的原理。

一单根热管由铜、铝等两头密封并经抽真空后填充相变工质制成。

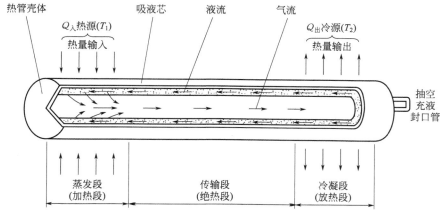

图 13-16　热管式回收装置

水平安装的热管内，装有紧贴管壁的毛细吸液芯层。热管一端接触热源，另一端接触冷源。

热量自高温端（T_1）传入热管时，接触热源的该段热管内壁吸液芯中的饱和液体汽化，蒸气进入热管空腔，腔内压力不断升高，蒸气分子便由蒸发段经中间传输段流向热管另一端。蒸气在这一端遇到冷源（T_2），凝结成液体，同时对冷源放出潜热，液体为吸液芯层吸收，经毛细芯层流回蒸发段完成一个循环，也完成了吸热蒸发和凝结放热的使命。

当热管结构对称设计时，热管具有可逆性，其加热段和放热段可互换使用。

⑫ 其他措施。为避免污染，屏障设施内不宜设排水沟和地漏，排水沟和地漏应设在清洗消毒室。应有防止昆虫和野鼠等动物潜入和实验动物外逃的措施，对于灵长类的猴子尤应倍加防范。啮齿类动物设施不应设外窗。

六、触及式灭菌材料的使用

动物的食槽、水槽、笼架表面很容易滋生细菌，在饲养中小动物无名死亡的例子时有发生。虽然槽、盆和笼架等表面可常消毒，但暴发细菌感染仍难避免。

建科环能科技有限公司（原中国建筑科学研究院有限公司建筑环境与能源研究院）与福建优净星环境科技有限公司联合开发的表面载银铝合金及其制品可用来制造上述器材和通风净化设备，既可除菌也可除味。

图 13-17 是用电镜观察到的 2 小时后大肠杆菌在这种材料表面由衰而亡的情况。

用此种材料做风扇给装置换气，以及用来贮水，杀菌率都在 $95\% \sim 99\%$，消除有害气体及其异味效果可达到 90% 以上。装置简单，无阻力而节能，不用频繁更换而节材。

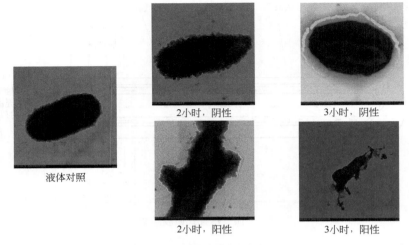

液体对照

2小时,阴性　　　　3小时,阴性

2小时,阳性　　　　3小时,阳性

图 13-17　大肠杆菌在该种材料表面由衰而亡（放大 1.5 万倍）

第十四章

食品、化妆品生产对空气净化的要求

第一节　食品生产对空气净化的要求

一、特点

随着全球经济的发展、科学技术的进步和人民生活水平的不断提高，古老的食品工业不仅仍是世界制造业中的第一产业，而且其现代化水平已成为反映人民生活质量及国家发展程度的重要标志，并且必将带动餐饮业的工业化。

"病从口入"，人吃了被污染后的食物可能会引起食物中毒，影响人的健康，食品本身也可能因变质而价值下跌。在当今世界，出口食品的卫生品质非常影响出口量和国家声誉。据 2007 年 8 月初报道，我国出口欧日美的食品检验合格率虽已很高，达到 99％～99.8％，但一些不合格的案例也时有发生。

食品生产传统的杀菌办法包括加热、加化学添加剂和防腐剂及用杀菌灯照射等，由于这些办法会使食品失去原有的色、香、味，而且添加的杀菌剂、防腐剂对人也可能有害，受到越来越严的控制，所以食品工业对无菌加工、无菌灌封、无菌包装的要求越来越多。

为了使食品在生产全过程中不受微生物污染，除去要对原料、水、设备等进行处理外，生产车间的环境是否洁净成为重要一环，这就意味着要采用洁净室。

食品工业也有和制药工业相似的工艺，例如发酵、酿造、加工、灌封、包装等，在这一过程中空气的洁净除菌同样重要。食品的无菌生产主要包括三方面：食品内容物，灌包装容器，灌包装室室内空气。

但是食品工业过去只注意食品内容物和灌包装容器的灭菌，来自空气的污染被轻视了，加工好的食品在冷却、包装等工序中再次染菌。表 14-1 所示是某食品车间四天实测的空气含菌量。

表中上午含菌量最大，是因为刚上班，一夜门窗未开，湿度大，温度也合适；下午含菌量最小，是因为门窗打开，空气流通。如果这些车间使用一般空调器而不是净化空调器，情况还要差。在空调器的冷却器内壁面上、百叶上，都沾有细菌，特别是霉菌孢子。在空调器的送风中有更多的细菌吹出。如一地处郊外的建筑，早上打开门窗，空气清新，测出浮游菌只有 200 个/m³，8 点过后，关上门窗，开启空调器，仅 10min，浮游菌就达到 800 个/m³，所以在食品工厂中采用净化空调器甚至洁净空调系统是非常必要的。而一般中央空调装置、柜式空调器和风机盘管是非常不宜采用的，它们虽能降低温度但常能"制造"细菌。对于食品工业来说，在空调器回风口加上第八章介绍的超低阻高中效过滤器或亚高效过滤器就可以了。但是为了引进新风和保持正压，新风必须很好地处理，能采用第八章介绍的省力省能新风净化机组是比较理想的。

表 14-1　无净化的某食品厂四个车间空气含菌量　　单位：个/m³

时间	高级奶糖		酥糖		硬糖	巧克力	
	包装	原料	包装	原料	包装	包装	原料
11 日上午	1400	1720	2420	2320	2360	1800	520
下午	560	280	320	280	320	120	120
12 日上午	3240	3640	1800	2800	3720	1480	760
下午	1560	1080	760	960	880	760	600
14 日上午	3040	1840	2600	2720	2960	3400	1160
下午	1420	1520					
15 日上午	2520	2520	1960	2920	2040	1120	1720
下午	1480	1440	840	1120	1360	720	720

国外食品工厂还注意维护结构表面的灭菌问题。在食品加工车间的地面、墙面、顶棚上，因为沾有糖分、淀粉、蛋白质、脂肪等粒子，当温度合适时，细菌即在这些表面繁殖，每 10cm² 面积上可有微生物数从 $10^3 \sim 6 \times 10^3$ 以上，并不时被气流吹散到室内。如在存放食品的无菌洁净室中虽然空气经过高效过滤器过滤，但在顶棚上仍检出霉菌，所以表面灭菌更具重要性。工作台面如能采用第十三章第四节"六"介绍的材料则更有效。

据实验，当墙面用混有 0.2％噻苯达唑和 0.2％防霉剂 A₄ 的涂料粉刷时，每 10cm² 面积上仅检出 0～2 个活菌。如果用含噻苯达唑的墙纸糊墙，一个月后检查墙纸没有检出活菌。

同一研究者发明了一种自灭菌塑料，即用 0.2％～0.3％噻苯达唑、0.2％～0.4％的防腐剂 A₃ 和 0.2％～0.5％防腐剂 A₄ 混入塑料中制成，将这种塑料薄板贴在顶棚和墙面上，经过 6、12、18 个月分别检查附在 5cm×5cm 表面上的霉菌和细菌，结果顶棚和 1.5m 以上墙面没有检查出微生物，1.5m 以下墙面，每

5cm×5cm 面积上有菌 0～5 个，如再用浸有某溶液的纱布，每日一次反复进行擦洗，就完全检不出微生物了。

二、采用洁净室的食品生产种类

需要洁净环境进行生产的食品，可参见表 14-2、表 14-3。食品生产不同阶段的洁净度见表 14-4。

表 14-2 需要洁净室生产的食品

食品种类	具体食品	食品种类	具体食品
奶制品	奶粉、奶油、乳酪	罐头	各类罐头
奶加工品	水果牛奶、咖啡牛奶等	海鲜	生料分割、即食食品
果汁	各种由新鲜水果制成的饮料	糖果点心	果冻、蛋糕、面包、巧克力等
调味品	番茄酱、浓缩浆	方便、速食食品	方便面、速冻菜肴等
汤料	各种菜汁、肉汁等	酒	啤酒等
熟肉食品	香肠、烟肉、肉干、肉松、鱼干、鱼肉制品等		

表 14-3 各种食品生产要求的洁净度

类型	品种	空气洁净度级别（ISO）
肉（含鱼肉）类加工品	肉卷、烤肉、火腿、香肠	6～8 级
奶制品	奶粉、奶油、奶酪、含奶饮料	6～7 级
饮料	果汁、矿泉水、啤酒	6～7 级
调味品	果酱、浓缩浆	7～8 级
糕点等	面包、糕点、速食品、巧克力	6～7 级
豆制品	各种豆腐	8 级
菌类	蘑菇培育	6 级
	植菌	5 级
海鲜	生食切割	5～6 级

表 14-4 食品生产不同阶段的洁净度

阶段	空气洁净度的级别（ISO）	阶段	空气洁净度的级别（ISO）
前置	8～9 级	灌装、包装	6～7 级
加工	7～8 级	检验	5 级
冷却	6～7 级		

较高洁净度仅可保证食品不被细菌附着，但不能消除食品原来带来的细菌，因此还需要加热、喷药、照射等方式灭菌。食品加热灭菌后细菌数可降到原来的 1/1000～1/10000，但冷却后菌数可再增 100 倍。因此，很多食品用洁净室主要用于灭菌后的冷却、切断（片）、包装等工序，见图 14-1、图 14-2（图中洁净度

级别采用 ISO 级别）。这样可避免表面再污染，当然包装材料、运送器皿等应该是灭菌的。

国内虽已有食品生产的质量管理规范，但提出洁净要求的很少。如《食品安全国家标准 材料生产卫生规范》（GB 12695—2016）也参照了药品生产 GMP的精神，灌装车间局部环境要求 209E 100 级洁净度，洁净区为 10000，准洁净区为 100000 级洁净度。但如《食品安全国家标准 乳制品良好生产规范》（GB 12693—2010）就没有提出洁净用房的要求，《罐头厂卫生规范》（GB 8950—2016）只提出排除蒸汽、油气的要求。表 14-5 是日本某公司的洁净室标准，可作参考。

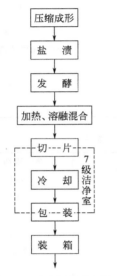

图 14-1 干酪切片车间流程

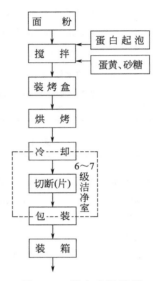

图 14-2 糕点车间流程

表 14-5 日本某食品公司洁净室标准

名称	洁净度级别(ISO)	细菌数/(个/m³)	工序内容
无菌 1 级	5 级	0.1	分析室、检查室
无菌 2 级	6 级	0.3	灌封式
无菌 3 级	7 级	0.5	包装室、调配室
无菌 4 级	8 级	2.5	包装室、灌封准备间
无菌 5 级	8.3 级	6.0	材料仓库及其他

第二节 国家标准对食品生产环境的要求

按现行国家标准《食品工业洁净用房建筑技术规范》（GB 50687—2011）的规定，食品工业洁净用房等级应符合表 14-6 的规定。

表 14-6　食品工业洁净用房等级

等级	操作区	说明
Ⅰ级	高污染风险的洁净操作区	高污染风险是指进行风险评估时确认在不能最终灭菌条件下,食品容易长菌、配制灌装速度慢、灌装用容器为广口瓶、容器须暴露数秒后方可密闭等状况
Ⅱ级	Ⅰ级区所处的背景环境,或污染风险仅次于Ⅰ级的涉及非最终灭菌食品的洁净操作区	—
Ⅲ级	生产过程中重要程度较次的洁净操作区	—
Ⅳ级	属于前置工序的一般清洁要求的区域	—

表中各级用房微生物的最低要求见表 14-7,悬浮微粒要求见表 14-8。

表 14-7　洁净区微生物的最低要求

洁净用房等级	空气浮游菌 /(CFU/m^3)		空气沉降菌 (ϕ90mm)		表面微生物(动态)		
					接触皿(ϕ55mm) /(CFU/皿)		五指手套 (CFU/手套)
	静态	动态	静态 /(CFU/30min)	动态 /(CFU/4h)	与食品接触表面	建筑内表面	
Ⅰ级	5	10	0.2	3.2	2	不得有霉菌斑	<2
Ⅱ级	50	100	1.5	24	10		5
Ⅲ级	150	300	4	64	不作规定		不作规定
Ⅳ级	500	不作规定	不作规定	不作规定	不作规定		不作规定

注:1. 表中各数值均为平均值,单点最大值不宜超过平均值的 2 倍。

2. 动态检测时可使用多个沉降皿连续进行监控,但单个沉降皿的暴露时间可以小于 4h,按实际时间计算沉降菌。

3. 与食品接触表面不得检出沙门氏菌和金黄色葡萄球菌。

表 14-8　各级洁净用房的悬浮微粒要求

洁净用房等级	悬浮微粒最大允许数/m^3			
	静态		动态	
	≥0.5μm	≥5μm	≥0.5μm	≥5μm
Ⅰ级	3520	29	35200	293
Ⅱ级	352000	2930	3520000	29300
Ⅲ级	3520000	29300	—	—
Ⅳ级	35200000	293000	—	—

国标《食品工业洁净用房建筑技术规范》要求:

（1）涉及婴幼和特殊高危人群的食品，可提高生产环境洁净用房等级。

（2）生产的关键控制点、关键区域和背景区域应分别定级，见表14-9、表14-10。

说明：根据 ISO 14644-I 的最新版本，静态I级中取消了 $\geqslant 5\mu m$ 的 29 粒/m^3 的规定。

表 14-9　非最终灭菌食品洁净用房等级

洁净用房等级	适用的生产阶段或关键控制点
Ⅱ级背景下的Ⅰ级	易腐或即食生食切割
	食品的冷却
	食品灌装（或灌封）、分装、压盖
	灌装前液体或食品的加工、配制
	微生物指标检验
Ⅱ级	直接接触食品的包装材料的存放以及处于未完全密闭状态下的转运
Ⅲ级	直接接触食品的包装材料、器具的最终清洗、装配或包装、灭菌
Ⅳ级	食品原料的预处理

注：表中生产阶段或关键控制点应符合高污染风险，才适用Ⅱ级背景下的Ⅰ级（含设备自身具备的）的条件，如冷却阶段中的月饼、酸奶的冷却，检验阶段中的一般理化检测则不适用此种条件。

表 14-10　最终灭菌食品洁净用房等级

洁净用房等级	适用的生产阶段或关键控制点
Ⅲ级	食品的灌装（或灌封）、包装
	高污染风险食品的配制、加工
	直接接触食品的包装材料和器具的最终清洗后的处理
Ⅳ级	轧盖或封口
	灌装前物料的准备
	液体的浓配或采用密闭系统的稀配
	直接接触食品的包装材料的最终清洗

注：此处的高污染风险是指进行风险评估时确认产品容易长菌、配制后需等待较长时间方可灭菌或不在密闭容器中配制等情况。

第三节　食品工业洁净用房对参数和净化空调要求以及实例

一、参数要求

食品生产洁净用房的洁净度和菌落数要求已在前面给出，表14-10给出规范要求的其他参数值。

表 14-11　各级用房要求的参数值

序号	项目	单位	标准	
1	送、排风高效过滤器检漏,不泄漏	粒/(min·采样容积)	≤3(大气尘)	
2	定向气流	/	由Ⅰ级流向Ⅳ级 由洁净区流向非洁净区 由非洁净区流向污染区 非单向流室内由送风口流向排风口、回风口	
3	Ⅰ级工作区截面风速	m/s	工作面高度 地面上 0.8m 实心工作面上 0.25m	≥0.2
4	换气次数	次/h	Ⅱ级 Ⅲ级 Ⅳ级 无洁净度要求	≥20 ≥15 ≥10 ≥5
5	静压差	Pa	与相邻相通房间 与室外	≥5(视要求为正或负) ≥10(视要求为正或负)
6	新风量	m³/h	≥40	
7	开放的洞口风速	m/s	≥0.2	
8	噪声	dB(A)	Ⅰ级 低于Ⅰ级	≤65 ≤60
9	照度	lx	加工场所工作面一般照明 加工场所工作面混合照明 非加工场所工作面一般照明	≥200 ≥500 ≥100
10	温度	℃	Ⅰ、Ⅱ级舒适性要求 Ⅲ、Ⅳ级舒适性要求 工艺要求	20～25 18～26 按设计图
11	相对湿度	%	Ⅰ、Ⅱ级舒适性要求 Ⅲ、Ⅳ级舒适性要求 工艺要求	30～65 30～70 按设计图
12	自净时间	min	≤30 或≤40	
13	甲醛	mg/m³	≤0.1	

二、净化空调要求

食品工业洁净用房有洁净度要求,所以应采用洁净空调系统。

(1) 新风采用粗效和中效过滤器,室外 PM10 未超过国家二级环境标准;新风采用粗效、中效和高中效过滤器,室外 PM10 超过国家二级环境标准。

(2) Ⅰ、Ⅱ级用房送风口应安高效空气过滤器,Ⅲ、Ⅳ级的送风口或纤维织物送风管前应安不低于高中效的空气过滤器。

（3）洁净用房回风口宜安初阻力不大于 30Pa、细菌一次通过的除菌率不低于 90％、颗粒物一次通过的计重过滤效率不低于 95％的超低阻高中效空气过滤口。

（4）高温、高湿和生产臭味、气体（包括蒸汽及有害气体）或粉尘（如磨粉工段）的工序应布置于封闭或半封闭设备内，并应设局部排风，不宜使用循环风。

（5）易堵和清洗频繁的管段可采用纤维织物风管。

（6）局部I级洁净用房送风口面积应比下方控制区面积每边至少各大 20cm 以上。

三、实例

食品生产用的洁净室以非单向流洁净室为主，即使要求 5 级（ISO）也是在局部范围，所以空调净化系统以前面讲过的分散式为主，以局部净化为主。

1. 番茄酱（汁）无菌灌装

图 14-3 所示是番茄酱（汁）生产流程的示意图。

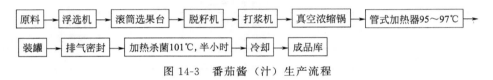

图 14-3　番茄酱（汁）生产流程

从图 14-3 可见，番茄经选择、洁洗，番茄酱（汁）经真空浓缩，前后两次管式加热灭菌，其表面沾污的细菌基本上被杀灭，如果再在无菌条件下装罐，就完全实现无菌装罐，不需再加热灭菌，不仅节省了能量，而且使内含物的维生素成分避免了再加热的损失。

表 14-12 给出了在洁净室内装罐（分不加热灭菌和加热灭菌）和一般室内装罐后加热灭菌的番茄酱的化验结果。

表 14-12　番茄酱装罐环境对质量的影响

成分	样品	洁净室内装罐		一般室内装罐后加热
		不加热灭菌	加热灭菌	
维生素/(mg/100g)	1	102.55	84.07	73.51
	2	102.53	83.99	73.86
	3	102.49	83.98	74.50
	平均	102.51	84.01	73.72
红色素/(mg/100g)	1	57.3	57.1	56.4
	2	57.7	56.9	56.2
	平均	57.5	57.0	56.3
霉菌/(个/100g)	1	无	无	无
	2	无	无	无
	平均	无	无	无

2. 甜炼乳无菌装罐

在牛奶中加 15％～16％ 的糖，浓缩到原体积的 40％ 左右即为甜炼乳。过去装罐后不再加热处理，靠添加的糖的渗透压来抑制细菌的繁殖。但是由于可能在装罐时污染，炼乳中并非不含菌，只是其繁殖慢了。如果保存时间长，也还是要变质的，而且含菌本身就是对人体健康的威胁。

哈尔滨建筑工程学院（现哈尔滨工业大学）杜鹏久等和松江罐头厂在炼乳灌装工段加了洁净罩，如图 14-4 所示。在送风管上安有轴流暖风机组，夏天通以深井水冷却。

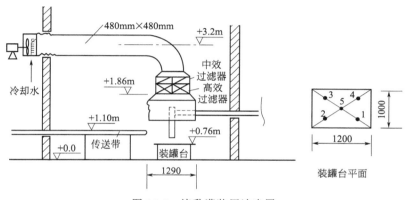

图 14-4　炼乳灌装用洁净罩

加罩前后室内含尘浓度和菌落数如表 14-13 所列（测点布置如图 14-4 右侧所示）。可见加罩后室内含尘浓度变化达 2519 倍，菌落变化为 276 倍。对成品检验表明：加罩前取 339 罐检验，平均含菌数为 1900 个/g，加罩后取 9 罐，平均含菌数为 222 个/g，两者相差 8.6 倍。

表 14-13　装罐台加罩前后尘粒和菌落（暴露 5min）

测点	含尘量(≥0.5μm)/(粒/L)		菌落数/个	
	加罩前	加罩后	加罩前	加罩后
1	164585	31(2.4)	265	0
2	169369	48(5.6)	283	2
3	167289	67(16.8)	250	1
4	160842	127(18.4)	310	2
5	151389	50(4.8)	271	0
平均	162695	64.6(9.6)	276	1

注：（　）内为静态值，（　）外为动态值。

3. 烟肉无菌装罐

烟肉罐头是由去皮骨独肋条肉经烟熏等加工处理制成的，要求切片、包装、装罐都在无菌的洁净室内进行。但过去一般是用化学药物灭菌，由于门窗紧闭，不通风，操作条件极差。哈尔滨建筑工程学院和松江罐头厂对此操作室进行了改造，加了净化空调机组，如图14-5所示。机组两边有2000mm（高）×20mm的回风口，机组宽2050mm、厚850mm。机组安装前后室内含尘浓度变化176.4倍，菌落变化11倍。烟肉的杂菌化验结果如表14-14所列。

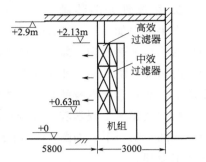

图14-5　烟肉操作室的净化空调机组

表14-14　烟肉杂菌化验结果（暴露半小时）

操作号	杂菌数/（个/g）		操作号	杂菌数/（个/g）	
	安装机组前	安装机组后		安装机组前	安装机组后
1	79	2	5	47	5
2	55	4	平均	63.2	4.8
3	63	7	相差倍数	13.2	
4	72	6			

第四节　化妆品生产对空气净化的要求

一、特点

化妆品是指以涂抹、喷洒和其他方法，施于人体表面（皮肤、毛发、指甲、口唇等），以清洁、保护、美化或消除不良气味为目的的各种产品（不包括牙膏和固、液体香皂）。其性状有乳化状、悬乳状、油状、粉状、膏胶状、液状、块状、雾状、透明状或珠光状等。

用于口唇、眼睛、婴儿的化妆品为重要部位的化妆品，用于皮肤、毛发、指甲的化妆品为一般部位的化妆品。

在使用化妆品越来越普遍的今天，不良化妆品的危害也凸显出来。早在20世纪40年代，新西兰就曾发生过由于爽身粉中微生物污染引起新生儿得破伤风死亡的事件；60~70年代美国因使用了有微生物污染的羊毛脂雪花膏而引起6人得败血症，致1人死亡。1985年我国全国化妆品质量评比中对部分有营养成分的化妆品进行微生物检验，发现污染率高达23%，某些产品中的染菌数超标上百倍。

1986年我国实施《化妆品生产管理条例》，但至今没有类似药品GMP的生产环境洁净度的规定。2007 年卫生部制定了《化妆品生产企业卫生规范》。

目前化妆品所受到的污染主要来自以下几方面。

1. 原料

由于化妆品原料中的营养性物质，例如珍珠、牛奶、银耳、人参、鹿茸、灵芝、蜂王浆，含有大量蛋白质和氨基酸，极易受到细菌侵蚀而变质。

2. 水

化妆品生产过程中，用量最多的是水，达 40%～80%，由于所用的自来水要经过活性炭过滤器和离子交换树脂处理成纯水，这使得水中可以杀菌的氯离子一齐被清除，使水中微生物具备重新繁殖的条件。

3. 生产设备

生产设备如未经常清洗消毒，特别是不同产品交换生产时清洗消毒不彻底，尤其是设备的出料阀、灌装机的喷嘴口等不易清洁的部位清洗不彻底，极易助长微生物生长繁殖。

4. 包装容器

包装容器清洗存放不当，塑料容器在吹塑成型过程中使用未经过滤的压缩空气，在灌装时用不洁的压缩空气挤压灌充，都会给内容物带来微生物污染。

5. 环境

敞开灌装口的环境空气不洁，会导致微粒、微生物直接进入产品。化妆品在生产过程中虽然加入了一定的防腐剂，但这主要是防止消费者使用时的微生物二次污染，生产过程中的污染则不能靠加防腐剂来解决，因为加入过多的防腐剂会影响使用效果。

表 14-15 列举了国外报道的未采用空气洁净技术的各种化妆品的主要微生物污染事例。

表 14-15　化妆品的主要微生物污染事例

制剂	污染次数：试验次数	微生物
疏水制剂（加防腐剂）	3：22（检体）	细菌和真菌
疏水制剂（未加防腐剂）	6：14（检体）	细菌为铜绿假单胞菌、葡萄球菌
含水制剂（加防腐剂）	6：10（检体）	细菌为铜绿假单胞菌、葡萄球菌
含水制剂（未加防腐剂）	4：10（检体）	
类固醇软膏，加入 0.1%氯化甲酚	11：76（使用者）	绿脓杆菌、无色杆菌属
软膏、乳液、搽剂等	39：71（使用者）	枯草菌、葡萄球菌、真菌等
黏性液	4：8（使用者）	
婴儿用粉、创伤用粉	28：28（使用者）	枯草菌、葡萄球菌、大肠杆菌、铜绿假单胞菌等
婴儿用乳液	12：19（使用者）	枯草菌、葡萄球菌等
羊毛脂手工乳液	6：13（使用者，其中 1 人死亡）	肺炎杆菌

续表

制剂	污染次数：试验次数	微生物
手工洗液	72：90(检体)	铜绿假单胞菌、肺炎杆菌等
乳液、软膏、洗液	34：169(检体)	一般细菌
油粉	6：169(检体)	铜绿假单胞菌
化妆品和局部用药	78：263(检体)	一般细菌、铜绿假单胞菌
洗液(加入抗生素)	4：13(检体)	铜绿假单胞菌($10^4 \sim 10^6$/mL)
眼睛、面部用化妆品	8：324(检体)	阴性菌
各种化妆品		葡萄球菌
用前	20：165(使用者)	葡萄球菌
用后	110：220(使用者)	葡萄球菌

二、要求的洁净度级别

为了制定化妆品生产需要的洁净环境级别，首先应制定化妆品的菌浓标准，表 14-16 给出了几个国家的标准。

表 14-16　化妆品的菌浓标准

项目		美国标准（CTFA）	加拿大标准（TPF）	欧洲诸国标准（EEC）	中国标准（1986）
一般细菌数	婴儿用品	500 个/g 以下	100 个/g 以下	100 个/g 以下	500 个/g(或 mL)以下
	眼用品	500 个/g 以下	100 个/g 以下	100 个/g 以下	500 个/g(或 mL)以下
	口部用品	1000 个/g 以下	1000 个/g 以下	1000 个/g 以下	500 个/g(或 mL)以下
	霜膏及其他	1000 个/g 以下	1000 个/g 以下	1000 个/g 以下	1000 个/g(或 mL)以下
特定菌种	病原菌		指定	指定	指定
	铜绿假单胞菌	指定			指定
	金黄色葡萄球菌	指定			指定
	大肠杆菌	指定			指定

注：表中"指定"是指表中 4 种特定菌种不得检出。

对于化妆品车间的环境标准，2007 年实施的化妆品车间环境标准给出的洁净度和菌浓如表 14-17 所列（表中 8.3 级习惯称呼为 30 万级）。

表 14-17　化妆品车间环境标准

品种	环境	空气洁净度级别	浮游菌浓度	备注
眼部、婴儿和儿童护肤用品	半成品储存间 灌装间 清洁容器的储存间 更衣室	应 8.3 级(ISO)	≤1000CFU/m³	
其他品种	同上	宜 8.3 级(ISO)		
	灌装间工作台表面		≤20CFU	不得检出致病菌
	工人手表面		≤300CFU/只手	

由于化妆品常富含营养成分，容易滋生细菌，某些化妆品的某些工序应有较高的洁净度。作者认为表 14-17 的标准偏低，建议采用高一些的洁净度级别，见表 14-18。

表 14-18　建议的化妆品生产洁净度级别

化妆品种类	空气洁净度级别（ISO）
眼、口、婴儿用品	全室 7～8 级，局部 5 级
营养型膏脂（膏霜）	全室 7～8 级，局部 6 级
指甲、毛发及其他用品	全室或局部 8 级

三、技术要求

根据最新的《化妆品生产企业卫生规范》对化妆品生产厂房卫生设计有以下要求。

① 化妆品生产厂可设置以下用房：更衣室（根据需要设两层）、缓冲区、原料预进间、称量间、制作间、半成品储存间、灌装间、包装间、容器清洁消毒间、干燥间、储存间、原料库、成品库、包装材料库、检验室、留样室等。

② 其余生产作业线的制作、灌装、包装间总面积不得小于 $100m^2$；单纯分装的生产车间灌装间、包装间总面积不得小于 $80m^2$；检验室、留样室等各功能间（区）不得小于 $10m^2$。

③ 生产含挥发性有机溶剂的化妆品（如香水、指甲油等）的车间，应配备相应防火设施。

④ 制作间应特别注意防水问题，防水层应由地面至顶棚全部涂衬。其他生产车间的防水层不得低于 1.5m。

⑤ 生产车间工作面混合照度不得小于 200lx，检验场所工作面混合照度不得小于 500lx。这里要说明一下，混合照度是指局部照明加一般照明，不可能在生产岗位上都用局部照明。

⑥ 由于化妆品生产规模较小，面积不大，一般宜用分散式空调净化系统按洁净度要求配用不同效率的末端过滤器，见图 14-6～图 14-8。

图 14-9 所示为化妆品生产车间具体洁净室改造一例。

送风经高效过滤器进入洁净室，再从回风粗效过滤器进入回风夹道，一部分回风气流和从新风粗效过滤器进来的新风通过中效过滤器进入风机室，另一部分回风气流直接进入空调机的进风口，空气冷却后经导流罩和冷风管进入风机室。两部分气流在风机室混合后，通过风机箱上的中效过滤器由风机送入静压箱，再经高效过滤器进入洁净室构成气流循环系统。从气流的循环情况可知，实际上已形成了很好的三级过滤状态。因此，洁净室的空气质量得到了可靠的保证。在此

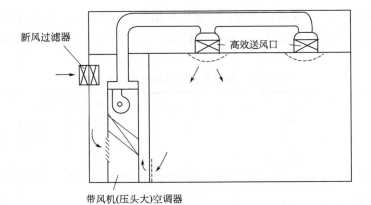

图 14-6　分散系统一

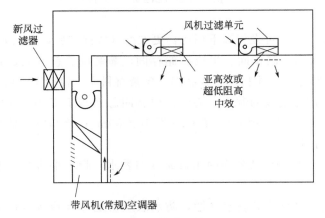

图 14-7　分散系统二

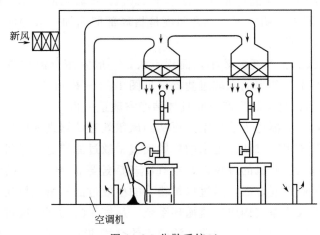

图 14-8　分散系统三

基础上调整高效过滤器送风口的结构和布局，配以相应的风量，就可确定洁净室的洁净形式和洁净度，以适应不同的需要。图 14-9 所示的洁净室，其两侧工作台上方构成了局部 5 级（ISO）的洁净空气主流区域，其余为 7 级（ISO）。

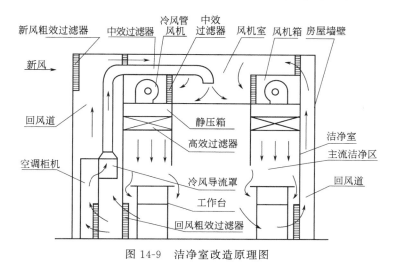

图 14-9　洁净室改造原理图

第十五章

洁净室计算

第一节 计 算 方 法

对洁净室洁净度级别的计算，通常有两种方法：一是按微粒在室内是均匀分布的规律进行计算的方法（以下称均匀分布计算法），二是按微粒在室内是不均匀分布的规律进行计算的方法（以下称不均匀分布计算法）。

一、三区模型

不均匀分布计算法是三区模型，这一模型的特点如下。

① 在送风口下方（或前方）基本为送风气流控制的区域叫主流区。

② 在主流区之外的大部分地区为涡流区。

③ 在靠近回风口附近有一个回风口区。

对于顶棚满布过滤器的洁净室，也可能存在这三个区，如两侧下回风的洁净室。

① 整个主流区连成一片，工作区高度则完全在主流区内。

② 涡流区只有在两个过滤器搭接处下方和沿壁的局部地点存在。

③ 仍然有回风口区。

二、三种原则

按此法计算可以区别三种情况，采用不同的原则。

（1）按室内平均浓度计算　这是最一般的情况。

（2）按主流区浓度计算　根据具体情况，确定主流区较大或者操作是固定在主流区内进行，则可以按主流区达到所需含尘浓度需要的换气次数（显然要小）来计算。

（3）按涡流区浓度计算　对洁净度要求严格或工作点在室内常有移动，在移动中也怕污染，或者房间很大，或操作位置固定在涡流区内的情况，则可按涡流区达到所需含尘浓度需要的换气次数（显然要大）来计算。

第二节 计 算 步 骤

洁净室计算主要是指在已知洁净度级别或允许菌浓等条件下计算风量，其步骤如下。

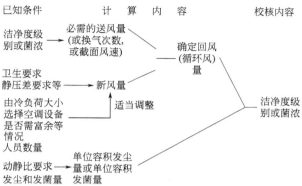

第三节 洁净室三级过滤系统

过去洁净室通常采用粗效（或再加中效和高效中效以上过滤器）、中效和高效（或称初级、中级和末级）三级过滤。正如第六章第二节说明，新风粗效过滤器已不能满足要求，所以这里改用"初级过滤"，它可以只有粗效，也可能还有中效、高中效。系统中的中效过滤器安装在风机的正压段，亚高效过滤器或高效过滤器安装在送风末端。回风口过去习惯安装中效或粗效过滤器，现在对净化空调系统可安装高中效特别是超低阻高中效过滤器。见图15-1。

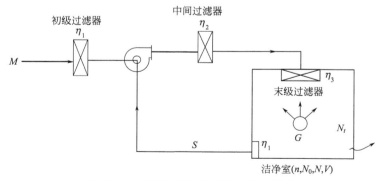

图15-1 洁净室三级过滤系统基本图式

N_t 为某时间 t（min）的室内含尘浓度，粒/L；N 为室内稳定含尘浓度，粒/L；N_0 为室内原始含尘浓度，即 $t=0$ 时的含尘浓度，粒/L；V 为洁净室容积，m^3；n 为换气次数，次/h；G 为室内单位容积发尘量，粒/（$m^3 \cdot min$）；M 为大气含尘浓度，粒/L；S 为回风量对送风量之比；η_1 为初级过滤器（或新风过滤器组合）效率（计数效率，用小数表示，下同）；η_2 为中间过滤器效率；η_3 为末级过滤器效率

第四节　洁净室送风量计算

一、正压乱流洁净室送风量 Q_I 计算

$$Q_I = nV (\text{m}^3/\text{h}) \tag{15-1}$$

式中　V——洁净室体积，m^3；

　　　　n——换气次数，次/h。

换气次数 n 有三种考虑方式：

① 按各专业标准规定的次数选用。

② 按保证较短自净时间所需的最小换气次数（$n_{\min}$）选用。

$$n_{\min} = \frac{nt}{\dfrac{N_0}{N} - 1} \tag{15-2}$$

式中　N_0——洁净室自净前污染浓度，粒/L；如果不是事先已知，应加以确
　　　　　　定，污染较轻地区一般可取 $N_0 = 1 \times 10^5$ 粒/L；

　　　　N——洁净室自净后达到稳定的含尘浓度，也就是设计浓度，一般可取
　　　　　　级别上限浓度的 $1/3 \sim 1/2$，粒/L；

　　　　nt——换气次数和自净时间的乘积，可由图 15-2 查得，其中 t 可根据需
　　　　　　要确定。

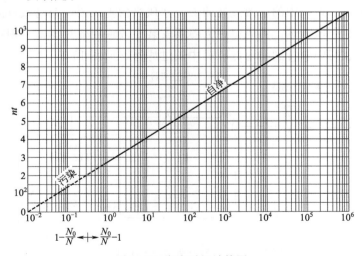

图 15-2　自净时间计算图

一般情况下，t 这样设定：

6 级（1000 级）：不超过 15min，$n_{\min}$ 不小于 50 次；7 级（10000 级）：不超

过 30min，n_{min} 不小于 24 次；8 级（100000 级）：不超过 40min，n_{min} 不小于 14 次；8 级以下（100000～1000000 级）：不超过 50min，n_{min} 不小于 10 次。

③ 按不均匀分布理论计算的换气次数（n_v）选用。

对于末端过滤器为高效过滤器的洁净室：

$$n_v = \psi \frac{60G \times 10^{-3}}{N - N_s} \approx \psi n \qquad (15-3)$$

式中　G——单位容积发尘量，查表，个/（$m^3 \cdot min$）；

　　　n——均匀分布时的换气次数，由图 15-3 查得；

　　　N_s——送风口含尘浓度，按表 15-1 选用，粒/L。

　　　ψ——不均匀分布系数。

表 15-1　高效送风口含尘浓度 N_s

新风比（单向流）	0.2	0.4			
新风比（乱流）			0.2	0.5	1.0
N_s/（粒/L）	0.1	0.2	1	2.5	5

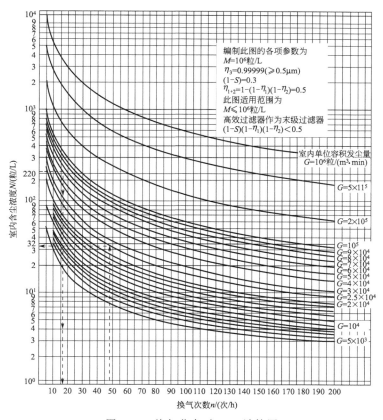

图 15-3　均匀分布时 N-n 计算图

ψ 有三种计算方法。

a. 按室平均浓度计算。这是最一般的情况。

$$\psi=\left(\frac{1}{\phi}-\frac{\beta}{\phi}+\frac{\beta}{1+\phi}\right)\left(\phi+\frac{V_{\mathrm{b}}}{V}\right) \tag{15-4}$$

b. 按主流区浓度计算。根据具体情况，确定主流区较大或者操作是固定在主流区内进行，则可以按主流区达到所需含尘浓度需要的换气次数（显然要小）来计算。

$$\psi=1-\frac{\beta}{1+\phi} \tag{15-5}$$

c. 按涡流区浓度计算。对洁净度要求严格或工作点在室内常有移动，在移动中也怕污染，或者房间很大，或操作位置固定在涡流区内的情况，则可按涡流区达到所需含尘浓度需要的换气次数（显然要大）来计算。

$$\psi=1+\frac{1-\beta}{\phi} \tag{15-6}$$

计算式中各参数是：

β 为主流区中发尘量占总发尘量之比；如果完全无法确定尘源位置，则可以采用平均的方法，令 $\beta=0.5$；或者偏于安全，取 $\beta<0.5$；或者按表 15-2 取用。

表 15-2　β 值

顶棚一个过滤器担负的面积（如果风口布置较偏，担负的面积可取较大值）/m²			
		单向流洁净室,满布送风两侧下回风	0.97
>15	0.3	单向流洁净室,过滤器满布（满布比≥80%）	0.99
>10	0.4	侧送侧回	0.5~0.7（风口间距超过3m 时可取小值）
>5	0.5~0.7	孔板:中间布置,面积≤1/2 顶棚 两边布置,面积≤2/3 顶棚	0.4
>2	0.7~0.8	满布	0.9~0.95
>1	0.8~0.9		
单向流洁净室,过滤器间布（满布比从 40%~80%）	0.9~0.99		

ϕ 为涡流区至主流区的引带风量和送风量之比，对于顶送风口，按表 15-3 选用。

表 15-3　φ 值

顶棚每个过滤器负担的面积（如风口位置较偏，则所负担的面积应减少）/m²		单向流洁净室，过滤器间布（满布比60%）	0.05
≥7	1.5	单向流洁净室，过滤器满布（满布比≥80%）	0.02
≥5	1.4	孔板	1
≥3	1.3	局布	
≥2.5	0.65	满布	0.65
≥2	0.3	散流器	按顶送×(1.3~1.4)
≥1	0.2	带扩散板高效过滤器顶送	
单向流洁净室，过滤器间布（满布比40%）	0.1	扩散较好	按顶送×(1.3~1.4)
		扩散较差	按顶送×1.1

对于侧送风口：

$$\phi = 0.5\frac{\sqrt{F}}{d} - 1 \tag{15-7}$$

式中　F——每一个风口管的房间截面积（垂直于气流），m²；

　　　d——风口当量直径，m。

$$d = 1.13\sqrt{L_1 L_2} \tag{15-8}$$

式中，L_1、L_2 为风口两个边长，m。

$\dfrac{V_b}{V_a}$ 为涡流区体积与主流区体积之比。顶送风口可参考表 15-4 中的 V_a（主流区体积）值换算（若风口较偏，可对 V_b/V_a 值乘以 1.2 左右的系数）。

表 15-4　V_a 数值　　　　　　　　　　单位：m³

房间容积/m³	顶棚过滤器数目									
	1	2	3	4	5	6	7	8	9	10
<5	3									
5	4									
10	5	8	9							
20	7	10	13	16	18					
30	8	12	15	18	20	24	26			
40	9	14	18	20	24	27	28	32	32	35
50	9	15	18	20	25	28	32	32	36	40
60	9	16	21	22	25	30	32	36	36	42
70	10	17	21	22	28	30	35	38	40	45
80	10	17	23	28	30	33	35	40	44	46
90	10	17	23	28	34	36	38	40	45	48
100	10	17	25	30	35	36	40	44	45	50
120	10	17	25	30	35	40	42	48	50	52

带扩散板的顶送风口，由于扩散角不同而差别很大，较好的扩散板，其V_b/V_a约为无扩散板的 0.6 倍，较差的为 0.9 倍。

散流器的V_b/V_a也按无扩散板的顶送风口的 0.6 倍考虑。

对于侧送风口，可取V_b/V_a＝0.5～0.7（风口间距大于 3m 时可取大值）。

对于孔板可参照表 15-5 换算。

表 15-5　孔板的V_b/V_a

项目	气流搭接高度/m				
	0.1	0.2	0.3	0.4	0.5
全孔板	0.96	0.92	0.88	0.84	0.8
1/2 孔板	0.58	0.56	0.54	0.52	0.5
1/3 孔板	0.46	0.45	0.43	0.42	0.41
1/4 孔板	0.42	0.41	0.40	0.39	0.38

对于单向流洁净室，过滤器满布时取V_b/V_a＝0.02，间布时满布比为 60％可取V_b/V_a＝0.06，满布比为 40％时可取V_b/V_a＝0.12。

顶送风口的ψ值也可由表 15-6 查得。

表 15-6　ψ值（顶送风口）

换气次数/（次/h）	乱流											单向流		
	10	20	40	60	80	100	120	140	160	180	200	送回风过滤器均满布	下部两侧回风	下部两侧不均匀不等面积回风
风口均匀布置	1.5	1.22	1.16	1.06	0.99	0.9	0.86	0.81	0.77	0.73	0.64			
n 在 120 次及以上时风口布置集中可按主流区计算	0.65	0.51	0.51	0.43	0.43							0.03	0.05	0.15～0.2

对于末级过滤器为亚高效过滤器的洁净室，N_s需另外计算，或直接查图得出 n，按n_v＝4n计算。

二、正压单向流洁净室送风量 Q_I 计算

$$Q_I = 3600VF \tag{15-9}$$

式中　F——洁净室垂直于气流方向的截面积，m^2；

V——洁净室垂直于气流方向截面上的平均风速，m/s。

V 按以下方式确定。

① 按各专业标准规定的风速采用。

② 当没有专业标准或有特殊要求时，可按下限风速选用（表 15-7、表 15-8）。

表 15-7　控制污染所需下限风速

控制污染类别	风速/(m/s)和条件
多方位污染	
发尘包络线	≥0.25(对通常的污染源都可满足)
人发尘半径	≥0.22
同向污染	≥0.3
逆向污染	
(1)对垂直单向流洁净室	
热源	一般由热源尺寸、温度确定(例如对于表面温度 200℃,约 0.3m× 0.6m 的热平面;0.64)
人的热气流	0.18～0.22
(2)对水平单向流洁净室	≥0.34[通常的行走速度(1m/s),按二次气流速度最大值考虑]
	≥0.28[通常的行走速度(1m/s),按二次气流速度平均值考虑]
	≥0.4(接近 1.5m/s 行走速度)
	≥0.5(接近 2m/s 行走速度)
自净能力	≥0.25

表 15-8　下限风速建议值

洁净室	下限风速/(m/s)	条件
垂直单向流	0.12	平时无人或很少有人进出,无明显热源
	0.3	无明显热源的一般情况
	≤0.5	有人、有明显热源,如 0.5 仍不行,则宜控制热源尺寸和加以隔热
水平单向流	0.3	平时无人或很少有人进出
	0.35	一般情况
	≤0.5	要求更高或人员进出频繁的情况

自净时间与风速的关系见图 15-4。ISO 标准给出风速范围,如 0.2～0.5m/s,什么条件用 0.2,何条件用 0.5 并无给出具体说明。如果室内有热源,可按热源情况由表 15-9 确定,表中 Δt 为热源表面与环境温差;l 为热物体特征长度;R_y 为平面热源当量半径(矩形为:短边 $\times \sqrt{\dfrac{边长}{\pi \times 短边}}$;圆形为圆半径)。

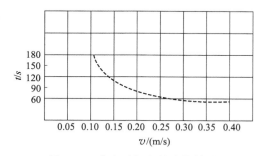

图 15-4　自净时间和风速的关系

表 15-9　风速和热源参数的关系

Δt/℃	送风速度/(m/s)										
	0.2		0.25		0.3		0.35		0.4		0.5	
	l/m	R_y/m	l/m	R_y/m	l/m	R_y/m	l/m	R_y/m	l/m	R_y/m	l/m	R_y/m
10	0.24	1	0.38	2	0.54	3.4	0.735	5.4	0.96	8.1	1.5	11.5
30	0.08	0.23	0.125	0.46	0.18	0.78	0.245	1.25	0.32	1.87	0.5	2.7

Δt/℃	送风速度/(m/s)											
	0.2		0.25		0.3		0.35		0.4		0.5	
	l/m	R_y/m	l/m	R_y/m	l/m	R_y/m	l/m	R_y/m	l/m	R_y/m	l/m	R_y/m
50	0.05	0.11	0.08	0.23	0.113	0.4	0.153	0.63	0.2	0.95	0.313	1.3
70	0.035	0.08	0.055	0.15	0.079	0.27	0.107	0.40	0.14	0.60	0.22	0.86
100	0.024	0.05	0.04	0.1	0.054	0.16	0.073	0.25	0.096	0.40	0.15	0.53
150	0.017	0.03	0.027	0.06	0.037	0.1	0.05	0.15	0.067	0.22	0.104	0.37
200	0.012	0.02	0.019	0.04	0.027	0.07	0.037	0.10	0.048	0.15	0.075	0.21

三、系统送风量 Q_{II} 计算

$$Q_{II}=\frac{\sum Q_I}{1-\varepsilon_\Sigma} \tag{15-10}$$

式中 $\sum Q_I$——各洁净室送风量之和;

ε_Σ——系统和空调设备漏风率之和。

ε_Σ可按实际数值采用,也可按《洁净室施工及验收规范》(GB 50591—2010)规定的值选用,见表 15-10。

表 15-10 建议的系统和空调设备漏风率取值

洁净度级别(209E)	漏风率/%		
	系统	空调设备	总计 ε_Σ
9～7	2	2	4
6～5	1	1	2
4～1	0.5	1	1.5

四、系统新风量 Q_{III} 计算

1. 满足卫生要求洁净室所需的新风量 Q_1

① 对于室内无明显有害气体发生的一般情况,而无专业标准规定的,按《洁净厂房设计规范》(GB 50073—2013)每人每小时新风量不得小于 $40m^3$ 计算:

$$Q_{1-1}=人数\times40m^3/h \tag{15-11}$$

② 对于室内有多种有害气体发生的情况:

$$\left.\begin{array}{l} Q_{1-2}=Q_a+Q_b+\cdots+Q_n \\ Q_a=\dfrac{L_a}{T_a} \\ Q_b=\dfrac{L_b}{T_b} \\ \vdots \\ Q_n=\dfrac{L_n}{T_n} \end{array}\right\} \tag{15-12}$$

式中　Q_a，Q_b，$\cdots$，Q_n——稀释各有害气体必需的通风量；根据实际情况，它们之和 Q_{1-2} 可适当给予安全系数；

$\quad\quad L_a$，L_b，$\cdots$，L_n——各有害气体发生量，mg/m^3；

$\quad\quad T_a$，T_b，$\cdots$，T_n——各行业要求用有害气体允许浓度，表 15-11 是《室内空气质量标准》（GB/T 18883—2002）给出的室内有害气体浓度标准。

表 15-11　室内有害气体允许浓度　　　　单位：mg/m^3

名称	允许浓度	名称	允许浓度	名称	允许浓度
一氧化碳	10(1h 均值)	氨	0.12(1h 均值)	甲苯	0.2(1h 均值)
二氧化碳	0.1(1h 均值)	臭氧	0.16(1h 均值)	二甲苯	0.2(1h 均值)
二氧化硫	0.5(1h 均值)	甲丙醛	0.10(1h 均值)	苯并[a]	1.0(日均值)
二氧化氮	0.24(1h 均值)	苯	0.11(1h 均值)		

比较 Q_{1-1} 和 Q_{1-2}，取大者为卫生所需新风量 Q_1。

2. 保持洁净室正压所需的新风量 Q_2

① 局部排风量 Q_{2-1}；

② 通过余压阀的风量 Q_{2-2}，可从余压阀说明书查得；

③ 由缝隙的漏出风量 Q_{2-3}。

$$Q_{2-3}=3600E_1F_1v_1=3600E_1F_1\sqrt{\frac{2\Delta P}{\rho}} \tag{15-13}$$

式中　F_1——缝隙面积，m^2；

$\quad\quad E_1$——缝隙流量系数，通常取 $0.3\sim0.5$；

$\quad\quad v_1$——漏出风速，m/s；

$\quad\quad \Delta P$——室内外压差，Pa；

$\quad\quad \rho$——空气密度，通常取 $1.2kg/m^3$。

取

$$Q_2=Q_{2-1}+Q_{2-2}+Q_{2-3} \tag{15-14}$$

对洁净室正压要求特别严时，还应在 Q_2 中加上开关门和传递窗的漏风量，参见六、负压洁净室风量计算。

3. 满足总风量一定比例的新风量 Q_3

当不能确切知道人员数量或泄漏情况时，或者在做初步方案时作为估计用，可采用应占总风量一定比例的方法确定新风量（见表 15-12）。

4. 补充送风系统泄漏所需的新风量 Q_4

$$Q_4=系统送风量\times\varepsilon_\Sigma=Q_{\mathrm{II}}\varepsilon_\Sigma \tag{15-15}$$

表 15-12　新风量占总风量的百分数与换气次数的关系　　　单位:%

每人新风量 /(m³/h)	人员密度 /(人/m²)	换气次数/(次/h)									
		10	20	30	40	50	60	70	80	200	400
30	0.1	12	6	4	3	3	2	2	2	1	1
	0.2	24	12	8	6	5	4	4	3	2	1
	0.3	36	18	12	9	8	6	6	5	2	1
	0.4	48	24	16	12	10	8	7	6	3	2
40	0.1	16	8	6	4	4	3	3	2	1	1
	0.2	32	16	11	8	7	6	5	4	2	1
	0.3	48	24	16	12	10	8	7	6	3	2
	0.4	64	32	24	16	13	11	10	8	4	2
50	0.1	20	10	7	5	4	4	3	3	1	1
	0.2	40	20	14	10	8	7	6	5	2	1
	0.3	60	30	20	15	12	10	9	8	3	2
	0.4	80	40	28	20	16	14	12	10	4	2

5. 系统新风量 Q_{II}

比较 $\sum Q_1$、$\sum Q_2$ 和 $\sum Q_3$,取其大者,"$\sum$"为各室该风量之和。然后,加上送风系统的漏风量 Q_4,即为系统的最后所需新风量:

$$Q_{\mathrm{III}} = (\sum Q_1、\sum Q_2、\sum Q_3)_{\max} + Q_4 \qquad (15-16)$$

五、系统回风（循环风）量 Q_{IV} 计算

系统循环风量应为系统送风量减去新风量,即:

$$Q_{\mathrm{IV}} = Q_{\mathrm{II}} - Q_{\mathrm{III}} \qquad (15-17)$$

[例]　设洁净室需送入 $9000\mathrm{m}^3/\mathrm{h}$ 的风量,室内需新风量占送风量的 10%,总漏风率为 0.1,给出系统风量平衡图。

解

$$系统送风量\ Q_{\mathrm{II}} = \frac{\sum Q_{\mathrm{I}}}{1-\varepsilon_{\sum}} = \frac{9000}{1-0.1} = \frac{9000}{0.9} = 10000\mathrm{m}^3/\mathrm{h}$$

新风量 $Q_{\mathrm{III}} = 0.1 \times Q_{\mathrm{I}} + \varepsilon_{\sum} Q_{\mathrm{II}} = 0.1 \times 9000 + 0.1 \times 10000 = 900 + 1000 = 1900\mathrm{m}^3/\mathrm{h}$

循环风量 $Q_{\mathrm{IV}} = Q_{\mathrm{II}} - Q_{\mathrm{III}} = 10000 - 1900 = 8100\mathrm{m}^3/\mathrm{h}$

以上结果绘成图 15-5。

从图 15-5 可见,实际需要新风量为 $900\mathrm{m}^3/\mathrm{h}$,现送 $1900\mathrm{m}^3/\mathrm{h}$,多出的 $1000\mathrm{m}^3/\mathrm{h}$ 即为补充系统漏风的。从风机送出 $10000\mathrm{m}^3/\mathrm{h}$,漏掉 10% 后正好剩 $9000\mathrm{m}^3/\mathrm{h}$ 送入室内,循环风为 $8100\mathrm{m}^3/\mathrm{h}$,差额 $900\mathrm{m}^3/\mathrm{h}$,正好是新风量,即维持室

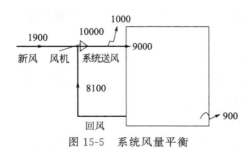

图 15-5　系统风量平衡

内正压的压出量。

六、负压洁净室风量计算

1. 维持负压所需的排风量 Q_V

① 局部排风量 $=Q_{2-1}$；

② 由缝隙的漏入风量 $=Q_{2-3}$，按式（15-13）计算；

③ 由开关门引起的每扇门每小时的漏入风量 $=Q_{2-4}$。

$$Q_{2-4}=tBE_2F_2 v=tBE_2F_2\sqrt{\frac{2\Delta P}{\rho}} \tag{15-18}$$

式中　t——门开一次的时间，s/次；

B——门开关次数，次/h；

F_2——门的面积，m^2；

E_2——门洞流量系数（通常取 $0.9\sim1.0$）。

④ 由开关传递窗引起的每小时漏入的风量 Q_{2-5}；

$$Q_{2-5}=0.5V_1B \tag{15-19}$$

式中　V_1——传递窗内部容积，m^3；

0.5——漏泄率（即开关门的时间内，窗内平均将有一半容积空气进出入洁净室）。

所以

$$Q_V=Q_{2-3}+Q_{2-4}+Q_{2-5}-Q_{2-1} \tag{15-20}$$

如果结果小于零，则取

$$Q_V=Q_{2-1}$$

即不需另设排风机了。

2. 负压洁净室送风量 Q_I

计算方法同前面的正压洁净室。

3. 系统送风量 Q_{II}

计算方法同前面的正压洁净室。

4. 新风量 Q_{III}

因为是直流系统，所以

$$Q_{III}=Q_{II} \tag{15-21}$$

5. 系统排风量 Q_{VI}

① 直排式

$$Q_{VI}=Q_I+Q_V \tag{15-22}$$

② 部分循环风式。若要求循环风量为 Q_{IV}，则系统排风量；

$$Q_{VI}=Q_I+Q_V-Q_{IV} \tag{15-23}$$

七、例题

[例]　已知洁净室静态单位容积发尘量 G 为 2×10^4 粒/$(m^3 \cdot min)$，新风比 0.5，求达到静态万级（209E）的设计换气次数。要求考虑自净换气次数。

解　由式（15-3）

$$n_v = \psi \frac{60G \times 10^{-3}}{N - N_s}$$

因为新风比 $=0.5$，由表 15-1：

$$N_s = 2.5 \text{ 粒/L}$$

设万级按 $N = 100$ 粒/L 设计，则

$$n = \frac{60 \times 2 \times 10^4 \times 10^{-3}}{100 - 2.5} = 12.3 \text{ 次/h}$$

所以查表 15-6，取 $\psi = 1.45$。

则达到静态级别需要的换气次数

$$n_v = 1.45 \times 12.3 = 17.8 \approx 18 \text{ 次/h}$$

因为 $n_v < n_{min}$，所以达到万级的设计换气次数取 n_{min}，即 24 次/h。

第五节　洁净室空气洁净度计算

一、高效空气净化系统

空气洁净度由含尘浓度转换，所以计算洁净度就是计算含尘浓度。

$$N_v = N_s + \psi \frac{60G \times 10^{-3}}{n} \approx \psi N \tag{15-24}$$

式中　N——均匀分布时的含尘浓度，可查图 15-3。

二、亚高效空气净化系统

亚高效空气净化系统洁净室的含尘浓度不能由 N_s 直接计算，如需计算，应按下式进行：

$$N = \frac{60G \times 10^{-3} + Mn(1-S)(1-\eta_n)}{n[1 - S(1-\eta_r)]} \tag{15-25}$$

$$\eta_n = 1 - (1-\eta_1)(1-\eta_2)(1-\eta_3) \tag{15-26}$$

$$\eta_r = 1 - (1-\eta_2)(1-\eta_3) \tag{15-27}$$

式中　η_n——从新风口到送风口的新风通路上过滤器的总效率；

η_r——从回风口到送风口的回风通路上过滤器的总效率；

η_1——粗效过滤器效率；

η_2——中效预过滤器效率；

η_3——末级过滤器效率。

式（15-25）中其他符号含义见图 15-3。也可查出 N 值。

三、例题

[例 1]　设净化系统如图 15-6 所示。

对 $\geqslant 0.5\mu m$ 计数效率 $\eta_1 = 20\%$，$\eta_2 = 40\%$，$\eta_2' = 20\%$，$\eta_3 = 99.999\%$，回风比 $S = 0.7$。

求 30 次/h 的动态洁净度级别。已知动态单位容积发尘量 $G_n = 0.65 \times 10^5$ 个/$(m^3 \cdot min)$

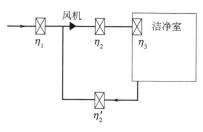

图 15-6　例 1 净化系统图

解　由式（15-24）

$$N_v = N_s + \psi \frac{60 G_n \times 10^{-3}}{n}$$

因为新风比 $= (1 - S) = 0.3$，由表 15-1 取：

$$N_s = 1.5 \text{ 粒/L}$$

由表 15-6，取 $\psi = 1.19$。

则 $N_v = 1.5 + 1.19 \times \dfrac{60 \times 0.65 \times 10^5 \times 10^{-3}}{30} = 1.5 + 1.19 \times \dfrac{3900}{30}$

$= 1.5 + 1.19 \times 130 = 1.5 + 154.7 = 156.2$ 粒/L

或者由式（15-26）

$\eta_n = 1 - (1 - 0.2)(1 - 0.4)(1 - 0.99999) = 1 - 0.8 \times 0.6 \times 0.00001$

$\quad = 1 - 0.0000048 = 0.9999952$

$\quad\quad \eta_r = 1 - (1 - 0.2)(1 - 0.4)(1 - 0.99999) = 0.9999952$

$\quad\quad\quad N_v = \psi N$

$$= 1.19 \left[\frac{60 \times 0.65 \times 10^5 \times 10^{-3} + 10^6 \times 30(1 - 0.7)(1 - \eta_n)}{30[1 - 0.7(1 - \eta_r)]} \right]$$

$$= 1.19 \left[\frac{39 \times 10^2 + 30 \times 0.3 \times 4.8}{30(1 - 0.0000025)} \right]$$

$$= 1.19 \times \frac{3900 + 43.2}{29.999925} = 1.19 \times 131.4 = 156.4 \text{ 粒/L}$$

结果达到 7 级（ISO）。

[例 2]　系统图示同例 1，末端过滤器改为亚高效过滤器，即 $\eta_3 = 0.97$，求 30 次/h 的动态洁净度级别。

解　$\eta_n = 1 - (1 - 0.2)(1 - 0.4)(1 - 0.97) = 1 - 0.8 \times 0.6 \times 0.03$

$$=1-0.0144=0.9856$$

$$\eta_r=1-(1-0.2)(1-0.4)(1-0.97)=1-0.8\times0.6\times0.03$$

$$=0.9856$$

对于亚高效系统应取大气尘浓度 $M=3\times10^5$,

所以 $N_v=1.19\times\left[\dfrac{39\times10^2+30\times0.3\times3\times10^5\times0.0144}{30(1-0.7\times0.0144)}\right]$

$$=1.19\times\left[\dfrac{3900+27\times1440}{30(1-0.01)}\right]$$

$$=1.19\times\dfrac{42780}{29.7}=1.19\times1440.4=1714\ \text{粒/L}$$

达到 8 级（ISO）或具体说达到 7.5 级（ISO）洁净度。

[**例 3**]　系统图示同例 1,新风过滤器再改用亚高效新风机组,机组组成见图 15-7,求 30 次/h 的动态洁净度级别。

解　因为末端过滤器是亚高效过滤器,所以计算大气尘浓度可以不取 10^6 粒/L 而取 2×10^5 粒/L。其余参数均见前例。

新风机组总效率：

$$\eta_1=1-(1-0.3)(1-0.97)=1-0.021=0.979$$

有亚高效新风机组时,中效 η_2 的作用可不考虑,所以

$$\eta_n=1-(1-0.979)(1-0.97)$$

$$=1-0.00063=0.99937$$

$$\eta_r=1-(1-0.2)(1-0.4)(1-0.97)$$

$$=1-0.0144=0.9856$$

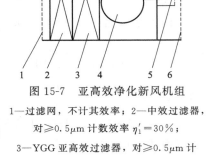

图 15-7　亚高效净化新风机组

1—过滤网,不计其效率；2—中效过滤器,
对 $\geqslant0.5\mu m$ 计数效率 $\eta_1'=30\%$；

3—YGG 亚高效过滤器,对 $\geqslant0.5\mu m$ 计
数效率 $\eta_1''=97\%$；

4—风机；5—挡板；6—装饰网；7—箱体

$$N_v=1.19\times\left\{\dfrac{60\times0.65\times10^5\times10^{-3}+10^5\times2\times30(1-0.7)(1-0.99937)}{30[1-0.7(1-0.9856)]}\right\}$$

$$=1.19\times\dfrac{3900+1134}{29.698}=1.19\times169.5=201.7\ \text{粒/L}$$

结果达到 7 级（ISO）。

[**例 4**]　同例 3,但新风机组中第三道过滤器和回风口中效过滤器,末级过滤器均改为超低阻高中效过滤器,对 $\geqslant0.5\mu m$ 效率设为 80%,求 20 次/h 的动态洁净度级别。

解　新风机组总效率：

$$\eta_1=1-(1-0.3)(1-0.8)=0.86$$

$$\eta_n = 1-(1-0.86)(1-0.3)(1-0.8) = 0.98$$

$$\eta_r = 1-(1-0.86)(1-0.8)(1-0.3)(1-0.8) = 0.996$$

$$N_v = 1.22 \times \left\{ \frac{60 \times 0.65 \times 10^5 \times 10^{-3} + 2 \times 10^5 \times 20(1-0.7)(1-0.98)}{20[1-0.7(1-0.996)]} \right\}$$

$$= 1.22 \times \frac{3900+24000}{19.94} = 1707 \text{ 粒/L}$$

结果达到 8 级（ISO）。

[例 5]　系统图示仍同例 2，有多间洁净室，新风比（$1-S$）＝15％，空态测定 2 人在室内，其他数据均列于表 15-13 中，各级过滤器效率是：

解　$\eta_1 = 20\%$（$\geqslant 0.5\mu m$，下同）

$$\eta_2' = 5\%, \eta_2 = 20\%$$

$$\eta_3 = 99.999\%$$

求空态达到的含尘浓度。

因为是高效系统，可按简化方式计算：

因为新风比<20％，按表 15-1 取 $N_s = 1$ 粒/L。对于序号 1，因有局部百级（209E）过滤器集中布置，所以从表 15-6 中应取主流区的 $\psi = 0.6$，则

$$N_v = 1 + \frac{60 \times 1 \times 10^4 \times 10^{-3}}{128} \times 0.6 = 3.81 \text{ 粒/L}$$

其余各室计算结果均列于表 15-13 中，该工程实测结果也列于该表，表中还列出新风比约 18％的另一例实测结果（序号 7～10），可见计算结果和实测结果基本在同一个量级上。

表 15-13　例 5 测定结果和计算结果对比

序号	面积 /m²	层高 /m	体积 /m³	换气次数 /(次/h)	人员密度 /(人/m²)	G_m/[粒/(m³·min)]	ψ	设计级别(209E)	计算含尘浓度 /(粒/L)	实测含尘浓度统计值 /(粒/L)	备注
1	16.4	2.4	39.4	128	0.12	1×10^4	0.6	万级(中间局部百级)	3.81	4.1	某生物制药厂，国家建筑工程质量检测中心测定
2	12.8	2.4	30.7	97	0.16	1.15×10^4	0.6	同上	7.40	8.0	
3	13.3	2.4	31.9	95	0.15	1.1×10^4	0.6	同上	7.40	10.1	
4	15.9	2.4	38.2	26	0.13	1.02×10^4	1.2	万级	29.2	49.8	
5	37.7	2.4	90.5	15.9	0.05	0.7×10^4	1.35	10 万级	36.6	16.0	
6	25.1	2.4	60.2	15.9	0.08	0.82×10^4	1.35	10 万级	42.8	47.0	
7	22	2.5	55	38.2	0.13	1.02×10^4	1.16	千级	19.5	7.7	某电子车间，国家建筑工程质量检测中心测定
8	48	2.5	120	37.7	0.06	0.74×10^4	1.17	千级	14.7	13.2	
9	130	2.5	325	27.4	0.02	0.6×10^4	1.2	万级	16.8	21.1	
10	300	2.5	700	16.9	0.01	0.55×10^4	1.3	10 万级	26.4	35.7	

第六节 洁净室菌浓计算方法

菌浓计算也可采用与尘浓同样的方法。如果考虑以人的发菌为主要菌源，则先换算出单位容积发菌量，如以 G'_m 和 G'_n 分别表示静态和动态的单位容积发菌量，则

$$G'_m（或 G'_n）= \frac{每人每分钟发菌量 \times 人数}{房间体积} \tag{15-28}$$

同样，送风含尘浓度改成送风含菌浓度 N'_s，按表 15-14 选用。

表 15-14 送风含菌浓度 N'_s

高效净化系统	新风比（单向流）	0.02	0.04			
	新风比（乱流）			0.2	0.5	1.0
	N'_s/（个/m³）	0	0	0	0	0
亚高效净化系统	N'_s/（个/m³）	0.05	0.1	0.5	1.25	2.5

若由菌浓计算换气次数，则需和尘浓计算的换气次数、自净换气次数进行比较，取其大者。

[**例**] 某洁净手术室，室内面积 37.8m²，净高 3m，手术人员 10 人（一般为 6～11 人）。换气次数 30 次/h，新风比 0.38，采用三级过滤的高效净化系统，计算室内可达到的菌浓。

解 由前可知：

大气菌浓 $M' = 2500$ 个/m³；

静态发菌量 300 个/（人·min）；

动态发菌量 1000 个/（人·min）。

所以静态单位容积发菌量：

$$G'_m = \frac{10 \times 300}{113.4} = 26.5 \ 个/（m^3 \cdot min）$$

动态单位容积发菌量：

$$G'_n = \frac{10 \times 1000}{113.4} = 88.2 \ 个/（m^3 \cdot min）$$

由表 15-14 知 $N'_s = 0$。由表 15-6 知 $n = 30$ 时 $\psi = 1.19$。

所以室内静态菌浓：

$$N'_m = N'_s + \psi \frac{60 G'_m}{n} = 0 + 1.19 \times \frac{60 \times 26.5}{30} = 63.1 \ 个/m^3$$

动态菌浓：

$$N'_n = N'_s + \psi \frac{60G'_n}{n} = 0 + 1.19 \times \frac{60 \times 88.2}{30} = 210 \ \text{个/m}^3$$

第七节　空气新鲜度计算

[例]　在某两车间测得的有害气体浓度（mg/m³）如下：

光刻车间 CO15.4；丁酮 19.94；丙酮 128.54；环乙烷 11.22。

装配车间 CO 10.87；汽油 315.23。

问此两车间空气品质是否符合要求。

解　设以上气体最高允许浓度为（mg/m³）：

CO　30；丁酮　200；丙酮　400；环乙烷　50；汽油　350。

由式（5-2）算出

光刻车间：

$$\frac{C_1}{T_1} + \frac{C_2}{T_2} + \cdots + \frac{C_n}{T_n} = \frac{15.4}{30} + \frac{19.94}{200} + \frac{128.54}{400} + \frac{11.22}{50}$$
$$= 0.513 + 0.1 + 0.321 + 0.224 = 1.158$$

装配车间：

$$\frac{C_1}{T_1} + \frac{C_2}{T_2} + \cdots + \frac{C_n}{T_n} = \frac{10.87}{30} + \frac{315.23}{350} = 0.36 + 0.9 = 1.26$$

以上结果均＞1，所以这两个车间的空气品质都不符合要求，说明新风量不足，不足以稀释各种有害气体，应加大新风量，降低各有害气体浓度，然后重新测定计算。

所以，衡量一个空间空气品质是否符合要求，不能仅以 CO_2 一种气体衡量，即使是民用建筑，如洁净手术室，国家规范要求也不仅是通常的 CO_2 一种指标，而是对甲醛、苯和总挥发性有机化合物（TVOC）的浓度也提出了要求和作为检测验收项目。根据本书对空气新鲜度的考虑，如可能采用物理、化学等方法消除空气中该有害成分最好，否则应加大新风量，不是使单项浓度均分别达标就可以了，而是要按式（5-2）的要求计算结果≤1，最好是＜1。

第十六章

空调负荷计算

对于净化空调系统来说，因为洁净室是主体，所以只有在进行了洁净室计算之后，才有可能进行空调计算，而空调计算的基础则是空调负荷计算。

通常所说的空调负荷乃指狭义的夏季冷负荷。本章即讨论这一负荷的计算。

第一节　空调负荷计算的基本概念

一、得热量

得热量指某瞬时进入室内的热量。得热量并不等于冷负荷。

按时间分 $\Big\{$ 稳定得热——人、用电设备的发热
瞬变得热——玻璃透过的日射量、围护结构对室内的不稳定传热

按形式分 $\Big\{$ 显热得热——凡借助传导、对流和辐射的某一种或其组合方式传递给室内的热量
潜热得热——由进入室内的湿量（如人的呼吸、新风及渗透风、发湿设备的散湿）带来的得热

二、冷负荷

冷负荷指为了维持恒定的室温而在任一瞬时应从室内除去的热量，也称空调负载。

（1）先储存后逐时放出的显热≠冷负荷；

（2）能全部以对流方式传给室内空气的瞬时显热得热＝瞬时冷负荷；

（3）瞬时潜热＝瞬时冷负荷；

（4）冷负荷并不等于系统的除热量，还应包括预冷负荷。

三、除热

除热指当空调系统间歇运行时，由于室温偏离设定值而在室内空气与围护结构之间产生的热交换和上述室内冷负荷两者之和。

除热量也并不等于系统的需热量（也就是需冷量），还应包括设备负荷。

四、需热

需热指供给空调，制冷设备的冷（热）量。

（1）连续运行系统需热＝空调负载＋设备负荷。

（2）间歇运行系统需热＝除热量＋设备负荷。

需热量的组成见图 16-1。

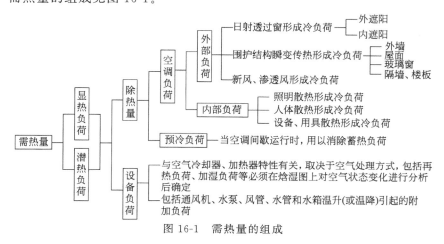

图 16-1　需热量的组成

四种热量概念的含义和相互关系见图 16-2。

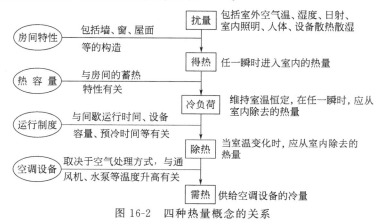

图 16-2　四种热量概念的关系

第二节　确定参数

一、室外计算参数

空调室外计算参数，是空调负荷计算的最重要条件之一，它比计算洁净室时的室外参数更具体、更确定、更重要。在表 16-1 中根据《民用建筑供暖通风与空气调节设计规范》（简称空调设计规范）列出了我国部分城市主要计算参数的名称、类别、含义和数值，由于篇幅所限，只列举了部分城市，其他地点可用与其相近的地点的参数，也可按规范给出的公式进行计算。

表 16-1　我国部分城市主要室外空调计算参数

省/直辖市/自治区		北京	天津	河北
市/区/自治州		北京	天津	石家庄
台站名称及编号		北京	天津	石家庄
		54511	54527	53968
台站信息	北纬	39°48′	39°05′	38°02′
	东经	116°28′	117°04′	114°25′
	海拔/m	31.3	2.5	81
	统计年份	1971～2000	1971～2000	1971～2000
	年平均温度/℃	12.3	12.7	13.4
室外计算温、湿度	供暖室外计算温度/℃	−7.6	−7.0	−6.2
	冬季通风室外计算温度/℃	−3.6	−3.5	−2.3
	冬季空气调节室外计算温度/℃	−9.9	−9.6	−8.8
	冬季空气调节室外计算相对湿度/%	44.0	56.0	55.0
	夏季空气调节室外计算干球温度/℃	33.5	33.9	35.1
	夏季空气调节室外计算湿球温度/℃	26.4	26.8	26.8
	夏季通风室外计算温度/℃	29.7	29.8	30.8
	夏季通风室外计算相对湿度/%	61.0	63.0	60.0
	夏季空气调节室外计算日平均温度/℃	29.6	29.4	30.0
风向、风速及频率	夏季室外平均风速/(m/s)	2.1	2.2	1.7
	夏季最多风向	C　SW	C　S	C　S
	夏季最多风向的频率/%	18　10	19　9	26　13
	夏季室外最多风向的平均风速/(m/s)	3.0	2.4	2.6
	冬季室外平均风速/(m/s)	2.6	2.4	1.8
	冬季最多风向	C　N	C　N	C　NNE
	冬季最多风向的频率/%	19　12	20　11	25　12
	冬季室外最多风向的平均风速/(m/s)	4.7	4.8	2.0
	年最多风向	C　SW	C　SW	C　S
	年最多风向的频率/%	17　10	16　9	25　12
	冬季日照百分率/%	64.0	58.0	56.0
	最大冻土深度/cm	66.0	58.0	56.0

续表

大气压力	冬季室外大气压力/hPa	1021.7	1027.1	1017.2
	夏季室外大气压力/hPa	1000.2	1005.2	995.8
设计计算用供暖期天数及其平均温度	日平均温度≤+5℃的天数	123	121	111
	日平均温度≤+5℃的起止日期	11.12~03.14	11.13~03.13	11.15~03.05
	平均温度≤+5℃期间内的平均温度/℃	−0.7	−0.6	0.1
	日平均温度≤+8℃的天数	144	142	140
	日平均温度≤+8℃的起止日期	11.04~03.27	11.06~03.27	11.07~03.26
	平均温度≤+8℃期间内的平均温度/℃	0.3	0.4	1.5
	极端最高气温/℃	41.9	40.5	41.5
	极端最低气温/℃	−18.3	−17.8	−19.3
	省/直辖市/自治区	山西	内蒙古	辽宁
	市/区/自治州	太原	呼和浩特	沈阳
	台站名称及编号	太原	呼和浩特	沈阳
		53772	53463	54342
台站信息	北纬	37°47′	40°49′	41°44′
	东经	112°33′	111°41′	123°27′
	海拔/m	778.3	1063	44.7
	统计年份	1971~2000	1971~2000	1971~2000
	年平均温度/℃	10.0	6.7	8.4
室外计算温、湿度	供暖室外计算温度/℃	−10.1	−17.0	−16.9
	冬季通风室外计算温度/℃	−5.5	−11.6	−11.0
	冬季空气调节室外计算温度/℃	−12.8	−20.3	−20.7
	冬季空气调节室外计算相对湿度/%	50.0	58.0	60.0
	夏季空气调节室外计算干球温度/℃	31.5	30.6	31.5
	夏季空气调节室外计算湿球温度/℃	23.8	21.0	25.3
	夏季通风室外计算温度/℃	27.8	26.5	28.2
	夏季通风室外计算相对湿度/%	58.0	48.0	65.0
	夏季空气调节室外计算日平均温度/℃	26.1	25.9	27.5
风向、风速及频率	夏季室外平均风速/(m/s)	1.8	1.8	2.6
	夏季最多风向	C　N	C　SW	SW
	夏季最多风向的频率/%	30　10	36　8	16.0
	夏季室外最多风向的平均风速/m/s	2.4	3.4	3.5
	冬季室外平均风速/(m/s)	2.0	1.5	2.6
	冬季最多风向	C　N	C　NNW	C　NNW

续表

风向、风速及频率	冬季最多风向的频率/%	30 13	50 9	13 10
	冬季室外最多风向的平均风速/(m/s)	2.6	4.2	3.6
	年最多风向	C N	C NNW	SW
	年最多风向的频率/%	29 11	40 7	13.0
	冬季日照百分率/%	57.0	63.0	56.0
	最大冻土深度/cm	72.0	156.0	148.0
大气压力	冬季室外大气压力/hPa	933.5	901.2	1020.8
	夏季室外大气压力/hPa	919.8	889.6	1000.9
设计计算用供暖期天数及其平均温度	日平均温度≤+5℃的天数	141	167	152
	日平均温度≤+5℃的起止日期	11.06~03.26	10.20~04.04	10.30~03.30
	平均温度≤+5℃期间内的平均温度/℃	−1.7	−5.3	−5.1
	日平均温度≤+8℃的天数	160	184	172
	日平均温度≤+8℃的起止日期	10.23~03.31	10.12~04.13	10.20~04.09
	平均温度≤+8℃期间内的平均温度/℃	−0.7	−4.1	−3.6
	极端最高气温/℃	37.4	38.5	36.1
	极端最低气温/℃	−22.7	−30.5	−29.4
	省/直辖市/自治区	吉林	黑龙江	上海
	市/区/自治州	长春	哈尔滨	徐汇
	台站名称及编号	长春	哈尔滨	上海徐家汇
		54161	50953	58367
台站信息	北纬	43°54′	45°45′	31°10′
	东经	125°13′	126°46′	121°26′
	海拔/m	236.8	142.3	2.6
	统计年份	1971~2000	1971~2000	1971~2000
	年平均温度/℃	5.7	4.2	16.1
室外计算温、湿度	供暖室外计算温度/℃	−21.1	−24.2	−0.3
	冬季通风室外计算温度/℃	−15.1	−18.4	4.2
	冬季空气调节室外计算温度/℃	−24.3	−27.1	−2.2
	冬季空气调节室外计算相对湿度/%	66.0	73.0	75.0
	夏季空气调节室外计算干球温度/℃	30.5	30.7	34.4
	夏季空气调节室外计算湿球温度/℃	24.1	23.9	27.9
	夏季通风室外计算温度/℃	26.6	26.8	31.2
	夏季通风室外计算相对湿度/%	65.0	62.0	69.0
	夏季空气调节室外计算日平均温度/℃	26.3	26.3	30.8

续表

风向、风速及频率	夏季室外平均风速/(m/s)	3.2	3.2	3.1
	夏季最多风向	WSW	SSW	SE
	夏季最多风向的频率/%	15.0	12.0	14.0
	夏季室外最多风向的平均风速/(m/s)	4.6	3.9	3.0
	冬季室外平均风速/(m/s)	3.7	3.2	2.6
	冬季最多风向	WSW	SW	NW
	冬季最多风向的频率/%	20.0	14.0	14.0
	冬季室外最多风向的平均风速/(m/s)	4.7	3.7	3.0
	年最多风向	WSW	SSW	SE
	年最多风向的频率/%	17.0	12.0	10.0
	冬季日照百分率/%	64.0	56.0	40.0
	最大冻土深度/cm	169.0	205.0	8.0
大气压力	冬季室外大气压力/hPa	994.4	1004.2	1025.4
	夏季室外大气压力/hPa	978.4	987.7	1005.4
设计计算用供暖期天数及其平均温度	日平均温度≤+5℃的天数	169	176	42
	日平均温度≤+5℃的起止日期	10.20～04.06	10.17～04.10	01.01～02.11
	平均温度≤+5℃期间内的平均温度/℃	−7.6	−9.4	4.1
	日平均温度≤+8℃的天数	188	195	93
	日平均温度≤+8℃的起止日期	10.12～04.17	10.08～04.20	12.05～03.07
	平均温度≤+8℃期间内的平均温度/℃	−6.1	−7.8	5.2
	极端最高气温/℃	35.7	36.7	39.4
	极端最低气温/℃	−33.0	−37.7	−10.1
台站信息	省/直辖市/自治区	江苏	浙江	安徽
	市/区/自治州	南京	杭州	合肥
	台站名称及编号	南京	杭州	合肥
		58238	58457	58321
	北纬	32°00′	30°14′	31°52′
	东经	118°48′	120°10′	117°14′
	海拔/m	8.9	41.7	27.9
	统计年份	1971～2000	1971～2000	1971～2000
	年平均温度/℃	15.5	16.5	15.8
室外计算温、湿度	供暖室外计算温度/℃	−1.8	0.0	−1.7
	冬季通风室外计算温度/℃	2.4	4.3	2.6
	冬季空气调节室外计算温度/℃	−4.1	−2.4	−4.2

续表

室外计算温、湿度	冬季空气调节室外计算相对湿度/%	76.0	76.0	76.0
	夏季空气调节室外计算干球温度/℃	34.8	35.6	35.0
	夏季空气调节室外计算湿球温度/℃	28.1	27.9	28.1
	夏季通风室外计算温度/℃	31.2	32.3	31.4
	夏季通风室外计算相对湿度/%	69.0	64.0	69.0
	夏季空气调节室外计算日平均温度/℃	31.2	31.6	31.7
风向、风速及频率	夏季室外平均风速/(m/s)	2.6	2.4	2.9
	夏季最多风向	C SSE	SW	C SSW
	夏季最多风向的频率/%	18 11	17.0	11 10
	夏季室外最多风向的平均风速/(m/s)	3.0	2.9	3.4
	冬季室外平均风速/(m/s)	2.4	3.4	2.7
	冬季最多风向	C ENE	C N	C E
	冬季最多风向的频率/%	28 10	20 15	17 10
	冬季室外最多风向的平均风速/(m/s)	3.5	3.3	3.0
	年最多风向	C E	C N	C E
	年最多风向的频率/%	23 9	18 11	14 9
	冬季日照百分率/%	43.0	36.0	40.0
	最大冻土深度/cm	9.0	—	8.0
大气压力	冬季室外大气压力/hPa	1025.5	1021.1	1022.3
	夏季室外大气压力/hPa	1004.3	1000.9	1001.2
设计计算用供暖期天数及其平均温度	日平均温度≤+5℃的天数	77	40	64
	日平均温度≤+5℃的起止日期	12.08~02.13	01.02~02.10	12.11~02.12
	平均温度≤+5℃期间内的平均温度/℃	3.2	4.2	3.4
	日平均温度≤+8℃的天数	109	90	103
	日平均温度≤+8℃的起止日期	11.24~03.12	12.06~03.05	11.24~03.06
	平均温度≤+8℃期间内的平均温度/℃	4.2	5.4	4.3
	极端最高气温/℃	39.7	39.9	39.1
	极端最低气温/℃	−13.1	−8.6	−13.5
台站信息	省/直辖市/自治区	福建	江西	山东
	市/区/自治州	福州	南昌	济南
	台站名称及编号	福州	南昌	济南
		58847	58606	54823
	北纬	26°05′	28°36′	36°41′
	东经	119°17′	115°55′	116°59′

续表

台站信息	海拔/m	84	46.7	51.6
	统计年份	1971~2000	1971~2000	1971~2000
	年平均温度/℃	19.8	17.6	14.7
室外计算温、湿度	供暖室外计算温度/℃	6.3	0.7	−5.3
	冬季通风室外计算温度/℃	10.9	5.3	−0.4
	冬季空气调节室外计算温度/℃	4.4	−1.5	−7.7
	冬季空气调节室外计算相对湿度/%	74.0	77.0	53.0
	夏季空气调节室外计算干球温度/℃	35.9	35.5	34.7
	夏季空气调节室外计算湿球温度/℃	28.0	28.2	26.8
	夏季通风室外计算温度/℃	33.1	32.7	30.9
	夏季通风室外计算相对湿度/%	61.0	63.0	61.0
	夏季空气调节室外计算日平均温度/℃	30.8	32.1	31.3
风向、风速及频率	夏季室外平均风速/(m/s)	3.0	2.2	2.8
	夏季最多风向	SSE	C　WSW	SW
	夏季最多风向的频率/%	24.0	21　11	14.0
	夏季室外最多风向的平均风速/(m/s)	4.2	3.1	3.6
	冬季室外平均风速/(m/s)	2.4	2.6	2.9
	冬季最多风向	C　NNW	NE	E
	冬季最多风向的频率/%	17　23	26.0	16.0
	冬季室外最多风向的平均风速/(m/s)	3.1	3.6	3.7
	年最多风向	C　SSE	NE	SW
	年最多风向的频率/%	18　14	20.0	17.0
	冬季日照百分率/%	32.0	33.0	56.0
	最大冻土深度/cm	—	—	35.0
大气压力	冬季室外大气压力/hPa	1012.9	1019.5	1019.1
	夏季室外大气压力/hPa	996.6	999.5	997.9
设计计算用供暖期天数及其平均温度	日平均温度≤+5℃的天数	0	26	99
	日平均温度≤+5℃的起止日期	—	01.11~02.05	11.22~03.03
	平均温度≤+5℃期间内的平均温度/℃	—	4.7	1.4
	日平均温度≤+8℃的天数	0	66	122
	日平均温度≤+8℃的起止日期	—	12.10~02.13	11.13~03.14
	平均温度≤+8℃期间内的平均温度/℃	—	6.2	2.1
	极端最高气温/℃	39.9	40.1	40.5
	极端最低气温/℃	−1.7	−9.7	−14.9

续表

省/直辖市/自治区		河南	湖北	广东
市/区/自治州		郑州	武汉	广州
台站名称及编号		郑州	武汉	广州
		57083	57494	59287
台站信息	北纬	34°43′	30°37′	23°10′
	东经	113°39′	114°08′	113°20′
	海拔/m	110.4	23.1	41.7
	统计年份	1971～2000	1971～2000	1971～2000
年平均温度/℃		14.3	16.6	22.0
室外计算温、湿度	供暖室外计算温度/℃	−3.8	−0.3	8.0
	冬季通风室外计算温度/℃	0.1	3.7	13.6
	冬季空气调节室外计算温度/℃	−6.0	−2.6	5.2
	冬季空气调节室外计算相对湿度/%	61.0	77.0	72.0
	夏季空气调节室外计算干球温度/℃	34.9	35.2	34.2
	夏季空气调节室外计算湿球温度/℃	27.4	28.4	27.8
	夏季通风室外计算温度/℃	30.9	32.0	31.8
	夏季通风室外计算相对湿度/%	64.0	67.0	68.0
	夏季空气调节室外计算日平均温度/℃	30.2	32.0	30.7
风向、风速及频率	夏季室外平均风速/(m/s)	2.2	2.0	1.7
	夏季最多风向	C　S	C　ENE	C　SSE
	夏季最多风向的频率/%	21　11	23　8	28　12
	夏季室外最多风向的平均风速/(m/s)	2.8	2.3	2.3
	冬季室外平均风速/(m/s)	2.7	1.8	1.7
	冬季最多风向	C　NW	C　NE	C　NNE
	冬季最多风向的频率/%	22　12	28　13	34　19
	冬季室外最多风向的平均风速/(m/s)	4.9	3.0	2.7
	年最多风向	C　ENE	C　ENE	C　NNE
	年最多风向的频率/%	21　10	26　10	31　11
冬季日照百分率/%		47.0	37.0	36.0
最大冻土深度/cm		27.0	9.0	—
大气压力	冬季室外大气压力/hPa	1013.3	1023.5	1019.0
	夏季室外大气压力/hPa	992.3	1002.1	1004.0
设计计算用供暖期天数及其平均温度	日平均温度≤+5℃的天数	97	50	0
	日平均温度≤+5℃的起止日期	11.26～03.02	12.22～02.09	—
	平均温度≤+5℃期间内的平均温度/℃	1.7	3.9	—

续表

设计计算用供暖期天数及其平均温度	日平均温度≤+8℃的天数	125	98	0
	日平均温度≤+8℃的起止日期	11.12~03.16	11.27~03.04	—
	平均温度≤+8℃期间内的平均温度/℃	3.0	5.2	—
	极端最高气温/℃	42.3	39.3	38.1
	极端最低气温/℃	−17.9	−18.1	0.0
台站信息	省/直辖市/自治区	广西	海南	重庆
	市/区/自治州	南宁	海口	重庆
	台站名称及编号	南宁	海口	重庆
		59431	59758	57515
	北纬	22°49′	20°02′	29°31′
	东经	108°21′	110°21′	106°29′
	海拔/m	73.1	13.9	351.1
	统计年份	1971~2000	1971~2000	1971~2000
	年平均温度/℃	21.8	24.1	17.7
室外计算温、湿度	供暖室外计算温度/℃	7.6	12.6	4.1
	冬季通风室外计算温度/℃	12.9	17.7	7.2
	冬季空气调节室外计算温度/℃	5.7	10.3	2.2
	冬季空气调节室外计算相对湿度/%	78.0	86.0	83.0
	夏季空气调节室外计算干球温度/℃	34.5	35.1	35.5
	夏季空气调节室外计算湿球温度/℃	27.9	28.1	26.5
	夏季通风室外计算温度/℃	31.8	32.2	31.7
	夏季通风室外计算相对湿度/%	68.0	68.0	59.0
	夏季空气调节室外计算日平均温度/℃	30.7	30.5	32.3
风向、风速及频率	夏季室外平均风速/(m/s)	1.5	2.3	1.5
	夏季最多风向	C S	S	C ENE
	夏季最多风向的频率/%	31 10	19.0	33 8
	夏季室外最多风向的平均风速/(m/s)	2.6	2.7	1.1
	冬季室外平均风速/(m/s)	1.2	2.5	1.1
	冬季最多风向	C E	ENE	C NNE
	冬季最多风向的频率/%	43 12	24.0	46 13
	冬季室外最多风向的平均风速/(m/s)	1.9	3.1	1.6
	年最多风向	C E	ENE	C NNE
	年最多风向的频率/%	38 10	14.0	44 13
	冬季日照百分率/%	25.0	34.0	7.5

续表

	最大冻土深度/cm	—	—	—
大气压力	冬季室外大气压力/hPa	1011.0	1016.4	980.6
	夏季室外大气压力/hPa	995.5	1002.8	963.8
设计计算用供暖期天数及其平均温度	日平均温度≤+5℃的天数	0	0	0
	日平均温度≤+5℃的起止日期	—	—	—
	平均温度≤+5℃期间内的平均温度/℃	—	—	—
	日平均温度≤+8℃的天数	0	0	53
	日平均温度≤+8℃的起止日期	—	—	12.22~02.12
	平均温度≤+8℃期间内的平均温度/℃	—	—	7.2
	极端最高气温/℃	39.0	38.7	40.2
	极端最低气温/℃	−1.9	4.9	−1.8
台站信息	省/直辖市/自治区	四川	贵州	云南
	市/区/自治州	成都	贵阳	昆明
	台站名称及编号	成都	贵阳	昆明
		56294	57816	56778
	北纬	30°40′	26°35′	25°01′
	东经	104°01′	106°43′	102°41′
	海拔/m	506.1	1074.3	1892.4
	统计年份	1971~2000	1971~2000	1971~2000
室外计算温、湿度	年平均温度/℃	16.1	15.3	14.9
	供暖室外计算温度/℃	2.7	−0.3	3.6
	冬季通风室外计算温度/℃	5.6	5.0	8.1
	冬季空气调节室外计算温度/℃	1.0	−2.5	0.9
	冬季空气调节室外计算相对湿度/%	83.0	80.0	68.0
	夏季空气调节室外计算干球温度/℃	31.8	30.1	26.2
	夏季空气调节室外计算湿球温度/℃	26.4	23.0	20.0
	夏季通风室外计算温度/℃	28.5	27.1	23.0
	夏季通风室外计算相对湿度/%	73.0	64.0	68.0
	夏季空气调节室外计算日平均温度/℃	27.9	26.5	22.4
风向、风速及频率	夏季室外平均风速/(m/s)	1.2	2.1	1.8
	夏季最多风向	C NNE	C SSW	C WSW
	夏季最多风向的频率/%	41 8	24 17	31 13
	夏季室外最多风向的平均风速/(m/s)	2.0	3.0	2.6
	冬季室外平均风速/(m/s)	0.9	2.1	2.2

续表

	冬季最多风向	C　NE	ENE	C　WSW
	冬季最多风向的频率/%	50　13	23.0	35　19
风向、风速	冬季室外最多风向的平均风速/(m/s)	1.9	2.5	3.7
及频率	年最多风向	C　NE	C　ENE	C　WSW
	年最多风向的频率/%	43　11	23　15	31　16
	冬季日照百分率/%	17.0	15.0	66.0
	最大冻土深度/cm	—	—	—
大气压力	冬季室外大气压力/hPa	963.7	897.4	811.0
	夏季室外大气压力/hPa	948.0	887.8	808.2
	日平均温度≤+5℃的天数	0	27	0
	日平均温度≤+5℃的起止日期	—	01.11~02.06	—
设计计算用	平均温度≤+5℃期间内的平均温度/℃	—	4.6	—
供暖期天数	日平均温度≤+8℃的天数	69	69	27
及其平均温度	日平均温度≤+8℃的起止日期	12.08~02.14	12.08~02.14	12.17~01.12
	平均温度≤+8℃期间内的平均温度/℃	6.2	6.0	7.7
	极端最高气温/℃	36.7	35.1	30.4
	极端最低气温/℃	−5.9	−7.3	−7.8
	省/直辖市/自治区	西藏	陕西	甘肃
	市/区/自治州	拉萨	西安	兰州
	台站名称及编号	拉萨	西安	兰州
		55591	57036	52889
	北纬	29°40′	34°18′	36°03′
台站信息	东经	91°08′	108°56′	103°53′
	海拔/m	3648.7	397.5	1517.2
	统计年份	1971~2000	1971~2000	1971~2000
	年平均温度/℃	8.0	13.7	9.8
	供暖室外计算温度/℃	−5.2	−3.4	−9.0
	冬季通风室外计算温度/℃	−1.6	−0.1	−5.3
	冬季空气调节室外计算温度/℃	−7.6	−5.7	−11.5
	冬季空气调节室外计算相对湿度/%	28.0	66.0	54.0
室外计算温、	夏季空气调节室外计算干球温度/℃	24.1	35.0	31.2
湿度	夏季空气调节室外计算湿球温度/℃	13.5	25.8	20.1
	夏季通风室外计算温度/℃	19.2	30.6	26.0
	夏季通风室外计算相对湿度/%	38.0	58.0	45.0
	夏季空气调节室外计算日平均温度/℃	19.2	30.7	26.0

风向、风速及频率	夏季室外平均风速/(m/s)	1.8	1.9	1.2
	夏季最多风向	C SE	C ENE	C ESE
	夏季最多风向的频率/%	30 12	28 13	48 9
	夏季室外最多风向的平均风速/(m/s)	2.7	2.5	2.1
	冬季室外平均风速/(m/s)	2.0	1.4	0.5
	冬季最多风向	C ESE	C ENE	C E
	冬季最多风向的频率/%	27 15	41 10	74 5
	冬季室外最多风向的平均风速/(m/s)	2.3	2.5	1.7
	年最多风向	C SE	C ENE	C ESE
	年最多风向的频率/%	28 12	35 11	59 7
	冬季日照百分率/%	77.0	32.0	53.0
	最大冻土深度/cm	19.0	37.0	98.0
大气压力	冬季室外大气压力/hPa	650.6	979.1	851.5
	夏季室外大气压力/hPa	652.9	959.8	843.2
设计计算用供暖期天数及其平均温度	日平均温度≤+5℃的天数	132	100	130
	日平均温度≤+5℃的起止日期	11.01～03.12	11.23～03.02	11.05～03.14
	平均温度≤+5℃期间内的平均温度/℃	0.6	1.5	−1.9
	日平均温度≤+8℃的天数	179	127	160
	日平均温度≤+8℃的起止日期	10.19～04.15	11.09～03.15	10.20～03.28
	平均温度≤+8℃期间内的平均温度/℃	2.2	2.6	−0.3
	极端最高气温/℃	29.9	41.8	39.8
	极端最低气温/℃	−16.5	−12.8	−19.7
台站信息	省/直辖市/自治区	青海	宁夏	新疆
	市/区/自治州	西宁	银川	乌鲁木齐
	台站名称及编号	西宁	银川	乌鲁木齐
		52866	53614	51463
	北纬	36°43′	38°29′	43°47′
	东经	101°45′	106°13′	87°37′
	海拔/m	2295.2	1111.4	917.9
	统计年份	1971～2000	1971～2000	1971～2000
	年平均温度/℃	6.1	9.0	7.0
室外计算温、湿度	供暖室外计算温度/℃	−11.4	−13.1	−19.7
	冬季通风室外计算温度/℃	−7.4	−7.9	−12.7
	冬季空气调节室外计算温度/℃	−13.6	−17.3	−23.7

续表

室外计算温、湿度	冬季空气调节室外计算相对湿度/%	45.0	55.0	78.0
	夏季空气调节室外计算干球温度/℃	26.5	31.2	33.5
	夏季空气调节室外计算湿球温度/℃	16.6	22.1	18.2
	夏季通风室外计算温度/℃	21.9	27.6	27.5
	夏季通风室外计算相对湿度/%	48.0	48.0	34.0
	夏季空气调节室外计算日平均温度/℃	20.8	26.2	28.3
风向、风速及频率	夏季室外平均风速/(m/s)	1.5	2.1	3.0
	夏季最多风向	C SSE	C SSW	NNW
	夏季最多风向的频率/%	37 17	21 11	15.0
	夏季室外最多风向的平均风速/(m/s)	2.9	2.9	3.7
	冬季室外平均风速/(m/s)	1.3	1.8	1.6
	冬季最多风向	C SSE	C NNE	C SSW
	冬季最多风向的频率/%	49 18	26 11	29 10
	冬季室外最多风向的平均风速/(m/s)	3.2	2.2	2.0
	年最多风向	C SSE	C NNE	C NNW
	年最多风向的频率/%	41 20	23 9	15 12
	冬季日照百分率/%	68.0	68.0	39.0
	最大冻土深度/cm	123.0	88.0	139.0
大气压力	冬季室外大气压力/hPa	774.4	896.1	924.6
	夏季室外大气压力/hPa	772.9	883.9	911.2
设计计算用供暖期天数及其平均温度	日平均温度≤+5℃的天数	165	145	158
	日平均温度≤+5℃的起止日期	10.20～04.02	11.03～03.27	10.24～03.30
	平均温度≤+5℃期间内的平均温度/℃	-2.6	-3.2	-7.1
	日平均温度≤+8℃的天数	190	169	180
	日平均温度≤+8℃的起止日期	10.10～04.17	10.19～04.05	10.14～04.11
	平均温度≤+8℃期间内的平均温度/℃	-1.4	-1.8	-5.4
	极端最高气温/℃	36.5	38.7	42.1
	极端最低气温/℃	-24.9	-27.7	-32.8

按表中参数进行计算并不能保证全年每一天都可满足设计要求，那既是不经济的，也是不太可能做到的，因此出现了不保证的概念。

所谓"不保证"时长（d/h），根据最新的空调设计规范说明，将原来指对室内温、湿度状况是否保证改为仅针对室外空气温度而言，由于围护结构等综合影响，室内不保证时间一定不会超过室外不保证时间。

所谓"历年平均每年不保证"，系指累年不保证总时长（d/h）的历年平均值。

二、室内计算参数

对于生产性建筑，室内温湿度基数及其允许波动范围，应根据工艺需要并考虑必要的卫生条件确定。

现代洁净室发展的一个趋势是对温湿度要求越来越高。随着大规模和超大规模集成电路的出现，对温度有了高要求，例如硅的线膨胀系数为 2.4×10^{-6}，锗为 6×10^{-6}，耐温玻璃为 3×10^{-6}，金为 14×10^{-6}，其他若干常用的固体材料均在（$10 \sim 20$）$\times 10^{-6}$ 之间，则做超大规模集成电路的 10cm 直径的硅片，温度变化 $1℃$，即伸缩 $0.24 \mu m$，其基底玻璃伸缩 $0.3 \mu m$，金的引线要变化 $1.4 \mu m$，这种伸缩的绝对量以及一个元件上下同材料不同伸缩量的相对值，和洁净室要控制的尘粒尺寸为 $0.1 \sim 0.5 \mu m$ 这个大小相比，都是不能忽视的。

又如制药行业要求的相对湿度有的达到 30%，有的要求变化幅度达到 2%。研究表明，相对湿度 50% 时，细菌浮游 10min 后即死亡，相对湿度更高或更低时，即使经过 2h，大部分细菌还活着。在常温下，相对湿度 60% 以上可发霉，相对湿度 80% 以上则不论温度高低都要发霉，见图 16-3 和图 16-4。

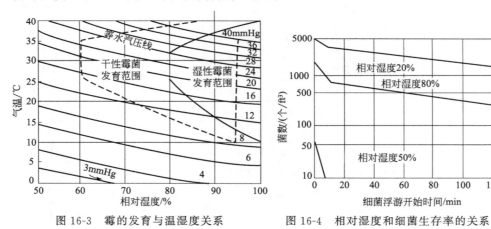

图 16-3　霉的发育与温湿度关系　　　　　图 16-4　相对湿度和细菌生存率的关系

　　　　1mmHg＝133.322Pa　　　　　　　　　　　　　1ft＝0.3048m

在工艺提不出确切要求的情况下，可以参考表 16-2，是部分工业部门室内温湿度参数。

表 16-2　部分工业部门室内温湿度参数

工业部门	工作类别或工作间名称	空气温度基数及其允许波动范围/℃		空气相对湿度范围/%	备注
		夏季	冬季		
机械工业	精密轴承精加工	16～27		40～50	
	高精度外圆及平面磨床	16～24		40～65	
	高精度刻线机	20±(0.1～0.2)		40～65	

续表

工业部门	工作类别或工作间名称	空气温度基数及其允许波动范围/℃		空气相对湿度范围/%	备注
		夏季	冬季		
光学仪器工业	抛光间、细磨间、镀膜或镀银间、胶合间、照明复制间、光学系统装配及调整间	(22~24)±2		<65	室内空气有较高的净化要求
	精密刻划间	20±(0.1~0.5)		<65	
电子工业	精缩间、翻版间、光刻间	22±1		50~100	室内空气有很高的净化要求
	扩散间、蒸发、钝化、外延	23±5		60~70	
电子计算机房	电子计算机房	(20~23)±(1~2)	(20~22)±(1~2)	50±10	磁盘、磁鼓室对净化有较高的要求
		26±(1~2)			
	卡片、磁带、纸带储存	18~24		40~60	
	穿孔机室	23~25	21~24	40~60	
	磁鼓、磁带室	10~32		40~60	
医药工业	抗菌素无菌分装车间,青霉素、链霉素分装,菌落试验,无菌鉴定,无菌更衣室等房间	≤22(盖瓶塞的工艺操作),≤25(灌装安瓿等发热大的操作)	20	≤55	
	针剂及大输液车间调配、灌装等属于半无菌操作的房间	25	18	≤65	

三、有关资料

应了解下列资料。

① 工作班次、时间和人数;

② 散热设备（机器和照明）的安装功率,以及:

$$安装系数（利用系数）=\frac{最大实耗功率}{安装功率}$$

$$负荷系数=\frac{平均实耗功率}{设计最大实耗功率}$$

$$同时使用系数=\frac{同时使用的安装功率}{总安装功率}$$

③ 气体燃烧点的数量,每班最大及平均耗气量,气体的热值;

④ 散湿设备的液面尺寸、液体温度等;

⑤ 局部排风设备散发有害物的性质、散发量、散发情况等;

⑥ 相邻的非洁净建筑的工艺特性、温湿度的要求,有害物的散发及排放情况、噪声源情况等;

⑦ 改建建筑围护结构的构造、传热系数等;

⑧ 热源及其参数、供应量及工作制度；

⑨ 冷冻设备的制冷能力：冷冻水供水温度、供回水情况、冷却用水水量水温等。

以及其他应该了解的资料。

第三节　冷负荷估算指标

很多情况下需要首先知道设备容量可能有多大并对造价进行计算，若不具备冷负荷计算条件就需要对冷负荷进行估算，估算时可参考一些统计指标，这些指标见表 16-3。

表 16-3　洁净室负荷统计

行业	冷负荷/[kcal/(m²·h)]	热负荷/[kcal/(m²·h)]	电负荷/(kW/m²)
半导体元器件	48～2385	30～1400	0.06～1.3
半导体材料	90～1033	144～1360	0.13～0.69
电真空	182～500	245～504	0.04～0.29
精密仪器	267～1148	213～757	0.11～0.31
胶片	约 41	约 172	约 0.02
计算机	约 200	约 70	—
医疗	140～345	100～517	0.15～0.26
制药	274～1100	236～1530	0.003～0.089
电算中心	200～250	—	—
医院（全部）	90～110	—	—

注：1cal=4.1868J。

由表 16-3 数字选用设备，可以不再乘安全系数。如果冷热负荷改用 W 计，则应将表中数字乘以 1.163。

第四节　计算方法

空调负荷计算方法很多，这里只介绍便于工程上手算的冷负荷系数法的基本原则。很多实测和计算表明，夏季 13 时至 17 时的冷负荷常出现最大值，因此，在简化计算时，可只计算这一段时间而取其最大者，一般和逐时全部计算不会有太大出入。当然，对于大型的、重要的对象还是应逐时全部计算的，而对于简略计算则可以只按逐时中的最大值计算。

由于洁净室的密封性能好，不论是正压或负压洁净室，都不考虑冷风渗透引起的负荷计算。

一、外墙、屋顶瞬变传热引起的冷负荷

在日射和室外气温综合作用下，外墙和屋顶瞬变传热引起的冷负荷可按下式计算：

$$CL = FK(t_{ln} - t_n) \tag{16-1}$$

式中　CL——瞬变传热引起的逐时冷负荷，W；

　　　F——外墙和屋面面积，m^2；

　　　K——外墙和屋面传热系数，$W/(m^2 \cdot \text{℃})$；

　　　t_n——室内设计温度，℃；

　　　t_{ln}——外墙和屋面的冷负荷计算温度的逐时值，℃。

按空调设计规范规定，围护结构最大传热系数应不超过表 16-4 数值。外墙及其朝向和所在层次应符合表 16-5 的要求。

表 16-4　围护结构最大传热系数

单位：$W/(m^2 \cdot \text{℃})$ $[kcal/(m^2 \cdot h \cdot \text{℃})]$

围护结构名称	工艺性空调			舒适性空调
	室温允许波动范围/℃			
	±0.1～0.2	±0.5	≥±1.0	
屋盖	—	—	0.8(0.7)	1.0(0.9)
顶棚	0.5(0.4)	0.8(0.7)	0.9(0.8)	1.2(1.0)
外墙	—	0.8(0.7)	1.0(0.9)	1.5(1.3)
内墙和楼板	0.7(0.6)	0.9(0.8)	1.2(1.0)	2.0(1.7)

表 16-5　外墙及其朝向和所在层次

室温允许波动范围/℃	外墙	外墙朝向	层次
≥±1.0	应尽量减少外墙	北纬 23.5°以北:应尽量北向 北纬 23.5°以南:应尽量南向	应尽量避免顶层
±0.5	不宜有外墙,并宜布置在室温允许波动范围较大的房间中,单层时宜有通风屋顶	如有外墙时,要求同上	宜底层
±0.1～0.2	不应有外墙		宜底层

详细数据可查参考文献 [6]：先查出欲计算的外墙或屋面属于Ⅰ～Ⅵ六种类型中的哪一类、哪一种（外墙 303 种，屋面 324 种），再据其朝向、地点查出 t_{ln} 或 t_{lnmax}。

二、内墙、楼板传热引起的冷负荷

《民用建筑供暖通气与空气调节设计规范》规定，当空调房间与邻室的夏季

温度差大于 3℃ 时，通过内墙、楼板传热引起的冷负荷可按下式计算：

$$CL = KF(t_{ls} - t_n) \qquad (16\text{-}2)$$

式中 CL —— 内围护结构传热引起的冷负荷，W；

t_{ls} —— 邻室计算平均温度，℃，其值按下式计算：

$$t_{ls} = t_{wP} + \Delta t_{ls} \qquad (16\text{-}3)$$

式中 t_{wP} —— 夏季空调室外计算日平均温度，℃；

Δt_{ls} —— 邻室计算平均温度与夏季空调室外计算日平均温度的差值，℃；宜按表 16-6 选用。

表 16-6 平均温度的差值 Δt_{ls}

邻室散热量	$\Delta t_{ls}/℃$
很少（如办公室和走廊等）	0~2
<23W/m³	3
23~116W/m³	5

三、地面传热引起的冷负荷

对舒适性空调，按空调设计规范规定，夏季可不计算通过地面传热引起的冷负荷。

对一般工艺性空调，有外墙时，宜计算距外墙 2m 范围以内的地面传热引起的冷负荷，或者做以下概算：

有一面外墙时，小房间（深<5m）的地面传热量，按 12.55kJ/(m²·h) [3kcal/(m²·h)] 计算；大房间（深 5~15m），按 8.37kJ/(m²·h) [2kcal/(m²·h)] 计算。

有两面外墙时，小房间按 20.93kJ/m²·h [5kcal/(m²·h)] 计算，大房间按 12.55kJ/m²·h[3kcal/(m²·h)] 计算。

对高精度恒温空调，参考专著，根据地面情况进行详细的热工计算。

四、外玻璃窗瞬变传热引起的冷负荷

在室外温差作用下，玻璃窗瞬变传热引起的冷负荷按下式计算：

$$CL = FK(t_{lm} - t_n) \qquad (16\text{-}4)$$

式中 CL —— 玻璃窗瞬变传热引起的逐时冷负荷，W；

F —— 窗口面积，m²；

K —— 玻璃窗的传热系数，W/(m²·℃)，随窗的种类和内外表面的放热系数不同而不同，但一般计算可按表 16-7、表 16-8 选用；

t_{lm} —— 玻璃窗冷负荷计算温度的逐时值，℃，见表 16-9；不同设计地点还应在 t_{lm} 上加上地点修正值 t_d，见表 16-10。

表 16-7　不同层数玻璃窗的 K 值

层数	空气层/mm	K/[W/(m²·℃)]	层数	空气层/mm	K/[W/(m²·℃)]
单层透明	—	5.9	双层有色	6	2.5
双层透明中空	6	3.4		9	1.8
	9	3.1	双层反射中空	12	1.6

表 16-8　玻璃窗传热系数修正值

窗框类型	单层窗	双层窗	窗框类型	单层窗	双层窗
全部玻璃	1.00	1.00	木窗框,60%玻璃	0.80	0.85
木窗框,80%玻璃	0.90	0.95	金属窗框,80%玻璃	1.00	1.20

表 16-9　玻璃窗的冷负荷计算温度 t_{lm}　　　　单位:℃

时刻	1	3	5	7	9	11	13	15	17	19	21	23
t_{lm}	26.7	25.8	25.3	26.0	27.9	29.9	31.5	32.2	32.0	30.8	29.1	27.8

表 16-10　玻璃窗地点修正值 t_d　　　　单位:℃

城市	t_d	城市	t_d
北京	0	长沙	3
天津	0	广州	1
石家庄	1	南宁	1
太原	−2	成都	−1
呼和浩特	−4	贵阳	−3
沈阳	−1	昆明	−6
长春	−3	拉萨	−11
哈尔滨	−3	西安	2
上海	1	兰州	−3
南京	3	西宁	−8
杭州	3	银川	−2
合肥	3	乌鲁木齐	1
福州	2	台北	1
南昌	3	汕头	1
济南	3	海口	1
郑州	2	桂林	1
武汉	3	重庆	3

五、玻璃窗日射得热引起的冷负荷

不考虑外遮阳时,透过玻璃窗进入室内的日射得热形成的逐时冷负荷按下式计算:

$$CL = FC_s D_{J,max} C_{CL} \qquad (16-5)$$

式中　CL——透过玻璃窗进入室内的日射得热形成的逐时冷负荷,W;

F——玻璃窗的净面积,m²,有效面积系数对于钢窗,单层是

0.85，双层是 0.75，对于木窗，单层是 0.70，双层是 0.60；

C_s——遮挡系数，因为洁净室的玻璃窗不允许有窗帘之类内遮阳，所以不采用综合遮挡系数，见表 16-11；

$D_{J,max}$——用 3mm 厚普通平板玻璃得出的"标准玻璃"日射得热因数最大值，W/m^2，见表 16-12。

C_{CL}——无内遮阳的冷负荷系数，以北纬 $27°30'$ 划线，以北的为北区，以南的为南区，见表 16-13。

表 16-11 玻璃窗的遮挡系数 C_s 值

玻 璃 类 型	层数	厚度/mm	C_s
透明普通玻璃	双	3+3	0.86
	双	5+5	0.78
茶色浮法玻璃＋透明浮法玻璃	双	4+4	0.66
	双	6+6	0.55
透明反射玻璃＋透明浮法玻璃	双	4+4	0.58
	双	5+5	0.57

表 16-12 夏季各纬度的 $D_{J,max}$ 单位：W/m^2

朝向纬度带	S	SE	E	NE	N	NW	W	SW	水平
20°	130	312	541	465	130	465	541	312	876
25°	145	331	509	421	134	421	509	331	834
30°	173	374	538	415	115	415	538	374	833
35°	251	436	575	429	122	429	575	436	844
40°	302	477	599	442	114	442	599	477	842
45°	368	508	598	433	109	433	598	508	812
拉萨	174	462	727	592	133	592	727	462	991

注：每一纬度带包括的宽度为 $\pm 2°30'$ 纬度。

六、室内热源散热引起的冷负荷

根据冷负荷系数法，计算室内热源散热形成的冷负荷都要采用一个冷负荷系数，该系数和散热体连续散热时间、空调运行时间以及散热体已开启几小时有关，在实际计算时不太容易细致区分。为便于计算而又保证一定精度，这里根据该计算法给出的详细数据，按工作班次（或连续运行小时）平均分为三挡，并给出了该挡中平均的冷负荷系数，如表 16-14 所列。

表16-13　无内遮阳窗玻璃冷负荷系数 C_{CL} 值

北区

朝向\时刻	0	1	2	3	4	5	6	7	8	9	10	11	12	13	14	15	16	17	18	19	20	21	22	23
S	0.16	0.15	0.14	0.13	0.12	0.11	0.13	0.17	0.21	0.28	0.39	0.49	0.54	0.65	0.60	0.42	0.36	0.32	0.27	0.23	0.21	0.20	0.18	0.17
SE	0.14	0.13	0.12	0.11	0.10	0.09	0.22	0.34	0.45	0.51	0.62	0.58	0.41	0.34	0.32	0.31	0.28	0.26	0.22	0.19	0.18	0.17	0.16	0.15
E	0.12	0.11	0.10	0.09	0.09	0.08	0.29	0.41	0.49	0.60	0.56	0.37	0.29	0.29	0.28	0.26	0.24	0.22	0.19	0.17	0.16	0.15	0.14	0.13
NE	0.12	0.11	0.10	0.09	0.09	0.08	0.35	0.45	0.53	0.54	0.38	0.30	0.30	0.30	0.29	0.27	0.26	0.23	0.20	0.17	0.16	0.15	0.14	0.13
N	0.26	0.24	0.23	0.21	0.19	0.18	0.44	0.42	0.43	0.49	0.56	0.61	0.64	0.66	0.66	0.63	0.59	0.64	0.64	0.38	0.35	0.32	0.30	0.28
NW	0.17	0.15	0.14	0.13	0.12	0.12	0.13	0.15	0.17	0.18	0.20	0.21	0.22	0.22	0.28	0.39	0.50	0.56	0.59	0.31	0.22	0.21	0.19	0.18
W	0.17	0.16	0.15	0.14	0.13	0.12	0.12	0.14	0.15	0.16	0.17	0.17	0.18	0.25	0.37	0.47	0.52	0.62	0.55	0.24	0.23	0.21	0.20	0.18
SW	0.18	0.16	0.15	0.14	0.13	0.12	0.13	0.15	0.17	0.18	0.20	0.21	0.20	0.40	0.49	0.54	0.64	0.59	0.39	0.25	0.24	0.22	0.20	0.19
水平	0.20	0.18	0.17	0.16	0.15	0.14	0.16	0.22	0.31	0.39	0.47	0.53	0.57	0.69	0.68	0.55	0.49	0.41	0.33	0.28	0.26	0.25	0.23	0.21

南区

朝向\时刻	0	1	2	3	4	5	6	7	8	9	10	11	12	13	14	15	16	17	18	19	20	21	22	23
S	0.21	0.19	0.18	0.17	0.16	0.14	0.17	0.25	0.33	0.42	0.48	0.54	0.59	0.70	0.70	0.57	0.52	0.44	0.35	0.30	0.28	0.26	0.24	0.22
SE	0.14	0.13	0.12	0.11	0.11	0.10	0.20	0.36	0.47	0.52	0.61	0.54	0.39	0.37	0.36	0.35	0.32	0.28	0.23	0.20	0.19	0.18	0.16	0.15
E	0.12	0.11	0.10	0.09	0.09	0.08	0.24	0.39	0.48	0.61	0.57	0.38	0.31	0.30	0.29	0.28	0.27	0.23	0.21	0.18	0.17	0.15	0.14	0.13
NE	0.12	0.12	0.11	0.10	0.09	0.09	0.26	0.41	0.49	0.59	0.54	0.36	0.32	0.32	0.31	0.29	0.27	0.24	0.20	0.18	0.17	0.16	0.14	0.13
N	0.28	0.25	0.24	0.22	0.21	0.19	0.38	0.40	0.52	0.55	0.59	0.62	0.66	0.68	0.68	0.68	0.69	0.69	0.60	0.40	0.37	0.35	0.32	0.30
NW	0.17	0.16	0.15	0.14	0.13	0.12	0.12	0.15	0.17	0.19	0.20	0.21	0.22	0.27	0.38	0.48	0.54	0.63	0.52	0.25	0.23	0.21	0.20	0.18
W	0.17	0.16	0.15	0.14	0.13	0.12	0.12	0.14	0.16	0.17	0.18	0.19	0.20	0.28	0.40	0.50	0.54	0.61	0.50	0.24	0.23	0.21	0.20	0.18
SW	0.18	0.17	0.16	0.15	0.13	0.12	0.13	0.16	0.19	0.23	0.25	0.27	0.29	0.37	0.48	0.55	0.67	0.60	0.38	0.26	0.24	0.22	0.21	0.19
水平	0.19	0.17	0.16	0.15	0.14	0.13	0.14	0.19	0.28	0.37	0.45	0.52	0.56	0.68	0.67	0.53	0.46	0.38	0.30	0.27	0.25	0.23	0.22	0.20

表 16-14　散热体平均冷负荷系数 C_{CL}

类别	明装荧光灯	暗装荧光灯和明装白炽灯	有排气罩发热设备	无排气罩发热设备	人体
空调系统三班制和散热体连续散热 18～24h	0.67	0.58	0.74	0.85	0.82
空调系统两班制和散热体连续散热 12～16h	0.78	0.73	0.66	0.80	0.76
空调系统一班制和散热体连续散热 8～10h	0.80	0.82	0.52	0.73	0.68

根据空调设计规范，当室内热源散热形成的冷负荷占室内冷负荷的比率较小时，可不考虑房间蓄热特性的影响。也就是说，如果用冷负荷系数法，冷负荷系数都是 1。在室内热源较小和估算时这样做是可行的。

1. 设备散热形成的冷负荷

$$CL = C_{CL}Q \tag{16-6}$$

式中　CL——设备散热形成的冷负荷，W；

　　　C_{CL}——设备散热冷负荷系数，查表 16-13；

　　　Q——设备散热量，W。

① 用电设备。当设备及其电动机都在室内时，

$$Q = 1000 n_1 n_2 n_3 N / \eta \tag{16-7}$$

当只有设备在室内时，

$$Q = 1000 n_1 n_2 n_3 N \tag{16-8}$$

当只有电动机在室内时，

$$Q = 1000 n_1 n_2 n_3 \frac{1-\eta}{\eta} N \tag{16-9}$$

式中　N——设备的安装功率，kW；

　　　η——电动机效率，对 JQ_2 电动机从 $76\%\sim88\%$（相应于 $0.25\sim22kW$）；

　　　n_1——安装系数（利用系数）；

　　　n_2——负荷系数，精密机床为 $0.15\sim0.40$，普通机床为 0.50，国产电子计算机为 0.70；

　　　n_3——同时使用系数，一般取 $0.5\sim0.8$，国产计算机主机取 1.0，外部设备取 0.50。

国外电子计算机产品一般都给出设备发热量，所以就用给出的数字计算。

② 电热设备。无保温密闭罩时，

$$Q = 1000 n_1 n_2 n_3 n_4 N \tag{16-10}$$

式中　n_4——考虑排风带走的热量的系数，一般取 0.5。

2. 照明散热形成的冷负荷

$$CL = C_{CL}Q \tag{16-11}$$

式中　CL——照明散热形成的冷负荷，W；

C_{CL}——照明散热的冷负荷系数，查表 16-14；

Q——照明设备散热量，W。

$$白炽灯\ Q = 1000N \tag{16-12}$$

$$荧光灯\ Q = 1000n_1 n_2 N \tag{16-13}$$

式中 N——照明灯具所需功率，kW；

n_1——镇流器消耗功率系数，当明装灯具而镇流器在室内时，取 1.2；当暗装灯具而镇流器在顶棚内时，取 1.0；

n_2——灯罩隔热系数，当罩上部穿孔时取 0.5～0.6，无孔时取 0.6～0.8。

3. 人体散热形成的冷负荷

$$CL = C_{CL} n q_s \tag{16-14}$$

式中 CL——人体散热形成的冷负荷，W；

C_{CL}——人体散热的冷负荷系数，查表 16-13；

q_s——不同室温和劳动性质时成年男子显热散热量和潜热散热量之和（因为潜热可以通过对流方式传给室内空气，成为其瞬时潜热得热，所以也是瞬时冷负荷），见表 16-15；

n——室内人数。

表 16-15 人体散热量、散湿量

劳动	热湿量	温度/℃														
		16	17	18	19	20	21	22	23	24	25	26	27	28	29	30
静坐	显热	99	93	90	87	84	81	78	74	71	67	63	58	53	48	43
	潜热	17	20	22	23	26	27	30	34	37	41	45	50	55	60	65
	全热	116	113	112	110	110	108	108	108	108	108	108	108	108	108	108
	散湿量	26	30	33	35	38	40	45	50	56	61	68	75	82	90	97
极轻劳动	显热	108	105	100	97	90	85	79	75	70	65	61	57	51	45	41
	潜热	34	36	40	43	47	51	56	59	64	69	73	77	83	89	93
	全热	142	141	140	140	137	136	135	134	134	134	134	134	134	134	134
	散湿量	50	54	59	64	69	76	83	89	96	102	109	115	123	132	139
轻度劳动	显热	117	112	106	99	93	87	81	76	70	64	58	51	47	40	35
	潜热	71	74	79	84	90	94	100	106	112	117	123	130	135	142	147
	全热	188	186	185	183	183	181	181	182	182	181	181	181	182	182	182
	散湿量	105	110	118	126	134	140	150	158	167	175	184	194	203	212	220
中等劳动	显热	150	142	134	126	117	112	104	97	88	83	74	67	61	52	45
	潜热	86	94	102	110	118	123	131	138	147	152	161	168	174	183	190
	全热	236	236	236	236	235	235	235	235	235	235	235	235	235	235	235
	散湿量	128	141	153	165	175	184	196	207	219	227	240	250	260	273	283
重度劳动	显热	192	186	180	174	169	163	157	151	145	140	134	128	122	116	110
	潜热	215	221	227	233	238	244	250	256	262	267	273	279	285	291	297
	全热	407	407	407	407	407	407	407	407	407	407	407	407	407	407	407
	散湿量	321	330	339	347	356	365	373	382	391	400	408	417	425	434	443

注：表中显热、潜热和全热的单位为 W，散湿量的单位为 g/h。

七、计算实例

[**例**] 北京某土建式 10 万级（209E）洁净室，室内舒适空调设计温度 27℃，4 人工作，白天一班制（8 时至 17 时），室内正压＞5Pa，暗装灯具，30W 日光灯 12 支。

围护结构条件如下。

① 屋顶：属序号 8，泡沫混凝土保温层 50mm，为 Ⅱ 型，$K = 1.02$W/$(m^2 \cdot ℃)$，$F = 40m^2$；

② 南外墙：红砖墙，属 Ⅱ 型，$K = 1.55$W/$(m^2 \cdot ℃)$，$F = 20m^2$；

③ 南外窗：双层铝合金玻璃（3mm 厚）窗，中空 10mm，$F = 8m^2$；

④ 内墙：相邻辅助室及走廊均与洁净室温度相同。

解

① 由于是舒适空调，不计算地面冷负荷；

② 内墙无冷负荷问题；

③ 计算时间取 7 时至 18 时；

④ 屋顶冷负荷：由文献查出冷负荷计算温度逐时值，并按式（16-1）计算，结果列于表 16-16 中。

表 16-16　屋顶冷负荷　　　　　　　单位：W

时间 项目	7	8	9	10	11	12	13	14	15	16	17	18
t_{ln}	39.3	38.1	37.0	36.1	35.6	35.6	36.0	37.0	38.4	42.1	41.9	43.7
$t_{ln} - t_n$	12.3	11.1	10.0	9.9	8.6	8.6	9	10.0	11.4	13.1	14.9	16.7
F	40											
K	1.02											
CL	502	453	408	404	351	351	367	428	465	534	608	681

⑤ 南外墙冷荷：由文献查出冷负荷计算温度逐时值，并按式（16-1）计算，结果列于表 16-17 中。

表 16-17　南外窗冷负荷　　　　　　　单位：W

时间 项目	7	8	9	10	11	12	13	14	15	16	17	18
t_{ln}	35.0	34.6	34.2	33.9	33.5	33.2	32.9	32.8	32.9	33.1	33.4	33.9
$t_{ln} - t_n$	8.0	7.6	7.2	6.9	6.5	6.2	5.9	5.8	5.9	6.1	6.4	6.9
F	20											
K	1.55											
CL	248	235	224	214	202	192	183	180	183	189	198	214

⑥ 南外窗瞬时传热冷负荷：由表 16-7、表 16-8 知 $K = 3.1 \times 1.2 = 3.72$W/

$(m^2 \cdot ℃)$。再由表 16-9 查出冷负荷计算温度逐时值，由于地点在北京，不用进行地点修正，并按式（16-4）计算，结果列于表 16-18 中。

⑦ 南外窗日射得热的冷负荷：双层金属窗有效面积系数 0.75，所以有效窗面积 $F = 8 \times 0.75 = 6 m^2$。

由表 16-11 查得，遮挡系数 $C_s = 0.86$。

由表 16-12 查得，纬度 40°（北京为 39°48′）时南（S）向日射得热因数最大值 $D_{J,max} = 302 W/m^2$。

由表 16-14 查得北区无内遮阳的冷负荷系数 C_{CL}。

最后按式（16-5）计算，结果列于表 16-19 中。

表 16-18　南外窗传热冷负荷　　　　　单位：W

时间 项目	7	8	9	10	11	12	13	14	15	16	17	18
t_{ln}	26	26.9	27.9	29	29.9	30.8	31.5	31.9	32.2	32.2	32	31.6
$t_{ln} - t_n$	−1	−0.1	0.9	2.0	2.9	3.8	4.5	4.9	5.2	5.2	5.0	4.6
F	8											
K	3.72											
CL	−24	−2.4	22	48	70	92	108	118	125	125	121	111

表 16-19　南外窗日射得热的冷负荷　　　　　单位：W

时间 项目	7	8	9	10	11	12	13	14	15	16	17	18
C_{CL}	0.17	0.21	0.28	0.39	0.49	0.54	0.65	0.60	0.42	0.36	0.32	0.27
$D_{J,max}$	302											
C_s	0.86											
F	6											
CL	265	327	339	473	594	655	788	727	509	436	388	327

⑧ 照明的冷负荷（W）：因是暗装，镇流器消耗功率系数取 1.0；灯罩是否穿孔未说明，现取偏安全的无孔时隔热系数 0.7，冷负荷系数 $C_{CL} = 0.82$，按式（16-11）计算：

$$CL = 0.82 \times 1000 \times 1 \times 0.7 \times 0.03 \times 12 = 207 W$$

⑨ 人体散热的冷负荷：由表 16-14 查得，一班制时冷负荷系数 $C_{CL} = 0.68$；洁净室内操作一般为轻度劳动或极轻劳动，设取前者，则

$$CL = 0.68 \times 4 \times 181 = 492 W$$

⑩ 以上各项冷负荷汇总于表 16-20 中。

从表 16-20 可见，最大冷负荷的确出现在 13～17 时中的 13 时，达 2152W，即为该洁净室夏季空调设计冷负荷。如果取 13～17 时中数值最低的一小时，则最大偏差仅 8%。所以简化计算时可只取 13～17 时中的某一小时来计算冷负荷温度。

表 16-20 冷负荷汇总 单位：W

表 16-20 冷负荷汇总　　　　　　　　　　　单位：W

时间 项目	7	8	9	10	11	12	13	14	15	16	17	18
屋顶	502	453	408	404	351	351	367	408	465	534	608	681
外墙	248	235	224	214	202	192	183	180	183	189	198	214
外窗传热	−24	−2.4	22	48	70	92	108	118	125	125	121	111
外窗日射	265	327	339	473	594	665	788	727	509	436	388	327
照明	0	207	207	207	207	207	207	207	207	207	207	0
人体	0	492	492	492	492	492	492	492	492	492	492	0
总计	0	1712	1692	1838	1916	1989	2152	2132	1981	1983	2014	0

在各项计算的冷负荷中，以窗的日射得热冷负荷最大，达788W，所以对于有空调要求的不能采用内遮阳的洁净室来说，朝阳的方向应尽量采取外遮阳措施。

第五节　室内湿源散湿引起的冷负荷

一、人体散湿量

人体散湿量已由表16-15给出。

二、水表面散湿量

$$D = \beta(p_{qb} - p_q)F\frac{B}{B'} \quad (\text{kg/s}) \qquad (16\text{-}15)$$

式中　p_{qb}——相应于水表面温度下饱和空气的水蒸气分压力，Pa；

p_q——空气中水蒸气分压力，Pa；

F——水的蒸发表面，m^2；

β——蒸发系数，kg/(N·s)，$\beta = (\alpha + 0.00363v)\,10^{-5}$；

B——标准大气压力，101325Pa；

B'——当地实际大气压力，Pa；

α——周围空气温度为15～30℃时，不同水温下的扩散系数，kg/(N·s)，其值见表16-21。

v——水面上周围空气流速，m/s。

表 16-21 不同水温下的扩散系数 α

水温/℃	<30	40	50	60	70	80	90	100
$\alpha/[\text{kg/(N·s)}]$	0.0046	0.0058	0.0069	0.0077	0.0088	0.0096	0.0106	0.0125

第十七章

空调方案设计

确定了洁净室的气流组织和风量，计算了空调负荷之后，就需要设计合适的空调方案，消除室内的热湿，实现设计要求的室内状态。

第一节　h-d 图和空气状态

一、湿空气性质

正常空气都是湿空气，都不是绝对的干空气。湿空气的性质见图 17-1。

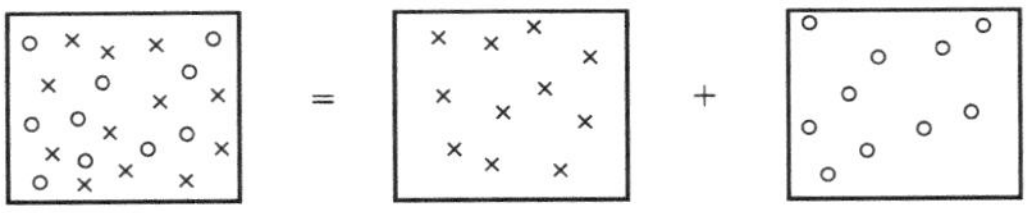

湿空气=干空气+水蒸气

体积：$V = V_g = V_c$（m^3）

温度：$T = T_g = T_c$（K）

压力：$B = P_g + P_c$（mmHg）

质量：$G = G_g + G_c$（kg）

图 17-1　湿空气性质

1mmHg=133.322Pa；下标 g 代表干空气；下标 c 代表水蒸气

二、湿空气参数

空气调节中和温湿度有关的空气主要独立参数及其相关参数如表 17-1 所列。

三、由 h-d 图确定空气参数

h-d 图是将一定大气压力 B（hPa）下，h、d、t、φ、P_c 各参数联系在一起的湿空气性质图（见图 17-2）。h 表示焓（kJ/kg 干空气）；d 表示含湿量（g/kg 干空气）；t 表示温度（℃）；φ 表示相对湿度（%）；P_c 表示水蒸气分压力（hPa）。

表 17-1 空气参数表

主要独立参数	相关参数	符号	单位	确定方法	用 途
干球温度		t T	℃ K	①用一般温度计测得 ②由另两个参数在 h-d 图上查得	反映空气环境显热的多少，计算和测定中常用
	饱和含湿量	d_B	g/kg 干空气	①由 h-d 图查得 ②按温度由空气性质表查得	反映空气在某温度时最大可能含水汽量，确定 φ、t_1 时用
	饱和水蒸气分压力	P_{CB}	Pa	①由 h-d 图查得 ②按温度由空气性质表查得	反映空气在某温度时最大可能含水汽量及分压力
		z_B	kg/m³ 空气	按温度由空气性质表查得	反映空气在某温度时最大可能含水汽量及分压力
湿球温度		t_{sh}	℃	①用湿球温度计测得 ②由 h-d 图查得（湿球温度过程线与等 h 线接近重合）	测量水蒸气分压力 P_c 的主要参数，与干球温度一起可以确定空气状态
含湿量		d	g/kg 干空气	①$d=622\dfrac{P_c}{B-P_c}$ ②由 h-d 图查得	反映空气实际含有的水蒸气量，计算时用
	露点温度	t_1	℃	①由状态点在 h-d 图上查得 ②按温度由空气性质表查得	反映空气环境温度降到什么程度会结露，也可衡量具有一定温度的表面是否结露
	水蒸气分压力	P_c	mmHg	①$P_c=P_{cB}-A(t-t_{sh})B$ $A=0.00001\left(65+\dfrac{6.75}{v}\right)$ v 为经过湿球的空气流速(m/s) ②由 h-d 图查得	反映空气实际含有的水蒸气的分压力，计算湿交换和 φ 时用
	大气压力	B	mmHg	由大气压力表测得	反映湿空气的总压力，计算中用
相对湿度		φ	%	①$\varphi=P_c/P_{cB}\approx d/d_B$ ②由 h-d 图查得	反映空气实际含湿量接近饱和的程度，衡量空气吸湿能力
焓		h	kJ/kg 空气	①$h=0.24t+(595+0.44)\times\dfrac{d}{1000}$ ②由 h-d 图查得	反映在定压状态下空气含有的总热量（显热和潜热），计算热交换的主要参数

注：1mmHg＝133.322Pa。

　　用 h-d 图确定空气参数比起计算要简便得多。但一定要注意选用制图的大气压力与设计地点大气压力相近的 h-d 图，否则相差甚大。图 17-3 给出由 h-d

图确定各参数的方法如下：根据两个独立参数，确定空气状态及其余参数——沿黑箭头方向确定空气状态；沿白箭头方向确定空气参数。

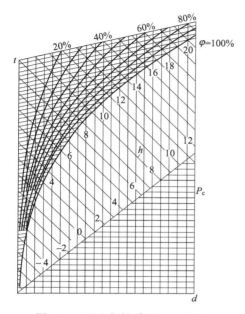

图 17-2　湿空气性质图（h-d 图）

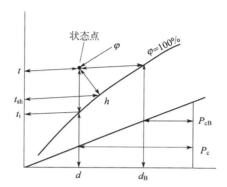

图 17-3　由 h-d 图确定空气参数的方法

四、由 h-d 图表示空气变化过程

1. 空气进出房间的变化过程

空气从送风口进入室内开始，到由回风口排出室外终止，它在室内的变化，在 h-d 图上可以方便地给出其过程。

设每小时有 G kg 空气进入房间，同时对空气加入 Q kJ 的总热量（包括显热与潜热，Q 可以是负值，这是从空气中排出的热量），D kg 的水汽量（D 也可以是负值，这时是从空气中排出的水汽量），空气就由送风口处的状态 1 变成房间内主要空间中的状态 2（不包括送风口附近），然后排出（见图 17-4）。

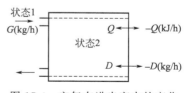

图 17-4　空气在进出室内的变化

这时状态 2 的焓 h_2 比状态 1 的焓 h_1 大，因为加入了 $\dfrac{Q}{G}$（kJ/kg 空气）的热量，即

$$h_2 - h_1 = \frac{Q}{G} \qquad (17\text{-}1)$$

同样，状态 1 的含湿量也比状态 2 的含湿量加大了：

$$\frac{d_2 - d_1}{1000} = \frac{D}{G} \qquad (17\text{-}2)$$

如果用 ε 表示上述两者之比即

$$\varepsilon = \frac{h_2 - h_1}{\dfrac{d_2 - d_1}{1000}} = \frac{\dfrac{Q}{G}}{\dfrac{D}{G}} = \frac{Q}{D} \qquad (17\text{-}3)$$

则在图 17-5 上 ε 正好表示由 1 到 2 连线的斜率，只要 Q、D 已知，$\dfrac{Q}{D}$ 就是一个定值，也就是 ε 是一个定值，称为热湿比，代表着由状态 1 到状态 2 变化的过程，即进入房间的空气吸收余热余湿后达到要求的 2 点状态的过程，把 ε_{1-2} 称为过程线。

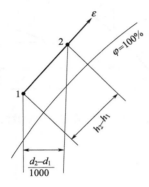

图 17-5　空气在 $h\text{-}d$ 图上的变化过程

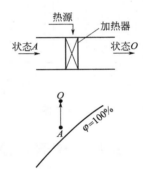

图 17-6　空气经加热器的变化过程

Q 和 D 通常称为总余热量（包括显热和潜热）和余湿量，即分别是对室内进行热、湿"收支"平衡计算后的热量差额和湿量差额，可正可负。

2. 空气经过空气处理设备的变化过程

① 空气经加热器的变化过程。如图 17-6 所示，由状态 A 变化到状态 O 后，

$$t \uparrow Q \uparrow h \uparrow$$

$$\Delta d = 0$$

$$\varepsilon = \frac{Q}{0} = +\infty$$

过程线为垂线 AO。

同时伴随着相对湿度降低的过程。

② 空气经表面冷却器的变化过程。如图 17-7 所示，由状态 A 变化到状态 1 或 2 后，当冷却器表面温度＜被处理的空气露点温度时，发生结露，使空气中湿量减少：

$$t \downarrow \quad Q \downarrow \quad d \downarrow$$

$$\varepsilon = \frac{-Q}{-D} > 0$$

过程线为左斜线 $A—1$。

当冷却器表面温度＞被处理的空气露点温度时，没有水冷凝析出：

$$t \downarrow \quad Q \downarrow$$

$$\Delta d = 0$$

$$\varepsilon = \frac{-Q}{0} = -\infty$$

过程线为垂线 $A—2$。

两者同时伴随着降温过程、减焓过程和相对湿度增加的过程。

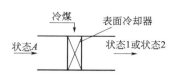

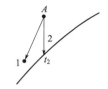

图 17-7　空气经表冷器的变化过程

③ 空气经水蒸气加湿的变化过程。如图 17-8 所示，由状态 A 变化到状态 6 后，因为水蒸气是水加热后的产物，所以：

$$Q \uparrow \quad d \uparrow$$

$$\varepsilon = \frac{+Q}{+D} > 0$$

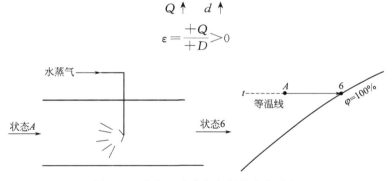

图 17-8　空气经水蒸气加湿的变化过程

由于作为加湿用的水蒸气量一般不大，当水蒸气温度未超过 100℃ 时，计算证明，空气温度上升极小，ε 线基本与等温线平行。

过程线为 $A—6$，即按等温线处理。

④ 空气经吸湿剂吸湿的变化过程。如图 17-9 所示，由状态 A 变化到状态 8 或 9 或 10 后，当固体吸湿剂（如氯化钙、硅胶等）和湿空气接触时，吸收水分，放出热量，所以空气总焓值或不变或稍有上升：

$$t \uparrow Q \uparrow 或 \rightarrow h \uparrow 或 \rightarrow \quad d \downarrow$$

$$\varepsilon = \frac{\sim 0}{-D} \approx 0$$

过程线为 $A—8$ 或 $A—9$，近似于等焓线。

当液体吸湿剂（如溴化锂等）和湿空气接触时，吸收水分，吸收热量：

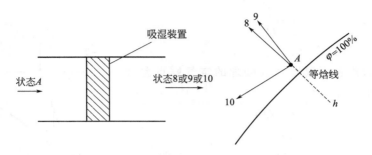

图 17-9　空气经吸湿剂吸湿的变化过程

$$t \downarrow Q \downarrow h \downarrow \quad d \downarrow$$

$$\varepsilon = \frac{-Q}{-D} > 0$$

过程线为 A—10，由于减湿效果比表冷器更显著，所以比 A—1 更向左倾。

　　将各种处理过程总结一下，可以得出空气状态变化的四个象限，如图 17-10 所示。

　　Ⅰ：$\varepsilon = 0 \rightarrow \varepsilon = +\infty$，是 $\varepsilon > 0$ 的象限；

　　Ⅲ：是Ⅰ的反方向变化过程区域，也是 $\varepsilon > 0$ 的象限；

　　Ⅳ：$\varepsilon = -\infty \rightarrow \varepsilon = 0$，是 $\varepsilon < 0$ 的象限；

　　Ⅱ：是Ⅳ的反方向变化过程区域，也是 $\varepsilon < 0$ 的象限。

这些过程的特征见表 17-2，并参见图 17-11。

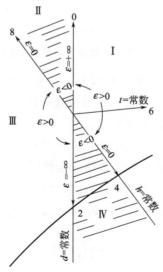

图 17-10　ε 的四个象限

表 17-2　各过程特征

过程线	处理措施	处理过程	特点	过程线	处理措施	处理过程	特点
$A-0$	加热器	等湿升温	t'(水温)$>t$	$A-5$	喷雾室	增焓降温加湿	$t_{sh}<t'<t$
$A-1$	冷却器 喷雾室	减焓降温减湿	$t'<t_i$	$A-6$	喷雾室喷水汽 （≤100℃）	等温加湿	$t'=t$
$A-2$	冷却器 喷雾室	等湿降温	$t'=t_i$	$A-7$	喷雾室	升温加湿	$t'>t$
				$A-8$	固体吸湿	等焓减湿	
$A-3$	喷雾室	减焓降温加湿	$t_i<t'<t_{sh}$	$A-9$	固体吸湿	增焓减湿	
$A-4$	喷雾室（循环水）	等焓加湿	$t'=t_{sh}$	$A-10$	液体吸湿	减焓减湿	

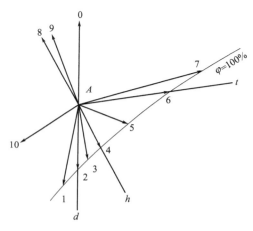

图 17-11　各种过程线

3. 向多房间送风的空气变化过程

① 送风状态相同。如果一个净化空调系统为要求送风状态相同的多个房间服务，显然各房间的负荷会不同，因而 ε 不是一个而是多个，分别为 ε_1、ε_2 和 ε_3，如图 17-12 所示。

从图 17-12 可见，假定以室内参数 N 所在的温度和相对湿度为准，各允许一个波动范围，如图 17-13 所示，大致是一个平行四边形。

前面已说明，把冷却的空气送入室内，是先要把空气冷却到露点，再经过加热至送风状态，然后送入室内，按过程线变化直到排至室外。所以，如果取同样送风温差而要保持多个房间（例如三个）室内参数相同，那就要得到三个露点，表示在图 17-12 上就是 L_1、L_2、L_3 三个露点加热到 S_1、S_2、S_3，然后以 ε_1、ε_2、ε_3 的过程线送入室内，与要求的 t 线相交得到一个共同点 N，所在的 t 线和 φ 线则为相同的室内参数。但是这对于一个空气处理系统来说是不可能的。

假定以房间 2 的送风状态 S_2 为标准，其余两个房间送风也都冷却到同一个露点 L_2，加热到同一个送风状态 S_2，那么对于房间 2，显然送风是按 ε_2 过程线变化，而 ε_1 和 ε_2 都将平移一段而成为 ε_1' 和 ε_3' 了，最终的室内状态 是 ε_1' 和 ε_3' 与 t 线的交点 N_1 和 N_3。

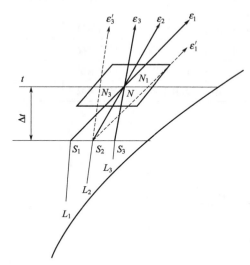

图 17-12　送风状态相同的多房间过程线

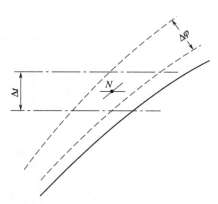

图 17-13　室内参数的允许波动范围

如果事先知道 N 的允许波动范围如图 17-12 中的平行四边形，而这个交点 N_1 和 N_3 又落在此范围之内，则这就是允许的，用同一送风状态就是可能的。如果 N_1 落在范围之外，像图 17-14 那样，就需要在通向房间的风道上设局部再热器或微调加热器，把房间 1 的送风点由 S_2 提高到 S_2'，则房间 1 的送风结果，仍能使室内参数落在允许范围之内，即 N_1 仍在平行四边之内。

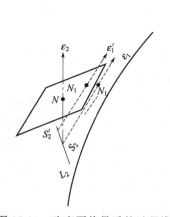

图 17-14　改变再热量后的过程线

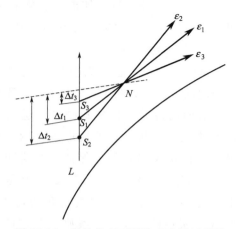

图 17-15　送风状态不同的多房间过程线

② 送风状态不同。如果不保持一个送风状态，而要在不同的 ε 时达到同一个室内状态 N，那就可以用二次加热器改变各室送风状态达到各 ε 要求的程度。则此时因仅有加热，d 不变，所以 S_1、S_2、S_3 和露点温度 L 都在同一等 d 线上，只是各室送风温差不同了，但是都可达到一样的室内状态，见图 17-15。

以上两种情况都是以露点相同为条件的，除此之外，也可以有改变露点或风量的变化过程，这里就不详细介绍了。

4. 两种空气的混合状态

两种不同状态（状态 1、2），一定量（G_1、G_2）的空气混合成新的状态（状态 3），也可以用 h-d 图表示其混合过程的结果，并遵循以下三原则（参见图 17-16）：

① 混合前后空气的变化过程在 h-d 图上应为一直线，即三个状态点均在一直线上。

② 状态 1、2 和 3 的风量关系是：

$$G_1 + G_2 = G_3 \qquad (17\text{-}4)$$

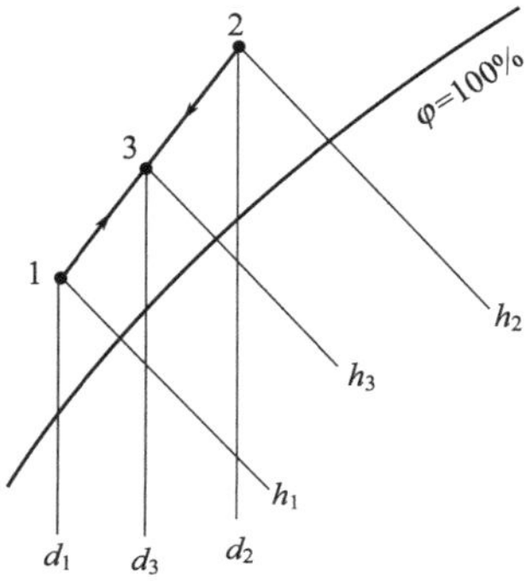

③ 三个状态点在直线上的位置关系是：

$$\frac{\overline{23}}{\overline{31}} = \frac{h_2 - h_3}{h_3 - h_1} = \frac{d_2 - d_3}{d_3 - d_1} = \frac{G_1}{G_2} \qquad (17\text{-}5)$$

$$\frac{\overline{31}}{\overline{21}} = \frac{h_3 - h_1}{h_2 - h_1} = \frac{d_3 - d_1}{d_2 - d_1} = \frac{G_2}{G_1 + G_2} \qquad (17\text{-}6)$$

$$即 \quad \frac{\overline{23}}{\overline{21}} = \frac{h_2 - h_3}{h_2 - h_1} = \frac{d_2 - d_3}{d_2 - d_1} = \frac{G_1}{G_1 + G_2} \qquad (17\text{-}7)$$

图 17-16　两种状态空气的混合过程

混合点左端的线段代表右端的风量，右端的线段代表左端的风量；整个线段代表总风量。

［例］ 设图 17-16 中 $t_2 = 26℃$，$\varphi_2 = 60\%$，$h_2 = 58.61\text{kJ/kg}$，$t_1 = 12.2℃$，$\varphi_1 = 95\%$，$h_1 = 33.49\text{kJ/kg}$，用状态 2 的回风和露点状态 1 混合，混合的状态要求达到 $t_3 = 20℃$，混合后的总风量为 1000kg/h，求回风状态和露点状态的风量各是多少？

解 在 1—2 连线上根据 $t_3 = 20℃$，可定状态 3，相应的 $h_3 = 47.39\text{kJ/kg}$。根据式（17-7）：

$$\frac{\overline{23}}{\overline{21}} = \frac{h_2 - h_3}{h_2 - h_1} = \frac{G_1}{G_1 + G_2}$$

已知总风量 $G_1 + G_2 = 1000\text{kg/h}$，所以

$$G_1 = (G_1 + G_2) \frac{h_2 - h_3}{h_2 - h_1} = 1000 \times \frac{58.61 \times 47.39}{58.61 + 33.49} = 447 \text{kg/h}$$

$$G_2 = 1000 - G_1 = 553 \text{kg/h}$$

第二节　空调处理方案

知道了前述一些常用处理方法之后，把它们组合起来，就可以把室外新风状态 H（夏）处理成所要求的送风状态 S，这种组合，在 $h\text{-}d$ 图上可以有多种，而能达到同一个目的，这就是空调处理方案。下面介绍一些洁净室常用的最基本的方案。

一、直流处理方案

特点：全新风，用于不允许循环风的场合，例如动物饲养室、生物安全洁净室，以及某些制药车间。

由于直接把室外空气处理到室内状态，经过空调机的空气焓差就会很大，甚至达到 10 以上，所以需采用专门的新风空调机，或者加大空调机中表冷器的排数。

系统图式：如图 17-17 所示，图中未给出空气净化设备，下同。

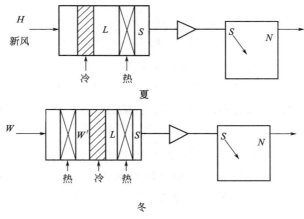

图 17-17　直流图式

$h\text{-}d$ 图表示：如图 17-18 所示。

过程分析：

（1）夏季

① 确定室内状态点 N。

② 求出 ε，自 N 作 ε 线，夏季一般要求降温降湿，所以 ε 线多在第Ⅲ象限，

因为有余热，显然 $\varepsilon > 0$。

③ 确定送风温差 Δt。净化空调比单纯空调 Δt 要小得多，因为前者风量大，所以应用下式求出：

$$\Delta t = \frac{Q}{G_s C} \qquad (17\text{-}8)$$

式中　Q——室内显热余热量，kJ/h；

　　　G_s——由净化要求求出的风量，kg/m³；

　　　C——比热容，取 $1.005\mathrm{kJ/(kg \cdot ℃)}$。

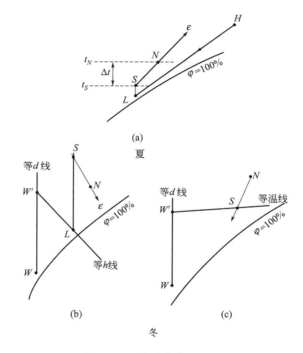

图 17-18　直流方案 $h\text{-}d$ 图

④ 自 t_N 向下，由 Δt 确定送风状态的温度 t_S 线，该线与 ε 线交点即送风状态点 S。

⑤ 自 S 作等 d 线与 95% 相对湿度线相交得 L 点，所以用 95%，因为用 100% 的饱和点是很难得到的。此点即露点，也称机器露点。

⑥ 自 L 加热至 S，d 不变。

⑦ $H \to L$ 为表冷器冷却或冷水喷雾过程。

（2）冬季　围护结构热损失大，使室内余热为负时〔见图 17-18（b）〕：

① 确定室内状态点 N。

② 求出 ε，自 N 作 ε 线，因为热损失大，余热为负，所以是失热的情况，ε

随耗热增加而减小甚至变成负值，即 $\varepsilon<0$，过程线将在第 II 象限，送风点一般在室内状态点的左上方。

③ 工程上冬季常采用与夏季相等的送风量，则送风状态点：

$$h_S = h_N - \frac{Q_N}{G} \tag{17-9}$$

式中　Q_N——室内总余热量（<0），kJ/h。

h_S 与 ε 线交点即 S 点。

④ 自 S 作等 d 线，与 95％ 相对湿度线相交得 L 点。

⑤ 自 W 预热至 W'，W' 应取在自 L 的等焓线上，因为 W 预热至 W' 后，如用循环水喷雾（方式之一），则按等焓加湿变化至机器露点 L，所以通过 L 作等焓线与通过 W 的等 d 线相交即得 W'。

热损失小，使室内余热为正时［见图 17-18（c）］：

① 确定室内状态点 N。

② 求出 ε，自 N 作 ε 线，因为余热为正，显然 $\varepsilon>0$，在第 III 象限，要降温，即送风状态点在 N 的左下方。

③ 由送风温差确定 S 点。

④ 自 W 预热至 W'，W' 应取在自 S 的等温线上，因为 W 预热至 W' 后，如用等于室温的水喷雾或喷 $\leqslant100℃$ 的水蒸气，则按等温加湿变化，按湿度要求控制至 S 点，所以通过 S 作等温线与通过 W 的等 d 线相交即得 W'（如用上面说的循环水喷雾，则达不到 S 点）。

过程分析表示：

$$H \xrightarrow{\text{冷却减湿}} L \xrightarrow{\text{再热}} S \xrightarrow{\varepsilon} N$$

夏季

$$W \xrightarrow{\text{预热}} W' \xrightarrow{\text{等焓（绝热加湿）}} L \xrightarrow{\text{再热}} S \xrightarrow{\varepsilon} N$$

（1）

$$W \xrightarrow{\text{预热}} W' \xrightarrow{\text{室温水喷雾}} S \xrightarrow{\varepsilon} N$$

（2）

冬季

再热量：　　　　　　　$Q' = G_S(h_S - h_L)$ 　　　　　　　　（17-10）

预热量（冬）：　　　　$Q'' = G_S(h_W' - h_W)$ 　　　　　　　（17-11）

加湿量（冬）：　　　　$W = G_S(d_S - d_W)$ 　　　　　　　　（17-12）

表冷器冷负荷（夏）：　$Q''' = G_S(h_H - h_L)$ 　　　　　　　（17-13）

上面的过程分析只举了两种典型情况，实际上由室外状态点 $W(H)$ 至送风状态点 S 有多种可能，图 17-19 和表 17-3 给出了几种可能的方案供选择。

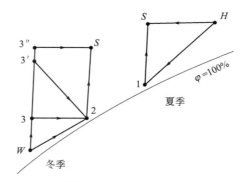

图 17-19　由室外状态点至送风状态点的多种处理方案

表 17-3　从 H 或 W 变到 S 的几种处理方案

季节	处理过程线	处理措施
夏季	① H→1→S	表冷器冷却或喷雾室喷冷水→再热
	② H→S	喷液体吸湿剂(与室温相等)
冬季	① W→3→2→S	预热→喷水蒸气(或喷雾室喷室温热水)→再热
	② W→3′→2→S	预热→喷雾室绝热喷雾→再热
	③ W→3″→S	预热→喷水蒸气
	④ W→2→S	喷热水→再热

二、一次回风处理方案

特点：集中一次让回风先和新风混合，然后再加以处理，这是最一般的方式。

由于混合后的状态 C 比新风状态 H 大大向所需的送风状态 S 挪近了一步，因此冬季加热或者夏季冷却的要求就比同样送风量的直流系统大大减弱了，从而在设备设置上和运行上经济得多。

系统图式：如图 17-20 所示。

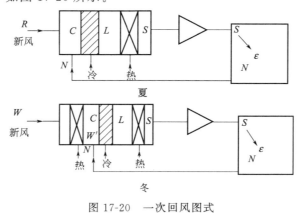

图 17-20　一次回风图式

h-d 图表示：如图 17-21 所示。

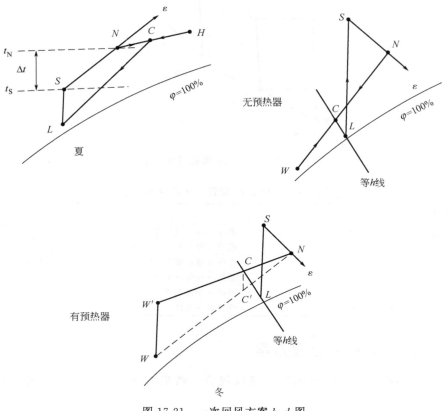

图 17-21 一次回风方案 h-d 图

过程分析：

（1）夏季

① 确定室内状态点 N。

② 求出 ε，自 N 作 ε 线。

③ 确定送风温差 Δt。

④ 自 t_N 向下由 Δt 确定送风状态的温度 t_S 线，该线与 ε 线交点即送风状态点 S。

⑤ 自 S 作等 d 线与 95％ 相对湿度线相交得 L 点。

⑥ 确定一次回风混合点 C。

$$\frac{HC}{HN}=\frac{S}{G_S}$$

式中，S 为回风量占总风量的比例；G_S 为总风量。

⑦ $C \to L$ 为表冷器冷却或冷水喷雾过程。

过程分析表示：

$$HN > \xrightarrow{\text{混合}} C \xrightarrow{\text{冷却减湿}} L \xrightarrow{\text{再热}} S \xrightarrow{\varepsilon} N$$
夏季

无预热器：$WN > \xrightarrow{\text{混合}} C \xrightarrow{\text{等焓减湿}} L \xrightarrow{\text{再热}} S \xrightarrow{\varepsilon} N$

有预热器：$W \xrightarrow{\text{预热}} W'N > \xrightarrow{\text{混合}} C \xrightarrow{\text{等焓加湿}} L \xrightarrow{\text{再热}} S \xrightarrow{\varepsilon} N$
冬季

（2）冬季　对于冬季，混合点 C 必定落在等 h 线上（因为要等焓加湿），为了方便地求出 C，可先求出 C'，作等 d 线与等 h 线相交即得 C 点，延长 NC 与过 W 的等 d 线相交于 W'，即得需要预热到的状态。

再热量：按式（17-10）　　$Q' = G_S(h_s - h_L)$

预热量：　　　　　　　　$Q'' = G_W(h_{W'} - h_W)$　　　　　　　　　　（17-14）

表冷器冷负荷（夏）：　　$Q''' = G_S(h_C - h_L)$　　　　　　　　　　（17-15）

加湿量（冬）：　　　　　$W = G_S(d_S - d_C)$　　　　　　　　　　（17-16）

三、二次回风经空调机风机处理方案

特点：回风先和新风一次混合，再在空调机内和露点状态的空气二次混合。可以避免一次回风的又加热又冷却的能量浪费，即省去一部分再加热热量和一部分制冷量。适合于级别高、风量大的洁净室，但不宜用于散湿量大或者散湿量变化大的场合。

系统图式：如图 17-22 所示。

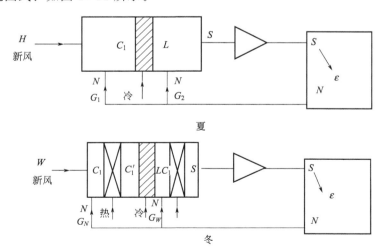

图 17-22　二次回风经空调机风机图式

h-d 图表示：如图 17-23 所示。

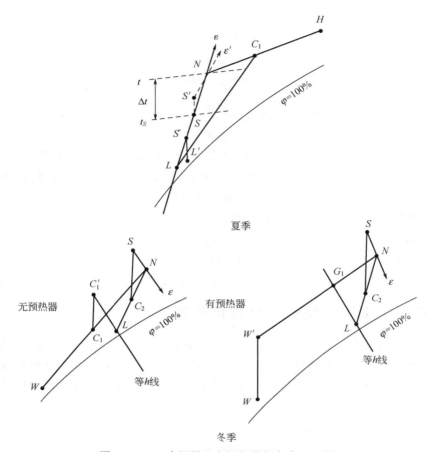

图 17-23　二次回风经空调机风机方案 h-d 图

过程分析（夏季）：

① 确定室内状态点 N。

② 求出 ε，自 N 作 ε 线。

③ 确定送风温差 Δt，作 t_S 线。

④ 由 ε 和 t_S 相交得 S 点。

⑤ 延长 NS 与 95% 的 φ 线相交得 L，这是二次回风的露点。因为 N、S、L 在一条直线上，符合混合空气应在一条过程线上的原则，所以 L 和室内二次回风 N 混合可得送风状态 S。S 的具体确定有以下四种情况。

a. 已知需要的 Δt，而且 Δt 合适，则和一次回风系统相似，由 Δt 确定 S 点，当然也就可以从线段测量上得到二次混合比和混合风量。

b. 如果 Δt 不合适，例如太小，使二次回风量太大，系统不好处理，则可以调整 L 位置至 L'，通过加热到 S''，使 S'' 在 ε 线上，这时再二次混合到送风温差

即达 S 点，就不要那么多二次回风量了。

c. 如果一次混合后的风量 G_L（即通过空调机表冷器的风量 G_{C1}）已定，例如空调机已选好（特别是二次回风不经过空调机风机的系统），则按式（17-7）求出二次混合点的焓（参照图 17-23）：

$$\frac{G_L}{G}=\frac{h_N-h_S}{h_N-h_L}$$

$$h_S=\frac{h_N(G-G_L)+h_L G_L}{G}$$

通过 h_S 线与 ε 线相交定出二次混合点 S。在此情况下，Δt 或者影响不大，或者再校核一下 Δt，如不合适，则只能通过调整 G_L（即空调机表冷器通过的风量）或重选空调机（二次回风不经过空调机的方案）来满足了。

[例]　已知系统总风量 $G=12000\mathrm{kg/h}$，已选好表冷器通过风量为 $7500\mathrm{kg/h}$ 的空调机，已知 $h_N=56.10\mathrm{kJ/kg}$，$h_L=47.73\mathrm{kJ/kg}$，求混合点焓。

解　显然新风加一次回风，使一次混合后的风量

$$G_L=12000-7500=4500\mathrm{kg/h}$$

$$h_S=\frac{4500\times56.10+7500\times47.73}{12000}=\frac{252450+357975}{12000}$$

$$=50.87\mathrm{kJ/kg}$$

d. 又如 ε 线较平，成 ε'，则 L 点位置会太靠下，则可按一定比例混合至 S 点后再加热至 S'，使 S' 在 ε' 线和 Δt 线交点上。

⑥ 在 NH 连线上确定一次回风混合点 C_1。

⑦ $C_1\rightarrow L$ 为表冷器冷却或冷水喷雾过程。

过程分析表示如下：

$$HN>\xrightarrow{\text{一次混合}}C_1\xrightarrow{\text{冷却减器}}LN>\xrightarrow{\text{二次混合}}S\xrightarrow{\varepsilon}N$$

夏季

无预热器：$WN>\xrightarrow{\text{一次混合}}C_1\xrightarrow{\text{一次再热}}C_1\xrightarrow{\text{等焓加湿}}LN>\longrightarrow$

$$\xrightarrow{\text{二次混合}}C_2\xrightarrow{\text{二次再热}}S\xrightarrow{\varepsilon}N$$

有预热器：$W\xrightarrow{\text{预热}}W'N>\xrightarrow{\text{一次混合}}LN\xrightarrow{\text{二次混合}}C_2\xrightarrow{\text{再热}}S\xrightarrow{\varepsilon}N$

冬季

再热量（冬）：第一次	$Q_1'=G_{C1}(h_{C1}'-h_{C1})$	（17-17）
第二次	$Q_1''=G_{C2}(h_S-h_{C2})$	（17-18）
预热量（冬）：	$Q''=G_W(h_{W'}-h_W)$	（17-19）
表冷器冷负荷（夏）：	$Q'''=G_{C1}(h_{C1}-h_L)$	（17-20）
加湿量（冬）：	$W=G_{C2}(d_{C2}-d_{C1})$	（17-21）

混合风量（夏）：$\quad G_{C1} = G_H + C_{N1} = G_H + \dfrac{C_H \overline{H}_{C1}}{\overline{N}_{C1}}$ $\hspace{2cm}$ (17-22)

对于二次回风式，表冷器冷负荷取决于通过的风量，和直流式、一次回风式的通过表冷器风量即净化系统总风量 G 有所不同，风量较小，而风量小则表冷器给出的冷量也小，可能不足以消除空调负荷、新风负荷和再热量负荷。所以应反过来按这些负荷之和即空调总负荷 Q 作为表冷器冷负荷 Q'''，求通过表冷器风量 G_{C1}，即

$$G_{C1} = \frac{Q}{h_{C1} - h_L}$$ $\hspace{2cm}$ (17-23)

再由式（17-22）确定一次混合点位置。

由洁净室计算一章已知系统总风量 G、总风量 G_N 和新风量 G_H，又算出了 G_{C1}，则

$$G_{N1} = G_{C1} - G_H$$
$$G_{N2} = G_N - G_{N1}$$

四、二次回风不经空调机风机处理方案

特点：由于大量二次回风对消除室内热湿负荷没有作用，故可不经空调器及其风机而直接紧靠洁净室短路循环。例如直接把垂直单向流地板回风抽回顶棚送风静压箱，这样可减小大截面风管长度，节约空间和造价。

为了短路循环需加一回风机。

系统图示：如图 17-24 所示。

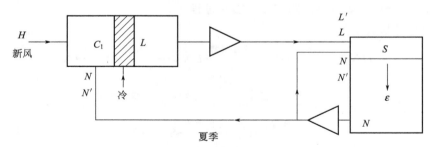

图 17-24　二次回风不经空调机风机方案图式

h-d 图表示：如图 17-25 所示。

由于该方案 h-d 图和经空调机风机处理的方案没有不同，故不再详加分析，该方案主要不同在设备、管道上，而不在处理本身。

五、室内再设空调机组处理方案 1

特点：可以满足具体房间对温湿度的更高要求；可以减小大机组容量；适合

于改建的洁净室；当机组末端无高效或亚高效过滤器时，此方案则不能采用。

系统图式：如图 17-26 所示。

h-d 图表示：如图 17-27 所示。

过程分析（夏季）：

① 确定 N、M、L 点位置。

② 过 N 作 ε 线，与 LM 线的交点为混合点。

③ $N \rightarrow M$ 由室内机组完成。

过程分析表示如下：

$$N \xrightarrow[\text{冷却减湿}]{\text{由室内机组}} ML > \xrightarrow{\text{混合}} O \xrightarrow{\varepsilon} N$$

表冷器冷负荷（机组）：

$$Q''' = G_N(h_N - h_M) \tag{17-24}$$

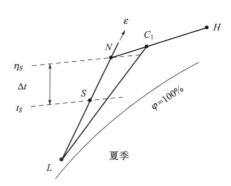

图 17-25　二次回风不经空调机风机方案 h-d 图（夏季）

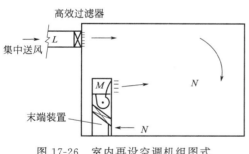

图 17-26　室内再设空调机组图式方案 1

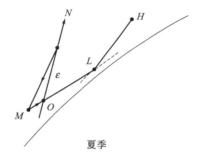

图 17-27　室内再设机组处理方案 1 h-d 图（夏）

六、室内再设空调机组处理方案 2

特点：可以满足房间对温湿度的更高要求；可以减小大机组容量，适合于改建的洁净室；高效过滤器不设于风口而设于空调机组出风口，适合于空调机组风机有足够机外余压或可另换风机的场合。

系统图式：如图 17-28 所示。

h-d 图表示：如图 17-29 所示。

过程分析等略。

七、两个实际问题

（1）露点 L 的确定　不论是空气通过喷雾室还是表冷器，由于热湿交换不充分、不均匀，通过后的空气的相对湿度变化幅度较小，达不到完全饱和，所以

一般近似认为 $\varphi \geqslant 90\%$ 的状态即进入露点状态，习惯取 $\varphi = 95\%$。

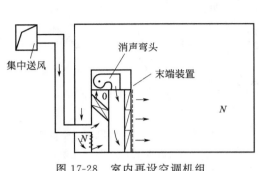

图 17-28 室内再设空调机组
方案 2 图式

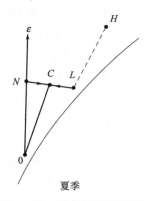

图 17-29 再设室内机组处理
方案 2 h-d 图（夏季）

（2）风道和风机温升 由于空调系统风道都要求保温，故对温升影响极小，一般不考虑。但是风机温升则一般不应忽略。

① 系统中的风机。可以直接计算温升反映在 h-d 图上，例如上述各种方案当由露点 L 再热或混合至送风状态 S 时，为简化起见没有计入风机温升，如果不能忽略，则应予以计入，例如图 17-24 两台风机，假设由于温升，经送风机后状态点由 L 变为 L'，回风机状态点由 N 变为 N'，则 h-d 图表示相应由图 17-25 变为图 17-30。从图中可见，若没有 NN' 这段温升，混合点 S 将要经过再热后获得。

风机温升按下式计算：

$$\Delta t = \frac{0.96 H \eta_3}{\eta_1 \eta_2 \rho} (\text{℃}) \qquad (17\text{-}25)$$

式中 H——风机全压，kPa；

ρ——空气密度，kg/m³；

η_1——风机全压效率，0.5~0.7；

η_2——电机效率，0.7~0.85；

η_3——电机位置修正系数，电动机在气流内时，$\eta_3 = 1$；电动机在气流外时，$\eta_3 = \eta_2$。

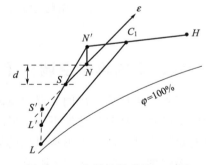

图 17-30 有风机温升的 h-d 图

Δt 也可近似地由表 17-4 中获得。

② 静压箱中的风机。洁净室和一般空调房间的很大不同点就是因为风量太大和风口太多（单向流），而常在顶棚或夹墙的静压箱中布置很多带风机的送风单元，这时风机和电机都把热散在气流之中。这一特点常被设计人员忽略。

表 17-4　风机温升 Δt

风机效率	风机全压/Pa									
	300	400	500	600	700	800	900	1000	1200	1400
0.5	0.49	0.65	0.82	0.98	1.14	1.31	1.47	1.63	1.96	2.29
0.6	0.41	0.54	0.68	0.82	0.95	1.09	1.23	1.36	1.63	1.91
0.7	0.35	0.47	0.58	0.70	0.82	0.93	1.05	1.17	1.40	1.63
0.8	0.31	0.41	0.51	0.61	0.71	0.82	0.92	1.02	1.23	1.43

这种情况下必须把风机得热（Δq）考虑在整个得热之内。

只有风机在气流中时：

$$\Delta q = \frac{86L\Delta P}{102 \times 3600 \times \eta_1} \tag{17-26}$$

式中　L——风量，m^3/h；

　　　ΔP——风机静压，Pa；

　　　η_1——风机静压效率，取 0.5。

设室内显热得热为 q，因 $q = 0.28\Delta t L$，所以风机得热和室内总显热得热之比：

$$\frac{\Delta q}{q} = \frac{0.167}{100} \times \frac{\Delta P}{\Delta t} \tag{17-27}$$

据此可算出比例如表 17-5 所列。

表 17-5　风机得热所占比例

风机静压/Pa	送风温差 Δt/℃					
	1	2	3	4	5	10
300	50.1	25.1	16.7	12.5	10.0	5.0
400	66.8	33.4	22.3	16.7	13.4	6.7
500	83.5	41.8	27.9	20.9	16.7	8.4
1000	167.0	83.5	55.7	41.8	33.4	16.7

由于洁净室送风温差很小，所以当风机静压为 400Pa 时，风机得热可占总显热得热的 30%～70%，由此可见其影响很大。

若电机也在气流中，则可直接由电机额定功率 P 计算：

$$\Delta q = 860\varphi_1\varphi_2 P / \eta_2 \tag{17-28}$$

式中　φ_1——所需动力与额定输出功率之比，一般取 0.95；

　　　φ_2——电机开动率；

　　　η_2——电机效率。

显然此时散的热比只有风机在气流中散的热要大。

第三节　空调设备选择

一、净化空调系统常用空调设备种类

1. 柜式空调机

柜式空调机外形如一大立柜，自带制冷压缩机和直接蒸发式表冷器。根据冷凝器的冷却方式，有水冷和风冷之分，或整体式和分体式之分；根据用途则分为冷风机、冷热风机和恒温恒湿机。

选择柜式空调机时应着重考虑以下各点：

① 风量在每小时几千至两三万立方米范围内最合适，最大风量可达到五六万立方米。

② 不需再建制冷机系统和冷冻机房。

③ 如有用水限制或建冷却水塔不方便，则不选整体的水冷型而选择分体的风冷型。风冷型又有两种：一种是压缩机在室内，室外机组为风冷式冷凝器；另一种室内只有热交换盘管和风机，压缩机和风冷冷凝器都在室外，这种分体式具有运转宁静的特点。

④ 一般舒适性空调可选冷风型；如没有别的采暖方式可选冷热风型；如有±2℃和±5％以内的恒温恒湿要求，可选恒温恒湿型。

⑤ 要选有一定机外余压的型号，如果余压不够则需加接风机。

2. 组合式空调器（箱）

组合式空调器因由不同的功能段——空气处理段组合成而得名。设计者和用户可以根据需要选择不同的功能段，一般有以下这些段：

① 新回风混合段，段内并配有对开式多叶调节阀。

② 粗效过滤器段。

③ 加热段（水、蒸汽、电三种方法加热）。

④ 表面冷却段。

⑤ 加湿段（喷淋、高电加湿、干蒸汽加湿）。

⑥ 二次回风段。

⑦ 过渡段（检修段）。

⑧ 风机段。

⑨ 消声段。

⑩ 热回收段。

⑪ 中效过滤器段。

⑫ 出风段。

以上各段有的是必备的，有的是供选用的。机组外壳有金属的、玻璃钢的多种。组合式空调器不带制冷压缩机，另由制冷系统供给冷媒。

选择组合式空调器应注意：

① 适用于大系统。

② 机房面积要有足够的长度，长度可达十几米。

③ 必须另有制冷系统供给冷媒。

3. 专用空调机

专用空调机也是一种柜式空调机，它是为一些场合如计算机房、程控机房、不能设集中系统的地方专门设计的空调机，一般具有温湿度的精密控制功能。

计算机房用的专用空调机一般多为上进风下出风，有的场合（如手术室）的专用空调机则宜为净化空调机，带有亚高效或高效空气过滤器。

这里特别讲一下，我国计算机房专用空调机不论是进口的还是国产的机组，都不适合我国大气尘浓度高的情况，所配过滤器仅是粗效或中效过滤器，使用这样的机组要达到较高的洁净度——10 万级（209E）是困难的，应另配一种专配过滤器，其结构为在多孔板上装长短滤管，这样可以充分利用机内空间（见图 17-31），其规格见表 17-6。

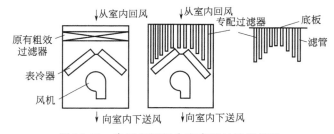

图 17-31　专用空调机中安专配过滤器情况

表 17-6　专配过滤器规格

空调机型号	$W \times D \times H$/mm	过滤器台数/个	总风量/(m³/h)	每台的风量/(m³/h)	效率/% ≥0.5μm	效率/% ≥1.0μm	阻力/Pa	重量/kg
力博特 245 型	410×850×290	6	17340	2900	85	95	130	
力博特 FH 245A-F00	490×600×250	5	17340	3470	85	95	130	
力博特（美国产）FH 130A-F00	450×660×220	4	10200	2550	85	95	100	
意大利 RC 182E	510×665×220	4	17500	4380	85	95	145	1~2
意大利 RC 20.2E	600×600×220 600×300×220	3 3	22500	5000 2500	85	95	145	
意大利 RC 10.2E	530×665×2200 410×665×220 430×665×200	1 1 1	11500	3830 3830 3830	85	95	145	

4. 表冷器装置配冷水机组

当没有合适规格的空调机可供选择时，可自行设计表冷器装置配以风机（或者用现成的风机盘管），由冷水机组供应冷冻水，冷水机组可以专设或和工艺共用。

二、空调机容量选择

1. 空调机容量与空调负荷的关系

选择空调设备除了考虑前面讲到的不同类型设备的特点外，主要根据空调等各种负荷选择空调机的合适容量。

但是空调机容量并不直接等于空调负荷——室内得热和设备得热之和，而是有如下的几层关系：

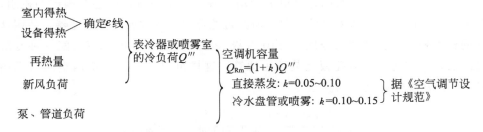

2. 直接蒸发式空调机容量选择

直接蒸发式空调机是最常选用的一种机组，所以这里主要说明一下这种机组的选择，至于非直接蒸发式由于涉及表冷器的计算和冷水机组的选择，本书不再深入讨论了。

① 概念。空调机铭牌冷量：在铭牌风量下，蒸发温度 $t_z = 5℃$，冷凝温度 $t_k = 40℃$ 的标准工况下的冷量。但各厂标准工况并无统一标准，有以下两种情况：

恒温恒湿机组——一般指在铭牌风量下，回风干球温度 $20℃$，相对湿度 65%，或 $20℃$、55%，或 $23℃$、65%，并进少量新风时的冷量。

降温去湿机组——一般指在铭牌风量下，回风干球温度 $27℃$ 时的冷量。

空调机标准冷量：在铭牌风量下，蒸发温度 $t_z = -15℃$，冷凝温度 $t_k = 30℃$ 时的冷量。因为各厂对机组的 t_z 和 t_k 并无统一标准，因此用铭牌冷量换算成其他设计工况下的冷量不方便，可采用机组标准冷量作为换算的统一标准。

② 单位。空调设备冷量的法定计量单位有 kJ/h 或 W，过去习惯用 kcal/h，而遇到国外设备时又常有用冷吨和 Btu/h 的，甚至还有用 HP 的。现列出这些单位的换算关系，见表 17-7。

③ 换算

a. 由前面计算得到的空调机容量，不能简单由它来选择与其相同的铭牌冷量，因为设计工况和铭牌工况不同，当处理后的进风温度低于铭牌工况值时，则产冷量将减少，所以应注意设计工况（如机组回风湿球温度）与样本上给出的工况（如干球温度和相对湿度，由此可求出湿球温度）是否相当，如不相当应从样本给出的如图17-32所示曲线查出设计工况下空调机组的实际容量。

表 17-7　制冷量单位换算表

项目	日制冷吨	美制冷吨	kcal/h（千卡/时）	Btu/h（英热单位/时）	HP（马力）	kJ/h（千焦/时）	W（瓦）
日制冷吨	1	1.098	3320.0	13174.8	5.28	13900	3861
美制冷吨	0.9108	1	3024.0	12000	4.78	12661	3576
旧英制冷吨	1.016	1.115	3373.3	13386.2	5.33	14123	3922.4
新英制冷吨	1.081	1.187	3589.5	14244.1	5.67	15029	4185.4
kcal/h	3×10^{-4}	3.3×10^{-4}	1	3.968	1.58×10^{-3}	4.1868	1.163
Btu/h	7.6×10^{-5}	8.33×10^{-5}	0.252	1	3.98×10^{-4}	1.055	0.2931
HP	0.19	0.21	632.25	2511	1	2647.1	735.3
kJ/h	7.2×10^{-5}	7.9×10^{-5}	0.239	0.105	3.78×10^{-4}	1	3.6
W	2.6×10^{-4}	2.8×10^{-4}	0.86	0.298	1.36×10^{-3}	0.278	1

b. 如果样本上没有给出上述换算图，则可按其给出的标准冷量进行换算：

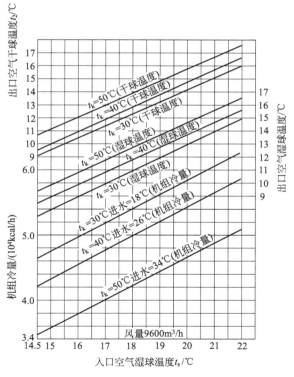

图 17-32　LH48 机组的容量换算

1kcal/h＝1.163W

$$Q'_{Rm} = 0.9 K_1 Q_0 = 0.419 GC \Delta t_s^{0.874} e^{0.0388} t_{s1} (kJ/h) \qquad (17-29)$$

式中　Q_0——机组标准制冷量；

　　　K_1——冷量换算系数，由图 17-33 查取；

　　　G——铭牌风量；

　　　C——大气压力修正系数，大气压力低于一个大气压则系数大于 1，600mmHg 时为 1.184，700mmHg 时为 1.059（1mmHg = 133.322Pa）；

　　　t_{s1}——直接蒸发式表冷器进口空气湿球温度；

　　　Δt_s——$t_{s2} - t_{s1}$，t_{s2} 为表冷器出口空气湿球温度。

选择 $Q'_{Rm} = Q_{Rm}$ 的机组，即是设计工况所要求的机组。

[例1]　北京地区因降温需要选择一台 LH48 机组，当进入机组的空气干球温度约为 25℃，相对湿度约为 60% 时，设蒸发温度为 5℃，风冷冷凝温度为 40℃，在这个条件下机组出力如何？

解　由 760mmHg h-d 图上查得进入机组空气的湿球温度约为 19.3℃，查图 17-32，由 $t_{s1} = 19.3$，$t_k = 40$，得 $Q'_{Rm} = 221964kJ/h$（53000kcal/h），所以将比铭牌冷量 201024kJ/h（48000kcal/h）稍大。

[例2]　同例1，设选 KD10 机组，铭牌冷量为 117264kJ/h（28000kcal/h），结果如何？

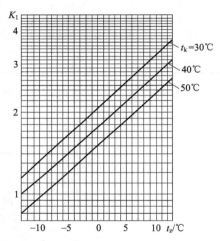

图 17-33　常用空调范围的 K_1 值

解　查图 17-33，由 $t_z = 5$ 和 $t_k = 40$ 之交点得 $K_1 = 2.15$，由样本知 KD10 标准冷量 $Q_0 = 58632kJ/h$（14000kcal/h），则

$$\begin{aligned} Q'_{Rm} &= 0.9 \times 2.15 \times 58632 \\ &= 113453kJ/h \text{（27090kcal/h）} \end{aligned}$$

和铭牌冷量相比少 3.2%，不影响使用。

第十八章

管路计算

第 一 节 　 阻 力 计 算

一、摩擦阻力

空气在管道内流动由于其黏滞性和与管壁摩擦而产生的阻力即摩擦阻力，也叫沿程阻力。流经该管段后的空气能量损失了，全压降低了。

$$\Delta P_m = \lambda \, \frac{1}{4R_s} \times \frac{v^2 \rho}{2} l \tag{18-1}$$

$$R_s = \frac{f}{B}$$

式中　ΔP_m——摩擦阻力，Pa；

　　　v——管道内流速，m/s；

　　　ρ——空气密度，kg/m^3，20℃时取 $1.2kg/m^3$；

　　　l——风管长度，m；

　　　R_s——风管水力半径，m；

　　　f——管道中充满流体部分的横断面积，m^2；

　　　B——湿周即风管周长，m；

　　　λ——摩擦阻力系数。

$$\frac{1}{\sqrt{\lambda}} = -2\lg\left(\frac{K}{3.71} + \frac{2.51}{Re\sqrt{\lambda}}\right) \tag{18-2}$$

式中　K——管壁粗糙度，对于金属管道，$K = 0.15 \sim 0.18$，塑料管道 $K = 0.01 \sim 0.05$，混凝土管道 $K = 1 \sim 3$；

　　　Re——雷诺数，$Re = \dfrac{vd}{v}$，v 为运动黏滞系数，20℃时取 $15.06 \times 10^{-6} m^2/s$。

二、局部阻力

当空气流经弯头、三通及变径管等管件时，由于流向和断面的变化引起流速的重新分布并产生涡流，从而产生阻力，即局部阻力，也就是管件前后的全压差。

$$\Delta P_s = \xi \frac{v^2 \rho}{2} \tag{18-3}$$

式中　ΔP_s——局部阻力，Pa；

　　　ξ——局部阻力系数，从一般手册都可查到，但必须注意 ξ 值对应于哪一个断面的气流速度。

三、管网特性曲线

系统总阻力即为上述摩擦阻力和局部阻力之和，若用风量和管道断面积表示风速，则可写成：

$$\Delta P = \Sigma \left(\frac{\lambda l}{4R_s} + \Sigma \xi \right) \left(\frac{Q}{f} \right)^2 \frac{\rho}{2} \tag{18-4}$$

对于一定的管网系统和空气参数，λ、l、R_s、f、ρ 等均为常数，令

$$K = \Sigma \left(\frac{\lambda l}{4R_s} + \Sigma \xi \right) \frac{\rho}{2f^2} \tag{18-5}$$

则式（18-4）可简化为：

$$\Delta P = KQ^2 \tag{18-6}$$

式中，K 称为管网总阻力系数或管网特性系数，式（18-6）称管网特性方程，在直角坐标系中表示为一条通过原点的二次抛物线。

一个既定系统若其流量改变，其阻力也将改变，但 K 是常数，所以

$$\frac{\Delta P'}{\Delta P''} = \left(\frac{Q'}{Q''} \right)^2$$

$$\Delta P' = \Delta P'' \left(\frac{Q'}{Q''} \right)^2 \tag{18-7}$$

若已知 $\Delta P''$、Q''，则每假定一个 Q'，即有一个 $\Delta P'$。

例如，$Q'' = 6000 \text{m}^3/\text{h}$，$\Delta P'' = 611 \text{Pa}$，则 $Q' = 4000 \text{m}^3/\text{h}$ 时，

$$\Delta P' = 611 \left(\frac{4000}{6000} \right)^2 = 272 \text{Pa}$$

将相应的 ΔP 和 Q 点标在直角坐标上即得管网特性曲线，由此即可知道任意风量下系统阻力是多大。

四、阻力简略计算法

① 绘制系统轴测图，对各管段编号，注明长度和风量。长度包括各管件

长度。

② 选择管内流速。流速按表 18-1 选用。

表 18-1　推荐风道风速

部位	风速/(m/s)	部位	风速/(m/s)
总管和总支管	6～8	孔板孔口	2～5
分支管	5～7	散流器喉口	2～3
送回风支管	3～5	侧送风口	2～5
风机入口	4～5	乱流洁净室室内回风口	<2
新风入口	2.5～4	走廊回风口	<4
室内高效过滤器送风口	≤0.7	单向流室内回风口	<1.5

③ 计算管段断面尺寸。

④ 计算摩擦阻力和局部阻力。除按上面公式计算外，也可简略计算：直管部分单位阻力系数 $R \approx 0.1$，设管长为 l，则 $\Delta P_m = Rl$；局部阻力可取作直管部分的 k 倍，k 值可按表 18-2 选用，$\Delta P_s = k\Delta P_m$。

表 18-2　k 值

小系统(50 延米以下)或拐弯多的大系统	$k = 1.0～1.5$
大系统	$k = 0.7～1.0$
有消声器时	$k = 1.5～2.5$

计算阻力应从最长的环路（最长的送风管和最长的回风管）开始。

⑤ 对并联管路阻力进行平衡，使其间的差值不大于 $10\% \sim 15\%$。

⑥ 计算系统总阻力。

a. 最不利环路阻力即风管阻力 ΔP_1。

b. 空调器内阻力 ΔP_2，包括表冷器阻力、加热器阻力、箱体阻力（不含过滤段）。

c. 过滤器阻力 ΔP_3，包括粗效过滤器阻力：初阻力＋50Pa 或 2×初阻力；中效过滤器阻力：初阻力＋80～100Pa 或 2×初阻力；亚高效过滤器阻力：初阻力＋100Pa 或 2×初阻力；高效过滤器阻力：初阻力＋120Pa 或 2×初阻力。

d. 其他阻力 ΔP_4：包括静压箱阻力、风阀阻力、新风口阻力、回风口阻力、室内正压。

e. 总阻力 ΔP_5。

$$\Delta P_5 = \Delta P_1 + \Delta P_2 + \Delta P_3 + \Delta P_4 \tag{18-8}$$

⑦ 选择风机。根据总风量和总阻力选择风机：

风机风量 ≈（1～1.1）×总风量

风机静压 ≈（1.1～1.15）×总阻力

第二节 消声计算

一、计算程序

对于噪声要求严格的净化空调系统需要进行消声计算。由于净化空调系统一般属于低速系统，在消声计算时可不计算气流再生噪声。

对于噪声的基本概念这里不作介绍，而从实用出发，介绍一般的消声计算程序：

① 计算风机各频程总声功率级；

② 计算风管系统（风管、弯头、三通、变径管、风口反射等）和房间的各频程噪声自然衰减量；

③ 根据已确定的房间噪声标准查出各频程允许噪声值；

④ 根据上述结果选择消声器。

具体计算程序如下。

（1）风机总声功率级 L_W（dB） 根据风机样本查得其单位风压、单位风量下的比声功率级 L_W'（dB）、风量 L（m^3/h）和全压 H（Pa），由下式计算：

$$L_W = L_W' + 10\lg(LH^2) \tag{18-9}$$

对于一般风机，也可取 $L_W' = 5$dB。

两台风机运行时，其声功率级

$$L_{W2} = L_W + \Delta L_W \tag{18-10}$$

式中 L_W——声功率级较高的一台风机的值；

ΔL_W——附加声功率级，由表 18-3 选用。

表 18-3 ΔL_W 值

两个 L_W 的差/dB	0	1	2	3	4	6	9
ΔL_W	3.0	2.6	2.2	1.8	1.5	1.0	0.5

多台风机时可先算两台再与第三台进行叠加，依此类推。

如果多台为同型号风机，噪声相同，可按下式计算：

$$L_{Wn} = L_W + 10\lg n \tag{18-11}$$

式中 L_{Wn}——总噪声；

n——风机台数。

将计算结果填入表 18-12。

（2）进行叶片的各频程修正值 即把表 18-4 中的各值填入表 18-12。

表 18-4　**频程修正值**　　　　　　　　　　　单位：Hz

通风机类型	中心频率								备注
	63	125	250	500	1000	2000	4000	8000	
离心式叶片前倾	−2	−7	−12	−17	−22	−27	−32	−37	11-74 型 9-57 型
离心式叶片后倾	−5	−6	−7	−12	−17	−22	−26	−33	4-72 型 T4-72 型 T4-79 型
轴流式	−9	−8	−7	−7	−8	−10	−14	−18	

（3）修正后的风机各频程声功率级

$$(3)=(1)-(2)$$

（4）风道直管部分的噪声自然衰减　从表 18-5 中按最大边尺寸查出每米直管噪声的衰减量，再乘以管长，结果填入表 18-12。

表 18-5　**风管噪声的自然衰减量**（只有直风道是 dB/m，其他都是 dB）

	中心频率/Hz 最大边尺寸/m	63	125	250	500	1000	2000	4000
矩形风道	0.075～0.2	0.6	0.6	0.45	0.3	0.3	0.3	0.3
	0.2～0.4	0.6	0.6	0.45	0.3	0.2	0.2	0.2
	0.4～0.8	0.6	0.6	0.3	0.15	0.15	0.15	0.15
	0.8～1.6	0.45	0.3	0.15	0.1	0.06	0.06	0.06
矩形弯管	宽 0.13m	0	0	0	1	5	7	5
	0.26	0	0	1	5	7	5	3
	0.51	0	1	5	7	5	3	3
	1.00	1	5	7	5	3	3	3
圆形弯管	直径 0.13～0.26m	0	0	0	0	1	2	3
	0.26～0.51	0	0	0	1	2	3	3
	0.51～1.00	0	0	1	2	3	3	3
	1.00～2.00	0	1	2	3	3	3	3
三通	直支管断面积/总管断面积/%	5	10	15	20	30	40	50	80
	衰减量（与频率无关）/dB	13	10	8	7	5	4	3	1

（5）弯管的自然衰减量　从表 18-5 中查出每个弯管的自然衰减量，再乘以弯管总数，结果填入表 18-12。

（6）三通的自然衰减量　从表 18-5 中按支直管断面积/总管断面积，查出每个三通衰减量，再乘以三通总个数，结果填入表 18-12。

（7）送风口的末端反射　这是在从风口到房间的突然扩大过程中，有一部分声能反射回管道内，因而衰减。从表 18-6 中按风口尺寸查出反射衰减（只计算 1 个），填入表 18-12。

表 18-6　风口末端反射衰减　　　　　　　　　　　单位：dB

风口尺寸		频程/Hz						
直径/m	断面积/m²	63	125	250	500	1000	2000	4000
0.13	0.02	17	12	8	4	1	0	0
0.26	0.06	12	8	4	1	0	0	0
0.51	0.26	8	4	1	0	0	0	0
1.00	1.0	4	1	0	0	0	0	0
2.00	4.1	1	0	0	0	0	0	0

注：适用于风口与墙面或顶棚平行，而且与房间的其他表面距离在 3～4 倍风道直径的场合，小于此距离时，用大一挡尺寸的衰减量。

（8）管路自然衰减总和

$$(8) = (4) + (5) + (6) + (7)$$

结果填入表 18-12。

（9）风口处的声功率级 L_W

$$(9) = (3) - (8)$$

结果填入表 18-12。

（10）室内吸声效果　由于房间的内壁、家具和设备等的吸声作用，使进入房间的噪声产生衰减。室内测点（人耳）处的声压级衰减量如下计算：首先从表 18-7 查出吸声效果（要求送风口到人耳有一定距离，一般洁净室都能满足），再加上由表 18-8 查出的面积修正值 ΔL，即为声压级的衰减量，将这两者之和填入表 18-12。

（11）送风口声压级 L_P　送风口处声功率级与室内吸声效果之差反映声功率级的转换及送风口处的声压级：

$$(11) = (9) - (10)$$

表 18-7　房间吸声效果声压级　　　　　　　　　　单位：dB

顶棚高度/m	房间表面装修	频程/Hz							
		63	125	250	500	1000	2000	4000	8000
3.0	硬	4	2	1	1	1	2	2	3
	中	4	4	4	4	4	4	4	5
	软	4	5	6	6	6	6	7	7
6.0	硬	4	2	1	1	1	2	3	5
	中	4	4	4	4	4	4	5	6
	软	4	5	6	6	6	6	7	8
9.0	硬	4	2	1	1	2	2	3	6
	中	4	4	4	4	4	5	5	7
	软	4	5	6	6	6	7	7	8
12.0	硬	4	2	1	1	2	2	4	7
	中	4	4	4	4	4	5	5	8
	软	4	5	6	6	6	7	7	9

表 18-8　地板面积修正值 ΔL 和最小距离

地板面积/m^2	房间内表面积/m^2	修正值 ΔL/dB	人耳与最近送风口的最小距离/m			
			1 个送风口	2 个送风口	3 个送风口	4 个送风口
11.6	58	0	1.3	1.0	0.8	0.7
23	102	+2	1.7	1.4	1.1	0.9
46	186	+5	2.3	1.8	1.4	1.1
93	325	+8	3.1	2.3	1.8	1.4
186	604	+11	4.0	3.1	2.3	1.8
372	1161	+14	5.5	4.0	3.1	2.4

结果填入表 18-12。

一般情况下的声功率级与声压级的转换计算较复杂，这里不加讨论。

（12）送风口个数修正值　当室内有几个同样大小的送风口时，其噪声级只比一个送风口时增大 $10\lg n$，其值列于表 18-9。

表 18-9　送风口个数修正值

送风口个数	1	2	3	4	8	10	20
送风口声压级 L_p 增量/dB	0	3	5	6	9	10	13

查表结果填入表 18-12。

（13）室内有几个送风口时的送风口声压级 L_p

$$（13）=（11）+（12）$$

结果填入表 18-12。

（14）室内允许的声压级 L_p　过去噪声评价曲线用 NC 曲线（见图 18-1），现在美国暖通空调工程师学会提出用房间评价曲线（RC 曲线，见图 18-2）来评价，RC 曲线把低频范围扩大到 31.5Hz，而且比 NC 曲线稍陡。我国采用国际标准组织（ISO）推荐的噪声评价曲线，即 N（或 NR）曲线，如图 18-3 所示。

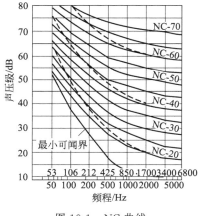

图 18-1　NC 曲线

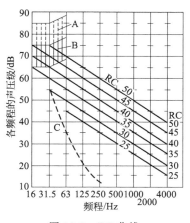

图 18-2　RC 曲线

例如选择 N30（或 RC30）来评价时，就是由图中 N30 的线查出每一频程下容许的声压级 L_p，而声压级 L_p 和接近人耳对噪声响应的声级计 A 挡特性相比，数值约少 5dB，即要求 35dB（A）时，可查 N（或 RC）30 曲线。部分室内允许的噪声标准列于表 18-10。

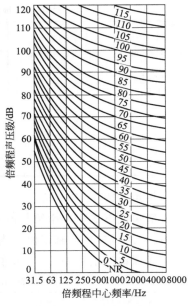

图 18-3　N（NR）曲线

表 18-10　室内允许噪声标准

建筑物性质	噪声评价曲线（N 或 RC）号数	声级计 A 挡读数/dB(A)
扩音室	20～30	25～35
剧场音乐厅	20～30	25～35
会议室	25～30	30～35
一般办公室	35～40	40～45
计算机室	40～45	45～50
病房	25～30	30～35
手术室	35～40	40～45
乱流洁净室（空态）	50～55	55～60
单向流洁净室（空态）	55～60	60～65
车间（根据不同用途）	45～70	50～75

把根据允许的 N 或 RC 曲线号数由图中查出的不同频程下的声压级填入表 18-12。

（15）消声器应负责的消声量

$$（15）＝（13）－（14）$$

把室内送风口实际的声压级和室内允许声压级之差填入表 18-12，即得到消声器在各频程上应该消去的噪声量。

假定应该消去的噪声量如表 18-12 序号 15 所记（以上各序号的数据未记入），设选用阻抗复合式消声器，再把图 18-4 中该消声器在各频程下的衰减量记入表 18-12 序号 16。如序号 16 的值均大于序号 15 的值，表明消声器选择正确。

二、消声器

图 18-4 和图 18-5 给出各类消声器及其特性。

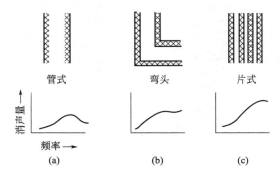

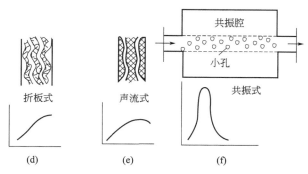

图 18-4　各种消声装置的特性（1）

（a）制作方便，阻力小，断面大时高频消声性能差；（b）流速不宜过高，否则易产生气流再生噪声；（c）不占地，辅助改善消声效果；（d）比片式阻力大，但提高了中、高频声的消声效果；（e）阻力和效果均优于折板式；（f）一般用以消除低频噪声

（a、b、c、d、e 是阻式，f 是共振式）

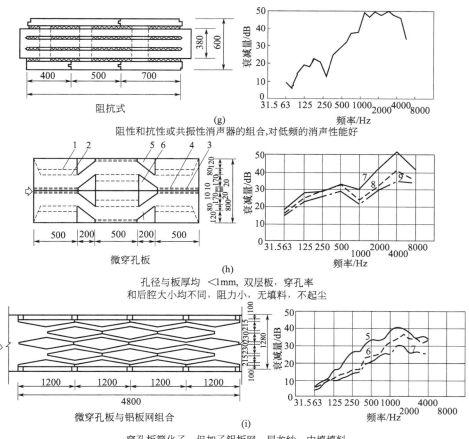

图 18-5　各种消声装置的特性（2）

（g）～（i）是复合式；1～4—微穿孔板；5，6—共振腔；7—白噪声；8—$v=7\text{m/s}$；9—$v=10\text{m/s}$

表 18-11 给出了常用消声弯头的衰减量。由此表可见，带空气层的消声弯头消除低频噪声的效果更明显。

表 18-11 消声弯头衰减量

结构	风道宽度/m	频程/Hz							
		63	125	250	500	1000	2000	4000	8000
带空气层	0.2	5	5	6	11	20	25	27	27
	0.4	8	9	14	22	25	28	29	29
	0.6	9	11	17	24	27	29	30	30
	0.8	10	12	20	27	29	30	30	30
不带空气层,在弯管下游侧边贴吸声材料	0.13	0	0	0	1	6	11	10	
	0.26	0	0	1	6	11	10	10	
	0.51	0	1	6	11	10	10	10	
	1.00	1	6	11	10	10	10	10	
不带空气层,在弯管上、下游侧边都贴吸声材料	0.13	0	0	0	1	6	12	14	
	0.26	0	0	1	6	12	14	16	
	0.51	0	1	6	12	14	16	18	
	1.00	1	6	12	14	16	18	18	

表 18-12 消声计算

序号	频程/Hz	63	125	250	500	1000	2000	4000	8000
1	风机总噪声								
2	叶片修正值								
3	修正后风机各频程声功率级								
4	风道衰减								
5	弯管衰减								
6	三通衰减								
7	送风口末端反射								
8	管路自然衰减总和								
9	风口处声功率级								
10	室内吸声效果								
11	送风口声压级								
12	送风口个数修正值								
13	几个送风口时声压级								
14	室内允许声压级								
15	消声器应负责消声量/dB	4	16	13	13	20	21	18	16
16	消声器能消的消声量/dB	8	17	20	30	40	53	50	22

第十九章

洁净室的建筑装饰和系统安装

第一节　洁净室建筑装饰概念

本章不讨论具有一般性洁净室的建筑结构，而着重讨论对洁净室综合性能有直接影响的建筑装饰。

洁净室的建筑装饰工程是指除主体结构和外门外窗之外的包括地面与楼面装饰工程、抹灰工程、门窗工程、吊顶工程、隔断工程、涂料工程、刷浆工程，以及各种管线、照明灯具、净化空调设备、工艺设备等与建筑的结合部位（缝隙）的密封作业。

洁净室建筑装饰的重要性表现在以下两个方面：

① 对于综合性能的影响：要求不产尘（材料）、不积尘（结构）、不透尘（严密）。

② 对于造价的影响：洁净室与一般办公楼相比，是高造价的建筑物，如表 19-1 所列。而室内装饰工程造价（基础、墙等）又往往比主体结构造价高，见表 19-2。

表 19-1　洁净室与办公楼的造价比较

费用名称	洁净室费用						办公楼费用
	垂直单向流	水平单向流	洁净隧道	1000 级（209E）	1 万级（209E）	10 万级（209E）	
空调工程设备材料加工费/(元/m²)	2500	1800	1800	800	650	550	
冷冻工程设备材料加工费/(元/m²)	300	300	300	270	230	190	
总建设费用/(元/m²)	7800	4500	4000	2500	2200	1900	500

表 19-2　室内装饰造价与主体结构造价比较

厂房基本特征	洁净室类型	室内装饰造价：主体结构造价
钢屋架、钢筋混凝土结构，有夹层，887m²，单层	100 级（209E）垂直单向流	6：1
	100 级（209E）水平单向流	4：1
	1 万级（209E）	1.5：1
钢筋混凝土结构，有夹层，1506m²，单层，局部二层	100 级（209E）垂直单向流	2.77：1

洁净室建筑装饰工程造价中又以与风口配合的墙面与顶棚的造价为主，表 19-3 给出一个实例。

表 19-3 某工程建筑装饰造价的构成

级别(209E)	地面	墙面	顶棚	门窗	其他
100 级垂直单向流	57%	4%	36%	3%	—
100 级水平单向流	9%	80%	6%	5%	—
1 万级	37%	5%	25%	9%	24%

第二节 材料要求

一、总要求

对建筑装饰材料的总要求或共性要求有以下各点：表面平滑；表面有耐磨性；良好的热绝缘性；不易产生静电；不吸湿、不透湿；吸声性好；容易加工；表面不易附着灰土；容易除去附着的灰尘；便宜。

二、地面

（1）一般要求 对地面的一般要求有以下几点：耐磨；耐侵蚀（酸、碱、药）；防静电；防滑；可无接缝加工；易清扫。

（2）种类

① 双层地面。是典型垂直单向流洁净室的地面，也称架空地板、活动地板。总特点：可以地面回风，透气性好，造价高，弹性差。

材料：见表 19-4。

表 19-4 双层地面材质

种类	材料	特点
铸铝	铸铝板，防静电合成树脂板饰面	使用最多,种类多,轻,易加工,隔热差,价高
钢	钢板，防静电密胺树脂胶合板饰面	比铸铝便宜
格栅	镀锌钢板	价廉,重,下面要安装过滤器防偏流,镀锌粉易掉落,居住性差
	铝	价廉,轻,下面也要安过滤器,居住性差

图 19-1 给出了双层地面示例。

② 水磨石地面

总特点：光滑，不易起尘，整体性好，可冲洗，防静电，无弹性。

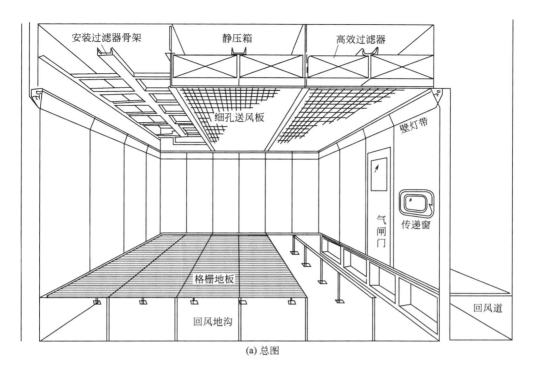

(a) 总图

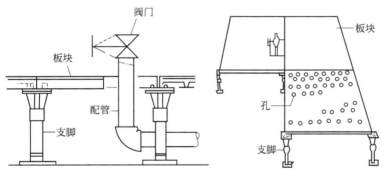

(b) 局部图

图 19-1　双层地面示例

材料：42.5 号水泥（为强度需要）；直径为 10～15mm 的小石子；嵌条，要根据工艺要求确定材料，如显像管厂怕铜，就不能用铜嵌条，一旦铜污染了荧光粉，将使发光特性变化。

③ 涂料地面

总特点：具有水磨石优点，耐磨，密封性好，有弹性，施工复杂。

材料：由在环氧树脂、聚酯树脂、聚氨酯树脂中加入颜料、硬化剂而成，水泥砂浆基底的水泥标号不低于 42.5 号。

表 19-5 是上述三种树脂的性能。

表 19-5　三种树脂的性能

名称	作用	优点	缺点
环氧树脂	主剂和硬化剂进行反应硬化	黏力最强,耐酸碱(但不耐98%硫酸和40%氢氟酸),耐磨,耐冲击而不断,耐药,硬化时收缩少	价贵,居住性差
聚氨酯树脂	单组分或双组分与空气反应硬化	特别耐水耐磨,有弹性,防滑,吸声,步感好,居住性好,可用流动法施工	在日光直射下会变色
聚酯树脂	主剂、硬化剂和填料一起反应硬化	耐强酸,耐水	硬化时收缩大,耐碱性差

据日本资料介绍,某制剂车间,地面为环氧树脂掺和天然碎石而成,花纹图案好,强度高,施工期短,硬化时不收缩龟裂,不产尘,吸水性小。这一涂料地面很值得参考。

④ 卷材板材地面

总特点:光滑,耐磨,略有弹性,不易起尘,易清洗,施工简单,易产生静电,受紫外灯照射易老化,因与混凝土基层伸缩不同,用于大面积时可能起壳。

材料:均为以聚氯乙烯树脂为主体的塑料。多数系由聚氯乙烯的表层和配有无机填料的里层构成。一般幅宽可达 1830mm,长 18～20m,厚度为 2～3mm。

⑤ 耐酸磁板地面

总特点:耐腐蚀,但质脆经不起冲击,施工较复杂,造价高,适用于有耐腐要求的区段,并宜用挡水线围起来。

材料:磁板加耐酸胶泥贴砌。

⑥ 玻璃钢地面

总特点:耐腐蚀,整体性好,但膨胀系数和基底不同,所以宜小面积使用,并用防火品种。

材料:玻璃钢。

三、墙面

1. 一般要求

墙面的一般要求为:①不易脏,易清扫;②表面光洁;③一旦表面剥落或损坏时不产尘;④耐冲击;⑤转角处可用弧形材料或密封材料处理。

2. 种类

① 高级抹灰

总特点:根据《洁净室施工及验收规范》(GB 50591—2010)规定,洁净室墙面和吊顶的抹灰必须为高级抹灰。特点是阴阳角找方,设置标筋,分层找平,修整表面，压光。

材料：各种砂浆。

② 乳胶漆

总特点：气密性好，无剥落，价廉，不能水洗。

③ 环氧树脂漆、合成树脂漆

总特点：光滑，无剥落，能清洗，耐腐蚀，施工要求高。

④ 防霉涂料

总特点：光滑，无剥落，能清洗，耐腐蚀。例如水性内墙防霉涂料：耐水和耐碱性 96h 不起泡脱落，耐洗刷 300 次以上，耐霉菌经 14d 培养不长霉，常温储存达 6 个月。

材料：由有机高分子树脂、无机高分子材料和高效防霉剂复合而成。

⑤ 瓷类板材

总特点：光滑，耐腐蚀，易清洗，缝多，不易砌平，施工要求高。

材料：瓷砖、陶瓷饰板（硅酸钙板）等。

⑥ 金属板材

总特点：耐腐蚀，耐火，无静电，光滑，易洗，价高。

材料：环氧复合铝板，表面处理过的铝合金板，不锈钢板，彩色钢板。彩色钢板的基板是镀锌钢板，涂膜衬里是醇酸树脂，涂膜罩面是热硬化性丙烯树脂或环氧树脂或聚酯树脂。

⑦ 装配式洁净室壁板

总特点：装配式洁净室是当今大量采用的一种洁净室形式，特别适用于改建场合。其壁板特点因材料而异。金属类壁板除具有金属板材特点外，双层填充壁板还具有隔热特点，适宜用于有空调特别是恒温要求的场合。双层填充壁板的强度很高，以板厚 40mm、宽 900mm、长 1.8～2.7m、填充聚氨酯或石棉碳酸钙的标准模数壁板来说，每块短期荷载为 4000N，长期安全荷载为 2500N，受到 1000Pa 压力时，挠度为 5～7mm。

材料：壁板由面材和芯材组成，要根据设计对象选用。

面材包括贴塑木板、铝合金板、钢板、彩色钢板等。

芯材有以下几种：

a. 硬质聚氨酯泡沫。可壁内发泡，隔热性能优良。加入卤化有机磷化合物可作阻燃剂，由于混合方法不同而分可燃级、自熄级、不燃级、超不燃级。使用时应注意防火要求。

b. 石棉碳酸钙发泡体。以轻质碳酸钙为主要原料，与无机纤维和耐火强化剂混合使之发泡，以少量聚氯乙烯树脂作为黏合剂成型，属于准不燃型。

c. 夹聚苯乙烯板。通过胶与加压，把保温用的聚苯乙烯板夹在两块钢板之间，燃烧时会产生刺激性气体。出于防火要求，一般已不采用。

d. 夹岩棉板。把岩棉夹在两块钢板之间，适合防火要求高的场合使用。

e. 纸蜂窝板。

表 19-6 列出几种芯材的物理性能。

表 19-6　几种芯材物理性能

材料	密度 /(g/cm³)	热导率 λ/[kcal/ (m·h·℃)]	材料	密度 /(g/cm³)	热导率 λ/[kcal/ (m·h·℃)]
硬质聚氨酯泡沫	0.035	0.015	炭化氢软木	0.12	0.033
聚苯乙烯泡沫	0.03	0.032	木材	0.50	0.150
玻璃棉	0.02	0.033	石棉碳酸钙发泡板	0.09	0.035
石棉	0.33	0.053			

注：1cal＝4.1868J。

四、吊顶

1. 一般要求

吊顶骨架自重要轻，刚度好，施工方便。

吊顶罩面板受人为摩擦少，而受吊顶上风管等振动影响多，所以控制振动脱落比控制材料表面硬度更重要。

2. 种类

吊顶骨架有以下几种。

① 型钢龙骨。特点是能适应送风口、灯具孔的布置，但钢材用量大。

② 轻钢龙骨。特点是自重轻，用钢少，接缝处理要慎重，但上人难，不能作为临时马道和支承重物，检修麻烦。

③ 铝合金龙骨。特点是自重最轻，接缝处理要慎重，上人难，不能作为临时马道和支承重物，检修麻烦。

④ 钢筋混凝土。特点是强度高，上人和安装检修均方便，但自重大，送风口和灯具孔多时，施工复杂，不易变更。

罩面板：作墙面用的大部分材料均可作为吊顶罩面板材料，此外保温彩色塑料板也是较好的罩面板材料。

五、密封嵌缝材料

1. 一般要求

① 密封性能好，有一定弹性。

② 不易老化。

③ 容易凝结固化。

④ 材料尽可能采用单组分型。

⑤ 容易施工。

⑥ 有一定的黏着力。

⑦ 无毒，无味，色泽外观与装饰协调。

2. 种类

密封胶种类很多，主要有以下几种。

① 硅橡胶类

总特点：有广泛的适应温区，耐药性和耐油性均好，但不耐 NaOH，有时有霉发生。

材料：是以硅氧烷结构为主体的半无机高分子橡胶状弹性材料，但增加了聚二甲基硅氧烷的分子量，减少交联段的官能团，以提高机械强度，称为嵌段甲基室温硫化硅橡胶。

② 聚氨酯类

总特点：硬度高，弹性好，低温性能好，耐油和臭氧，耐水性差。

材料：由多异氰酸酯与带活泼氢的醇类、铵类，经固化剂（如甘油）作用反应得到的生成物。

③ 橡胶类

总特点：弹性、耐药性、耐水性、耐油性和耐久性均较好。

材料：合成橡胶（如丁腈橡胶）。

六、特殊要求

根据《洁净室施工及验收规范》规定，在使用木材和石膏板时应加注意：

① 洁净室使用的木材的含水率不应大于 16%，并且不得外露使用。由于洁净室换气次数大，相对湿度低，如大量使用木材，易干裂、变形、松动、产生灰尘等，即使要用也宜局部采用，并且一定做好防腐防潮处理。

② 一般洁净室需用石膏板时必须用防水石膏板，而对于生物洁净室由于经常用水擦洗和用消毒液冲洗，即使是防水石膏板也会受潮变形，不耐冲洗，所以规定生物洁净室不应采用石膏板作罩面材料。

第三节　构造与装饰要求

这里的构造是指与建筑装饰有关的构造，而不是房屋结构。在洁净室设计中，应掌握对于构造和装饰的基本要求。

一、预埋件

预埋在钢筋混凝土构件和墙体上的铁件、木框等应牢固，木砖和木框应做防腐处理，预埋铁件外露部分和吊杆支架应做防锈或防腐处理。

二、吊挂件

① 吊挂件只能与主体结构预埋件相连，不应与设备支架相连。

② 对于吊顶上风管应防止由于其振动而致吊顶掉尘，所以尽量采用由弹簧或柔性吊杆构成的防振吊架，如图 19-2 所示。

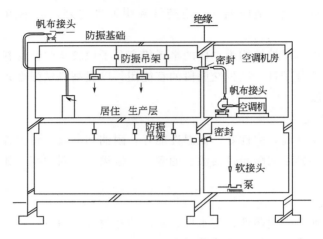

图 19-2　防振吊架

三、吊顶

根据《洁净室施工及验收规范》，吊顶必须起拱。按一般建筑装饰工程拱高应不小于房间短向跨度的 1/200，则洁净室吊顶拱高更不应小于这一数值。

四、密封件

① 因为密封材料凝固皆有程度不等的收缩，因此密封件上必须有缝隙才能封得住。

② 密封缝隙的宽度应限于 5mm 之内，使密封材料用量控制在最小限度。

五、踢脚板

① 对于有水的场合、用涂料地面和卷材地面的场合，踢脚板材料应与地面材料相同。

② 对于改建洁净室的场合，踢脚板材料可与地面材料不同，在不能用聚氯乙烯材料的洁净室，可用铝合金踢脚板。

③ 在构造上应使踢脚板表面缩到墙表面之后，最少也应与墙取平。

六、卫生角

① 室内两面相交处视需要做成 $R \geqslant 30\text{mm}$ 的圆角。

② 墙（踢脚板）与地面相交处应尽可能做卫生角。据国外资料，并不是所有交角都要做卫生角，那样做费用大但洁净度提高并不明显，而为了防止积尘，地面处则应做成卫生角。总之，在是否都做卫生角方面意见并不一致。

七、防水层

① 洁净室地面下应有防水措施。

② 铺防水膜比做防水层简单，可直接铺在夯实后的碎石、卵石、碎砖层上，再浇注混凝土。

③ 膜（如聚乙烯）厚 1mm 为宜，接头处应搭接 50mm，用胶带粘牢。

八、穿洞

① 穿洞后应对洞口周边修补牢固，要求密封。

② 洞口周边应予以相应装饰。

九、管线隐蔽工程

① 管线隐蔽工程一般是指吊顶、夹墙和管线外包假柱，要达到使洁净室的使用空间整齐、简洁、易于清扫和减少积尘面的目的。

② 应在管线工程全部完成（包括试压）后进行。

③ 内部应清扫洁净。

④ 在调节阀门处应设检修口，其周边应贴气密性密封垫，并作相应装饰。

十、表面质量

《洁净室施工及验收规范》给出了洁净室表面的质量要求，如表 19-7 所列。

表 19-7　洁净室装饰表面质量要求

项目		要　　　求　　　项　　　目						
		发尘性	耐磨性	耐水性	防静电	防霉性	气密性	压缝条
吊顶	涂料	不掉皮、粉化	—	可耐清洗	电阻为 $10^5 \sim 10^8 \Omega$	耐潮湿、霉变	—	—
	板材	不产尘，无裂痕	—	可擦洗	—	—	板缝平齐、密封	平直，缝隙不大于 0.5mm
	抹灰	按高级抹灰	—	耐潮湿	—	耐潮湿、霉变	—	—

续表

项目		要		求		项	目	
		发尘性	耐磨性	耐水性	防静电	防霉性	气密性	压缝条
隔墙	涂料	不掉皮、粉化	—	可耐清洗	电阻为 $10^5 \sim 10^8 \Omega$	耐潮湿、霉变	—	—
	板材	不产尘，无裂痕	—	可耐清洗	—	耐潮湿、霉变	板缝平齐、密封	平直，缝隙不大于 0.5mm
	抹灰	按高级抹灰	—	可耐清洗	—	耐潮湿、霉变	—	—
地面	涂料	不起壳、脱皮	耐磨	耐清洗	电阻为 $10^5 \sim 10^8 \Omega$	—	—	—
	卷材	不虚铺，缝隙对齐，不积灰	耐磨	耐清洗	电阻为 $10^3 \sim 10^8 \Omega$	—	缝隙密封，不虚焊	缝隙焊接牢固，平滑
	水磨石	不起砂，密实，光滑	耐磨	耐清洗	—	—	—	—

第四节　施 工 要 求

一、一般要求

① 洁净室的施工尤其强调严格的施工程序。一般依次为：留洞打底、各专业安装、内门窗安装、修补洞口及周边、基层打底、饰面抹灰和罩面板工程、嵌缝处理、油漆刷浆工程等。详见《洁净室施工及验收规范》。

② 施工中应避免大面积的修补作业和返工。

③ 洁净室建筑装饰施工现场的环境温度应不低于 5℃，或按材料样本确定。

二、地面

1．双层地面

在有管道穿过的场合，当决定立管位置和地板割口形式时，应考虑维修配管的方便，穿管后该块板的取出容易。

2．涂料地面

做法有：涂抹法；流延法；胶泥法（树脂和填料混合成树脂胶泥再涂）；防滑法（在前面两法中，于未硬化时把硅砂等撒在上面）。

步骤是：底层处理；涂打底涂料；涂下涂层；涂填料（对防滑法）；涂面层。

要求是：5℃ 以下不能施工，因不能完全硬化，即使温度接近 20℃，也要加百分之几促凝剂。尽量少用溶剂，以减少收缩。一次涂抹不能太厚。

注意防水和环境清洁。

3. 卷材地面

做法为现场焊接。

步骤是：基层处理（十分平，充分干，全清污）；按现场尺寸划分；裁割，在遇到与墙交接处留数厘米富余量，如图 19-3 所示；粘贴，粘接剂必须满涂，在与墙交接处以及卷材端部要留几十厘米不涂；赶平，用辊子或沙袋压赶，从端部不涂胶处把空气赶尽，以免干后鼓泡；接缝，粘后几小时待收缩后再作接缝处理；焊接，待粘接剂全干后，把焊口切成宽 2mm 的坡口，在坡口内焊接；削平，要趁热削平焊缝，由于削平后发白，应用热吹风吹过，就可以消除表面发出的光泽。

4. 板材地面

做法是现场拼贴。要求在拼贴前应根据板材大小、厚薄和方正程度选择归类，以防在大面积施工时，由于累积误差，造成最后缝隙很大，不可收拾。

5. 水磨石地面

做法是现场现浇。要求是按高级水磨石标准。磨成后用草酸清洗干净，晾干后可用不易挥发的护面材料抛光，防止干燥起尘。

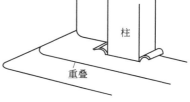

图 19-3　卷材裁割时的
富余量（据早川一也）

三、防霉涂料墙面

在墙面中只着重说一下防霉涂料的做法，别的涂料可以参考涂料地面部分。

做法是：①基层处理，用铲刀、砂纸或钢丝刷除去基层霉斑污物和疏松物质；②基层杀菌处理，用与涂料配套的基层杀菌剂涂刷处理基层，待干后即可进行涂料施工；③涂料施工，刷涂、喷涂或滚涂，2 遍。

四、保护表面

对已完成的装饰表面应注意保护，防止碰撞划痕，特别注意水磨石地面不要让水泥流淌形成污痕。

五、提高密封性能

为了提高密封性能，密封件的基底必须彻底清理：

① 用丙酮、酒精、汽油去污，然后涂硅硼表面处理剂以加强胶着力。处理剂的配方是：硼酸 1％，酒精 49％，正硅酸乙酯 50％。

② 或用湿固型聚氨酯清漆涂抹，干后再嵌密封胶。该清漆的配方是：清漆：促进剂＝98：2。促进剂为 5％二甲基乙醇胺二甲苯液。

③ 密封作业要在不送风的情况下进行，密封胶涂在正压面。

六、清洁、记录

在洁净室施工以及风管加工过程中要随时进行清扫、清洁，并要按照《洁净室施工及验收规范》进行清扫及其他有关工作的记录。

对已安装好高效过滤器的房间，不得再进行有粉尘的作业。

洁净室临时设置的出入口不用时应封闭。

七、安全

由于洁净室多为无窗建筑，现场自然通风和天然照度均较差，因此，应保证施工现场的良好通风和照明，以及采取其他保证安全的措施。

第五节　对风管制作的要求

净化空调系统的风管及其零部件的制作除按一般通风空调系统的要求进行外，还有其特殊之处，主要是如下几方面。

场地：必须是已做好墙壁、地面和门窗，且经常清扫的房间。

接缝：不允许管道有横向接缝，纵向接缝也要尽量减少，而当底边≤900mm 时，在底边上也不许有纵向接缝。

密封：所有咬口缝、翻边处、铆钉处都必须涂密封胶。不允许用空心铆钉。

加固筋：不许设在管内。

法兰：四角应设螺钉孔，孔距≤100mm，螺钉、螺母、垫片、铆钉均应镀锌。

测孔：过滤器前后应设测压测尘孔。

存放：制作完成后用中性清洗液冲洗，干燥后用塑料膜封口待安装。

第六节　对系统安装的要求

特殊之处主要是以下几方面。

拆封：只允许在安装时拆开管道端口封膜，安装中间停顿时应再封好端口。

清洁：风阀、消声器等各种风管零部件，安装时必须清除内表面的油污和尘土，应用不易掉纤维的材料多次擦拭系统内表面。

密封：各种密封垫（不论是管道法兰上的还是各种密闭门框上的）严禁在其表面刷涂涂料。

漏风检查：系统安装之后，在保温之前应进行漏风检查。属于中、高压的净化系统风管按《通风管道技术规程》（JGJ/T 141—2017）不用漏光法检查，按国标《洁净室施工及验收规范》，净化风管的单位展开面积最大漏风量和系统允许漏风率两项指标均应符合规定，见表 19-8、表 19-9。

表 19-8　金属矩形风管单位展开面积最大漏风量

管段及其上附件	试验压力/Pa	最大漏风量/[m³/(h·m²)]
总管(连接风机出入口的管段)	1500	$0.0117 \times 1500^{0.65} = 1.36$
干管(连接总管与支管或支干管的管数)	1000	$0.0352 \times 1000^{0.65} = 3.12$
支管	700	$0.0352 \times 700^{0.65} = 2.49$

表 19-9　系统允许漏风率 β （漏风量/设计风量）

洁净度级别	合格标准
9～7	$\beta \leqslant 2\%$
6～5	$\beta \leqslant 1\%$
4～1	$\beta \leqslant 0.5\%$

以上给出的评定标准仅供参考，以正式颁布的规范为准。

第七节　对高效过滤器安装的要求

安装高效过滤器是净化空调系统和洁净室施工安装的关键，应注意以下几点。

1. 安装前清洁

系统应空吹清洁；洁净室应再次全面清扫，如用吸尘器吸尘，不得用普通吸尘器，必须用配有超净滤袋的吸尘器；如在吊顶内安装，吊顶内应进行清扫；然后试运转系统达 12h 后再次清洁洁净室，方可安装高效过滤器。

2. 拆包

只能在安装现场、安装时刻现拆高效过滤器包装，尽量按图 19-4 所示方式取出。取出之后应作外观检查，并要求每一台有性能指标的具体检测数据，不得笼统打印某限值数据（例如"≤200Pa"）。

3. 检漏

洁净度级别等于或高于 100 级（209E）的洁净室的高效过滤器，安装前必须做现场检漏，重点是检查过滤器有无破损泄漏等自身质量问题。所有级别的洁净室，都要求对其安装好的过滤器做检漏，在现行规范没有给出检查数量时，可以自定一个比例。安装检漏的重点是过滤器边框密封质量。

4. 阻力调配

各个高效过滤器的阻力差别会影响风量平衡和气流均匀，安装时应将阻力过高或过低的个别过滤器剔除，将阻力大小相近的过滤器安排在同一房间中，同一

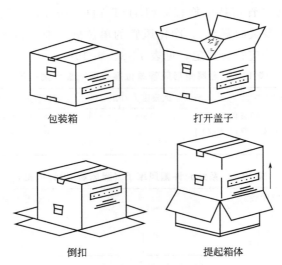

包装箱　　　　　　　　打开盖子

倒扣　　　　　　　　提起箱体

图 19-4　从包装箱取高效过滤器方法

房间中不同阻力的过滤器也宜均匀分散布置。

对于单向流洁净室同一送风面上的过滤器，对阻力差值的要求更重要，按《洁净室施工及验收规范》规定，应符合以下关系。

每台阻力实际值（额定风量下）＝（0.95～1.05）×送风面上各台实际阻力平均值

第二十章

洁净室的节能设计

第一节　洁净室的能耗分析

一、负荷统计

洁净室按不同级别和形式统计每平方米耗电量，见表 20-1（据原电子工业部十院相关资料）。洁净室比普通空调办公楼每平方米能耗多出 10～30 倍。

表 20-1　洁净室的每平方米耗电量　　　　　　　　　　单位：kW

洁净室（209E）	风机耗电	制冷耗电	照明耗电	总计
5 级垂直单向流	1	0.25	0.06	1.31
水平单向流 5 级洁净隧道	0.5	0.25	0.05	0.8
6 级	0.15	0.23	0.05	0.43
7 级	0.1	0.2	0.03	0.33
8 级	0.05	0.15	0.03	0.23
一般办公楼				0.035

表 20-2 是对半导体工厂能耗统计实例。

表 20-2　半导体工厂每平方米耗电量

洁净室级别	温度/℃	相对湿度/%	电力消耗/(kW/m²)	洁净室级别	温度/℃	相对湿度/%	电力消耗/(kW/m²)
5 级	22±0.1	40±1.5	1.2～1.8	7 级	24±2	45±10	0.3～0.6
6 级	22±1	40±5	0.8～1.2	8 级	24±3	50±10	0.1～0.2

洁净室的能耗主要来自制冷负荷和运行负荷。表 20-3 列出国内外 11 个工程的制冷负荷统计，可以看出制冷负荷中最重要的有新风、风机等输送设备、工艺设备三项，一般来说，尤以新风最大，但延续时间不长。

表 20-3　洁净室各类制冷负荷分配　　　　　　　单位：%

工程负荷分类	A (国内)	B (国内)	C (国内)	D (国内)	E (国内)	F (国内)	G (国内)	H (国内)	I (国内)	J (国内)	K (国内)
新风	47.0	69.0	45.5	40.4	26.3	42.5	38.0	27.0	42.0	—	—
工艺设备	39.7	16.0	30.5	36.8	44.8	28.8	15.0	45.0	28.0	51.3	46.4
风机等输送设备	8.7	7.5	17.5	14.2	20.9	20.5	35.0	20.0	23.0	26.1	26.9
围护结构	1.4	3.0	1.4	4.4	4.4	4.3	6.0	6.0	4.0	—	—
照明	2.4	3.0	2.9	3.5	3.2	3.2	3.0	4.0	2.0	2.0	1.5
人	0.8	1.5	2.3	0.7	0.3	0.7	3.0	2.0	1.0	—	—
空调	—	—	—	—	—	—	—	—	—	20.6	25.2

洁净室各项负荷的大致指标如表 20-4 所列。

表 20-4　洁净室具体负荷指标

项目	消耗电力 /(kW/m²)	使用状态	项目	消耗电力 /(kW/m²)	使用状态
冷冻机动力	0.24	变动大	照明动力	0.04	不变化
通风机动力	0.27	不变化	排风机动力	0.1	不变化
泵动力	0.1	不变化	空气处理动力	0.03	不变化
生产设备动力	0.15	不变化	锅炉	650kcal/台	变动大

二、负荷分析

1. 制冷负荷

在各项负荷中，制冷负荷与运行负荷是节能设计的重点。

① 新风负荷。从表 20-3 可见，新风负荷所占比例为 20%～70%。

洁净室新风由以下几部分组成。

a. 人的卫生要求，由于洁净室人员密度小，即使人均新风 $50m^3$，总量也不会太大。

b. 维持正压条件下的缝隙漏风量，这是一般空调所没有的，不论是经验还是计算，此量一般占到 2～6 次换气量。

c. 弥补排风量，一般空调没有或没有这么大，这往往比第二项大得多。

d. 弥补系统漏风量，这个问题下面单独分析。

② 风机温升负荷。风机温升负荷可为 8%～30%，下面计算表明，甚至可达 80%。

净化空调和一般空调不同的是：常有多台风机，电机置于静压箱中，热量直接散在送风气流之中或顶棚中，一些垂直单向流洁净室往往 $1m^3$ 就有 1 台以上风机和电机组成风口机组，这一特点是一般空调设计人员常忽略的。

这种负荷又分以下两种情况。

a. 只有风机在气流中。知道风机所需功率时，风机散热为 860kW；若不知风机所需功率时，风机散热为：

$$\Delta q = \frac{86L\Delta P}{102 \times 3600 \times \eta_t} \quad\quad (20\text{-}1)$$

式中　L——风量，m^3/h；

　　　ΔP——风机静压，Pa；

　　　η_t——风机效率，取 0.5。

设室内显热得热为 q，$L = q/0.28\Delta t$，Δt 为送风温差，所以风机得热和室内总显热得热之比：

$$\Delta q/q = \frac{0.167\Delta P}{100\Delta t}$$

据此可以算出如表 20-5 所列的百分数。

表 20-5　风机得热和室内总显热得热之比　　　　　单位：%

风机静压	送风温差 $\Delta t/℃$					
$\Delta P/Pa$	1	2	3	4	5	10
300	50.1	25.1	16.7	12.5	10.0	5.0
400	66.8	33.4	22.3	16.7	13.4	6.7
500	83.5	41.8	27.9	20.9	16.7	8.4
1000	157.0	83.5	55.7	41.8	33.4	16.7

由于净化工程送风温差比单纯空调工程的小，一般在 4℃ 以下，甚至 2℃ 以下到不足 1℃，所以当风机静压为 500Pa 左右时，风机得热可占到总显热得热的 20%～80%。

b. 电机也在气流中。由于电机散热也要加入送风空气中，则直接由电机额定功率 P 计算，即：

$$\Delta q = 860\Phi_1\Phi_2 P/\eta_m$$

式中　Φ_1——所需动力与额定输出功率之比，一般取 0.95；

　　　Φ_2——电机开动率；

　　　η_m——电机效率。

显然比只有风机在气流中散出的热要大，概括前面计算完全可能达到室内总得热的 1 倍以上。

2. 运行负荷

由于洁净室的风量比一般空调大几倍至几十倍，风压又高出 500～1000Pa，约占系统压头一半，所以洁净室运行的风机动力负荷比一般空调大 3～30 倍。对于 5 级以上单向流洁净室，风机负荷达到制冷负荷的 2～4 倍；对于乱流洁净室也相当于制冷负荷的 1/3～1/2。

第二节　洁净室节能的一般概念

洁净室的节能设计除了要严格遵循国家相关节能规范和标准外，就洁净室而言还应考虑一些特有的问题。

一、设计方面

① 建筑平面布局和工艺设置不仅要考虑方便，也应考虑节能，做到在节能上合理，可以从根本上降低投资和运行费。例如发热量大，常年需要供冷的房间，不宜集中设在平面的核心区里。又如某洁净厂房建筑的底层有 5.4m 层高，可将机房设在底层，主机房内设置 2.2m 高平台做消声室和中效过滤器室；可充分利用底层原有地下水池作冷冻回水池，将地下室改做冷却水箱和水泵间，节省了空调辅助面积。由于有环形技术走廊，可利用来回风等。

② 净化空间不应求大，层高不应求高，这样可以有效节能。例如洁净手术室的大小，国家标准有统一要求，一味扩大面积不仅不节能，对维护工作也不方便。

③ 在确定生产设备的热负荷方面时应尽可能调查研究，力求真实，不应一味加大系数，这对选定较小的空调制冷设备有直接影响。

④ 经过计算确定换气次数或者按规范值选用时，不应取过大的安全系数。

⑤ 空调和净化的功能尽可能分开，例如回风不一定全部再经过处理。

⑥ 系统风量在 $5000m^3/h$ 甚至 $10000m^3/h$ 以上时，应尽可能采用二次回风空调系统。

⑦ 能考虑热回收时，应通过经济分析采用。

⑧ 系统能耗小时，有利于在运行中节能，其中新风分散处理，可适应工艺停机、洁净室停止运行的节能需要。

⑨ 尽可能选用低阻力产品。

二、运行方面

① 调整通风机转速从而使其压头可以控制，不要总处于最大压头或最大风量运行的工况。

② 送风、排风、新风之间切换自如，如生产停止，排风柜也应停止或减小风量，新风也应调小。

③ 某些季节的运行应最大限度地利用室外空气冷却作用，并在此时增大新风比。

④ 工艺并非绝对要求值班风机运行保护的，应采用提前开机自净的办法。

⑤ 根据室外气象条件变化，通过自控或手控即能调整设备出力。

第三节 洁净室的节能措施

一、区别空调送风和净化送风

在系统中区别空调送风和净化送风，净化风量只进行过滤处理，再循环使用，将大大节省输送动力。

按洁净室送风的具体作用，可分为空调送风和净化送风两种。

在洁净度级别较低（例如 6 级以下）的洁净室中，净化送风的换气次数一般在每小时 25 次以下，和空调送风相差不大。但高洁净度级别的洁净室，净化送风的换气次数可达每小时六七十次至几百次，如果不注意和空调送风的区别就要多耗能。

图 20-1 为区别两种送风的概念图解。

① 若 $V_f \gg V_{AC}$，则 V_f 和 V_{AC} 分开采用末端旁通是经济的；

② 若 $V_f \leqslant V_{AC}$，则 V_{AC} 应全部作为循环风经过空调处理；

③ 介于上面两者之间的情况，则要作认真比较。

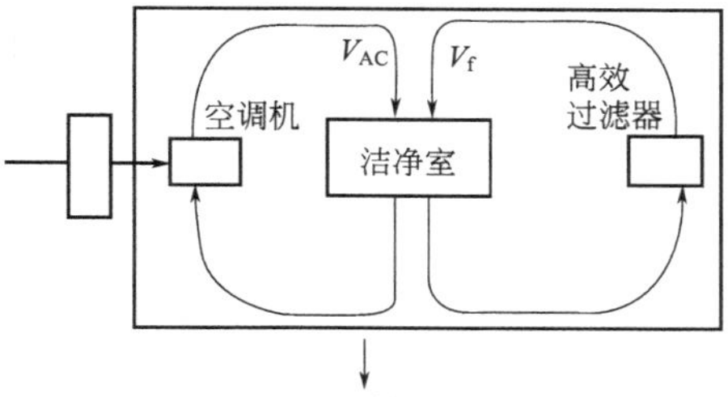

图 20-1 洁净室中两种作用的送风

V_{AC}—空调用风；V_f—净化用风

二、缩小洁净空间体积

缩小洁净空间体积是降低能耗的一个重要途径。值得一提的是洁净隧道或隧道式洁净室，它根据生产要求把洁净空间划分为洁净度级别不同的工艺区、操作区、维修区和通道区。工艺区的空间缩小到最低限度，它保持一般单向流的截面风速 0.3~0.4m/s，而操作区此风速已降到 0.1~0.2m/s，因此，风量大大减少。据日立公司材料介绍，工艺区为 10 级、操作区为百级的洁净隧道和百级垂直单向流洁净室相比，风量减少 22%，风机动力减少 31%，冷冻容量减少 28%，其他动力减少 30%，高效过滤器减少 40%，运行费减少 26%。

下面介绍一个操作间要求 0.1μm 10 级的洁净工程的具体比较，三种设计方案如图 20-2 所示。

从图 20-2 可见，洁净隧道可以大大减少洁净空间，并把洁净区和维修区作了区分，它是利用单元所附带风机使空气进入就地循环的。三种方式的空气处理流程的差别如图 20-3 所示。

431

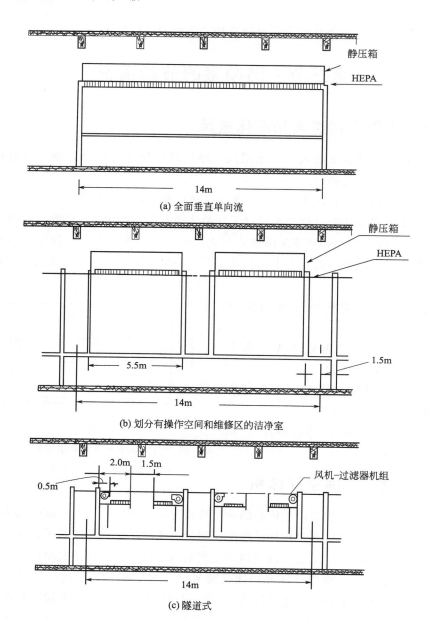

(a) 全面垂直单向流

(b) 划分有操作空间和维修区的洁净室

(c) 隧道式

图 20-2　三种洁净室方案（据范存养）

三种方案有关指标的比较见表 20-6。

表 20-6　三种方案有关指标比较

指标	方案(a)	方案(b)	方案(c)
从机房供给的通风量	1	0.8	0.05

续表

指标	方案(a)	方案(b)	方案(c)
通风机动力	1	0.7	0.5
概略设备费	1	0.8	0.6
空调机设置空间	1	1	0.5

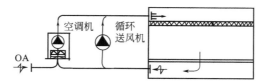

(a)全面垂直单向流

(操作间14m×14m;循环风机57500m³/h,500Pa,15kW,4台;空调机52000m³/h,1000Pa,30kW,1台)

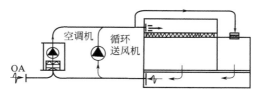

(b)划分有操作空间和维修区的洁净室

[有3条维修通道(宽1.5m),维修区8级;循环风机44500m³/h,500Pa,11kW,4台;空调机48000m³/h,1000Pa,22kW,1台]

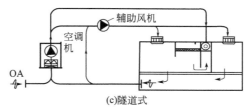

(c)隧道式

(操作区宽达2m的洁净隧道1个，1.5m宽的通路;风机+过滤器机组4300m³/h,250Pa,0.75kW,28台;
辅助循环风机13000m³/h,200Pa,1.5kW,1台;空调机43000m³/h,1000Pa,22kW,1台)

图 20-3　三种方案的空气处理流程 （据范存养）

三、减少排风量

洁净室内需要补充大量新风的一个主要原因是有局部排风，但局部排风并非全天运行，所以可根据排风量变化或室内正压变化，不断调节新风量，以维持既定的正压，工程实测表明，这能节电 38％、节气 56％、节省蒸汽 83％。

为了减少排风能耗，还可以采用节能型排风柜。洁净室内使用局部排风的设备是常见的，应使局部排风设备在满足卫生要求的基础上尽量减少排放经过空调净化处理的室内空气。节能型排风柜原理如图 20-4 所示，主要是在排风柜开口面处设辅助送风口，辅助送风的空气必须是经过净化处理的，这样，工作时辅助空气起了空气幕作用，使从室内直接排出的空气大大减少；不工作时也能满足柜内起码的通风要求。

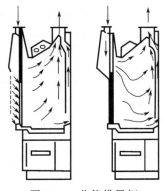

图 20-4 节能排风柜

四、排风热回收

新风负荷约是维护结构负荷的 $10\sim30$ 倍，像北京、上海、广州这样潜热负荷都占夏季冷负荷 80% 以上的情况，可以用全热回收。根据针对宾馆的计算，以上三地区一年可节约大量标准煤和电。

以全热回收效率 60% 计，电费按 0.8 元/$(kW\cdot h)$、煤按 0.1 元/kg 计，则在北京 4.2 年收回成本、上海为 1.8 年、广州为 1.1 年。若考虑投资利率，则稍长，可用日本专家八鸟庄市的公式计算，即设回收年数为 t，利率 α，要使：

$$增加设备费\times(1+\alpha)^t\leqslant每年减少的运行费\times[(1+\alpha)^{t-1}+(1+\alpha)^{t-2}+\cdots+(1+\alpha)+1]$$

举例来说，当年减少运费和增加投资两者之比为 0.1 时，在利率为 0.07 条件下，17.8 年收回成本；两者之比为 0.15 时，9.3 年收回成本；两者之比为 0.2 时，6.4 年收回成本；两者之比为 0.25 时，4.8 年收回成本；两者之比为 0.3 时，3.9 年收回成本。

例如半导体工业的扩散炉冷却水，可用来预热新风，这样也就可以扩大扩散炉水冷比例。又如变电室、计算机房的低位热能可以通过热泵方式加以利用。

图 20-5 所示为利用热源排热的系统示意。

五、综合利用洁净气流

这是属于洁净室特有的节能途径。

1. 串联利用

对于无尘粒性质影响问题的车间，将洁净室按洁净度高低水平串联起来，然后由一个机组贯通送风，即最初的送风依次经过高级别至低级别的房间后再回到空调机组。这种形式的特点是：没有回风夹层；光刻间和相邻工艺间用遮光百叶隔开，工艺间之间用孔板隔开，回风道又是外廊。结果省掉 40 只高效过滤器。如有空调要求宜每个房间分别设置，如有局部排风，需选择适当位置和大小，以便及时排出不致影响下风侧。这种形式如图 20-6 所示。

实测各部位静压差见表 20-7。

表 20-7 贯通送风洁净室各部位静压差

部位	1	2	3	4	5	6	7	8
压差/Pa	70	55	35	65	45	31	15	15

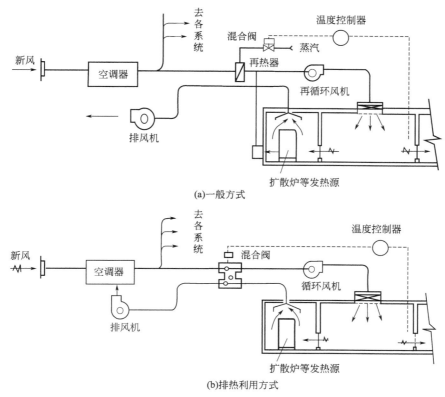

图 20-5 利用热源排热的系统示意

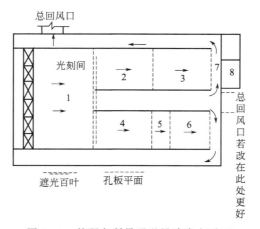

图 20-6 某研究所贯通送风洁净室平面

2. 交叉利用

对于既有以消除余热为主，净化要求不太高的房间，又有主要是要求净化的房间，可以交叉利用洁净气流。

例如片基、薄膜一类生产线中即有如此做法：首先干燥道箱体部分要消除余热，挤出机出口又要求高洁净度，干燥道中又要高温洁净空气，于是可以使室外空气或回风经过适当净化降温从干燥箱处下送，此时以降温为主要目的。然后上回风，一部分回风或排风再经过严格净化处理从挤出机出口处上送，此时以保证洁净度为主要目的。送出后从下部回风又经过净化和加热处理送入干燥道内，满足此处对高温和洁净的要求，但由于是在已净化和升温的基础上再净化、加热，耗能必然少了。对从干燥道排出的风，进行热回收。刚才讲到下送上回的问题，对于要消除大量余热而净化要求并不太高时可以这样做。因为大量余热的车间若上回则势必提高送风速度和温差，反之下送可减小送风速度而提高送风温度即减小温差，同时上回提高了回风温度又利于热回收，因此在不影响洁净要求前提下这样做，节能作用是明显的，可达 $30\% \sim 40\%$。

六、减少运行动力负荷

1. 减少风机、电机、温升负荷

① 对于空调器来说，净化空调器由于风量大、功率大，更宜把电机外置，一些国外净化系统上的大空调器、风机、电机都是独立外置的，这对节能是有意义的。

② 对于系统，洁净室常用风口机组形式，即高效过滤器、风机、电机均在一块，对于面积大或对空调有高要求的系统，应尽可能把风机、电机设计在气流之外。前面例子已说明，在耗能上这不是一个小数目。

2. 利用低阻过滤器

采用低阻过滤器特别是低阻高效过滤器，或者能用低阻亚高效过滤器的就不用阻力高得多的高效过滤器，并且还要降低管道阻力。

送风消耗电力由下式计算：

$$N_f = \frac{Q \Delta P \tau}{9.8 \times 102 \times 3600 \eta_t \eta_m} \qquad (20\text{-}2)$$

式中　N_f——送风消耗电力，$kW \cdot h$；

$\quad\quad Q$——送风量，m^3/h；

$\quad \Delta P$——送风系统阻力，Pa；

$\quad\quad \tau$——运行时间，h；

$\quad\quad \eta_t$——风机效率，见表 20-8；

$\quad\quad \eta_m$——电机效率，见表 20-9。

表 20-8　风机效率

风机型式	η_t
多翼式风机	$0.45 \sim 0.6$
轴流式风机	$0.7 \sim 0.85$

表 20-9　JO 系列电机效率

电机功率/kW	0.25～1.1	1.5～2.2	3.0～4.0	5.5～7.5	10.0～13.0	17.0～22
η_m	0.76	0.8	0.83	0.85	0.87	0.88

从式（20-2）可见，系统阻力若降低一半，则电力消耗也降低一半，而系统阻力中过滤器阻力又占据较大的比重。

若选用前面介绍过的超低阻节能高效率净化新风机组，平均运行阻力为 116Pa。

由式（20-2）计算风机耗电如下（1d 运行 16h）：

常规机组耗电 $= 2500 \times 265 \times 16 \times 365/(102 \times 3600 \times 0.5 \times 0.8 \times 9.8) = 2688$ kW·h，

超低阻机组耗电 $= 2500 \times 116 \times 16 \times 365/(102 \times 3600 \times 0.5 \times 0.8 \times 9.8) = 1177$ kW·h。

用超低阻机组后节约耗电量 $2688 - 1177 = 1511$ kW·h，节约 56%。

同样，回风口用一般粗效过滤器初阻力约 40Pa，而用超低阻高中效过滤器不仅效率高，初阻力仅有 12Pa 或 21Pa（效率不同），可知风量为 $500 \text{m}^3/\text{h}$ 的 1 个回风过滤器，终阻力取 1 倍初阻力，一年约可节电 85kW·h 或 57kW·h。

3. 利用变频技术

利用变频技术改变风机风量与压头，以配合实际需要，克服风量浪费。但是变频技术可能产生电磁干扰，应该慎用，尤其是在手术室。

七、减少漏风冷负荷

据比较保守的估计，目前国内通风与空调工程风道漏风率是 10%～20%。这样，一个年耗电量 1000×10^4 kW·h（相当于一家大中型宾馆）的工程，漏风所造成的损失相当于其总用电量的 5%，如果将漏风率降到 3%，则其造成的耗电损失将降到 1.1%，相当 200t 标准煤。

在漏风情况下要维持原有风量和风压，不仅风机风量要增加，风压也要提高，因为风量和转速呈正比，风压和转速二次方呈正比，所以风压也和风量二次方呈正比。而风机轴功率又与风量风压乘积呈正比，所以轴功率和风量三次方呈正比，即：

$$\frac{N_2}{N_1} = \left(\frac{1+\varepsilon_2}{1+\varepsilon_1}\right)^3$$

式中，N_2 和 N_1 分别为漏多和漏少时的功率，ε_1 和 ε_2 分别为漏多和漏少时的漏风率，例如 ε_2 为 5%、10%、15%、20%，ε_1 为 0、1%、2%、3%，设 ε_1 时的功率为 1，则 ε_2 时功率相对值分别如表 20-10 所示。

表 20-10　ε_1 和 ε_2 的关系

项目	ε_2			
	5％	10％	15％	20％
和 $\varepsilon_1＝0$ 相比	1.158	1.331	1.521	1.728
和 $\varepsilon_1＝1％$ 相比	1.123	1.292	1.480	1.677
和 $\varepsilon_1＝2％$ 相比	1.090	1.259	1.432	1.628
和 $\varepsilon_1＝3％$ 相比	1.060	1.218	1.392	1.581

也就是说，如果把漏风率从 10％、15％、20％降到 2％，则节省风机轴功率分别为 25.4％、43.2％和 62.8％。

对于净化空调工程，据原电子工业部十院资料，$1000m^2$ 垂直层流的半导体车间工艺和空调耗电每平方米 1.91kW，每日若工作 12h，一年耗电 $837 \times 10^4 kW \cdot h$。因风机动力占的比重远大于大中型宾馆，可达一半之多，所以其中因漏风（设 $\varepsilon_2＝15％$ 左右）而致风机耗电经计算约占 1/4，达 $209 \times 10^4 kW \cdot h$，约合 1045t 标准煤；而 $1000m^2$ 万级制药车间这一风机耗电约 $22 \times 10^4 kW \cdot h$，合 110t 标准煤。

我国制定的《洁净室施工及验收规范》（GB 50591—2010）给出了所有管道和洁净室板壁的缝隙都要胶封的规定和其他一些密封防漏措施。同时第一次在规范中明确规定了具有国际先进水准的漏风率指标：千级系统不超过 2％，百级及百级以上不超过 1％，千级以下系统的空调器不超过 2％，千级及其以上系统的空调器不超过 1％。

第四节　洁净手术部的空调节能

一、医院洁净用房空调耗能的特点

国内医院的洁净手术部大都与其他科室建在一幢楼内，医院的病房、急诊等处均是季节性空调，在春、秋过渡季节，集中空调一般均停止使用，而洁净手术部和各类洁净用房，常要全年空调，故为确保这些地方在过渡季节也能用上空调，常需为其设置单独的冷热源，例如配置一台风冷热泵。

但我国医院洁净手术部常采用双连廊形式，手术区位于没有外围护结构的内区，几乎没有围护结构负荷，而设备和人的热负荷都较大，即使在过渡季节和冬季，有的地方要供热，而可能更多的地方还需要供冷。上述风冷热泵难以满足同时供冷、供热的要求。

二、利用冷凝热的节能方案

针对上述医院洁净用房空调能耗的特点，如果能够把冷源中的冷凝器冷凝热

利用起来，则可以兼顾供冷和供热，从而达到
节能的目的。

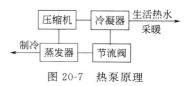

图 20-7　热泵原理

对图 20-7 所示普通热泵的分析提出，夏天
利用蒸发器供冷不得不向环境排放冷凝器的热
量，冬天利用冷凝器供热不得不向环境排放蒸
发器冷量。如果热泵能够将冷端与热端同时利用，使一端出水的热量转移到另一
端水中去，一股水变成冷冻水，另一股水变成热水，即成为能全年同时供给冷冻
水和热水的小型冷热源，实现节能要求。

这种新型冷热源设备也有人称为能量提升机，实质就是冷凝热的回收利用装置。

罗伟涛、沈晋明在做医院节能改造工作中是这样分析能量提升机工作的：能
量提升机同时提供冷水与热水，分为两个回路，为此采用四管制水系统。其主回
路生产冷冻水，作为系统的冷源，副回路生产热水，作为系统的热源，实现单独
制冷、制冷与热水、制冷与供暖、制冷供暖与热水、单独热水和单独供暖六种运
行工况。当系统不存在供热负荷（热水和采暖）时，能量提升机也可在单独制冷
工况下工作。此时，能量提升机相当于空气源热泵机组，由室外空气带走冷凝器
排放的热量。

当系统同时存在供冷和供热负荷（热水或采暖）时，能量提升机在制冷加热
水工况下工作。此时，能量提升机相当于水源热泵机组，以冷凝热供应的热水温
度最高可达 60℃，可以进入生活热水系统直接供应使用，也可以输送到供热系
统末端供采暖使用。

当系统不存在供冷负荷，只存在供热负荷（热水或采暖）时，能量提升
机可在单独供热工况下工作，相当于空气源热泵制热工况，由室外空气带走
蒸发器的冷量。冷凝器生产的热水同样可以通过阀门的切换完成采暖或生活
热水供应。

医院的中心供应室、病房、餐厅等处热水需求量很大，但不需要管道系统。
如采用能量提升机，由于这些科室夏季不存在采暖负荷，制冷产出的冷凝热全部
用于生活热水的预热或加热。在冬季，室内有采暖热负荷，热水可优先供暖，多
余的再供热水。如中心供应室、餐厅等场所冬季热负荷与夏季冷负荷相比要小得
多，多余的供热水量很多。如病房在短时需用大量热水（如洗澡）时，可以暂停
供暖，利用建筑本体蓄热，维持室内温度。这样不仅节能而且提高了设备利用
率，降低了造价。

可见医院洁净手术部和各科室利用所谓能量提升机回收利用冷凝热，并进行
冷水与热水的合理匹配，是提高能源利用效率的有效途径。

还要强调指出的是，大量冷凝热排放到室外大气中，对城市热环境起了副作
用，如果冷凝热得到合理利用，则对于改善城市热岛效应也有明显作用。

参考文献

[1] 许钟麟. 洁净室设计. 北京：地震出版社，1994.

[2] 许钟麟，沈晋明. 空气洁净技术应用. 北京：中国建筑工业出版社，1989.

[3] 许钟麟. 空气洁净技术原理. 第四版. 北京：科学出版社，2014.

[4] 许钟麟. 洁净手术部建设实施指南. 北京：科学出版社，2004.

[5] F.C. 麦奎斯顿，J.D. 帕克，J.D. 斯皮特勒. 供暖、通风及空气调节——分析与设计. 俞炳丰，译. 北京：化学工业出版社，2005.

[6] 单寄平. 空调负荷实用计算法. 北京：中国建筑工业出版社，1989.

[7] 薛殿华. 空气调节. 北京：清华大学出版社，1991.

[8] 符其湘，等. 洁净技术与建筑设计. 北京：建筑工业出版社，1985.

[9] 早川一也. 洁净室设计手册. 北京：学术书刊出版社，1989.

[10] 许钟麟. 药厂洁净室设计、运行与 GMP 认证. 第二版. 上海：同济大学出版社，2002.

[11] 许钟麟. 隔离病房设计原理. 北京：科学出版社，2006.

[12] 许钟麟，沈晋明. 医院洁净手术部建筑技术规范实施指南. 北京：中国建筑工业出版社，2014.

[13] 许钟麟，沈晋明. 医院洁净手术部建筑技术规范实施指南技术基础. 北京：中国建筑工业出版社，2014.

[14] 井上宇市. 空气调节手册. 范存养，钱以明，秦慧敏，等，译. 北京：中国建筑工业出版社，1986.